中国地质大学“211工程”建设重点资助“地球物理勘察系列课”教材

地球物理方法综合应用与解释

李大心 主编

中国地质大学出版社

图书在版编目(CIP)数据

地球物理方法综合应用与解释/李大心主编. —武汉:中国地质大学出版社,2003.5(2024.7重印)

ISBN 978-7-5625-1692-7

Ⅰ.地…

Ⅱ.李…

Ⅲ.地球物理勘探-地质解释-高等学校-教材

Ⅳ.P631

中国版本图书馆CIP数据核字(2009)第020203号

地球物理方法综合应用与解释　　李大心　主　编

责任编辑:方　菊　　责任校对:张咏梅

出版发行:中国地质大学出版社(武汉市洪山区鲁磨路388号)　　邮政编码:430074

电话:(027)67883580　　传真:67883457　　E-mail:cbb @ cug.edu.cn

经　销:全国新华书店　　http://www.cugp.cn

开本:787mm×1092mm 1/16　　字数:490千字　　印张:19.125

版次:2003年5月第1版　　印次:2024年7月第6次印刷

印刷:武汉市籍缘印刷厂　　印数:7001—7500册

ISBN 978-7-5625-1692-7　　定价:30.00元

序　言

应用地球物理系列课程是地球物理学专业和应用地球物理专业的主干专业课程，也是新调整后的地矿类工科本科专业的主要专业基础课之一。

自20世纪50年代初到90年代末，我国的应用地球物理专业课的课程体系基本上与原苏联的类似，专业课程主要按重力、磁法、电法、地震和测井五门课分别讲授，学科和专业分得较细，教学内容较窄，结果培养的科研人员越来越专，这对促进科技快速纵向发展起到了积极的作用，但不利于学科交叉和本学科综合发展。另外，重、磁、电、震、测五门课程内容之间也存在着某些重复。随着科学技术的发展，专业课的教学内容也需进一步更新。

随着我国由计划经济逐渐向市场经济过渡，国内应用地球物理专业为适应市场经济的需要，都在积极地进行拓宽专业、加强基础和增强适应性的教学改革和研究。长期以来，地球物理系应用地球物理专业的教员为了适应国民经济发展的需要，坚持教学改革，在不同的历史时期，进行了教学思想、内容和方法的改革，课程结构有所变化，教学内容有所更新。这些改革促进了师资队伍的建设，为深入教学改革打下了基础。经过广泛地调研和充分地讨论，我们认为以“系列课程”的建设来优化地球物理专业课程体系和教学内容是比较好的，并以教学立项促进教材建设，以张胜业为负责人的“应用地球物理系列课程建设”教学研究项目已列入1997年湖北省教委的研究项目和中国地质大学重点教学改革研究项目。

所谓系列课程的建设，是指为了向学生传授某一方面相对完整的知识或比较全面训练学生某一方面的能力，把教学内容密切相关、相互之间有必然联系的若干门课程组织在一起，从总体上确定每一门课程的教学目标、教学内容和教学方法。

应用地球物理系列课程建设的指导思想是：①系统地向学生传授应用地球物理的基础知识，使学生知识面较宽、专业基础扎实、适应性较强；②优化课程体系和教学内容，避免不必要的重复，提高学生的学习效率，减轻学生的学习负担；③加强学科的综合和交叉，发挥学生潜能、特长和创造性思维。

应用地球物理专业课的系列课程建设可分为纵向和横向两种。这套教材为纵向的系列课程编写。建立纵向系列课程的目的，就是将重、磁、电、震、测五门课中带有基础和共性的内容有机地结合在一起，避免不必要的重复，加强基础、综合和交叉，提高学生的学习效率，拓宽学生的专业知识面，使学生能系统地掌握应用地球物理的专业基础知识，具有一定综合解决实际问题的能力。

纵向系列课的课程设置，按应用地球物理学原理（100学时）、应用地球物理的数据采集与处理（80学时）、地球物理反演基本理论与应用方法（40学时）和地球物理方法综合应用与解释（50学时），从纵向上分为四门专业系列课程，建立一套面向21世纪的新的专业课程体系。

四本系列课教材的编写分工如下：

《应用地球物理学原理》　　张胜业　潘玉玲主编

《应用地球物理的数据采集与处理》　　刘天佑主编

《地球物理反演基本理论与应用方法》　　姚　姚主编

《地球物理方法综合应用与解释》　李大心主编

地球物理方法综合应用与解释共分八章编写。参加编写工作的有李大心教授（第二章、第四章、第七章）、张胜业教授（第一章、第八章）、刘庆生教授（第三章）、顾汉民教授（第五章）、潘和平教授（第六章）。由李大心教授统编全书。参加本教材审阅并提出宝贵意见的有吴蓉元教授（第一章、第四章）、詹正彬教授（第五章）、周远田教授（第六章）。本教材得到了中国地质大学（武汉）校领导、教务处的大力支持，由地球物理系组织编写；魏国鹏、张红波、文丽丽、何建华、潘利等同志参加了绘图工作，在此表示谢意。

由于这套教材是第一次按新的课程体系编写，受条件、时间和水平的限制，难免会有不妥或错误的地方，随时欢迎读者批评指正。

编　者

2003 年 4 月

目　　录

第一章　地球物理资料解释的基本问题

地球物理勘探是为了解决地质任务而进行的，它有两个基本问题：一是获得可靠的反映地质情况的地球物理数据以及有关物性资料；二是对这些地球物理资料进行正确的解释。前者是基础，后者是目的。

地球物理资料解释是地球物理工作中一个非常重要的环节，是将地球物理资料转化为地质语言的重要步骤，它关系到地球物理资料能否发挥其地质效果，应该给予高度的重视。

地球物理资料的解释，按解释的方法可分为定性解释和定量解释。定性解释是依据地球物理异常的特征定性判断引起异常的地质原因，大致判断异常源的形状、大小、产状和埋深等；定量解释则是对地球物理异常定量计算异常源的几何参数和物理参数。一般说定性解释在前，是定量解释的基础；定量解释在后，是定性解释的深入。但在实际解释中两者不可能截然分开，两者相互补充，定性和定量解释有机结合，使解释逐步深入。

按照解释的方法，也可把解释分为地球物理解释和地质解释。前者主要依据地球物理异常，应用数学物理方法推断场源体物性参数、埋深、位置、形状、大小、产状等要素，后者则侧重于结合地质和其他资料对地球物理异常及其场源体做出地质解释。在程序上，地球物理解释在前，地质解释在后。

由于地球物理勘探所研究的对象是地下复杂的地质体，看不见摸不着，地球物理反演问题有其固有的多解性和不稳定性，这就增加了解释中的难度，并形成了解释中的种种特点。

下面重点介绍地球物理资料解释的目的、原则、步骤及方法。

§1.1　地球物理资料解释的目的和原则

一、地球物理场的特点

地球物理场（重力、磁力、电磁、地震等）是地质体某种物理属性（密度、磁化率、电阻率、速度等）的反映。如果已知地质体的形状、埋深及其与围岩的物性参数，求取该种地球物理场的剖面曲线称为正演问题。反之，如果已知地球物理曲线，求取地质体的形状、埋深和岩石物性，正如地球物理解释所需求的那样，称为反演问题。对于地球物理场，强调两点：

(1)任何地球物理观测场都是以一种场源为主，外加其他场源的综合效应。这种综合效应使得在研究对象的地质体异常之上，叠加有“干扰异常”。因此，研究地球物理场应通过校正、滤波等多种措施区分或消除“干扰异常”。

(2)任何地球物理场的反演问题都没有唯一性解答，或者，任何一种地球物理观测资料的解释都不可避免地存在着多解性。

二、地球物理资料的解释目的

(一)解释目的

地球物理资料解释的目的：充分利用各种地球物理场所提供的信息，结合地质与钻孔等其他资料，做出符合客观情况的地质推断，包括地质体的形态与走向、基底与盖层、断裂与岩浆以及它们的物质成分与年代。

（二）解释推断的基本任务

（1）综合分析、研究、对比各种资料（地质、物化探、钻井等），解释可能引起异常的地质原因。

（2）运用物理模拟和数值模拟的定量计算方法，推断研究对象的赋存状态（形态、产状、埋深等）。

（3）结合测区地质特点，以各种推断成果图的形式表达测区地质构造和矿产分布等有关地质问题。

三、地球物理资料解释的一般原则

在地球物理资料的解释中，应自始至终贯彻综合解释的原则，探索地球物理资料综合解释的途径，努力使地质与地球物理紧密结合起来，克服地球物理反演问题的多解性，加深地质认识。地球物理综合解释的原则可归纳为如下五项：

（一）以现代地质理论为指导

由于一般的地球物理资料解释是以完成地质任务为目的，所以，在地球物理资料解释中，应根据地质任务的要求，以相应的现代地质理论为指导。例如板块大地构造理论等。

1. 研究深部的岩石圈构造

我们知道，岩石圈层的板块大地构造是现代地球科学的总结。它站在全球规模的高度上，概括大洋和大陆的地质、地球物理特征和规律，以岩石圈层的离散、聚敛和相对剪切运动为标志，来区分板块并阐述其演化。因此，我们可以用板块大地构造理论来分析所研究区域的地球物理场，可以推演出各种地质体在三维空间内的展布的形态与走向、埋藏深度与厚度、物质成分甚至形成时代。

2. 研究含油气盆地

自板块大地构造理论崛起以来，油气地质研究和勘探都获得了新的活力，也为讨论含油气盆地的形成机制和研究石油地质条件的多样性与复杂性提供了理论依据。以板块大地构造理论为指导来探讨这些问题，必须着眼于沉积基底的变迁及其对沉积层的控制作用，而沉积基底的形成与变迁则受控于板块运动所引起的深部构造作用。这样，对地球物理勘探的要求就不仅是搞清盆地中沉积层内部的褶皱、断层和剥蚀等一系列问题，同时还要求搞清其深部地质问题。

（二）两个环节

地质-地球物理资料的综合解释有两个关键的环节：岩石物性与地质模型。

岩石物性（密度、磁化率、电阻率、波阻抗等）的差异对于地球物理异常的极性和强度关系密切，也是建立地质模型，做出地质解释必不可少的资料，为此，通常将岩石物性资料看成是联系地质与地球物理之间的纽带。

当前，岩石物性资料来源大体有三个途径：①在实验室条件下对采集野外露头样品的测定，需要有大量的样品进行统计，按正态分布规律，确定其物性参数值；②从地球物理场观测资料中提取物性参数（密度、剩余磁化强度、速度等），但大多具有平均的性质；③依靠钻孔中物性参数的测定曲线，做统计分析，确定其随深度的变化关系。显然，在这三种途径中，以后者在综合解释里效果最好。

地质模型是地球物理场定性解释与定量解释之间的纽带。所谓模型，就是在定性解释的基础上，把形态、成分复杂的地质体抽象和简化成物理性质稳定的规则形体，以便于应用计算机进行正、反演及其拟合的计算。因此，模型的建立需要有广泛的地质、地球物理背景资料，以及对地质结构的认识。背景资料越丰富，地质认识越深刻，模型才能越接近于真实地质体，结果也才能更逼近于实际。

（三）三项结合

充分利用各种地质、地球物理资料，使它们之间相互紧密结合，可以不断地加深地质认识。

首先，应使各种地球物理资料与地质资料紧密结合，对比各种地球物理方法的异常，并明确它们与地质体之间的关系。作为地质体，例如，盖层构造、基底的隆起与坳陷等都可能与地球物理场之间存在着正相关的关系，从而可以将这些地质体看成是场源，并从场的叠加性质出发，考虑地质体所引起的异常在多个场源的观测异常中，是得到加强，还是受到削弱（继承性背斜将使沉积层的 Δg 增大）。但是，不应忽视地质体与地球物理场之间存在着反相关的关系或“无源”异常的情况，否则会导致错误的结果。例如，在围岩密度大于地质体密度时，作为地质体的背斜，在 Δg 中将表现为负相关。

其次，应使地球物理场的定性解释与定量解释相结合。通常定性解释依据的准则大体归纳为：①异常走向即为源体走向；②最大梯度线相对于源体的边界；③复杂的等值线形状表示有分布很近的不同源体；④异常的相对极大表示有物性呈正、负相关源体存在。此外，尽管我们还知道，在二维平面图上研究地球物理场，可以利用向上、向下延拓了解源体埋藏深度，利用不同高度的方向导数可以对断裂提供丰富的信息，但定性解释仍旧很难对地质体形态、埋藏深度、物质成分与地质时代做出精确的判断。为此，应对地球物理场做进一步的定量解释。然而，定量解释又需要在定性解释基础上，选择剖面，建立地质模型。

第三，地球物理场正演问题与反演问题相结合。根据所建立的地质模型用计算机求取其异常曲线，即作为正演问题解答的计算曲线。它具有唯一性，应与观测异常曲线取得良好的符合，并以此说明模型的正确性。通过对计算曲线的反演，能够给出多种计算地质体，即反演问题的解答，其中不仅给出地质体的产状条件，也给出物性参数。

（四）由已知到未知，由简单到复杂

对地球物理资料的解释通常从地质情况已知的地区开始，利用已知区地球物理异常与地质环境之间的关系和规律来指导未知区的工作，或由某些特征与已知区相似或不相似来推断未知区的可能情况。

解释地球物理资料一般从反映的比较明显、规律性较强、所处地质条件比较简单、易于解释的异常入手，积累经验，然后解释反映不明显、规律性较差和地质条件比较复杂的异常。

进行多种地球物理方法的工区，应先对单一方法资料进行解释，然后进行综合解释。有干扰的区段，应先从没干扰（或干扰不大）的简单、明显的异常着手，然后研究因干扰而复杂化的异常或叠加异常。

（五）多次反馈

综上所述，地球物理资料综合解释的过程，自始至终贯彻着多次反馈原则（图 1-1）。其中比较、拟合、逼近都是反馈。一方面用更大范围的地质、地球物理资料，以及前人研究的成果，在现代地质理论的指导下，将地质问题抽象、概括，与地质模型相比较，并不断修正、调整，以便解释模型，逐步逼近真实地质体。

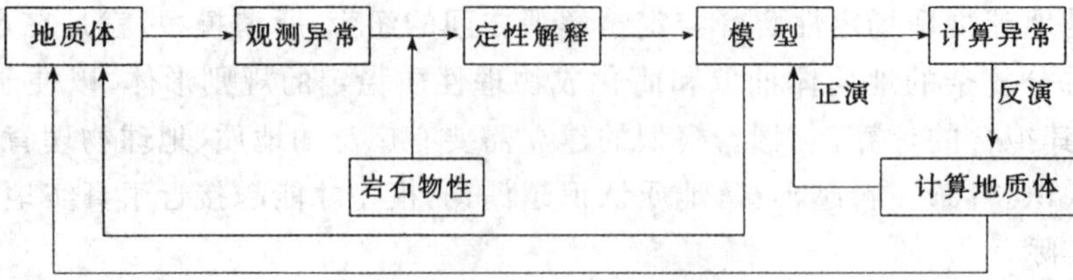

图1-1 综合解释流程及其反馈

§1.2 地球物理方法解决地质问题的特殊性

地球物理调查是地质研究、矿产资源勘察、水文地质与工程地质勘测的重要手段之一。随着地质研究的深入，地球物理方法解决地质问题的难度越来越大。采矿业的发展与采矿、冶炼技术改进，使得矿产勘察向深部、贫矿与尚未开发的地区进展，这就要求提高地球物理探测精度，使用的装备能适应海洋、沙漠、高山等特殊场合。随着国民经济高速发展与市场的激烈竞争，越来越多的经济部门对经济、高效、质优的检测与勘测提出了新的要求，从而使地球物理服务领域已从传统的找矿扩展到建筑、市政工程、公路、环境、考古等部门。

利用地球物理方法解决地质问题的步骤通常是：①首先要根据所欲解决的地质问题以及已掌握的研究区地质资料建立地质模型；②根据建立的地质模型结合地质介质的物性构筑地质-地球物理模型；③依据上述模型进行物理或数值模拟的结果，设计地球物理工作；④野外施工获取测区地球物理观测资料；⑤根据地球物理实测资料反演测区的地球物理模型；⑥在地质理论指导下，依据综合地质资料，由地球物理模型推断地质模型。

地球物理方法解决地质问题的全过程表明：①地球物理解决地质问题是地球物理-地质模型的建立与不断修正的过程；②地球物理解决地质问题时，首先由地球物理观测资料反演地球物理模型，再由物理模型推断地质模型。这说明地球物理解决地质问题是间接的，常常存在非单值性。上述两个特点构成地球物理解决地质问题的特殊性。

一、地球物理解决地质问题的核心是建立模型

地球物理勘察是通过调查地下介质的地球物理特征来解决地质问题的。为此，在开展地球物理调查前，要依据所欲解决的地质任务设计出适用的地球物理方法及其安排任务；欲解决的地质任务包括目的地质体性质、形态以及目的体所处的地质环境。因此，即使调查的目的地质体相同，但由于其形态或者所处的地质环境不同，所采用的地球物理方法亦不同。为了有效地设计地球物理工作和选择适用的方法，须针对所欲解决的地质任务，以调查目的体的先验信息或试验资料为依据，设计出该地质任务的地球物理-地质模型。

地球物理-地质模型是用不同物理性质的地下介质分布在一定程度上逼近某种地质目的体性质、形态及其所处的地质环境。通过对模型的测试、分析或计算，了解某个地质任务的地球物理的特征，从而导出解决地质任务的地球物理测量工作的实施方法。地球物理-地质模型模拟地质任务有两种途径。一是物理模拟，用物理性质与岩石近似的人造材料制作模型。由于地质体尺度很大，模型难以按实体尺寸制作，因此往往遵循相似性原则，把实体缩小几百分之一到几千分之一制成模型。二是数值模拟，是在给定物理性质条件下，利用相应的位场

理论方程或波动方程进行物理场的计算。物理模拟由于变更模型参数的困难和现今技术条件限制，使得其应用受到限制，但对于难以用物性数据描述介质性质的场合，物理模拟仍是地球物理-地质模型选用的对象；计算机硬件与软件长足进展以及参数设置的简便、易行，使数值模拟已成为地球物理-地质模型的首选对象。但数值模拟建立在数学模型对物理现象准确描述的基础上，由于地质介质是多种物质组成的复合体，许多地质体的物理现象还很难用数学模型准确、完整地模拟，这也限制了数值模拟广泛应用。因此物理模拟与数值模拟相辅相成，缺一不可，特别是一些重大地质问题，须同时使用物理模拟与数值模拟对模型的地球物理场特征进行描述。根据地球物理-地质模型构筑物理模型或数学模型，通过实验测试或数值计算，可以确定各种地球物理方法的有效性，探明目的地质体所需的地球物理工作以及不同方法测量结果的综合解释。

二、地球物理反演地质问题的多解性

利用地球物理解决地质问题时，常常会遇到解的非单值性或不确定性。出现这种情况的原因：有的是不同地质问题存在相似或近似的地球物理特征；有的是所欲解决的地质目的体所呈现的地球物理异常场过于微弱，而需要通过间接方式解决；还有的是地球物理场在不同的几何形态有同样的场强分布特征。为了解决场的多值性问题，需要通过不同地球物理方法综合，地球物理与其他地质勘察手段的综合，地球物理与地质的综合使不确定因素减小。

（一）目的体物理性质相似性造成的反问题解的非单值性

在自然界中，不同的岩石、矿石可能具有某种相同的物理性质，仅数值大小不同而已。地球物理所要研究的目的体及其所处的环境是岩矿石及其分布特征的总体反映，因此不同目的体及其所处地质环境可能具有某种相同的地球物理特征。因此在多数情况下很难根据所观测到的某种地球物理场单值地推求其地质模型，从而造成地球物理反问题的多解性。

由于岩矿石物理性质的某类同性而造成地球物理的反问题的非单值性问题，通常可以应用综合地球物理方法来消除非单值性问题。下面举一个例子来说明这个问题。假设测区内分布最广泛的岩石的物理性质可以表现为图 1-2 所示的形式。图示测区内有六种岩矿石 A,B,C,D,E,F，通过磁法勘探可以确定岩矿石磁化率 κ，通过重力勘探可以确定岩矿石的密度 σ，通过电法勘探可以确定岩矿石电阻率 ρ。如果我们仅进行磁法勘探无法把 A,C,F 三种岩矿石单值地区分开；但当我们引入重力勘探所得的密度 σ 资料后，就可以再把岩矿石 F 与 A,C 区分开；如果在测区再增加电法勘探的话，根据新获得的电阻率 ρ，加上原来的磁化率 κ、密度 σ 就可以单值地区分开 A,B,C,D,E,F 六种岩矿石。这个例子说明，地球物理综合方法的应用，可以减小地球物理反问题的不确定因素。

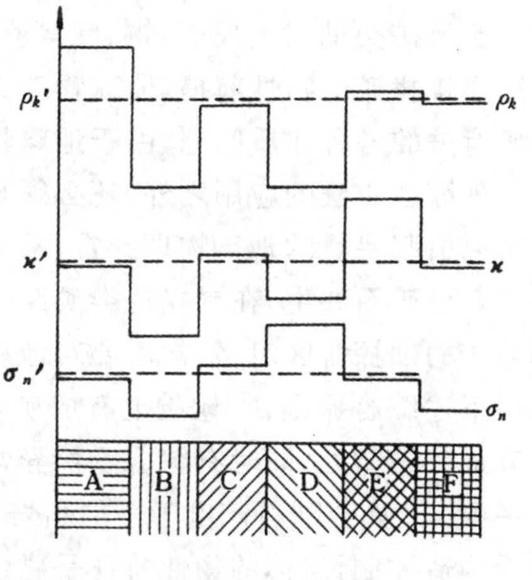

图 1-2　综合地球物理确定地球物理异常性质

表 1-1 是金属矿勘探中常应用的电法勘探、磁法勘探与重力勘探所获得的地球物理异常的性质，从表中可看出不同地质目的体某些物理性质的相似，使单一地球物理方法所获得的异常的解释难以确定，而地球物理综合方法可使资料解释的不确定性大大减小。

表 1-1　根据多种物性的综合确定异常的性质

可能的异常来源	岩石性质		
	电导性	磁化率	密度
以磁黄铁矿为主的块状硫化矿体	高的	中等的	高的
石墨化带	高的	中等的	高的
磁黄铁矿层	高的	适宜的	适宜的
磁黄铁矿薄夹层	高的	适宜的	低的
以黄铁矿为主的块状硫化矿体	中等的	低的	高的
石墨化带	中等的	低的	高的
粗粒浸染状磁黄铁矿	中等的	适宜的	适宜的
块状磁铁矿体	中等的	高的	高的
块状方铅矿体	中等的	高的	高的
有磁铁矿混入的块状黄铁矿体	中等的	中等的	高的
块状磁铁矿体	适宜的	高的	高的
块状方铅矿体	适宜的	高的	高的
黄铁矿层	适宜的	高的	适宜的
粗粒浸染状黄铁矿体	适宜的	高的	低的
强炭化沉积	适宜的	高的	低的
石墨化岩石	适宜的	高的	低的
以闪锌矿为主的块状硫化矿体	低的	低的	高的
炭化沉积岩	低的	低的	高的
浸染状(黄铁矿或磁黄铁矿)	低的	低的	低的
构造裂隙充填沉积、沼泽、粘土层、湖水、浮土	低的	低的	低的

(二)目的体地球物理异常过于微弱而引起反问题解的非单值性

岩体、矿体及地质目的体的地球物理性质是整个岩、矿石及其所处的地质环境的总体反映,它与岩矿石的成分、矿物种类和含量、经受的地质构造作用及所处的地质环境等因素有关。对于金属矿类的贵金属矿,铜、锡等有色金属矿以及大部分非金属矿,目前不存在用地球物理方法直接找矿的物性前提,地球物理方法只能作为寻找矿产资源的一种间接手段,用于解决与成矿有关的各种地质问题。由于地球物理探查结果无法直接解决矿产资源的存在,因此除了地球物理综合方法的应用之外,还必须与地质以及其他探测方法相结合。例如金矿中的金的含量不足以引起足量的地球物理异常,常常需要通过地质环境的查证加以确认。如内生金矿中的金常与其他矿石共生,在寻找这类矿床时,需要地质、物探与化探的综合才能有效寻找金矿。在选择金矿的勘探靶区时,常常需要对地质、物探、化探资料进行综合研究。在确定勘探靶区时常常采用下述综合原则:①地质上有成矿希望处,并有物探与化探异常在空间上与之吻合;②地质上有成矿希望处,同时有综合物探异常;③物探异常与成矿元素或伴生元素异常的空间位置基本一致。又如金刚石产出于金伯利岩中,寻找金伯利岩就可能找到金刚石矿。山东金伯利岩侵位受构造控制,岩体的物性特征是磁性多数属中等、低电阻率、剩余密度小,其地球化学特征元素为 Cr,Ni,Nb,La,P 等。因此进行金伯利岩远景区预测时,首先利用重力和磁法(航磁)推断与金伯利岩产出有关的断裂构造,同时利用化探资料研究在断裂构造格架中,是否有 Cr,Ni,Nb,La,P 等金伯利岩特征元素异常分布,只要断裂构造格架与金伯利岩特征元素匹配,就构成了金伯利岩物化探综合找矿模式。

(三)不同参数的目的体呈现的地球物理场等值性而造成反问题的非单值

不少地球物理方法在场值参数的反演解释中,由于地球物理场等值性,从而使得反演问题的非单值性，这时需要通过其他地球物理方法或地质勘察手段获取某些参数而解决单值问题。例如电阻率测深法，当中间层电阻率比上层低时，只要中间层纵向电导 S（层厚 h 与电阻率 ρ 之比）相等，就会获得相同的 K 型（或 A 型）曲线；当中间层电阻率比上层电阻率高时，只要中间层横向电阻 T（层厚 h 与电阻率 ρ 之积）相等，就会获得相同的 H 型（或 Q 型）曲线。这种 S 或 T 的等值性使电测深曲线解释呈现多解性。这时可以由反射地震、探地雷达或其他方法确定了中间层的厚度 h，就能使反问题获得确定的解释。又如重力勘探方法，当地下目的体的质量中心重合，剩余质量又相等，那么不同规模的目的体所引起的重力异常是一致的。如果通过钻探获取岩矿样，通过物性测定取得两者的剩余密度，那么地下目的体的规模就可以确定。

§1.3 地球物理资料的解释步骤与方法

一、物理-地质模型

（一）物理-地质模型的概念

地球物理研究目标的物理-地质模型是抽象化的场源体及由场源体引起的异常效应的系统，这些效应逼近地质目标并以建模所需要的详细程度概括反映地质目标的构造、规模、形状、岩石物理性质及其相应的物理场的立体分布。

上述定义是通用定义，对逼近几何地质目标，无论是地壳的块体，还是油气远景构造或其他任何地质构造、矿田、矿床、各个矿体、对地质填图有意义的岩石组合或各类岩石，都同样适合。

地下地质体产生于一定环境中，它所包含各种地质内容及其固有的物理性质构成了地下物理-地质模型。因此，这里讲的物理-地质模型，它是一种既有地质意义又有物理含义的模型。它可理解为对场源体的抽象描述，其总体大小、形状和物理性质的差异应近似于所要发现的实际目标。对于各种不同的地质目标可以建立不同的物理-地质模型，即使同一地质目标，因地质、地球物理条件的不同；也会有不同的物理-地质模型。

一个完善的物理-地质模型应包括：

（1）将地质问题转化为物理数学问题的有限地质块段的三维抽象的综合“物理-几何”模型，具体来讲应包括抽象化了的地质体的几何参数（空间位置、形状、大小、产状等）和物性参数（密度、速度、磁性、电性、放射性、热导率等）。

（2）为解决地质任务，应根据模型，对方法合理选择与组合。

对于一个特定的物理-地质模型，其基本内容应包括：基本的地质特征、“目标”的地球物理特征和干扰因素。

（二）物理-地质模型的特点

物理-地质模型具有典型性、简化性和不唯一性的特点。

1. 典型性（即代表性）

物理-地质模型是将大量相似地质、地球物理条件的目标体及其围岩的实际体概括成一个或少数几个典型的模型，模型数不能太多，太多就失去其代表性了。当然这种典型性与代表性要根据研究的详细程度和地质任务要求来定，比例尺大，研究程度细，地质任务要求高，则物理-地质模型一般也会随之增加。

2. 简化性

将实际的地质体组构成物理-地质模型，都要进行一定程度的简化，无论是地层与岩性的划分、构造的区别、地质体的形态和物性参数都要简化和近似。这样做的目的：一是使模型更具代表性；二是为了便于地球物理正反演问题的计算。因此，最常见的几何模型是球、板、水平圆柱、水平层状介质与垂直状介质，物理性质是均匀或分层均匀的，石油电法中经常采用的就是水平层状介质模型。随着计算地球物理的发展，已经开始大量使用2维、2.5维及3维的模型近似地下介质。由于压实作用，往往使岩石物性随深度而变化，因此在模型中也在考虑使用变物性模型。所以，随着研究的深入与科学的发展，模型的复杂程度会逐步接近于地下实际情况，但尽管如此，作为模型还是要简化的，只是简化的程度视研究的要求而定。

3. 不唯一性

鉴于地球物理反演问题的多解性，所以根据某一种物探方法的地球物理场得到的地球物理模型都不是唯一的，可能其中有些参数是唯一的，但其他参数则是不确定的，它们可以有一个变动范围或属于几种可能。也正因为如此，更需要应用综合物探方法，紧密结合地质，选出合理而符合实际的物理-地质模型作为解答。

（三）物理-地质模型的分类

按照不同要求可以有不同的分类。根据所建模型的对象和概括的程度，基本上归为两类：

1. 实际模型（具体模型）

以某个具体的调查目标为对象，根据实际的地质情况、各有关参数数据的物性空间分布、各种地球物理场的时空分布特征，经过一定抽象和简化建立的模型。

2. 概括模型（概念模型）

从许多同类的实际调查目标的物理-几何模型或地质模型中抽象、概括出的模型。这类模型要以正确地质理论为指导，要以大量实际资料为基础，按地质单元和地质目标的类型分别建立。这类模型反映了目标体整个类型的概念，又称概念模型，指导作用更为普遍。

（四）物理-地质模型的建立

1. 物理-地质模型建立的方法

通常有以下几种：

(1)类比方法。在普查或区域调查时，先验信息较少，可借鉴地质、地球物理相似地区的地质、地球物理资料，建立初始模型，以便选择方法及建立方法的最佳组合。

(2)相关分析方法。利用目标体的几何、物性参数及相应的实测物理场，用回归分析等方法，求其相关关系，并根据相关关系估计模型。

(3)反馈方法。利用反演或实验资料、实验验证等结果，不断地修改、完善模型。

2. 建立模型的步骤

(1)调查研究，收集有关目标体及其围岩的地质、地球物理各种信息，有条件的话，可布置少量的试验剖面。

(2)资料的分析研究与归纳整理，从中提炼出最具典型性、能够反映事物本质规律的信息，并将其抽象化和理论化。

(3)根据上述结果，用简明的图件表示出来，即建立起模型。

(4)根据新收集的补充资料，修改完善模型。

应当指出，物理-地质模型的建立与修改过程是一个人的认识随着勘探工作的深入，不断接近客观世界的过程。通过先验知识建立初始模型，通过勘探实践不断修改模型，最后得到比较接近于实践的模型。为什么要开展综合地球物理勘探，需要投入哪些最有效的方法，在什么时间投入等问题的解决都可以通过模型正演进行试验，取得初步认识。然后进一步可通过正反演工作，将解释结果与模型对照，进行模型的修改与完善。这一过程可用图 1-3 来说明。

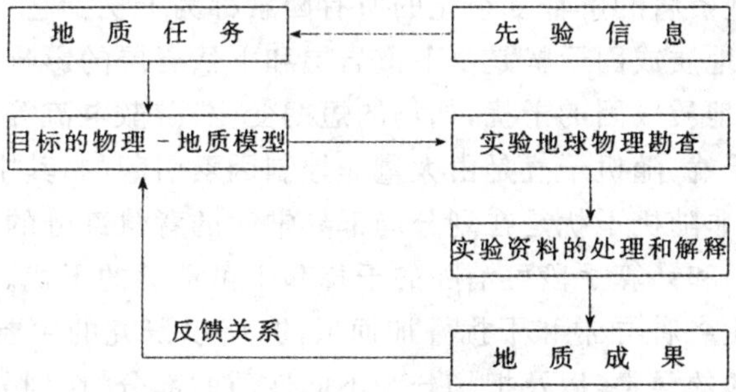

图1－3 制作物理－地质模型的基本过程

二、地球物理异常的识别和划分

(一)正常场、异常和干扰

地球物理异常是物理场相对其正常场的偏差。它分为重力异常、磁力异常、电性异常及其他异常。根据地球物理异常，可研究地壳和岩石圈结构以及地壳的不均匀性(如地质构造和矿床等)。

正常场是由物理参数均一的岩石所决定的地球物理场，其均一性与调查的比例尺有关。

正常场的概念对于人工激发场(直流电场、恒定电流的磁场、交变电磁场)和天然场(磁场、重力场、电磁场等)是不同的。在前一种情况下，均匀介质相对已知源的场，范围较大，所以这种介质可视为半空间。在后一种情况下，正常场或是用解析方法计算，或是将观测数据换算成在均匀半空间内等于零的数值或某一常数值。例如电法勘探中的视电阻率法，在天然场的情况下，正常场可用某些解析表达式来描述。

异常可分为大陆异常、区域异常和不同级次的局部异常。天然场区域异常的面积为几千到几万平方千米，局部异常则从几千平方千米到十分之几平方千米。有了这样的概念，就可能依据异常的级别划分出场的某些假定的正常场水平。

空间尺度(面积)比所研究的剖面和观测面积小得多(为其 1/5 或更少)的观测场分量，可取作局部异常，也就是说，表征局部异常的点数要比总的观测点数少几倍。

在解决勘探地球物理问题时，一般利用的是区域异常和局部异常。在研究局部异常时，可将地球正常场、大陆异常和区域异常之和作为正常场；并且在被研究剖面和观测面积范围内，前两部分的影响可以认为是稳定的。

从总的观测场中划分区域异常和局部异常带有条件性。例如，在不大的范围内进行大比例尺详查，区域异常通常反映地下起伏的大构造单元，可以看作稳定异常。然而，这时大的局部异常对于较小的异常开始起到区域异常的作用。例如，为了直接寻找石油和天然气而进行重力勘探时，构造产生的异常对于油气藏引起的异常来说是区域异常，这种异常往往称为背景异常。空间尺度(面积)比局部异常大很多(大 4 倍以上)的场的组成部分，可作为背景异常。

天然场和人工场中的地球物理异常按物理-地质可分为三类：①与矿床及在地壳上层具有普查勘探实际意义的其他不均匀性有关的异常(矿异常)；②表征埋深几千米的地质构造、断裂构造、岩石接触带的异常(构造异常);③整个地壳和岩石圈结构决定的异常(深部异常)。所有这些异常提供了该区地质结构的有用信息。除此以外,在物理场中还记录下许多由不同干扰因素引起的、在解决某一问题时没有实际意义的假异常。

使物理场的测量和所获资料的解释复杂化的所有因素称为干扰。它可划分为地质成因的干扰和非地质成因的干扰。地质成因干扰是由上覆岩层和下伏岩层的影响、断面上部的不均匀性局部地形等而引起的;非地质成因的干扰,如场的短期变化、游散电流等等。除此以外干扰又可分为随机干扰和非随机干扰。随机干扰是由大量非控制因素引起的,其中每一个因素的作用都不大(测量的随机误差);非随机干扰是在划分局部异常时的背景部分的干扰。最后,还须区分出通过技术(如人工场中)和计算手段可消除的干扰和不可消除的干扰。

因为任何观测场都是由各种异常和干扰叠加而成的,所以研究的主要任务在于从干扰背景上划分出由调查目标引起的异常,以及把场分为不同性质的部分。在划分场和区分出单个异常后,要进行异常的物理性质解释,包括确定异常的地质性质和定量地描述异常源。

确定待寻目标的物理-地质模型所需的异常的地质性质和几何参数,可以在进行综合地球物理调查时最可靠地加以确定。

(二)地球物理异常的划分

在干扰背景上划分异常是对任一地球物理场进行资料处理的主要任务之一。尽管为此目的利用了大量多种多样的场滤波方法,但可以划分出下列求解原则:①给出与调查目标的物理-地质模型相适应的场的数学模型;②研究异常和干扰的谱及其相关性质;③在某种最优化准则的基础上选择滤波(处理的算法);④做出异常存在的解;⑤评价处理的质量。

一般采用叠加模型作为场的模型,即在第 i 点的测量结果 f_i 是区域(背景)分量 A_{i0},有用的局部异常 A_{ia} 和由断面上部不均匀性影响、未考虑到场的变化、观测误差等引起的干扰 A_{in} 的总和,即

$$f_i = A_{i0} + A_{ia} + A_{in}$$

在求解场的区域分量时,往往将局部分量当作干扰,于是场的模型简化为

$$f_i = A_{ia} + A_{in}$$

在事先消除区域分量的情况下,可采用类似的模型来划分局部异常。异常可用确定性函数(解析给定的形式),也可用随机过程表示;干扰通常用随机函数描述。

在干扰背景上划分异常时,频谱和相关间隔的差异起决定性作用。在划分异常时,测线间的相关性(延续性)有很大的意义。确定性异常的性质用振幅和相位谱评价,随机函数的性质通常根据自相关函数计算的能谱评价。

互相关函数是场的重要特征。根据达到正极值的互相关函数的横坐标,可确定测线间异常的位移值,即可以求出测区内异常的走向。同时计算自相关和互相关函数,有可能直接根据原始资料估算信噪比。

评价场的谱和相关性质,可以更有根据地选择滤波器,以便用数字滤波方法划分异常。这些方法的基础是使用:①场源模型(最佳滤波器、反概率法、自适应滤波);②场的解析性质(上半空间和下半空间内场的变换等);③场的形态和结构特征(回归分析和因子分析)。

发现弱异常的方法(反概率法、测线间的相关、自适应滤波或自谐滤波),在岩石物理性质差异不太大、目标的埋藏条件不利及强干扰的情况下,为制作研究目标的物理-地质模型提供了极重要的补充信息。

对于用来从干扰背景中划分异常的这种或那种滤波器,要评定它的质量。处理的质量决定

于解的可能误差及滤波器的分辨能力。所谓最佳滤波，是在对所有滤波方法进行充分研究后，所得的其他非最佳滤波方法的极限。

三、地球物理资料的定性解释

定性解释是在资料的预先分析和处理的基础上进行的。其主要任务是初步解释引起各个异常的地质原因。此外，对有意义的异常体，还应确定其大致形状、走向、倾向、分布范围、埋深等，并做出相应的解释推断图件。

定性解释通常采用综合对比分析法，大体上可从以下几个方面着手：

1. 研究单一方法的异常

先研究单一方法的异常，再研究综合方法的异常，是贯彻由简单到复杂的解释原则的具体表现。

(1)详细研究测区内岩、矿石的物性资料和地质特征，结合地质原因已查明地段物探资料，建立起测区各类地质体上可能产生的地球物理场特征的概念(正演概念)。

(2)根据各类实测参数图详细研究异常特征，并对单一方法异常按其特征进行分类。

(3)在已分类的异常中选择有代表性的异常进行深入分析，取得经验，再行推广；必要时可以做一些半定量或定量解释，以判断异常体的规模和产出情况是否与实际符合或所解释的原因是否能产生实际观测到的异常特征。

2. 综合研究各物探方法的异常

先分析综合图件，根据在分布范围上有内在联系的各个物探方法异常自身特征和相互关系进行综合方法异常分类，然后进行解释。由于对每个综合异常都可以从所采用的物探方法的物性基础角度和地质情况去认识，相互对比结果，就可以否定引起异常的某些可能原因，而得到单一的地质原因解答，或者至少可以减少异常的多解性。对没有综合资料的物探异常，应布置综合剖面进行异常检查研究。

3. 密切结合地质资料

这一原则应贯彻于物探资料解释的全过程，从已知到未知的解释原则就是这种结合的体现之一。还体现在：

(1)在定性解释时，总是将物探资料和地质资料进行对比分析，并且把室内分析研究结果和野外实地调查结合进来，如在激发极化法异常解释中，常出现的与探测对象无成因或空间联系的石墨化、黄铁矿化、磁铁矿化等这类干扰，目前尚无通用的、行之有效的判别方法，只有通过实地调查结合其他物化探资料进行对比分析，才能得到解决。

(2)在大面积覆盖区，可根据需要和可能，选择少量有代表性的异常，用山地工程揭露或用钻井验证，以了解解释推断结果是否合理，总结规律，指导未知区工作。这是异常的检查研究之最有效的手段，但是耗费也大。

另外需指出，如果物探方法的解释结果与地质推论之间有矛盾，要尊重地质与物探各方法基础理论及已掌握的第一手资料，核实情况，探求矛盾的原因，切不可牵强附会。只有采取科学的态度和合理的分析方法进行地质解释，才可能取得较满意的地质效果。

以往对地球物理场划分及解释，大都应用目测对比方法，现在大量发展了使定性解释量化的方法，如模式识别的方法。带先验信息综合物探解释方法中包含了数理逻辑方法、统计假设检验方法、感知法等常用方法，而信息缺乏时的具自学原则的综合解释方法则包括启发式方法、统计方法和均匀度检验最优方法等等。随着计算机的发展及图像处理技术的进展，地球物理定性解释步入了一个全新的阶段。

定性评价异常源可根据以下原则：①出现具有相对极大值的异常，证明存在着物理性质呈正（负）效应的异常体；或相反，出现具有相对极小值异常，例如在重力勘探中存在着密度小地质体等；②绝对值最大的异常出现于地质体中心在地面的投影点附近；③最大梯度线一般相应于异常体边界、岩石接触带、构造破碎带；④异常的走向与异常体走向一致；等轴状异常对应于在地面呈等轴状投影的异常体；⑤在平面图上等值线形状复杂，特别是有几个极值，证明有几个分布很近的异常体。

四、地球物理资料的定量解释

定量解释一般在定性解释的基础上进行。定量解释的目的主要是确定有意义异常体的赋存情况，如推断异常体的几何形态、产状要素、埋深情况，以便为布置山地工程或为地质勘探工作提供依据，或配合勘探工程查明矿产储量，减少勘探工作量。有时，定量解释用来确定层参数（如测深法），进一步查明引起异常的地质原因。

（一）定量解释对资料的要求

（1）解释剖面（或曲线）的观测精度应较高。

（2）解释剖面（或曲线）应尽可能符合解释计算公式或方法的预先条件，如使用二维定量计算公式或二维反演程序，就要求异常体满足二维体要求；并且要求解释剖面垂直异常体走向及大致通过异常中部。

（3）解释剖面（或曲线）应完整，异常的背景场比较平稳，异常曲线较圆滑，特征点明显，形态较简单。

（4）进行定量解释时，要求测区内有较好的物性标志层、地质-物性断面较简单、测区地形平坦、测区或测区附近有一定数量的已知物性标志层的钻孔及相应的测井资料。

（二）正确使用定量解释方法

由定量解释对资料的要求可知，某些定量解释方法对地质体产出条件要求很严格，否则解释结果将产生误差。实际上野外很难遇到一个与理论上所假定的条件相一致的地质体，所以为了减少计算误差，我们应选择那些通用性较强、稳定性较好的解释方法；而在地质体产出条件了解比较清楚，或者根据曲线特征，对地质体产出条件估计有把握而且干扰很小时，可以选用那些特定的解释方法，它们能给出准确的结果。

（三）地球物理资料的定量解释方法

目前地球物理资料的定量解释方法一般可以归纳为三类问题：界面反演、物性反演和断裂反演。

界面反演的方法很多，如界面直接反演、迭代反演和统计反演等。需要指出的是，在实际的地质剖面中，由于地质上的层面、断层面、侵入接触面、不整合面、深部分界面以及任何不同岩性的分界面均可成为物性界面。所以，一般说来，物性界面与地质分界面是一致的。

然而物性界面与地质界面也并非一致。有些古老的地层，在长期构造运动和地层压力作用下，相邻地层可能有相近的物性，因而地质上的层面，不足以构成物性界面。反之，同一岩性的地层，其中既无层面又无岩性界面，但由于岩层中所含流体成分不同，而构成物性界面（例如水层与气层分界面，含油层与含气层分界面，油层与水层分界面），因而物性界面有时也并非地质界面。

从地质年代观点来看，虽然层面和不整合面都具有年代地层意义，但层面所分割的沉积，基本上是同时期的。而不整合面分割的新、老地层，具有重要的地质时代的间断。

了解物性界面的地质年代，并将它们与钻井联系起来，对于地质勘探来说是十分重要的。如何根据地球物理异常反演地下物性的分布，这也是地球物理反演的重要内容。有了岩石物性的基础，根据密度、磁性、电性和速度等的分布，就可以进而推测岩石的岩性。

以地震勘探为例，地震反射虽然产生在地层界面上，但反射特征受上、下地层和岩性的控制。地震反射通过上覆地层时，反射的速度、吸收以及频谱成分也受地层和岩性的影响，以至在地震剖面上，可以根据层速度、吸收系数和频谱差异来划分地层和岩性。从地质观点上看，地层界面与岩性界面有时相符，但在某些情况下，两者是不一致的。在同一地层内部，岩性可以在横向上变化，而构成岩性界面。而岩性类似的沉积，由于时代不同，其间可以形成地层界面。

从地震反射的特征上看，连续的反射，大都是沿着地层层面形成的。而同一地层内部的岩性变化，一般不产生连续反射，仅使地层反射的波形发生变化。

产生上述现象的原因，在于层与层之间，由于时代不同和沉积条件的差异，往往出现波阻抗的突变。即使有时看起来上、下岩性类似，但实际上两者的物性还是有差别的，因而会产生地震波反射。另一方面，地层内部的岩性变化，往往是渐变的，而且很少是大范围的，因而不会产生连续反射。

不整合面既是时代地层的界面，而且其中也包括岩性界面。由于沉积间断，上、下层波阻抗差异明显，所以不整合面上的反射同一般层面反射一样，具有连续的反射特征。但由于不整合面分别接触不同的岩性，所以不整合面上的反射，尽管连续，但波形不稳定，振幅变化较大，甚至出现极性反转的现象。

（四）地球物理资料的综合定量解释方法的分类

地球物理资料的综合解释已经出现了新的形势，其特点是由定性的综合发展到定量的综合；由简单综合分析发展到以物理-地质模型为基础的综合定量解释；由静态解释发展到动态模拟解释。目前地球物理资料的综合定量解释大致可分为以下几类：

1. 以数理统计为原理的统计反演

主要是利用数理统计的方法在标准区（已知区）建立起地质目标、地质特征与地球物理异常之间的相关关系，预测条件相似地区的地质目标、地质特征。这种方法要在一定条件下进行，应用范围受到一定限制。

2. 以统一的物理-地质模型为基础的综合模型法

综合模型法建立在各种地球物理方法单一解释基础之上，但彼此的解释要统一到一个物理-地质模型中，其解释结果应相互补充，相互约束，不强调几种地球物理资料的同时联合反演。这种方法应用广泛，条件要求不高，关键是建立合理的物理-地质模型并不断完善。

3. 联合多种地球物理资料反演地下模型的联合反演法

联合反演就是要联合多种地球物理资料同时反演地下物理-地质模型。联合反演的基本条件是参加反演的方法一定要有公共的物性界面。

按具体反演做法的不同可分为：重震联合反演、电震联合反演等。

五、地球物理资料的地质解释

地球物理资料的地质解释与推断是地球物理资料解释的重要组成部分，前面所做的地球物理解释，只是得到工区内岩石的物性分布及差异，并没有直接的地质意义。因此，还必须对地球物理资料进行地质解释和推断，才能对工区内一系列地质问题提出明确的认识。

根据已积累解释各种不同地球物理方法资料的丰富经验，H.R. 库宁提出综合地球物理资料地质解释的一般原则，按问题归纳如下：

(一)评价目标的形态

(1)磁异常、重力异常及其他地球物理异常的形状和走向彼此间有密切的联系，反映了地质目标的形状和走向。重磁异常的走向表明了褶皱带、构造破碎带及长条状块段的走向。平面图上等轴状异常反映岩浆岩块体、环状构造、单个矿体等。多角形异常反映块状构造，完整的链状异常则反映断裂。极大值和极小值的线状延伸带交替出现，表明有褶皱系统。

(2)当阐明水平层状介质(目标)结构时，地震方法和电法勘探(不同形式的测深)方法具有较大的分辨能力。倾角25°～30°以上的介质可视为垂直层状介质，研究这些介质可采用电剖面法、磁法勘探。地震的和电法的基准界面表明层理面、断裂面和不整合面以及标准界面，即该区某一构造期的开始或结束。

(3)区域异常的等轴现象证明，构造单元或者是呈弧状排列(大致沿等异常线)，或是相对于异常轮廓构造呈径向切割状态(几乎垂直于等异常线)。这些结论也适合于线状异常带弯斜，即等异常线明显弯曲处。

(4)在不同方法结果中，异常位置和走向的不相重合证明基底和上覆岩层组合的构造平面不一致。对于包含有各地震层和电性层的地层构造平面可直接按其形状做出评价，而对埋藏较深的岩石构造，可按重力异常和磁异常评价。磁异常和重力异常的走向不一致证明深部埋藏的岩层组合的构造变动。

(5)按地球物理异常的相关性可以评价构造结构的继承程度。

(二)评价目标的厚度及埋藏深度

(1)地质目标的垂直厚度越大，磁异常和重力异常的强度越高。

(2)地质目标的垂直厚度越大，地震方法和电法勘探方法的分辨能力越强。

(3)地震勘探资料对于其他方法来说是标准资料，因为它能够最准确地估算目标(基准层)的埋藏深度。电法勘探资料可以用于估算基准层的埋藏深度。

(4)由于场的积分性质，准确地估算重力体和磁性体分布的深度是困难的，但在有利条件下准确度可以达到百分之几十。同类型的重力异常和磁异常的场源体的定性相对埋藏深度，可以根据 Δg 和 T 的最大水平梯度值，根据较深目标引起的异常谱中以低频为主的情况，根据异常的相关间隔的变化(目标越深，相关间隔越大)来估算。

(5)缓倾稳定的地震界面和电性界面埋藏深度的下限就是基底面。

(三)评价物质成分

(1)地质目标与围岩物理性质差别越大，物理场反映得越明显。岩浆杂岩中的接触面一般比陆相沉积碳酸盐类岩层和变质岩层具有更明显的物性分界面。在不同杂岩的岩体接触面上可观测到比较明显的物性分界面。

(2)应用层速度和界面速度、电阻率、剩余密度和磁性，通常有可能评价基底及基底以上剖面的岩石物质成分。根据地球物理资料一般能成功地按类型(岩浆岩、变质岩、化学成因岩、沉积岩)划分岩石，以及查明岩浆杂岩及沉积岩剖面的组成。

(3)对比磁异常和重力异常往往能证明异常是由基底或是中间构造层的岩浆所引起的。

(4)研究得最详细的是基底侵入体物质成分的评价准则。

表1-2中列出用以评价侵入体物质成分的地球物理标志。

表 1-2　出露基地表面的侵入体的典型标志

侵入体类型	磁　场	重　力　场	界面速度(km/s)
花　岗　岩	弱强度，有近接触带的扰动体	强度较大的等轴负异带	4.9～5.6
花岗闪长岩	扰动场、椭圆形异常	弱 Δg 极小或无异常	5.3～6.0
辉　长　岩	扰动异常或强扰动异常，长形或块状	与 T 最大值相符的强最大值	5.5～6.2
超基性岩	狭窄的强异常，一般属于有各个块状异常的完整链状异常	Δg 梯度带，有时因各个巨大地质体上的块状极大值而复杂化	6.0～7.0
碱　性　岩	强异常，有时有近接触带的扰动体	不明显的或正的异常	比正常速度高 0.2～0.5

（据 А.Г. 塔尔霍夫等，1988）

（四）估算目标年代

（1）在地层产状未倒转的情况下，地震层和电性层相互位置的特征可用于估计地质时代，作为这些层深度的函数。

（2）在下述情况下，可以相对估计重力异常和磁异常源的地质时代。①在两组交错的异常中，连续延伸的一组较年轻；②围绕镶嵌状异常区以及等轴状异常区的线状异常，则线状异常为较年轻异常；③根据古地磁资料，并与具有特殊的场特征、时代已经可靠确定的地质目标相对比；④根据磁化强度矢量倾角的变化；⑤利用 Г.И. 卡拉塔耶夫假说，认为区域重力异常和磁异常值相对减小对应于较年轻的构造，而当年轻的构造渐变为较老的构造时，区域异常强度相对增大。

（3）各个不同地区的侵入体由于属于不同岩浆旋迴期，其地球物理标志也各不相同。同一岩浆杂岩体的特征是从早期岩石到晚期岩石密度和磁化率逐渐降低，而放射性逐渐增强，从而可估计侵入体的相对时代。

上述情况并不具体说明某种异常的性质。为了对异常从空间和时间上进行地质解释，必须：①研究岩石的物理性质；②与用其他方法确定的异常进行对比；③利用各种图像识别方法及定量解释方法，深入研究邻近地区的地质结构。只有采用这种综合方法对地球物理资料进行地质解释，才能成功地解决问题。

思　考　题

1. 地球物理场具有什么特点？
2. 地球物理资料解释的目的和任务？
3. 地球物理资料综合解释的基本原则是什么？
4. 地球物理资料解释的基本步骤与方法？
5. 什么是物理-地质模型？它有哪些特点？
6. 简述物理-地质模型作用。
7. 引起地球物理反问题多解性的原因是什么？
8. 综合地球物理资料地质解释的基本原则是什么？
9. 什么是定性解释？什么是定量解释？定性解释和定量解释之间关系是什么？
10. 什么是地球物理解释？什么是地质解释？地球物理解释和地质解释之间关系是什么？

参 考 文 献

刘光鼎．论综合地球物理解释——原则与实例．地球物理学报(专集)，八十年代中国地球物理学进展，1989
潘玉玲等．电法、放射性、地热实验实习教学指导书．北京：地质出版社，1994
秦政．石油地球物理勘探(下册)．北京：石油工业出版社，1987
王家林等．石油重磁解释．北京：石油工业出版社，1991
王家林等．珠江口盆地和东海陆架盆地基底结构的综合地球物理研究．上海：同济大学出版社，1997
А.Г．塔尔霍夫等，曹玉等译．地球物理方法的综合应用．北京：地质出版社，1988

第二章　地球物理方法综合应用概论

不同的地质目的体具有某些相同或相近的地球物理特征，地球物理应用于地质问题的研究时，常常存在解释的非单一性。为了解决地球物理方法的非单值性问题，常常需要综合应用地球物理方法，地球物理方法综合应用是否合理、有效，关系到地球物理方法解决地质问题成功与否。为此，有必要对地球物理方法的应用条件加以讨论。

§2.1　地球物理的应用条件

自20世纪以来，运用地球物理方法进行地质勘察的实践和对大量的岩矿石进行系统的物性测定结果表明：自然界中的各种地质体均具有多种地球物理特征，地球物理方法已成功应用于基础地质研究、矿产资源开发、地质灾害预测、环境监测与工程质量检测等多种多样的地质问题。但是不容否认的事实是还存在不少的地质问题难以应用地球物理方法解决。为此有必要对地球物理勘探方法的应用条件加以讨论。这些条件包括：①工作地区地质目的体与围岩物理性质的差异程度（又称对比度）；②引起异常的目的体的几何参数（形状、产状和规模）；③地球物理场噪声水平。

一、地质目的体与围岩物理性质的差异程度

有关未知地质目标（如构造、各种岩石的接触带、构造破碎带、金属矿体等）和周围岩石（围岩、上覆和下伏岩层）的物理性质（密度、磁化率、电阻率、极化率、热导率等）的最充分的信息，对于评价任何一种地球物理方法的适用性都有特别重要的意义。这类信息适用于地质勘探过程的所有阶段。

不同的地球物理方法对目的体与围岩物理性质的差异程度的要求是不同的。例如，在寻找大多数金属矿时，为了有效地应用重力勘探，要求矿石和围岩的密度差异为$0.3\sim0.4g/cm^3$；对于解决构造问题，甚至有$0.1g/cm^3$（级次）的差异就够了；而对磁法和电法勘探来说，矿石和围岩的磁化率和电阻率必须相差几倍到几十倍。例如，对感应法电法勘探来说，岩石和矿石的电阻率比值应当为100左右。

岩石的物理性质除了取决于矿物成分与结构外，还与岩石形成的条件以及内力和外力对岩石的后期改造作用有关。

在普查金属矿床时，研究热液交代作用对岩石物理性质的影响具有特别重要的意义。这些作用经常使围岩的物理性质产生很大的变化，因而可作为金属矿区内的一种找矿标志。例如，完全蛇纹石化的超基性岩的密度大约降低$0.8g/cm^3$（表2-1）。

硅化和糜棱岩化使岩石密度急剧减小。钠长石化一方面对密度较低的岩石（凝灰砂岩、凝灰粉砂岩）实际上没有影响，另一方面则使致密岩石如辉长岩的密度急剧减小，从2.85降到$2.64g/cm^3$。强钠长石化花岗闪长岩的孔隙度是4.5%～6.5%，而未蚀变花岗闪长岩的孔隙度是0.7%～1.5%。

表 2-1　岩石密度随蛇纹石化强度增大的变化

蛇纹石化强度(%)	密度 σ_n(g/cm³)	蛇纹石化强度(%)	密度 σ_n(g/cm³)
0	3.30	60	2.83
10	3.23	70	2.80
20	3.15	80	2.67
30	3.06	90	2.58
40	2.95	100	2.50
50	2.91	—	

蛇纹石化和滑石菱镁片岩化使孔隙度增大。变质岩和侵入岩的糜棱岩化使孔隙度明显增大(达 2～4 倍)。在一般情况下,孔隙度增大是大多数热液交代作用的特征,在这种情况下通常是密度减小;磁化率既可能增高,也可能降低。由于机械风化和化学风化等地表风化作用,以及主要由于地表水的作用,岩石成分及其物理性质有很大变化,可同时观测到磁化强度、密度、电阻率和弹性波传播速度的降低以及天然放射性强度的变化。

在对测区的目的体与围岩的物理性质的差异程度进行分析前,须收集测区岩矿石的物性参数,收集测区岩矿石物性参数方法有三种途径。一是收集该地区已有的物性数据;当缺乏已知资料时,还可以采用下述两种途径:或是采集标本进行实验室物性测量;或是在测区选择露头好的地区进行实地测量。由于岩石物理性质取决于多种地质因素(时代、埋藏深度、变质作用等),即使相同的岩性组合,其物理性质在不同地区有很大差别,所以在使用区域岩石物性资料时应当十分慎重,必须对测区的地质情况加以足够考虑。

1. 岩石物性的实验室测定

由于采集标本与原地岩石性质有一定差别,特别是岩石的电性,实验室测量仅能给出其数量级。同时岩石标本往往只反映岩石性质的局部变化,往往不能代表岩体的物性。为了使标本测定反映测区岩石性质,往往需要根据地质条件采集大量标本,并使用数理统计方法处理测试数据。这样做的目的是:①紧凑地表示物性资料;②从总体上阐明独立的岩类;③按照物理参数值的分布规律,确定其变化的置信限;④确定不同物理参数间的相关关系;⑤研究岩石物理性质与其成分及结构间的关系,以及评价所得结果的可靠性。

为了集中表示物理性质的测量数据,可绘制直方图;为表示统计分布函数,则绘制累计频数图[图 2-1(a)、(b)]。对于每种类型的岩石,测量最好不少于 50 次,而为了估计其上限,最好利用点线图。

直方图的组数 υ 是根据经验规律 $\upsilon \approx \sqrt{n}$($n$ 为参数的测量次数),或是按照原始资料分组间隔的大小(根据斯特列杰斯公式)确定的:

$$\Delta x = (x_{max} - x_{min})/(1 + 3.32 \lg n)$$

式中:x_{max} 及 x_{min} 分别是参数的最大值和最小值。在每组中应不少于 5 个测量值。

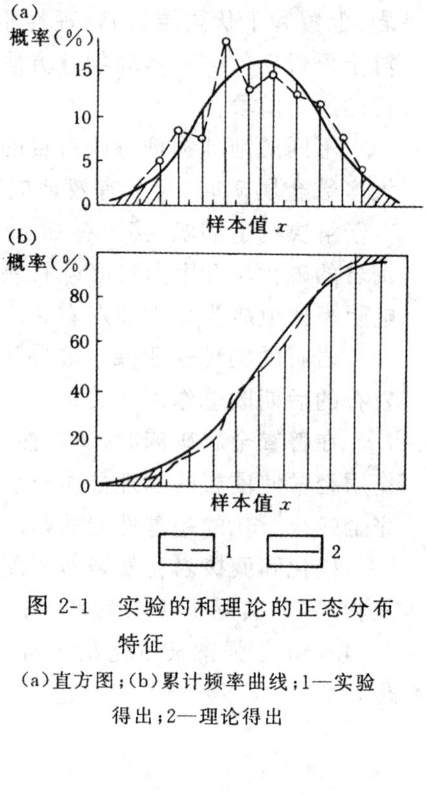

图 2-1　实验的和理论的正态分布特征

(a)直方图;(b)累计频率曲线;1—实验得出;2—理论得出

对各个参数进行岩性分组时要考虑地质因素、岩相特征及时代。在有些场合下,均匀岩石的分组可能与一些岩相类型一致；在另一些场合下，几组均匀的岩石可合并为几个岩相类型；有时情况正好相反，几级均匀岩石是某一岩相类型的一部分。

物理参数的分布常常服从正态规律（密度），或是服从对数正态规律（磁化率、电阻率、化学元素的丰度）。在概率纸上不难绘制出对比各种分布的累计频数曲线（图 2-1）。正态分布时以线性比例尺标绘[图 2-1(b)]，对数正态分布时则用对数比例尺标绘。

物性研究的最终结果以图表形式表示。针对相应的岩石类型，沿选定的坐标轴作直方图，标出平均值或模数值，均方差 ε，并在 ε，2ε 或 3ε 区间的参数变化范围内给出总的测量次数。当不同岩石类型岩石的频率曲线发生重叠时，可用分类误差概率 q 来评价分类的可靠性。图 2-2 为用概率作图法区分两类岩石，S_{nep} 为频率曲线相交的面积（图中阴影部分），S_1 及 S_2 是参于对比的岩石类型在频率曲线上的面积[图 2-2(a)]。于是分类误差的概率

$$q = \frac{S_{nep}}{S_1 + S_2} \tag{2-1}$$

区分两类岩石的可靠性 $\gamma = 1 - q$。当可靠性 γ 小于 75%时，实际上不能按物性参数来区分岩石。

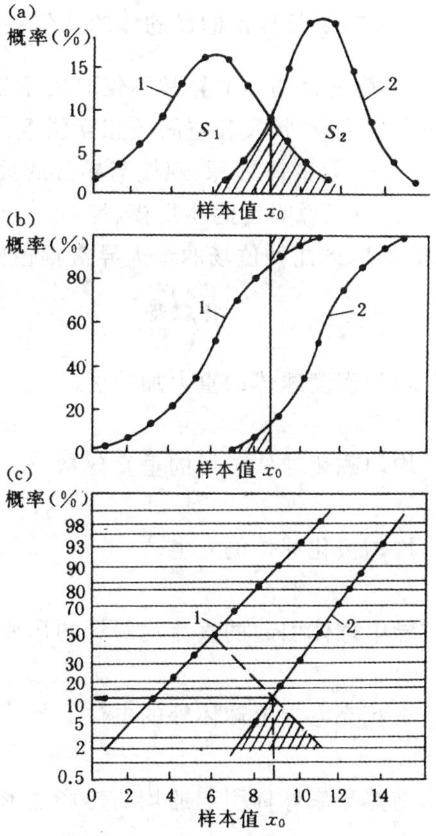

图 2-2 确定两类岩石(1,2)的概率作图法

(a)频率曲线；(b)线性比例尺累计频数曲线；(c)概率表中的累计频数曲线

2. 实地参数测量

实地测量测得岩石的原位参数，与实验室测定相比，所得结果有更大的代表性。下面介绍磁性、密度、电性与弹性波传播速度的实地测试方法。

(1)磁性。当磁性体的大小沿三个坐标轴都大大超过磁性体顶面到测量平面的距离时，可根据 Z_a（或 ΔZ）异常的测量结果求出磁化强度。在这种情况下，磁化强度向量的垂向分量 $I_z = Z_a/(2\pi)$，并且应用 I_z 公式可近似计算出露地表的各个地质体的磁化强度。进行钻孔测量时，在穿过磁性岩石接触带的情况下，磁化强度值的增量 ΔI 用公式 $\Delta I = \Delta T/(4\pi\sin\alpha)$ 计算，式中 ΔT 为接触带上磁性岩石磁场总矢量模数的差，α 为岩石界面与钻孔轴的夹角。

为了在钻孔、坑道和露头上研究磁化率 κ，可应用磁化率测量仪。然而，由于磁流的穿透深度小（2～3cm），可能会受到如岩石表面风化的影响而取得失真的 κ 值。

(2)密度。岩石密度平均值 σ_n 可根据不同高度 H_1 和 H_2 的点上测量重力加速度 Δg_1 和 Δg_2 的资料求得，$\sigma_n = 0.308\,6(H_2 - H_1) + \Delta g_1 - \Delta g_2$，还可用坑道和钻孔中不同深度的 Δg 值求得。用井中重力仪测定 100m 岩层的密度，其精度为 0.01g/cm^3。由于引起异常的物质的非线性影响，上述方法只能给出所谓的岩石视密度的信息。

用核测井方法可以在岩石构造未被破坏的天然产状并保持天然湿度、孔隙度和裂隙度的条件下获得岩石的平均密度。目前已经具有了在露头、坑道和钻孔中用伽马法测定岩石密度的丰富经验。

(3)电性。为了确定岩石的电阻率，可利用视电阻率测井，双侧向测井或感应测井等电性测井方法获取；也可以在露头上用几米到几十米的小电极距四极对称装置测量。

岩石和矿石电磁波吸收系数，可以用无线电波透视法以 0.3～30MHz 的频率对已知地质剖面在坑道或钻孔中进行。

(4)弹性波传播速度。根据地震测井和声波测井资料可确定平均速度和层速度。从反射波和折射波时距曲线上求出的有效速度值通常与平均速度差别很小，可以用来代替平均速度绘制地震界面图。

为了更充分地研究波的类型及其传播速度，可采用垂直地震剖面法 VSP，用它除确定速度外，还可确定地震断面的一些重要参数，如不同界面的反射系数和透射系数，有时也可确定有效吸收衰减率。将 VSP 的结果与声波测井资料相结合，能得出有关地震断面的非常完整的概念。

二、引起异常的目的体的几何参数

待查目的体的异常不仅取决于目的体与围岩的物性差异，也取决于目的体的几何参数（规模、形状、产状及其空间的相互位置）。

1. 目的体埋深、规模与异常的关系

为了说明目的体规模、埋深与产生的地球物理异常的关系，列出了半径为 R，中心埋深为 H 的球体几种位场的最大异常幅值的表达式。

物理场	场的最大值	
均匀密度球体的重力加速度	$\Delta g = \dfrac{4\pi GR^3\sigma}{3H^2}$	(2-2)
均匀磁化球体磁场的垂直分量	$\Delta Z_{\max} = \dfrac{8\pi JR^3\sin\theta}{3H^3}$	(2-3)
均匀极化球体的外电位	$\Delta U_{\max} = \dfrac{\rho}{2\rho_1+\rho}\Delta U_0\dfrac{R^2}{H^2}$	(2-4)
导电球体引起的直流均匀场的形变	$\Delta U'_{\max} = j\rho\left(1-\dfrac{\rho}{\rho+2\rho_1}-2\dfrac{R^3}{H^3}\right)MN$	(2-5)
直流充电导电球体外的电位	$\Delta U''_{\max} = \dfrac{\rho I}{2\pi}\cdot\dfrac{1}{H}$	(2-6)
高热导率球体引起的均匀热场的形变	$\Delta T_{\max} = \Gamma_n\left(1+\dfrac{1-m}{2+m}\dfrac{R^3}{H^3}\right)$	(2-7)
激发极化系数	$\eta_{\max} \approx \dfrac{3}{4\pi}\dfrac{\beta V}{H^3}$	(2-8)

式中：G 为重力常数；σ 为球体的有效密度；θ 为磁化强度矢量 J 与水平面的夹角；ρ，ρ_1 分别为球体周围介质和球体内介质的电阻率；ΔU_0 为球体界面上的最大电位差；j 为电阻率 ρ 的介质中的电流密度；MN 为测量电位差的电极距；I 为球体的供电回路中的电流强度；Γ_n 为地温梯度；m 为热吸收系数；V 为电子导电矿物的总含量；β 为与电子导电矿物包裹体的电阻率、大小、矿物成分以及充电、放电时间有关的系数。

由上述公式可知，当埋深 H 和剩余密度 σ 一定时，重力场的最大相对梯度与球体半径 R

的三次方有关[式(2-2)]，而充电法的电位值 $\Delta U''_{max}$ 一般与球体的大小无关[式(2-6)]。自然电场、直流电场和热场的相对梯度与球体半径的关系介于上述两者之间。

当 R 一定时，地磁场与激发极化场随埋深 H 增加衰减最快[见式(2-3)与式(2-8)]。重力异常值和自然极化场随埋深增加的衰减速度次之[式(2-2)与式(2-4)]。充电球体的电场与 H 成反比；而直流电场和热场与埋深的关系最小。

估算低频电磁场时，导电球体电磁场的径向磁场分量表示为

$$\Delta H_{rmax} = - H_0\left(1 - D\frac{R^3}{H^3}\right) \tag{2-9}$$

式中：H_0 为激发的磁场；D 为与介质波阻抗有关的系数。

频率介于 $10^6 \sim 10^9$Hz 的探地雷达垂直反射时，目的体的雷达反射波功率

$$W_r = \Gamma A\frac{\Sigma e^{-4\beta H}}{H^4} \tag{2-10}$$

式中：Σ 为目的体反射截面，与目的体半径 R 有关；β 为介质的吸收系数；A 为仪器及使用频率有关的常数；Γ 为目的体的反射系数。

2. 目的体相对位置与地球物理方法水平分辨率

当几个目的体靠得很近时，目的体相对距离决定着异常特征。当几个目的体形成只有一个极值整体异常时，那么应用这一地球物理方法无法将几个异常体区分开来。当同样大小、强度一致的相距为 $2l$ 的两个水平圆柱处在同一深度 H 时，对磁场垂直分量，区分开两个圆柱的条件是 $2l > 0.82H$；对垂向微商为 $2l > 0.64H$。对两个相距为 l 的垂直极化球体，沿着通过球心剖面的自然电位异常表明，随着两个球体之间距离靠近，自然电位异常由两个极值组成的异常合并为只有一个极值的异常(图 2-3)。处在同一深度两个水平圆柱体的探地雷达反射波图像，区分开两个水平圆柱的条件是两圆柱的间距 l 应大于 Fresnel 带直径

$$d_F = \sqrt{\frac{\lambda H}{2}} \tag{2-11}$$

式中：λ 为雷达反射波在介质中的波长；H 为两水平圆柱的埋深。

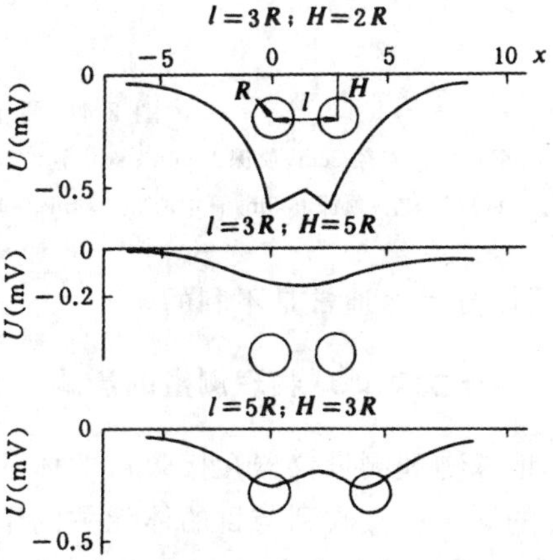

图 2-3 两个均匀极化球体上的电位曲线

图 2-4 给出了不同水平距离的两根金属管的探地雷达图像。

既使是同一种地球物理方法，当方法变种不同时，对多个异常目的体的区分能力也是不同的。图 2-5 为俄罗斯列别斯克铁矿床的地质断面和重力异常 Δg 及其沿剖面梯度 $W_{zx} = \frac{\partial g}{\partial x}$。从图中可以看出重力异常 Δg 无法区分不同的目的体，而重力梯度曲线 W_{zx} 由于有大量的极值出现，增强了对多个目的体的分辨能力。

3. 目的体的形状和产状与异常关系

未知目标的形状和产状要素也具有很大的意义。例如，对于地震勘探和用电测深法的电法勘探，地质体产状平缓(10°～15°)时的平坦界面比较有利；相反，对于用电剖面法的电法勘探，陡倾(>30°)界面比较有利。在高频电法勘探的情况下，例如用无线电波法，走向很明显的地质体最为合适，同时异常效应还取决于发射体相对于地质体走向的位置。对于磁法勘探和重力勘

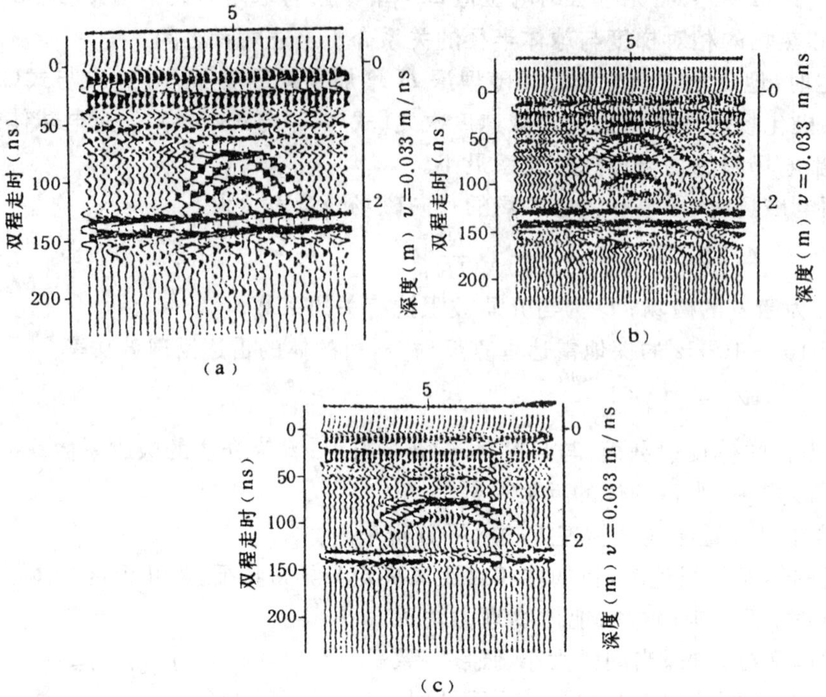

图 2-4　两个同深金属管的探地雷达图像

(a)钢管(右)直径 3cm,顶深 1.06m;铁皮管(左)直径 5cm,顶深 1.04m,管中心距 0.5m;(b)钢管(右)顶深 0.52m;铁皮管(左)顶深 0.5m,管中心距 0.4m;(c)钢管(右)顶深 1.04m,铁皮管(左)顶深 1.06m,管中心距 0.4m

探,缓倾分界面通常是不利的。

三、干扰对地球物理测量的影响

地球物理测量仪器在接收目的体的信号的同时也接收到与目的体无关的干扰。引起干扰的原因有三类:一是地质成因;二是非地质成因;三是测量误差。只有当来自目的体测量信号大于干扰时,才能保证应用地球物理解决地质问题的成功。

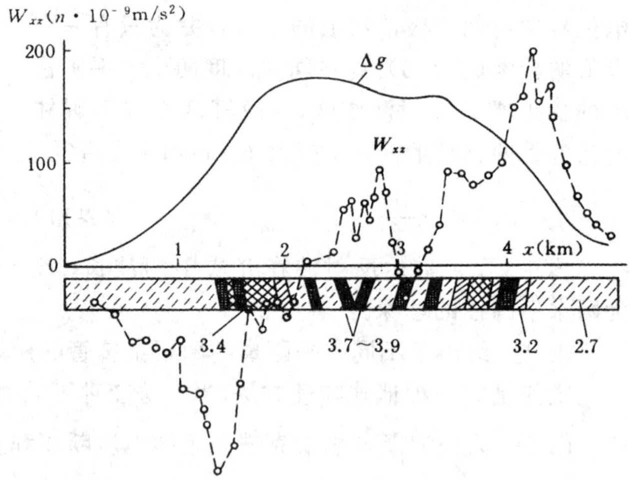

图 2-5　地质-重力剖面

(据 A. Г. 塔尔霍夫等,1988)

断面上的数字为岩石密度,以 g/cm^3 为单位

1. 地质成因干扰

由地下围岩不均匀性引起的干扰称为地质成因干扰,最常见的是上覆岩层、下伏岩层以及地形起伏的影响。

(1)上覆岩层的影响。对于大多数地球物理方法,上覆岩层经常指的是以第四系沉积层和风化壳为代表的疏松层。这些疏松层掩盖了来自其下目的体的信号,构成了屏蔽影响。为了减小上覆疏松层的屏蔽影响,可以改变测量方式或采用相应的数据处理方法。

对电法勘探来说，当疏松层为高阻（如沙漠和半沙漠砂层）时，接地电阻加大会大大降低直流电法勘探方法的工作质量，克服这种屏蔽的有效手段是改用频率测深。

对于地震勘探，疏松沉积层是低速带，它的影响表现为弹性波谱的高频部分被吸收和波至滞后。对一个顶部为高弹性波速度岩层构成的缓倾斜背斜构造，当背斜顶部被剥蚀并为疏松低速层覆盖，用一个统一的平均速度处理这个剖面时，缓倾斜的背斜地层会变得平缓甚至变为凹陷。这时可用速度剖面加以校正来克服这种畸变影响。

在重力勘探中进行中间层校正时，仅仅由于疏松沉积层，误差就可达 $n\times10^{-6}m/s^2$，因为通常疏松层的密度大大低于基岩。

在地磁场的测量结果中，疏松层的影响决定于两个主要因素：疏松层与基岩的磁化强度差异，以及基岩顶板的形状。当覆盖层比基岩的磁化率大很多时，会产生很大的误差。

研究重力场时还会遇到覆盖基岩层的影响，例如，普查产于暗色岩床下的金伯利岩筒的情况就是如此。暗色岩的厚度变化为0～150m，包裹着许多围岩捕虏体。金伯利岩筒在重力场中表现为 Δg 降低。然而类似的负异常也可能是超覆的暗色岩的厚度变化或成分不均匀引起的。

（2）下伏岩层的影响。这一影响在磁法勘探和重力勘探中表现得特别强烈。磁性较强的基岩的地下起伏，使其上覆弱磁地层中的未知目标的异常发生很大畸变。重力勘探时，基底岩石的重力效应往往比调查目标的重力效应强烈。为了从下伏岩石的异常背景中划分出调查目标所引起的有用异常，可采用各种处理方法：光滑曲线、解析延拓、计算高阶导数、相关分析、最佳滤波。所有这些方法的基础是有用异常和使其复杂化的效应在谱成分（或相关区间）方面的差异。

（3）地形起伏的影响。地表切割的地形的影响不仅使未知目标的异常发生畸变，而且也表现为地形本身直接造成的异常。例如，如果基性岩脉呈垂直薄层状产于山顶下，则其磁异常分为两部分，由此可能造成存在两个磁性体的错误概念［图2-6(a)］。与某些铬铁矿体类似的圆形截面矿体位于垂直斜坡的高地内［图2-6(b)］，造成具有四个附加极值的、形状非常复杂的 Δg 异常。

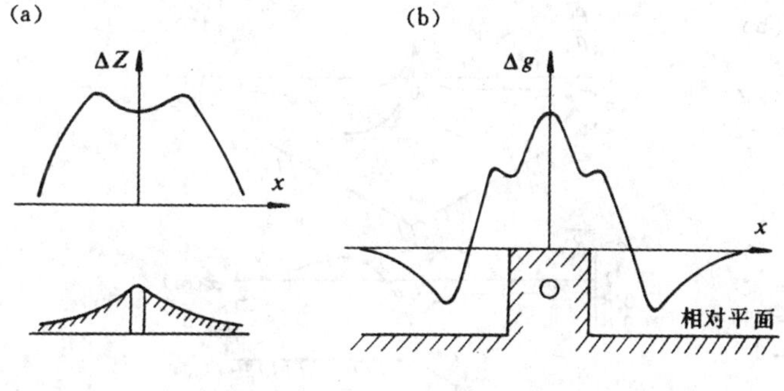

图2-6 地形起伏的影响使地球物理异常畸变

(a)向深部无限延伸的垂直薄层上的磁场；

(b)圆形截面矿体上的重力异常

在切割地区，地表地形的重力效应可达 $n\times10^{-5}m/s^2$，而在山区（如高加索）可达 $(40\sim50)\times10^{-5}m/s^2$，其水平梯度达 $(20\times10^{-5}m/s^2)/km$。

测点的平面和高程联测精度，对评价地形影响有很重要的意义。理论模型和实际模型的计算表明，当测定高程的误差为±10m 时，在半径2km 内的地形改正约为 $1\times10^{-5}m/s^2$。当测定 Δg 的误差为 $(2\sim3)\times10^{-5}m/s^2$ 时，测定高程的误差不应当超过2～3m。

对高山区，甚至当测点高程不变时，平面联测误差为20～25m 也会使得地形改正在 $(0.3\sim0.4)\times10^{-5}m/s^2$ 内变化。对组成局部地形的岩石密度了解不准确也会影响到重力异常的计算结果。

地形造成的自然电场异常一般是由在疏松沉积中水沿斜坡渗透引起的。这些异常是正地形的特征，具有较宽的幅度变化范围（20～400mV）。电位曲线在形态上是局部地形的镜像反映。疏松沉积层中由于水渗漏引起的自然电位异常强度达200mV，线性大小达数百米。

在电阻率法中，当电测剖面垂直于地形等高线的走向时（通常与构造的走向一致），在曲线图上隆起（山脊）表现为 ρ_s 降低，而凹陷（山谷）表现为 ρ_s 值增高（图2-7）。

在地震勘探中，地形的不平整导致时距曲线在时间值 Δt_p 上失真，这一数值可根据下式求出：

$$\Delta t_p = \frac{h}{v}$$

式中：h 为地震检波器的实际埋设点至换算为地形平均线之间的垂向距离；v 为岩石中弹性波传播速度。

如果地震检波器的位置高于换算线，则 Δt_p 为负值；如果低于换算线，则为正值。

在进行放射性航空伽马测量时可能出现地形成因的假异常，它们相应于正的和负的地形形态。一般采用引入校正值的办法来计算地形的影响。

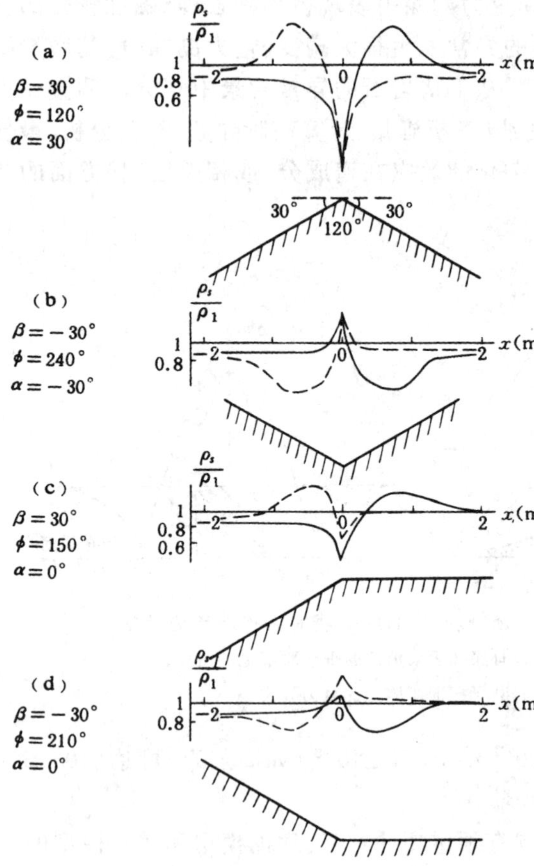

图2-7　几种纯地形上联合剖面法的 ρ_s 异常

（据傅良魁，1991）

实线为 ρ_s^A；虚线为 ρ_s^B

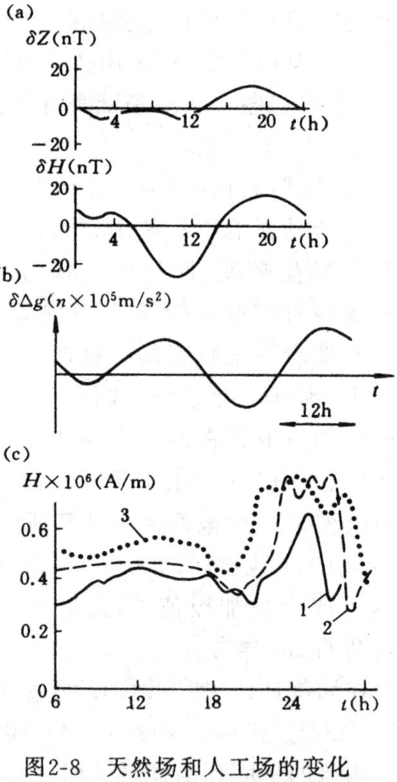

图2-8　天然场和人工场的变化

(a)六月份 δZ 和 δH 场的平均昼夜变化；(b)日、月作用引起的重力场变化；(c)超长波无线电站的强场；1—1964年6月8～9日观测；2—8月6～7日观测；3—9月6～7日观测

2. 非地质原因的干扰

在非地质原因的干扰中，地球物理场随时间的变化对有用异常产生的畸变影响最大。越是

接近磁极，磁场日变化和磁暴的强度越大。以多年观测值平均得出的平均日变 δZ 和 δH 值示于图2-8(a)，在夏季和白天变化最大。在夏季，δZ 和 δH 的幅值变化达数10nT。全年的日变幅值接近10nT，而全天平均变化达1nT。进行磁测时，磁变是通过磁变站观测计算的。在高精度磁测时，短周期的磁场波动是很大的干扰。

在重力勘探中，日、月引力值可达0.2～0.3×10^{-5}m/s^2，它可与金属矿体引起的重力异常相比拟[图2-8(b)]。用重力仪观测的工作方法应保证其持续行程不超过2h，在这段时间内，日、月变化具有线性特征，可以不进行影响的校正，日、月变化可通过重力仪的零点漂移而自动校正。

地球电磁场的特征是大地电流和游散电流的变化。大地电流是不稳定状态的天然电流，在数值上(在磁暴时期从0.1mV/km 到1V/km 以上)以及在大地电流极化矢量方向上都随时间而变化。这些变化的范围很宽：从长期变化到周期为几分之一秒的变化。大地电流的所有变化对于电阻率法和激发极化法测量都是严重的干扰。

人为的原因(电网、铁道、电焊机、工业设施)的游散电流也随时间变化。在一般情况下，夜间观测游散电流的幅值最小。远离正在开采的矿山，电气火车和绞车发动机等工业设施时，工业干扰也随之减小。

海军电台(超长波)场强对甚低频电法测量的影响不仅取决于场强记录时刻的电离层状况，还取决于传播信号的地面路径的性质。中纬度地区超长波场的昼夜变化示于图2-8(c)(接收点距离电台3 700km)。这些变化白天不大，而夜间场的平均强度增加。

在地震勘探中，风和人类的生产活动引起的微震对测量的影响可用多次测量叠加方法减弱。

在非地质原因的干扰中，应该指出的是人工物体的影响。在研究重力场的情况下，当在坑道、钻孔中进行地下调查时，有时是在已开采矿床的金属矿区范围内进行地面测量时，往往不得不遇到人工物体的干扰。观测点附近的硐室、空穴、坑道和岩石破碎带都可以归纳为造成独特干扰背景的人工物体。

在电法勘探中，造成干扰的人工导体是管道和电缆、动力线和电话线等。

在一般情况下分析干扰时，必须注意以下两种情况。第一，同一类型的干扰对各种不同地球物理方法的测量结果的影响是不同的；第二，干扰的影响是可以消除的，要采用在给定条件下最佳的地球物理测量方法，或者借助于仪器中的技术手段，或者利用专门的野外资料处理方法(进行校正、滤波)来进行消除。

3.测量误差

测量误差分为系统误差、随机误差和过失误差。

(1)系统误差。这些误差是由仪器结构上的缺点和测量方法不够完善而引起的。产生这些误差的典型例子有温度影响、仪器零点漂移、观测网的平面和高程联测不精确。消除系统误差要求事先研究其产生的原因，而后对其引入相应的校正(环境温度校正、零点漂移校正等)。

(2)随机误差。它们是由许多因素引起的，这些因素的作用效果相当小，以至不能把它们分开和分别单个计算。随机误差不能消除，但借助于数理统计方法考虑其分布规律可以计算出它们对测量值的影响。

(3)过失误差。这些误差是由于测量条件被破坏和操作员的错误而产生的。发现过失误差时应该将测量结果作废，因为包含过失就会歪曲平均值(例如，用重力仪在点上观测数次)。而无规律地摈弃过失误差又会将测量精度提得过高。对于在一个点上进行多次测量的情况，根据统计规律，偏离算术平均值超过3ε(ε是均方差)的数值出现概率很小，仅0.003。由此，对已有的测量结果计算其平均值$\bar{x}$和均方差ε后，舍去偏离平均值超过3ε的测量结果。然后再重新计算这些值的$\bar{x}$和ε。

§2.2 地球物理方法选择原则①

地球物理方法的合理综合应用十分复杂，它不仅取决于所欲解决的地质任务，而且还必须考虑到高效与低耗两个因素。目前地球物理勘察方法有几十种，在地质任务和总经费确定之后，究竟选用哪几种地球物理方法，哪些方法为主要方法，哪些方法为配合方法，这就是地球物理测量工作设计的主要内容。总的说来，地球物理方法的选择应遵循“地质效果、工作效率、经济效益”三统一的原则。

一、以能取得明显地质效果为目标

地质任务不同，投入物探方法不同，工作要求也不同。

1. 地质任务的类型和性质

(1)地质任务类型。地质任务可分为基础地质、地质填图、矿产勘察、工程地质和水文地质以及环境地质问题等。地质任务类型不同，投入物探方法不同，工作要求也不同。例如，若地质任务为深部基础地质问题，一般需投入深地震测深，重、磁测量和大地电磁测深；若地质任务为工程地质时，一般需投入各种地面电法、浅层地震等。

(2)地质任务性质。如果地质任务为矿产勘察时，应考虑勘察对象是固体矿产，还是石油天然气等。勘察对象不同，投入物探方法和工作要求也不同。若勘察对象为多金属矿时，通常多投入激发极化法、电阻率法和磁法等；若勘察是石油和天然气时，它的勘探深度大，多以查明有利于石油、天然气储集的地质构造为主要目的，故勘察时多以地震勘探为主，配以重、磁测量，有时投入大地电磁测深法等。

如果地质任务为勘察固体矿产时，还应明确是普查任务、详查任务，还是勘探阶段任务。因为矿产勘察阶段不同，需要解决的地质问题也不同，所以投入的物探方法和工作要求当然也不相同。例如，在矿产普查阶段，主要是查明区域性成矿环境、成矿条件和矿产可能的分布规律，故多投入重、磁测量和部分电法工作；在矿产勘察详查阶段，主要是查明局部地区的成矿环境、成矿条件和选择勘探靶区，故多投入各种电法、磁法和地电化学提取法，有时也投入重力法；在矿产勘察勘探阶段，主要配合钻探查明矿体的形状、产状和范围，故以地下物探和地面物探勘探剖面或精测剖面上的定量解释为主，有时需投入部分地面电法和磁测工作。表2-2为俄罗斯B.B.勃罗多沃依提出的金属矿区的地球物理综合系统及其各阶段的具体地质任务和典型的综合方法。

2. 以勘察区的地质-地球物理

勘察区内的地质-地球物理特征，不仅是物探方法投入的主要依据之一，而且也是物探方法选择的主要依据之一。首先，勘察区应是选择在成矿环境和成矿条件有利的地区；其次，勘察区内应具有良好的地球物理前提。勘察区内岩、矿石种类繁多，无法一一表述，为方便起见，将勘察区地球物理特征分为以下几个方面：

---

① 史元盛,《综合物探》,中国地质大学(武汉)物探系,1993。

表2-2 金属矿区地球物理工作的综合系统

阶段及分阶段	主要地质任务	主要技术方法综合和方法
Ⅰ.区域调查 1.比例尺为1:100万～1:50万的区域地球物理工作	研究深部地质构造 根据地球物理资料进行大地构造分区，划分含矿省 编制区域地质构造底图 研究矿产分布的区域规律及区域预测	卫星地球物理(磁测、重力测量和电磁测量)。区域航空地球物理(磁、电磁、重力、地热)及地面重力测量。深部电法勘探;深部地震勘探及地震调查。深钻孔的地球物理探测
2.中比例尺地质填图至1:20万区域地球物理工作	研究含矿省的构造-大地构造条件 划分矿带及含矿带 确定找矿标志 研究疏松沉积盖层下褶皱基底的组成 研究含矿省的矿床成因及中比例尺预测	中比例尺航空地球物理测量(磁、电磁、地热、伽马测量) 中比例尺重力测量 构造电法勘探 踏勘性地球化学测量 区域地震勘探及地震工作 异常的地质调查检查、基准钻孔、参数钻孔及填图钻孔中的地球物理探测(测井)
3. 1:5万～1:2.5万大比例尺地质填图 (1)超前于地质测量的地球物理工作 (2)与地质测量同时进行的地球物理工作	论证普查地区的地质研究 查明含矿构造、含矿建造、矿化现象 明确规定普查准则和确定找矿标志 解决在地质测量过程中出现的部分地质问题 划分成矿远景区及大比例尺矿产预测	大比例尺航空地球物理测量(磁、电磁、地热、伽马测量) 地表岩石地球化学测量、水化学及生物地球化学测量 地面电法勘探工作:填图及普查，有选择地采用 大比例尺重力勘探，有重点地采用或在覆盖区普遍采用。地震勘探:在出露区进行剖面工作，在覆盖区进行面积工作 对异常作地质调查，检查性的填图钻 钻孔地球化学探测及测井
Ⅱ.普查 1.比例尺1:5万～1:2.5万的专门(一般)普查	普查成矿现象、含矿构造、含矿建造、变质带及成矿带 评价地球物理及地球化学异常在发现矿产方面的远景 明确地质底图及找矿标志，划分矿区中的矿田 矿产的局部预测和评价预测储量	大比例尺、详细的航空地球物理测量(伽马测量、磁测) 航空电法勘探普查 地面电法勘探:用于普查及详查 重力勘探:用于普查及详查 岩石地球化学测量:用于详查和深部找矿(覆盖区) 含矿构造的地震勘探(剖面及面积) 对异常作地质调查，检查性的矿山钻探工作 测井和地下地球物理、钻孔地球化学探测

续表2-2

阶段及分阶段	主要地质任务	主要技术方法综合和方法
2.比例尺1:1万～1:5千的普查评价工作	详查矿床,包括深部矿床 研究有矿床远景的地段、异常和呈矿现象 划分控矿构造单元、含矿层位、矿带 评价预测储量、局部C_2级储量,选择勘探目标	地面磁测、伽马能谱测量、核物理测量。地表岩石地球化学测量(出露区)及深部地球化学测量(覆盖区) 地热勘探 地面电法勘探,用于普查与填图 重力勘探,用于普查和填图 矿田地震勘探(沿剖面或面积) 异常的地质踏勘及检查性山地工程-钻探工作 地球物理(测井及井中地球物理)及钻孔中地球化学探测
Ⅲ.初步勘探	划分矿体,确定其产状、形态、构造 评价钻孔(坑道)之间、附近及周围空间的含矿程度 研究矿床的地质构造位置 天然条件下或实验室内矿石的定性和定量评价 矿床的初步工业评价(按C_1和C_2级),选择详细勘探的目标	地面地球物理(电法勘探、磁法勘探、重力勘探、放射性勘探、核物探)及地球化学工作,比例尺1:2千～1:1千 矿床的地震勘探 钻孔及坑道-矿井地球物理。勘探钻孔的测井 地热勘探 样品的核物理、能谱及原子能吸收分析 矿床的地球物理模拟
Ⅳ.详细勘探	矿床产状、形态及构造的详细研究 明确矿床的地质构造位置和研究矿床深部结构 钻孔、坑道、实验室内矿石的定性和定量评价 矿床的工业评价(按所有级别的总和) 勘探可靠程度的研究 第一期开采地段的划分	地面详查评价性的地球物理工作,比例尺1:1千～1:500 参数钻孔的地球物理探测(测井) 钻孔和坑道-矿井地球物理及地球化学工作 沿勘探线勘探钻孔的测井(地面的和地下的) 在天然产状下岩石和矿石地球物理取样试验 样品的核物理分析
Ⅴ.开采矿床的勘探	矿床两侧和深部层位的研究。确定矿体的产状结构和形态 矿山技术条件的研究 矿石的定性和定量评价 在露天采矿场和地下坑道中对矿石的工艺类型填图 工艺过程所有环节中的矿石取样试验 确定开采方向,准备采掘块段	钻孔及坑道-矿井地球物理和地球化学工作 勘探钻孔的(地下的和地面的)地球物理测量 在天然产状下和工艺流程中,岩石和矿石的核物理和地球物理取样试验 样品的核物理分析 矿床的详细地球物理模拟

(据 A.Г.塔尔霍夫等,1988)

(1)测定和研究寻找对象本身的地球物理特征;

(2)测定和研究与寻找对象伴生或共生地质体的地球物理特征;

(3)测定和研究与寻找对象本身形成环境、形成条件和赋存空间有关的地质体的地球物理特征；

(4)测定和研究与寻找对象在空间上有一定关系的标志层的地球物理特征，例如，某些火成岩脉、石英脉、黄铁矿化和石墨化地层以及有某些地球物理特征的地层、岩体和构造等；

(5)测定和研究地质类干扰对象的地球物理特征；

(6)测定和研究一般岩石、地层、岩体等的地球物理特征。

在上述六个方面中，若寻找对象本身的地球物理特征明显而突出(如磁铁矿等)，物探方法选择应以寻找对象本身的地球物理特征为主，兼顾其他；若寻找对象本身与围岩之间无明显物性差异(如金矿等)，而与寻找对象本身有关的间接对象物性差异明显而突出，应以此为主要依据选择有关物探方法，兼顾其他等。

3.勘察区条件、工作条件和交通条件

勘察区(如山区、平原、戈壁滩、沙漠、沼泽地或海域)条件和工作条件不同，所用物探方法和工作要求也不同。例如，在海域勘察主要以地震勘察和重、磁测量为主；在平原和戈壁滩勘察，可用与车载仪器有关的物探方法；在山区勘察只能用仪器设备轻便的物探方法；在沼泽地、沙漠、永冻土区勘察，可用场源和测量装置均不接地的方法等等。

4.勘察区干扰条件

测定和研究干扰类型、干扰程度以及对地质效果影响。干扰影响大又无法消除的物探方法不得投入。例如，在连续起伏的山区一般不投入地面电阻率法，由于地形引起许多 ρ_s 假异常难以校正和消除。若干扰影响小又可消除或部分消除，而又不明显影响其地质效果的物探方法皆可投入。

二、以能取得明显经济效益为目的

地质市场特点之一，就是承担一项勘察任务，不仅要考虑地质效果，而且必须考虑经济效益，综合物探也毫不例外。取得明显的经济效益，不单是承担者的愿望，而且是投资者和承担者的共同愿望。在物探方法选择时，在保证地质效果的前提下，除上述诸因素之外，为了取得明显的经济效益，还应按下述要求来选择：

(1)物探方法的种类和数量尽可能少一些。物探方法不是越多越好，也不是越少越好，而应以能取得较好地质效果所必须的物探方法种类和数量为宜；

(2)仪器设备轻便，工作速度快、效率高、工作人员少，劳动强度小，成本低，消耗少；

(3)仪器设备先进，自动化程度高，在同样的野外工作时间内，采集数据量大，提供的信息丰富；

(4)仪器观测精度高，观测结果可靠，质量高，能将弱异常可靠地观测到，有利于寻找深部盲矿体；

(5)方法水平方向和竖向分辨能力高；

(6)受地质类干扰和外界干扰影响小，或采取一些校正后可以消除或削弱。不受地形影响或受地形影响小，或者经过校正可能消除或削弱。

综上所述，在综合物探工作中，方法选择是个十分重要而又复杂的问题，应该慎重对待，认真选择，做到客观、需要、优化、综合。一般来说，首先选择出可以投入的所有方法，然后进行优化组合，确定主要方法、配合方法以及各自的工作任务和工作量，采集信息的种类和数量，工作程序，与其他方法配合方式等等。为了正确选择物探方法，在工作设计之前，应赴现场进行踏勘，了解勘察区地质情况，为方法选择提供依据。

三、地球物理方法选择实例

前面已系统地阐述了地球物理方法选择原则与依据，下面以湖北某金矿区的地球物理勘探方法的选择为例加以说明。

该区在1966—1976年间主要是寻找刘家畈式磁铁矿，1977—1981年间主要寻找斑岩铜矿、热液型多金属矿，1981年以后转入找金矿，结果发现了一个金矿床。对该区的各种岩、矿石的密度、磁性、导电性和激电性进行了测定和统计。虽然有些岩、矿石测定的数量较少，但测定的参数较齐全。

该区金矿脉多分布在Ⅱ号花岗闪长岩脉与石英闪长岩接触带附近。黄铁矿、黄铜矿及石英为金的载体矿物。岩矿石类型有五种：含金硅质岩型、含金黄铁矿型、含金构造角砾岩型、含金黄铁矿石英闪长岩型和含金黄铁矿花岗闪长岩斑岩型。

各类岩、矿石物性测定结果及统计结果见表2-3。

表2-3　湖北某金矿区各类岩、矿石密度、磁性参数测定统计表

岩矿名称	块数	密度(g/cm³)			块数	$\kappa\times10^{-6}$CGSM*		
		最大值	最小值	平均值		最大值	最小值	平均值
黄铁矿	3	3.59	3.37	3.44				
黄铁矿化钾长石化 $Q\delta$	3	3.12	2.67	2.82	2	7 312	6 672	6 992
黄铁矿化钾长石化 $\gamma\delta\pi$	7	3.66	2.53	2.79				
钾长石化 $Q\delta$	4	2.97	2.61	2.71	45	6 267	257	3 290
弱钾长石化角闪石 $Q\delta$	1							8 260
钾长石化 $\gamma\delta\pi$	3	2.62	2.59	2.60				
石英闪长岩 $Q\delta$	29	2.97	2.36	2.70	16	5 625	682	3 099
花岗闪长斑岩 $\gamma\delta\pi$	12	2.67	2.52	2.60	1			2 241
凝灰岩	18	2.64	2.39	2.50	4	0	0	0
黄铁矿	2	115	22	69	3	52.44	8.16	26.6
黄铁矿化钾长石化 $Q\delta$	5	3 150	60	778	29	28.8	2	10.27
黄铁矿化钾长石化 $\gamma\delta\pi$	3	1 353	15	707	7	19.87	4.83	10.41
钾长石化 $Q\delta$	47	67 820	9	7 331	70	18.0	0.68	3.8
弱钾长石化角闪石 $Q\delta$					6	11.54	1.44	3.74
钾长石化 $\gamma\delta\pi$	3	92 099	7 583	38 912	3	6.84	3.03	5.09
石英闪长岩 $Q\delta$	33	10 983	58	2 664	48	7.96	0.63	2.42
花岗闪长斑岩 $\gamma\delta\pi$	8	14 303	3 060	9 132	8	8.66	2.58	4.76
凝灰岩	15	217	6	96	18	1.40	0.31	0.84

*：没有换算为SI制。(引自湖北省鄂东南地质大队周亚特，李辉文，何蕴明，1981)

由表可见，各类岩、矿石密度值变化规律是：黄铁矿＞黄铁矿化火成岩＞蚀变火成岩＞凝灰岩。各类侵入岩磁性差异较小，但侵入岩与火山岩的磁性差异明显，黄铁矿及黄铁矿化火成岩具有低阻高极化特征，极化率 $\eta>10\%$；不含黄铁矿岩石极化率值较低，凝灰岩极化率最低，其值小于1%。综上所述，将该区各类岩、矿石按其物理性质的不同，可分为以下几类：

(1)黄铁矿化岩石(矿带)：具有中等磁性、低电阻率、高极化率、高密度等特征；

(2)无矿化火成岩：具有中等磁性、高电阻率、中等极化率、中等密度等特征；

(3)火山凝灰岩：具有弱磁、低电阻率、低极化率、低密度等特征。

该区的地质任务和寻找对象是圈定矿化带。上述地质-地球物理特征表明：区内各类岩、矿石，尤其是前两类，虽具有中等磁性，但彼此间无明显差异，投入磁法不可能取得明显地质效果。因此该区不宜投入磁法，而投入激发极化法、电阻率法、重力法是适宜的。由于激电法和电阻率法在野外可同装置、同网度进行工作，可同时获得 ρ_s 和 η_s 两类参数，相对重力法而言受地形影响较小(尤其激电法)。基于上述情况，该区选用激发极化法、电阻率法为主要方法，重力法为配合方法，同时还选择化探与物探方法配合工作。这一套组合方法在该区取得了较好的地质效果，为该矿床的发现做出了重要贡献。

§2.3 地球物理方法地质效果的评价方法

在选择地球物理方法时，首要的任务是评价各种地球物理方法的地质效果。评价的内容有：①对地质目的体的反映能力；②提供有关地质目的体的信息量；③确定地质目的体的可靠性。

一、对地质目的体的反映能力

为了对比各种地球物理方法的有效性，常常利用各种地球物理方法测得来自地质目的体异常明显程度加以比较。A. Γ. 塔尔霍夫在《地球物理方法的综合应用》一文中提出用地质目的体所引起异常的信噪比对不同的地球物理方法加以比较。这种脱离具体的地球物理方法，考察来自地质目的体的信息与来自非目的体的干扰的差异程度，对评价地球物理方法的地质效果是合适的。根据地球物理测值的统计性质对信噪比加以不同定义。

1. 服从正态分布数据的信噪比确定

当地球物理测值服从正态分布时，可在无地质目的体地区用统计方法获取地球物理场的背景值 A_0，以及由非地质目的体产生的干扰 σ(背景场的均方误差)。为了保证统计正确性，要求在背景场范围内至少有30～50点。

对比度 μ 为目的体产生的异常值(极大值 A_{max}或极小值 A_{min})与背景场的差值与均方误差 σ 的比值，即

$$\mu=\frac{|A_{max}-A_0|}{\sigma} \tag{2-12}$$

当目的体异常同时出现极大值 A_{max} 与极小值 A_{min} 时，上式中分子改用 $|A_{max}-A_{min}|$ 。

如果测值服从对数正态分布(如电阻率测量即具有此特性)，则(2-3-1)式改写为

$$\mu=\frac{\lg A_{max}-\lg A_0}{\lg\sigma} \tag{2-13}$$

2. 干扰具有稳态和不相关性质

对不相关干扰，可以用通过地质目的体相邻测线的测值的互相关函数 R_{xy} 的极值 $R_{xy}(n_0)$ 作为异常的度量，而以零位移的自相关函数 $R_{xx}(0)-R_{xy}(n_0)$ 作为干扰的度量，则

$$\mu=\frac{R_{xy}(n_0)}{R_{xx}(0)-R_{xy}(n_0)}=\frac{R'_{xy}(n_0)}{1-R'_{xy}(n_0)} \tag{2-14}$$

在较一般的情况下，特别是当异常呈模糊形状(无明显的极大或极小显示)时，可按该方法所记录异常的对比度按沿面积进行方法的对比。为此，计算异常对比度的数值要乘上它的宽度(对长条状异常)或面积(对等轴状异常)。异常的面积和宽度要在物理场的低异常值上估算，而对比度是对每个 i 测量点确定。获得的对比度值按异常的整个宽度或面积求和，并用这种方法

对每个相比较的方法计算总对比度。

3. 地震波同相轴分辨能力

在地震勘探中，某种方法的有效性取决于在地震图中划分同相轴的分辨能力。为此，利用A. A. 泽诺维依建议的评价 u，这是规则化自相关函数 R_{xx} 的面积比，其中一个函数是对小位移量确定的，即固定 t 值，设等于0.01s，而另一个函数则实际上是对大位移量确定的，表征函数完全衰减，通常这个时间 $T=0.1\text{s}$，即

$$u=\frac{\sum_{n=0}^{t}R_{xx}^{2}(n)}{\sum_{n=0}^{T}R_{xx}^{2}(n)};\qquad T\gg t \tag{2-15}$$

在时间 t 间隔内，自相关函数集中的能量部分越大，方法的分辨能力越强，即 u 值接近于1，相反，当分辨能力小时，$u=0.5$或更小。借助于(2-3-4)式可比较各种不同方法处理地震图的分辨能力。

二、地球物理方法的信息度

当用一组地球物理方法解决同一地质问题时，可用各种地球物理方法解决地质问题所能提供的信息量来评价各种方法的效果，这种评价方法常用于地球物理进行地质填图效果的考察。

设 A 为地质图(剖面)上已可靠确定的地质目标系统(不同类型岩石系统)，B 为地质图(剖面)上用地球物理测值所准确确定的目标系统。地球物理方法的信息度 I_{AB} 是评价 B 系统状态的信息中含有 A 系统的平均信息量，它等于获得信息前后的熵差，即

$$I_{AB}=H_{A}-H_{A/B} \tag{2-16}$$

式中：

$$H_{A}=-\sum_{i=1}^{n}p(A_{i})\lg p(A_{i})$$

$$H_{A/B}=-\sum_{j=1}^{n}p(B_{j})\sum_{i=1}^{n}P(A_{i}/B_{j})\lg P(A_{i}/B_{j})$$

地球物理场原始资料的几何概率可由下列公式确定

$$p(A_{i})=S_{A_{i}}/S\quad 或\quad p(A_{i})=L_{A_{i}}/L$$

$$p(B_{j})=S_{B_{j}}/S\quad 或\quad p(B_{j})=L_{B_{j}}/L$$

$$P(A_{i}/B_{j})=S_{A_{i}B_{j}}/S\quad 或\quad P(A_{i}/B_{j})=L_{A_{i}B_{j}}/L$$

式中：S 和 L 分别为全部测量面积和测线长度；S_{A_i} 和 L_{A_i} 分别为目标 A_i 已经填图的局部面积和测线段；S_{B_j} 和 L_{B_j} 同上，但为场 B_j 的；$S_{A_iB_j}$ 和 $L_{A_iB_j}$ 分别为同时观测目标 A_i 及场 B_j 的局部面积和测线段。

I_{AB} 值取决于目标系统的先验熵，所以在比较方法的信息度时，最好是使用相对信息度 I_{AB}/H_A，从而能够对比各种不同先验熵值的、在不同地段和不同大小地质体上测量的场的信息度。在评价信息度时关键是选择物理场 B_j 值的间隔，它们应取为彼此相等。

地球物理方法相对信息度的计算由图2-9说明。图中示出古生界基底地质断面为火山成因-沉积岩层，上覆厚20～25m 的缓倾斜的中生—新生界沉积层。此剖面根据平均间距50m 的填图钻孔作出的。

岩石的不同种类归入目标系统 A，它具有四种状态：A_1，A_2，A_3，A_4。ρ_x 值(电测深的最大

电极距$\frac{AB}{2}=500m$)、磁场值和重力场值及其转化(磁场的切割程度ψ_z及重力变化$\delta\Delta g$)依次作为系统B_1,B_2,B_3,B_4,B_5。总的来说,电测深法对填图提供的信息较多,其次是重力勘探,最后是磁法勘探。然而,在斑岩上磁场的切割程度比重力勘探资料具有大得多的信息量。由图可以看出,磁法勘探追索火山岩地层时最有效,而磁场的切割程度信息指明了安山-玄武质的玢岩。

三、划分地质目的体的可靠性

为了保证地球物理异常划分地质目的体的正确,需要对地球物理方法划分目的体可靠性进行评价,依据的是统计假设检验。假设存在两类目的体H_1与H_2。在用地球物理方法区分两类目的体H_1与H_2时会出错误。设α为第一类错误的概率,即在判定H_2目的体时其中包含H_1类目的体错误率;β为第二类错误的概率,即在判定目的体H_1时其中包含错判的H_2类目的体的概率。

第一类和第二类错误的概率α和β由测值x_1的概率分布密度的面积确定。图2-10为地球物理测值的信息度曲线,曲线中的阴影部分表示划分目的体错误的概率。

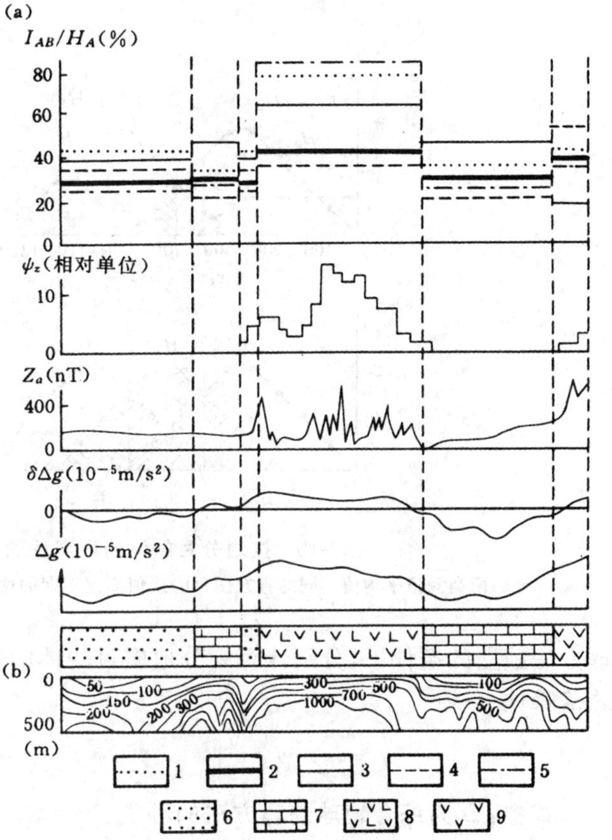

图2-9 沿外乌拉尔的一条基准测线上重力勘探、磁法勘探和电测深信息的评价结果

(据 A. Г. 塔尔霍夫等,1988)

(a)地质断面和Δg、$\delta\Delta g$、Z_A及ψ_z测量结果;(b)ρ_s垂直断面(Ωm)
1—电测深,$AB/2=500$m;2—重力勘探Δg;3—重力场的变化$\delta\Delta g$;4—磁场Z_A;5—磁场切割度ψ_z;6—粉砂岩、泥质岩;7—石灰岩;8—安山-玄武质成分的玢岩;9—辉绿岩和细碧岩

由概率α和β及其H_1和H_2类的先验概率p_1和p_2可求得划分目的体出错的总的无条件概率q与划分目的体的可靠性γ。

$$\left.\begin{aligned} q &= p_1\alpha + p_2\beta \\ \gamma &= 1 - q \end{aligned}\right\} \tag{2-17}$$

由图2-10(a)可以看出,第一类和第二类错误的概率之和是由分布密度(直方图)$P(x_1/H_1)$和$P(x_1/H_2)$的分离程度来表示的。当它们完全重合时,x_1标志没有地质效果,且$p_1=p_2=0.5$时,分类的可靠性$\gamma=0.5$。

如果$P(x_1/H_1)\neq 0, P(x_1/H_2)=0$;或当$P(x_1/H_1)=0, P(x_1/H_2)\neq 0$,则可单值地判定$H_1$或$H_2$的性质状态,并且$\gamma=1$。

为了绘制直方图,可利用在地质性质已确定的目标上的标志测量结果。γ值较大的标志,其信息度较大。

在划分两类目标时,一类目标可视为另一类的干扰。对综合地球物理方法,在每种地球物

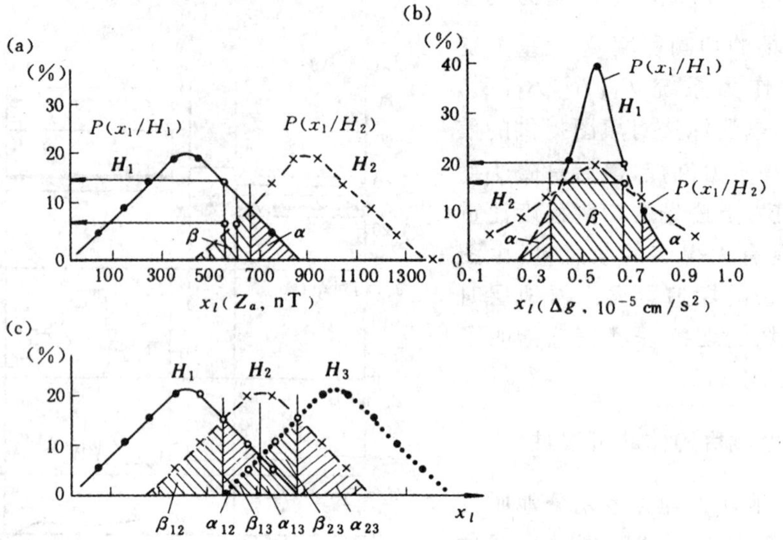

图2-10 按划分目的体的可靠性确定地球物理测值的信息度

(a)两类测值平均值不同的直方图;(b)测值离差不同的两类直方图;(c)测值平均值不同的三类直方图

理方法独立的条件下,分别计算划分地质目的体的信噪比 ρ_i。综合地球物理方法划分目的体的总信噪比

$$\rho = \sum_{i=1}^{L} \rho_i \tag{2-18}$$

式中:L 为综合地球物理方法的种类。

在获得综合地球物理方法划分目的体的总信噪比 ρ 之后,就可以用下式计算综合地球物理方法划分地质目的体的可靠性 γ_{syn},

$$\gamma_{syn} = \Phi\left(\frac{\sqrt{\rho}}{2}\right) \tag{2-19}$$

式中: $$\Phi(l) = \frac{1}{\sqrt{2\pi}}\int_{-\infty}^{l} e^{-x^2/2}dx$$

根据综合地球物理方法所得的 γ_{syn}最大值可确定某种地质任务的最有效的综合地球物理方法。

图2-10(c)给出了三类目的体概率密度分布实例,这种情况下划分目的体的可靠性 γ 用下式计算:

$$\begin{aligned}\gamma &= 1 - (p_1\alpha_{12} + p_2\beta_{12}) - (p_2\alpha_{23} + p_3\beta_{23}) - (p_1\alpha_{13} + p_3\beta_{13}) \\ &= 1 - q_{12} - q_{23} - q_{13}\end{aligned}$$

式中:p_1, p_2, p_3 分别为各类的先验概率;$\alpha_{12}, \alpha_{23}, \alpha_{13}$ 分别为划分第一和第二、第二和第三、第一和第三类目的体时第一类错误的概率;$\beta_{12}, \beta_{23}, \beta_{13}$ 分别为划分以上三类目的体时第二类错误的概率;q_{12}, q_{23}, q_{13} 分别为总的无条件概率。

根据地质目的体上方的地球物理测值 x_i 值,对地质性质已知的两类目标作直方图,根据这些直方图相交部分的面积估算划分它们的错误概率 q,就可以确定每种地球物理应用的可靠性。对每种地球物理方法重复上述处理步骤,就可以获得可靠性最大、信息量最大,即地质上最有效的综合地球物理方法。

§2.4 地球物理方法经济效益评价的对策论方法

在市场经济条件下，一切生产经营活动均以获取利润为前提。同样，地球物理勘察工作方法选择也必须以获取最大经济效益为前提。

地质勘察工作如何评价经济效益呢？地质勘察工作的最终产品是以地质成果形式提交的，这些成果包括各种地质资料或报告，矿产地及矿产储量。它们是潜在的商品，只有在被利用或开发后，才能成为现实的商品。这些成果的使用价值不仅取决于为得到它所付出的劳动，还与自然风险及自然条件有关。地质勘察工作的经济效益很难直接确定，作为整个地质勘察工作组合中的一部分的地球物理勘察更是如此。

解决某些实际问题时，采取综合地球物理方法的经济效益可用各种不同的办法来评价。经常采用的是对策论。假设在经济发达区域的某一地段，一定类型工业矿床的发现概率估算数值为0.5。试问，在这一地段进行普查工作是否合理？如果决定不进行普查，而在这一地段内也没有矿床，则结局为中等，耗资等于零。如果没有矿床，而仍然进行了普查工作，则显然为输局，对其评价为－1，即可以认为损失不很大，因为即使在经济发达的地区也不必在整个区域内进行普查工作。如果决定进行普查，而且在该地段有矿床，则为最大的赢局，对其标以＋2。最后，在有矿床的情况下不进行普查，表现为明显输局，这比对经济发达区在没有矿床时进行普查工作的情况损失更大。因此，在这种情况下取支付等于－5。

由此，对策归结为最简单的2×2类型。表2-4中列出对策矩阵，对矩阵每一元素增加＋5，以避免负数。检验矩阵：进行普查时最小值等于4，而不进行普查时极大值等于5。如果借助于单纯形法（线性规划方法之一）计算所求策略的相对频率，则表明进行普查的策略和不进行普查的策略的频率比是5:3。

表2-4　对策矩阵

普　　查	矿　床		原始矩阵的变换		行的最低　值	行的支付差值	未知策略的优先概率
	没有	有					
不进行	0	－5	5	0	0	5	3/8
进　行	－1	2	4	7	4	3	5/8
列的最大值			5	7			

选择经济上有效的综合地球物理方法也与运用对策论有关。选择这种综合方法的出发点是所对比的方法有相同的信息度。因此，应该从地质效果相同的地球物理方法中选择那些在使用时能保证费用最小的方法。

现以实例来讨论解决如下问题。假设按经济效益比较四种电法勘探方法，目的是普查金属矿体，填绘岩石接触带和查明构造破碎带。于是，当建立对策矩阵时有三种自然状态（A_1为金属矿体；A_2为岩石接触带；A_3为构造破碎带）和四种策略（方法）B_1，B_2，B_3及 B_4，例如，它们对应于对称剖面法、偶极剖面法、联合剖面法及中间梯度法。为了组成支付矩阵（对策矩阵），必须了解在每种自然状态下策略的价值，即在单位面积（假设为每平方千米）内用规定的方法进行工作的费用，如果只是解决三个问题中的一个的话，电法勘探的支付矩阵列于表2-5，以每平方千米人民币（千元）表示。利用单纯形法，可得经济上有效的综合方法如下：偶极剖面法 B_2和中间

梯度法 B_4 与应用 B_2 的 $\frac{1}{4}$ 和 B_4 的 $\frac{3}{4}$。这样的综合方法可以解决所有三个问题。其中寻找金属矿体(A_1)每平方千米面积的费用(对策价值)为6.5千元人民币。为了选择经济上有效的综合方法,要求了解在解决所提出的每一问题时决定每种方法的费用支付额。

表2-5 电法勘探支付矩阵

B	A(×10^3元)		
	A_1	A_2	A_3
B_1	6	5	7
B_2	5	4	8
B_3	8	7	9
B_4	7	5	6

评价地球物理方法的经济效益时,除了考虑不同方法投入费用的差别,还应考虑地球物理工作量布置所造成的生产成本。下面举一例来说明。在一个覆盖区进行深部隐伏矿床普查找矿时,逐渐增大普查工作的详细程度并同时缩小研究地段的面积的原则是最经济的。假设普查是在草原地区面积为100km²范围内综合进行地质、地球物理、地球化学和钻探工作。采用三种测网。第一种测网,网度为2.0×0.5km,主要用于测区的区域普查,测点上投入的方法有钻探、岩土取样与伽马测量;第二种测网,网度为1.0×0.5km,主要用于局部地区的普查;第三种测网,网度为500×100m,用于评价普查工作成果的可靠性。按照上述三种测网设计了三种方案。第一方案:第一阶段在100km²范围内采用一测网;第二阶段在其中30km²用三测网评价普查成果可靠性,合计成本92万元人民币。第二方案:第一阶段在100km²用二测网;第二阶段在10km²范围内用三测网,合计人民币41万元。第三方案:第一阶段在100km²用一测网;第二阶段在30km²用二测网;第三阶段在10km²范围用三测网,合计成本37.6万元人民币(见图2-11)。上述结果表明用第三个方案在经济上最合理,它逐步提高工作的详细程度同时缩小研究工作面积。

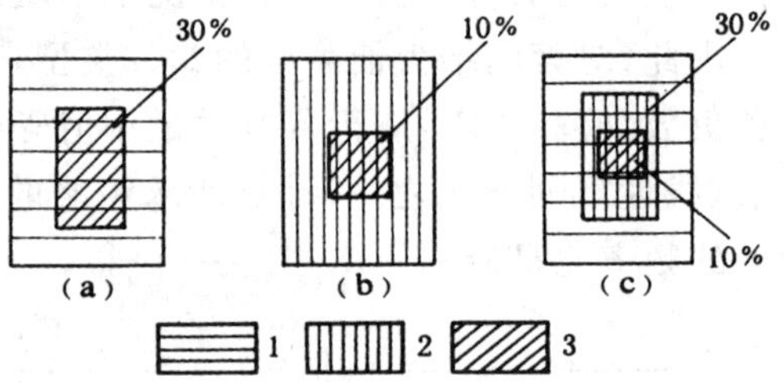

图2-11 覆盖区深部普查工作不同系统经济指标比较

(a)第一方案;(b)第二方案;(c)第三方案;1——测网2.0×0.5km;2—二测网1.0×0.5km;3—三测网500×100m

§2.5 地球物理方法应用的综合评价方法

在前面我们讨论了两种定量评价地球物理效果的方法:一种方法是仅仅考虑经济效益的定量方法;另一种是不考虑经费而仅考虑地质信息度的定量评价方法。由于上述两种方法都有一定的局限性,下面要讨论地质效果与经济效益相结合的综合地球物理评价方法。这种综合评价方法一般可分为两类,一类依据的是经验公式;另一类依据的是统计判别理论中的损失函数。

一、经验公式

1. 信息度与效益比值 L

G. M. 茹尔比茨基提出这种比值 L 为

$$L = \frac{\sum\sum I_{lj}}{\sum C_l} \tag{2-20}$$

式中：I_{lj} 为 l 方法解决 j 类地质问题（普查金属矿、岩石接触带的填图、查明地质构造等）时的信息度；C_l 为 l 地球物理方法的费用。这比值反映使用地球物理方法后单位费用所获取的地质信息量，该比值可作为选择地球物理方法的准则。

2. 完成某一地质任务经费比较

H. H. 鲍罗科夫提出完成同一地质任务，用两种不同地球物理方法组合时的经费比较不等式

$$C_1 + S_1C_2 < C_2 + S_2C_1 \tag{2-21}$$

上面的不等式中，S_1 和 S_2 分别为用第一种和第二种方法获得的异常面积占测区总面积的百分比；C_1 和 C_2 分别为用第一种方法与第二种方法在单位面积上进行普查所需的经费。如果用第一种方法（单位成本 C_1 ＝7 000元/km²）作为主要方法在测区扫面，结果有10％的区域为异常区，再用第二种方法（C_2 ＝5 000元/km²）对异常进行验证，结果这种方法组合的单位成本为7 000＋5 000×0.1＝7 500（元）。而当用第二种方法作为主要方法在测区扫面，获得异常区面积为总面积的50％，其总经费5 000＋7 000×0.5＝8 500（元/km²）。上述结果表明应用较便宜的方法作为主要方法并不是在任何时候总是正确的。

3. 两种地球物理方法综合应用的策略损失

假定测区的面积为 S_0，用直接找矿方法单独进行普查找矿时的工作费用为 C_0。为了降低费用，在直接找矿之前，先用两种综合地球物理方法进行调查工作，在异常区再用直接找矿方法验证异常。用第一种地球物理方法进行普查获得的异常面积为 S_1，该方法可能遗漏的地质体价值为 θ_1，使用该方法普查时的费用为 C_1；用第二种方法进行普查时，获得异常面积为 S_2，漏查地质体的价值为 θ_2，普查经费为 C_2；同时用两种方法进行普查所得异常区总面积为 S_1S_2，漏查的地质体价值为 θ_{12}。在测区用两种方法进行普查时，五种可能策略的总损失列于表2-6。

表2-6中的 λ 值是由给定地区矿石价值引入的定额系数。一般情况下取0.2，个别情况的稀缺原料为0.3～0.5。最佳综合方法（最佳策略）是用相对于策略 1 的最小损失确定。例如，当 $S_1 = S_2 = 0.4, C_1/C_0 = C_2/C_0 = 0.4, \lambda\theta_1/S_0C_0 = \lambda\theta_2/S_0C_0 = 0.2$ 时，策略4和策略5总损失最小为0.86，应属于最佳策略。

二、损失函数

1. 两类目的体的损失函数

为了选择地球物理综合方法，最普通和最客观的是利用取自统计判别理论的损失函数。选择综合方法的任务归结为在干扰背景上发现异常的任务，通过第一、第二类错误的概率评价地质效果，而经济效益则通过这些错误的价值来评价。总的地质经济效益由以下形式的损失函数值确定

$$R = p_1\gamma C_\gamma + p_1\beta C_\beta + p_0\alpha C_\alpha + p_0\psi C_\psi \tag{2-22}$$

表2-6　五种策略的总损失(两种普查方法的综合应用)

策　　略	总　损　失	
	每平方千米内	相对于策略1
1. 在全区进行普查评价工作	C_0	1
2. 第一种方法：在划分出的地段进行评价工作	$C_1+S_1C_0+\frac{\lambda\theta_1}{S_0}$	$\frac{C_1}{C_0}+S_1+\frac{\lambda\theta_1}{S_0C_0}$
3. 第二种方法：在划分出的地段进行评价工作	$C_2+S_2C_0+\frac{\lambda\theta_2}{S_0}$	$\frac{C_2}{C_0}+S_2+\frac{\lambda\theta_2}{S_0C_0}$
4. 第一种方法：在划分出的地段进行评价工作，第二种方法：在两种方法都有异常的地段进行评价工作	$C_1+S_1C_2+S_1S_2C_0+\frac{\lambda\theta_{12}}{S_0}$	$\frac{C_1}{C_0}+\frac{S_1C_2}{C_0}+S_1S_2+\frac{\lambda\theta_{12}}{S_0C_0}$
5. 第二种方法：在划分出的地段进行评价工作，第一种方法：在两种方法都有异常的地段进行评价工作	$C_2+S_2C_1+S_1S_2C_0+\frac{\lambda\theta_{12}}{S_0}$	$\frac{C_2}{C_0}+\frac{S_2C_1}{C_0}+S_1S_2+\frac{\lambda\theta_{12}}{S_0C_0}$

(据 A.Г.塔尔霍夫等，1988)

式中：p_1，p_0 分别为一类与二类目的体，即两种不同自然状态 H_1 和 H_2 类别出现的先验概率，且 $p_0=1-p_1$；γ 为准确发现一类目的体的概率；$\beta=1-\gamma$ 为漏查一类目的体的概率(第二类错误概率)；α 为把两类岩体误判为一类目的体的概率(第一类错误的概率)；$\psi=1-\alpha$ 为判别二类目的体的准确概率；C_γ，C_β，C_α，C_ψ 分别为准确发现一类目的体、第二类错误、第一类错误及二类目的体判别正确的价值，这儿的"价值"是指与一定事件有关的亏损和赢利的代数和。R 值是在考虑概率统计性质的情况下，通过工作而获得的亏损与赢利的总和。R 值将地球物理工作的地质效果与经济效益指标统一起来。

如果引进 r 作为普查的成本，u 作为所查明的矿产储量的价值，则(2-22)式可改写为

$$R=r-p_1\gamma u+p_0\alpha r_\alpha \tag{2-23}$$

式中：r_α 为漏失矿体损失的价值，地质效果由漏查概率确定，而经济效益通过各个事件的价值确定。如果在(2-23)式中，取 $\gamma=1$，$p_0=0$，则损失决定于普查成本 r 和查明的矿产储量的成本 u 的差 $R=r-u$，这时已不考虑方法的地质效果。

当采用新的地球物理方法，为了评价引进新技术后获得的新效益 E，可用下式表示

$$E=(C_0-C_n)A_n \tag{2-24}$$

式中：C_0 与 C_n 分别为旧技术和新技术单位工作量成本；A_n 为新技术年工作量。

2. 由能量信噪比 ρ 和先验概率比 p_0/p_1，确定损失函数

在实践中，任何一种地球物理方法进行工作时都会发现大量异常，其中只有一部分异常与调查的地质体有关。如果在调查区内地球物理异常总数为 n，而与矿体有关的异常为 n_a，则异常含矿指标 $P_a=n_a/n$。地球物理调查的损失函数 R 可由全测区地球物理调查费用 r、地球物理发现矿体成本 $p_1\gamma u$(p_1为划分出含矿的先验概率；γ 为确定矿体的准确率；u 为所发现矿体的成本)、调查假目的体异常造成的损失 $p_0\alpha r$(p_0为划分非矿的先验概率；α 为划分非目的体的概率)、非矿异常的调查成本 $(1-P_a)\gamma r$ 以及调查与矿相关异常的成本 $P_a\alpha r$ 五部分组成，即

$$R=r-p_1\gamma u+p_0\alpha\gamma+(1-P_a)\gamma r+P_a\alpha r \tag{2-25}$$

为了便于损失函数 R 的计算，准确发现矿的概率 γ 和第一类错误 α 的值可由能量信噪比 ρ 和先验概率 p_0/p_1比值确定。

根据诺依曼-皮尔逊准则

$$\gamma = 1 - \Phi\left(\frac{\ln p_0/p_1 - \rho/2}{\sqrt{\rho}}\right) \tag{2-26}$$

$$\alpha = 1 - \Phi\left(\frac{\ln p_0/p_1 + \rho/2}{\sqrt{\rho}}\right) \tag{2-27}$$

对于最大似然准则，当 $p_0 = p_1$ 时，由(2-26)式与(2-27)式可得

$$\gamma = 1 - \alpha = \Phi(\sqrt{\rho}/2) \tag{2-28}$$

式中：Φ 为概率积分，

$$\Phi(t) = \frac{1}{\sqrt{2\pi}}\int_{-\infty}^{t} e^{-x^2/2}dx$$

信噪比 ρ 与概率 γ 和 α 的关系式为

$$\rho = [\Phi^{-1}(1-\alpha) - \Phi^{-1}(1-\gamma)]^2 \tag{2-29}$$

式中：Φ^{-1}为概率积分的自变量。

在即将开展的测区，若地质-地球物理模型，地球物理场的测量误差以及地质体干扰水平已知，可以在解正问题的基础上求 p 值，再由(2-26)式、(2-27)式或(2-28)式求得 γ 和 α，由此就可计算地球物理方法的损失函数。

在需要进行普查的地区内，有矿体的先验概率 p_1值可根据泊松分布来估算。在调查面积内有 n 个矿床的概率为

$$p_n = \frac{N^n e^{-N}}{n!} \tag{2-30}$$

式中：N 为区内单位面积预期的矿床平均数目。A. Г. 塔尔霍夫给出了俄罗斯北高加索前缘山脉地区每100km²面积内 $N = 1.5$。对测区预期为矿体 $n = 1$ 时，$p_1 = 0.335$；$n = 2$，$p_2 = 0.251$；当 $n = 3$，$p_3 = 0.126$。

评价地质经济效益的问题，归结为按一定的顺序选择损失函数 R 最小的合理的地球物理综合方法。在比较 L 个不同方法的配合方案的情况下，信噪比的数值为

$$\rho = \sum_{l=1}^{L} \rho_l \tag{2-31}$$

式中：ρ_l 为 l 种方法的信噪比。

损失函数最小的方法被当作是基本的方法。

如果用主要的找矿方法发现矿体的概率高于事先给定值，则应该认为综合方法是合理的。如果采用辅助方法，则必须使它提供有关目标地质体的其他物理性质的信息。利用目标地质体的这两种性质可以明显地增大指标 P_a，即降低已查明异常的分类不确定性。

三、实例

现以实例介绍在北高加索前缘山脉地区地球物理普查块状含铜黄铁矿时所作的地质经济效益的评价。该区的矿化点与中古生代火山成因的形成物有关，并为层状体，有时呈透镜状，沿走向的长度与厚度之比大于10。块状矿体的电阻率为0.03～1.00 Ω·m，而围岩的电阻率为100～1 000 Ω·m。块状含铜黄铁矿的有效密度近于1.5g/cm³。

曾试验了自然电场法、不接地回线法、激发极化法、联合剖面法、过渡过程法和高精度重力勘探。按每种方法将已查明的异常分为矿异常与非矿异常，分析了各种不同方法的代表性干扰类型并确定了它们的离差，计算了漏查和假发现的概率，求出了异常的含矿指标和事件价值(进行地球物理工作即检查异常的费用，可能的或已查明的矿石储量的价值)。这些指标是在对

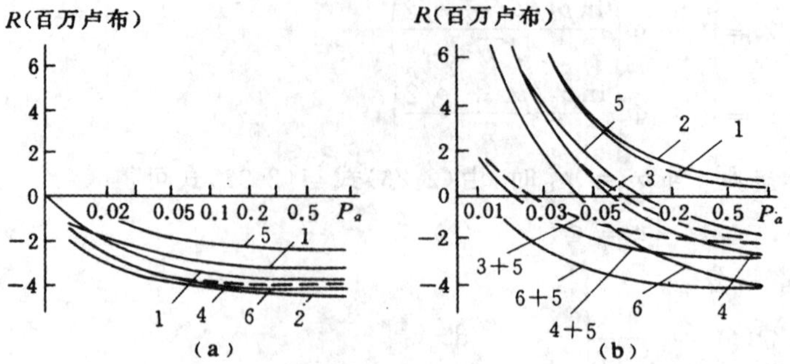

图2-12　不同方法的损失函数 R 与指标 P_a 的关系

(a)$H=20$m;(b)$H=100$m

1—联合剖面法;2—自然电场法;3—不接地回线法;4—激发极化法;5—高精度重力勘探;6—过渡过程法

(据 A.Г.塔尔霍夫等,1988)

地球物理测量资料统计分析的基础上计算而得的(图2-12)。计算时曾采用以下地质体:半径为40m的球体,半径为20m的圆柱体,对重力勘探采用400m×400m×20m的垂直层,而对自然电场法采用薄层,埋藏深度 H 等于20m和100m。调查区的面积为500km²,$R=5$百万卢布,价值以千卢布表示。

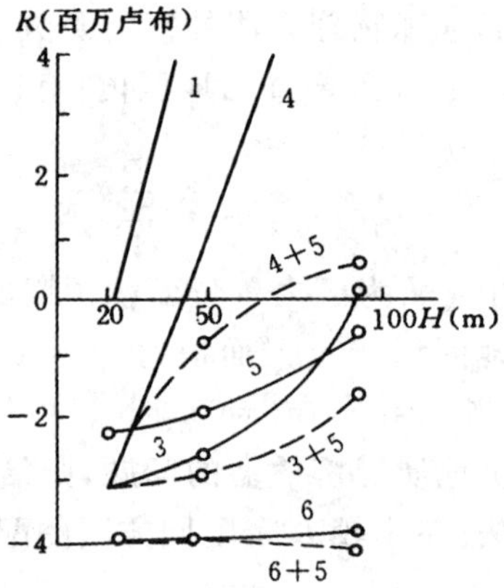

图2-13　北高加索前缘山脉条件下不同方法的损失函数 R 与研究深度 H 的关系

(图注意义同图2-12)

从图2-13中可以看出,在普查埋藏深度为20m的含铜黄铁矿体时,所应用的方法都有效,随着普查深度增大到100m,只有过渡过程法($R=3700$千卢布)及高精度重力勘探($R=480$千卢布)才有效。

根据公式(2-27),对前缘山脉地区的自然地质条件计算损失函数 R 同指标 P_a(图2-12)及研究深度(图2-13)之间的关系表明:如果选择过渡过程法作为普查方法,用高精度重力勘探作为检查方法,则普查的最大效益便有保证。这些方法综合应用的效果表现为当指标 P_a 的变化范围很大时,特别在其高值区内,损失会大大降低。其地质效果——经济效益的数值为3.8～4.0百万卢布。但这种综合方法只有当普查深度超过30m才会有效(图2-13),深度较小时,过渡过程法查明的异常用钻探检查在经济上比较合适。

思　考　题

1. 如何用分类误差概率评价岩石分类的可靠性?
2. 试述几种地球物理方法的水平分辨率。
3. 地球物理干扰产生原因。
4. 地球物理方法选择原则。
5. 地球物理地质效果评价方法有几种?

6.确定地球物理方法信噪比的几种方法。

7.如何评价地质目的体划分正确与否?

8.地球物理方法地质效果与经济效益综合评价的经验公式。

参 考 文 献

傅良魁.电法勘探教程.北京:地质出版社,1991

李大心.探地雷达方法与应用.北京:地质出版社,1994

王兴泰.工程与环境物探新方法新技术.北京:地质出版社,1996

吴功建,林清媛,高锐.地球物理方法及其在地质找矿中的应用.北京:地质出版社,1988

A.Г.塔尔霍夫等.曹玉等译.1988,地球物理方法的综合应用.北京:地质出版社,1988

第三章　基础地质工作中的综合地球物理方法及其研究的主要内容

§3.1　固体地球的结构及其地球物理特征

一、地球的结构及其基本参数

(一)地球结构

现在公认的地球结构模型是由K.布伦(1958)提出的。这个模型接近于早些时X.杰弗里斯提出的模型,而不同于古登堡的模型,区别在于X.杰弗里斯模型的地幔上部没有低速带以及其他一些细节。而安德森的模型又使古登堡-布伦的模型更为精确,因为它考虑了质量变化、转动惯量、自由振荡以及体波走时的现代资料。按照这个模型(图3-1),地壳是地球的上部圈层,深度12～75km,下面是地震界面——莫霍洛维奇界面(莫霍面),往下为地幔,2 900km深度以下为地核。地核在4 900～5 200km深度处又被过渡层F分为外核E和内核G。地幔本身也是非均匀的,自上而下可以追踪出三个主要层:B层(古登堡层)、C层(戈利津层)和D层。前两层称为上地幔,而D层为下地幔。上、下地幔之间的界面位于900～1 000km深度。B层和C层间的界面位于400km深度,即位于B层中地震波速度减小带下面。上述地球结构模型是以天然地震的地震波速度分布为依据,根据大量观测资料的分析结果建立起来的。

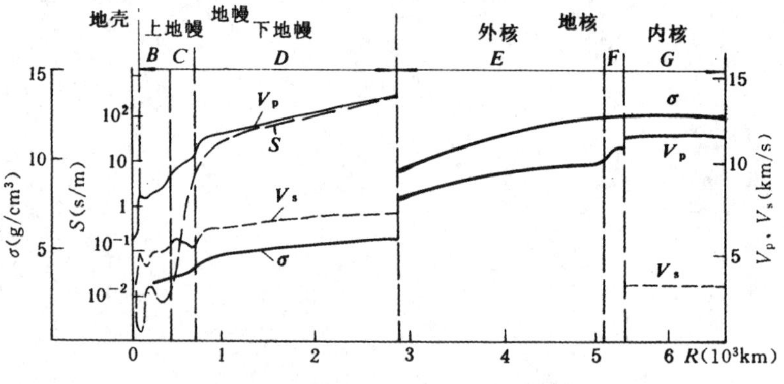

图3-1　安德森的地球速度和密度模型

古登堡-布伦模型将近30年没有本质上的改变。可以认为,它正确地反映了地球内部结构的基本特征。仅仅在一些细节问题上引起过争论,如上、下地幔之间突变界面的划分的合理性,外核与内核之间过渡层F的性质,上地幔中低速带界面的存在。K.布伦提出的地球密度模型(表3-1)有相当充分的根据,它是用选择法得到的。

目前流行的地球结构模型是地球在剖面上可分为三个基本圈层:地核、地幔和地壳。图3-2是根据化学模型得到的地球结构模型。按厚度来说,地壳厚度很小,与地核的半径和地幔的厚

表3-1 地球的密度模型

地球圈层	层	密度(g/cm^3)	体积(占地球体积的百分比)	质量(占地球质量的百分比)
地壳	*A*	2.7～3.0	1.55	0.8
地幔	*B*	3.32～3.65	16	10.4
	C	3.65～4.68	21	16.4
	D	4.68～5.69	44	41
地核	*E*	9.40～11.5	15	31
	F	11.5～12.0	0.28	
	G	12.0～12.3	0.76	

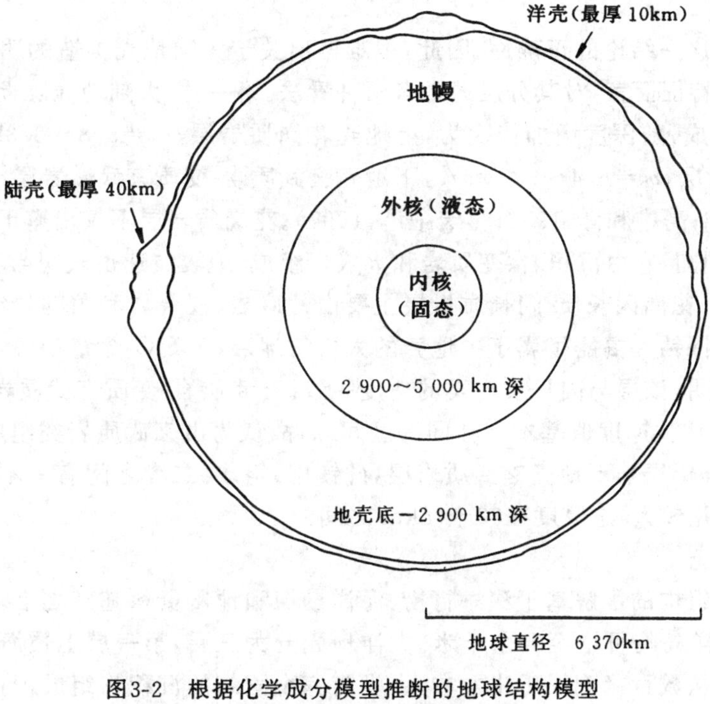

图3-2 根据化学成分模型推断的地球结构模型

(注:洋壳与陆壳没按比例)

度简直不可相比。但是,按地壳结构和地壳中发生的作用的复杂性来说,按人类实践活动的意义来说,地壳超过了深部的圈层。

(二)地球基本参数

根据天文学、地球物理学、测量学、地热学对地球进行研究后,得出的地球的基本参数列于表3-2。

二、地壳的结构与地球物理特征界面

(一)大陆地壳

地盾、地台、古生代与中生代褶皱带、年轻造山带、陆内裂谷带等不同构造单元内,地震波速的明显变化实质上反映了不同地区大陆地壳物质组成和物理性质上的差异,岩石学和实验

表3-2 地球的基本参数

赤道半径	$6.378\,14\times10^6$m	地球总表面积	5.1×10^{24}m^2	总热流	4×10^{13}W
极半径	$6.356\,75\times10^6$m	核半径	3.48×10^6m	平均大陆热流	57mW/m^2
扁　率	1/298.247	平均核密度	11.03×10^3kg/m^3	平均洋底热流	99mW/m^2
体　积	1.083×10^{27}m^3	平均地幔密度	4.439×10^3kg/m^3	地幔热导率	2.5～3.0W/(mK)
质　量	5.973×10^{24}kg	平均海洋深度	3 800m	地幔热扩散率	2×10^{-5}～4×10^{-5}/K
重力常量	6.67×10^{-11} N·m^2/kg^2	磁矩	7.95×10^{22}A·m^2	地幔热源值	2.5×10^{-8}～5×10^{-8}W/m^3
自由空间磁导率	$4\pi\times10^{-7}$N/A^2	平均地幔粘度	10^{21}Pa·s	地幔密度（顶部3.3）	地幔密度（～600km4.0）
平均密度	5.515×10^3kg/m^3	赤道重力	9.780 318 5m/s^2	地幔密度（1 800km5.0）	地幔密度（核边界:5.5）

岩石学亦证明了这一结论的正确性。因此，很难得出关于大陆地壳构造的明确概念，但就整个大陆地壳的总体特征而言，对其分层通常有两种看法。第一种：大陆地壳除上覆沉积层外，由三个地震波速层组成，随深度增加依次为，上地壳花岗质岩层，$v_p=5.8$～6.3km/s，中地壳花岗闪长质-闪长质岩层，$v_p=6.4$～6.7km/s，下地壳玄武质岩-变质玄武质岩层，$v_p=6.8$～7.6km/s（据袁学诚，1993；高中和译，1986；蒋宏耀译，1990）。花岗质岩层不仅出露于地表，亦为许多钻孔所揭示，众所周知，它由沉积岩、变质岩和火成岩组成，地震波速也表明与花岗岩和长英质变质岩的波速相当。花岗闪长质-闪长质岩层主要由片麻岩、混合岩和角闪岩组成。1970年以来，苏联科拉半岛超深钻井揭露了属于中地壳的太古宙地层，其 SiO_2含量中等，为闪长质岩类，地震测深资料也表明，该层与闪长质岩类的速度一致。玄武质岩-变质玄武质岩层的 P 波速度值与玄武质岩类的 P 波速度值基本上在同一区间内，故认为由玄武质岩类组成。第二种：由上地壳花岗质岩层（硅铝层），下地壳玄武质岩层（硅镁层）组成。二者之间有一不连续的康拉德面。大陆地壳厚度变化较大，总厚度在30～75km 之间。

（二）大洋地壳

对大洋地壳组构的了解基于深海打捞、海洋勘探和地震资料基础之上。洋壳厚度通常为5～15km，一些大洋岛屿可增至20余千米。大洋地壳分为三层。第一层上覆海洋沉积物，或称沉积层，厚度不一，从数百米到一千米左右，由没有完全固结的沉积物组成，与大陆沉积物相比，含较高的 CaO 和较低的 SiO_2，其 P 波波速颇低，仅为2.2km/s。第二层洋壳上层，又称玄武岩层，主要为枕状熔岩，或含少量蚀变和变质的沉积物。洋中脊下大部分为低钾拉斑玄武岩，只有少量高铝玄武岩和碱性玄武岩。第三层洋壳下层，也称大洋层，厚约4.5km，P 波波速6.7 ± 0.25km/s。根据对蛇绿岩的研究，认为该层主要是由辉绿岩、辉长岩组成的席状岩墙杂岩体，这已为深海钻探发现的席状岩墙所证实，并与第二层玄武岩呈过渡关系。

洋壳的地震波速和厚度与陆壳相比，相对较均匀，但年轻洋壳孔隙发育，常为热液充填，故波速偏低。转换断层处的洋壳异常薄，可能与岩浆不能充分补给有关。近些年来，运用多束回声仪、各种 Seabeam、Sea MARC TAMU 系统及洋底地震仪对大洋扩张中心的研究，发现了一系列不连续的规模不大的岩浆房，如劳拉盆地东部海底下的岩浆房，深3.5km，宽2～3km，在东太平洋洋脊处也见有类似的岩浆房。地震、重力、热流及岩石学综合研究表明，快速扩张中心之下的岩浆房可沿走向逐渐变大或变小，最后在较大的脊轴不连续处消失。尽管岩石学资料指出，在缓慢扩张中心也可能存在岩浆房，但地震资料与热模式表明，规模非常小，可见岩浆活动的强弱和热流值的大小控制了扩张中心的形态。总的说来，对脊轴的细微形态、岩浆房的总体分布格局、规模大小、岩浆体的物理性质、化学成分、持续时间、物质补给情况等等，还知之甚少，这也是当前海洋地区研究的重点之一。

（三）过渡壳

过渡壳主要发育在现代大陆边缘，这是大陆和大洋两种迥然不同地壳类型的过渡地区。不同类型的现代大陆边缘，地壳的结构与组成是不同的，就是在同一类型的现代大陆边缘中，处于不同构造演化阶段的地壳结构与组成亦不一样。一般说来，过渡壳厚15～30km，由薄层的大洋型硅镁质地壳和大陆型硅铝质地壳组成。大陆边缘往往是陆壳的增生带及洋壳的消减带，因此它的组成较陆内和洋内地壳复杂得多。

（四）莫霍面

全球性界面——莫霍洛维奇不连续面（简称莫霍面）是当前议论的又一热门话题。长期以来，莫霍面被认为是一个明显的间断面，大家称之为"一级不连续面"，通常它是一个带，有一定的厚度，一般介于1～20km 之间。现已知道，不同地区莫霍面的深度是不一样的，它所处的温度和压力条件也极不相同。一般把莫霍面当作下地壳与上地幔之间的界面。正因为下地壳和上地幔具有横向不均一性，其间接触面的性质也必然随这种变化而变化。在这个界面上，地震波速通常是不连续的。不连续莫霍面的各种特征是建立在岩石学、地球化学、磁、反射和折射地震、密度和热导模型的基础之上，由于人们对这些资料认识上的明显差异，便出现了各式各样解释上的矛盾。所以用一种或两种统一的模式来概括所有莫霍面的特征是不可能的，也不可能就莫霍面的性质、特征或成因进行分类。就已有资料来看，地台、地盾、年轻造山带和大洋盆地下的莫霍面可能存在较大的差异。

莫霍面确实存在，并已为大家公认，对于它的物质组成及成因解释，可以各抒己见，但至少应该有一个判别标准。无论是地质学家、地球化学家，还是地球物理学家，至今都不否认地球上的壳幔分层结构，也就是说，地壳和地幔之间确实存在一条界线，这条界线可能是模糊不清的连续过渡的界面，也可能是清晰明朗的间断面或速度梯度带。

三、中国地壳的主要地球物理特征

（一）地壳的速度特征

中国大陆位于亚洲东南部，为欧亚板块的一部分。它以复杂的地壳、上地幔结构及强烈的现代构造活动为特征，这些特征在地壳地震波速度及上地幔顶面地震波（P_n）速度分布上有明显反映。在过去20多年间，中国大陆已完成了约40 000km 的人工地震测深剖面，获得了大量的地壳地震波速度结构以及上地幔顶面地震波（P_n）速度分布的资料，综合这些资料，编绘出中国上、中、下地壳地震波速度图及上地幔顶面地震波（P_n）速度图等。

由人工地震测深资料获得的我国大陆地壳断面一般有3～5个速度分层，根据其地震波速度结构特征，可以归纳为上、中、下三层地壳。上地壳地震波速度变化范围为4.5～6.2km/s，中地壳地震波速度变化范围为5.8～6.6km/s，下地壳地震波速度变化范围为6.4～7.4km/s。现已发现，不少地区（主要是活动构造区）的中地壳或下地壳内存在有地震波低速层，出现地震波速度倒转现象。

利用全国已有的主要地震测深剖面，按以上分层原则对剖面每50km 距离进行采样，得到各分层厚度 h_i 及地震波速度 v_i，并用下面公式

$$v=\sum_{i=1}^{3}h_i/\sum_{i=1}^{3}(h_i/v_i)$$

计算地壳平均地震波速度值。表3-3列出了中国几个地区的地壳分层地震波速度及其厚度的典型分布值。

表3-3 中国大陆地壳分层地震波速度表

区域	地点	经纬度		上地壳		中地壳		下地壳		地壳厚度(km)	地震波平均速度(km/s)
				v_1 (km/s)	h_1 (km)	v_2 (km/s)	h_2 (km)	v_3 (km/s)	h_3 (km)		
新疆地区	可可托海	89°46′E	47°19′N	5.90	17.0	6.10	18.0	7.21	25.0	55.0	6.47
	将军庙	89°57′E	44°37′N	5.91	18.0	6.10	18.0	7.26	13.5	47.5	6.31
	七角井	81°39′E	43°31′N	5.84	16.0	6.11	18.2	6.91	21.0	53.2	6.31
	大泉湾	93°52′E	42°44′N	5.99	14.0	6.03	18.0	7.28	20.1	52.1	6.43
	苦水	94°32′E	42°04′N	5.04	13.0	6.42	16.5	6.78	21.0	48.5	6.46
	红柳园	95°24′E	41°04′N	5.87	12.2	5.83	18.8	7.05	18.5	49.5	6.25
西藏地区	羊八井	90°29′E	30°05′N	5.93	22.0	6.30	19.0	6.50	30.0	71.0	6.26
	纳木错	91°09′E	30°44′N	5.85	18.0	6.30	37.0	6.70	17.0	72.0	6.27
	沱沱河沿	92°40′E	34°40′N	5.74	19.0	6.30	13.0	6.74	37.0	69.0	6.35
	孔错	86°21′E	28°46′N	6.00	21.0	6.45	30.0	6.53	23.0	74.0	6.34
	色林错	89°04′E	31°28′N	5.80	23.0	6.52	27.0	6.72	17.0	67.0	6.30
	雅安多	94°11′E	31°54′N	5.83	20.0	6.53	32.0	6.74	18.0	70.0	6.36
川滇地区	茂汶	103°52′E	31°37′N	6.03	8.9	6.23	10.7	6.68	27.6	44.6	6.50
	成都	104°05′E	34°40′N	5.80	18.4	6.54	14.8	7.08	11.0	43.7	6.32
	重庆	106°14′E	26°47′N	5.75	12.9	6.18	11.5	7.13	17.1	41.5	6.38
	西昌	102°16′E	27°54′N	5.99	20.8	5.80	6.14	6.50	27.5	54.5	6.21
	丽江	100°14′E	26°54′N	5.88	29.0	5.88	12.5	6.54	21.3	32.3	6.13
	元江	102°00′E	23°37′N	5.92	20.0	6.32	8.1	6.52	17.8	45.9	6.22
华北地区	定县	115°00′E	38°30′N	5.80	14.8	6.42	8.5	6.68	8.0	31.3	6.17
	临汾	111°31′E	36°06′N	5.76	19.8	6.32	11.5	6.80	6.5	37.3	6.10
	唐山	118°06′E	39°34′N	5.85	15.3	6.28	6.3	6.66	10.3	31.8	6.18
	沧州	116°44′E	38°28′N	5.13	14.3	6.25	7.0	6.50	9.9	31.7	6.07
	北京	116°28′E	39°55′N	6.04	17.0	6.33	7.0	6.83	9.0	33.0	6.30
	承德	117°56′E	40°58′N	5.95	12.4	6.28	8.0	6.57	10.6	31.0	6.27
华中及华南地区	宁都	116°00′E	26°27′N	5.95	12.4	6.28	8.0	6.57	10.6	31.0	6.27
	黄陂	114°22′E	30°53′N	5.78	9.8	6.50	11.5	6.80	14.5	35.8	6.24
	永平	117°46′E	28°12′N	6.0	12.5	6.15	10.0	6.90	9.5	32.0	6.29
	随县	113°22′E	31°43′N	6.16	12.2	6.23	13.6	6.65	11.2	37.0	6.33
	马鞍山	118°29′E	31°43′N	6.06	12.3	6.15	7.2	6.85	12.0	32.0	6.30
	宁德	119°31′E	26°39′N	6.07	12.0	6.00	11.0	7.00	10.1	33.1	6.30
	泉州	118°36′E	24°55′N	5.65	9.9	5.98	8.0	6.95	12.0	30.8	6.22

由表3-3可以看出，每一地区的地壳厚度及地震波速度均有其特征分布值。例如，新疆地区地壳厚度约为50～55km，地震波速度约为6.3～6.4km/s；西藏地区地壳厚度约为70km，地震波速度约为6.3km/s；川滇地区地壳厚度约为40～50km，地震波速度约为6.3～6.4km/s；华北地区地壳厚度约为31～36km，地震波速度约为6.0～6.3km/s；华南地区地壳厚度约为30～34km，地震波速度约为6.3～6.4km/s。地壳厚度及地震波速度的明显分区性，表明我国大陆地壳的结构及演化具有分区分块特征，现分述如下。

利用全国已有的主要地震测深断面，按1°×1°的网格给出上、中、下各层地壳的地震波速度值。上地壳地震波速度分布特点是：东部沿海及华北平原出现4.5～5.4km/s 的低速值且速度变化很大。华南及华中地区速度较高，达5.6～6.2km/s，速度分布较为稳定。西部地区速度一般也在5.6～6.2km/s 的高值范围。中地壳地震波速度分布特征为：东部及中部地区速度多在6.0～6.4km/s 的范围，也有少部分地区出现6.4～6.5km/s 的高值，相对变化较小。西部地区中地壳地震波速度变化大，如四川西部及青海局部地区出现5.6～5.8km/s 的低值。下地壳地震波速度分布的特征是：青藏高原及新疆地区偏高，一般为6.8～7.2km/s，在青海、阿尔金山地区也出现6.0～6.4km/s 的低值，中部及东部的速度较低，在6.4～6.8km/s 的范围变化，仅有少部分地区出现6.8～7.0km/s 的高值。

(二)地壳的电性结构特征

1.地壳的电性结构

目前，在全球大陆上的许多地区都发现了地壳内存在有低阻层。新生代裂谷区的近代活动区，例如贝加尔裂谷、莱茵地堑、我国华北地台的新生代裂谷区、南北地震带北段、青藏高原等广大地区，均发现了地壳内低阻层。在个别稳定地台区，如乌克兰地盾中部、西西伯利亚地台、扬子地台东西两侧，也发现有地壳内低阻层的存在。一般情况下，地壳内低阻层顶面深度约15～30km，厚度从几千米到十几千米，电阻率由几欧姆米到几十欧姆米，它们往往与地震测深发现的地壳内低速层相对应(图3-3)。

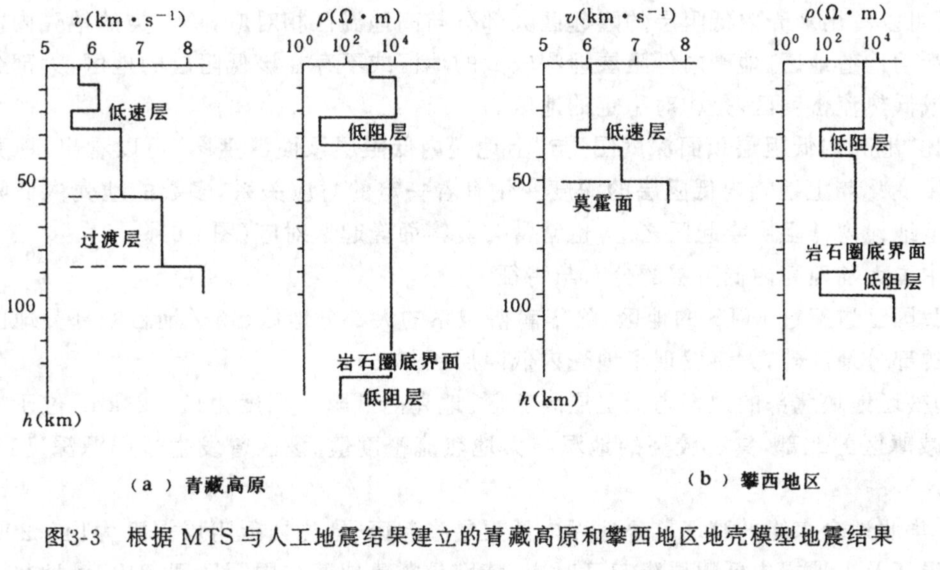

图3-3 根据MTS与人工地震结果建立的青藏高原和攀西地区地壳模型地震结果

地壳内低阻层的成因较为复杂，对此有多种解释。其中一种解释是随着地壳内温压条件的改变，岩石发生部分熔融，导致低阻层的存在。这种观点认为，随着深度的增加，地壳内的温度逐渐上升，高热流区地区温度上升快，而相对稳定的低热流地区温度上升缓慢(图3-4)。岩石电阻率随温度的增加而减小(图3-5)。当温度达到岩石的固相线(岩石的初始熔融温度)时，岩石部分熔融。只要有1%～2%的易熔矿物熔融，就能在矿物的晶格上形成导电薄膜而使岩石电阻率急剧下降，引起低阻异常，同时使岩石的刚性减弱，塑性增强，呈现非弹性蠕变特性。这是地壳内低阻层的重要特性。此外，在一定的温度与压力条件下，某些含结晶水的矿物有可能脱水，脱出的自由水储存于地壳内也会形成低阻层。由于某些原因引起的含各种流体的地层以及一些导电矿物的存在，都可能引起地壳内的低阻异常。

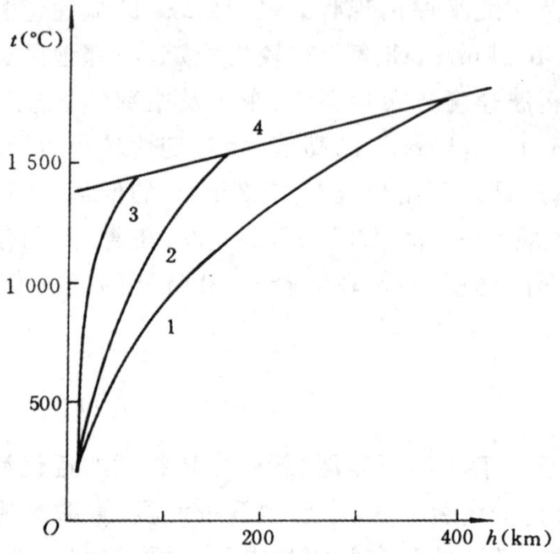

图3-4　地温随深度的变化

1—低热流密度地区；2—高热流密度地区；3—特高热流密度地区；4—上地幔绝热温度线

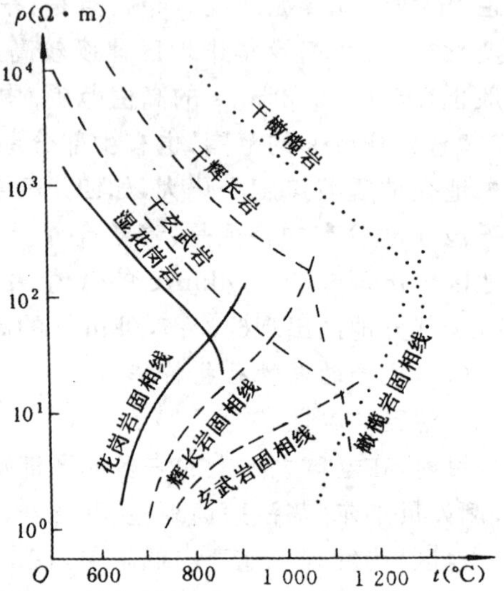

图3-5　岩石电阻率随温度的变化

大量的统计结果表明，多数浅震震源深度位于地壳内低阻层之上。从“地壳内低阻层顶面深度图”可以看出地壳内低阻层的隆起区大部分与高地温区相对应，这一类的地壳内低阻层多分布于活动构造地区。地壳内低阻层埋深较大的地区或不存在该低阻层的地区，大部分对应于低温区或低热流密度区，是相对稳定的地区。

对比“地壳内低阻层顶面深度图”与“上地幔内低阻层顶面深度图”可以看出，地壳内低阻层的深度变化与上地幔内低阻层的深度变化有着一定的对应关系，多数的地壳内低阻层隆起区位于上地幔内低阻层隆起区之上，也常常与莫霍面隆起区对应(图3-6)。

2. 中国大陆地壳内低阻层的分布与特征

在我国已进行过MTS的地区，除华南褶皱系的大部分地区、扬子地台的部分地区以及松辽地块的部分地区外，大多发现了地壳内低阻层(图3-6)。

(1)松辽地块北部的地壳内低阻层隆起区。地壳内低阻层深度为11～24km，位于松辽地块岩石圈减薄区的北部，具有较高的地温与大地热流密度值。该区曾发生过震源深度10～30km的地震。

(2)华北地台东缘的胶辽冀鲁地壳内低阻层隆起区。地壳内低阻层深度为14～20km。该区与高地温区及上地幔内低阻层隆起区对应，特别是冀鲁地区与周围地区相比，大地热流密度值高，上地幔内低阻层强烈上隆，地壳减薄，地表下沉。由于热活动使地壳内迅速增温，这里有可能存在地壳内岩石的部分熔融。多数的地震震源位于地壳内低阻层之上。

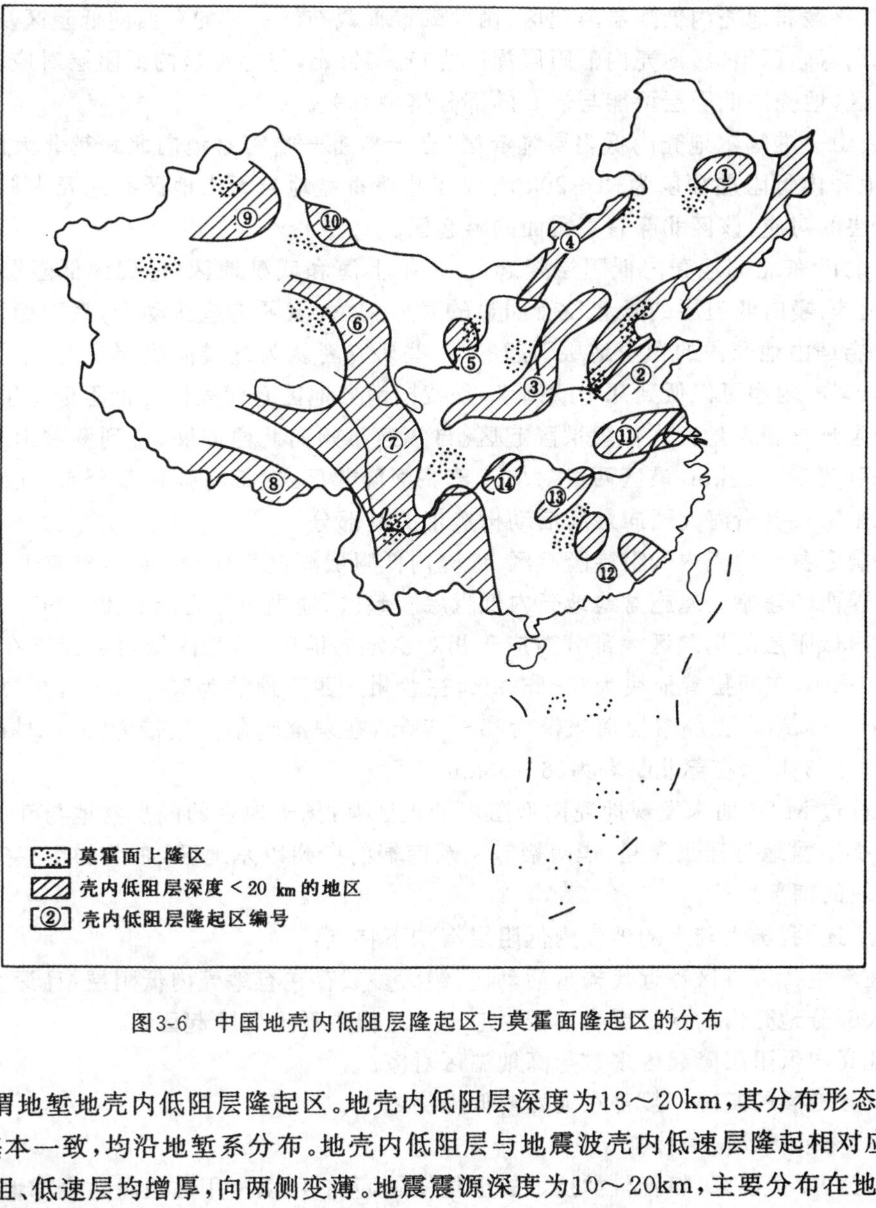

图3-6 中国地壳内低阻层隆起区与莫霍面隆起区的分布

(3)汾渭地堑地壳内低阻层隆起区。地壳内低阻层深度为13～20km，其分布形态与上地幔内低阻层基本一致，均沿地堑系分布。地壳内低阻层与地震波壳内低速层隆起相对应。在地堑系之下，低阻、低速层均增厚，向两侧变薄。地震震源深度为10～20km，主要分布在地壳内低阻层之上。该区具有典型的大陆裂谷的深部电性特征。

(4)二连—呼和浩特—东胜地壳内低阻层隆起区。自阴山东段向北东至东乌珠穆沁一带，地壳内低阻层深度为12～22km。地温场为高温异常区，这里可能有一个位于汾渭地堑与贝加尔裂谷之间且平行于它们的拉张构造。

(5)南北地震带北段地壳内低阻层隆起区。基本上分布于贺兰山地区，地壳内低阻层深度为14～21km。该区的上地幔内低阻层与莫霍面均为隆起区，也是地震活动带。

(6)祁连山地壳内低阻层隆起区。自敦煌地区向东，经祁连山褶皱带再折向东南至西秦岭。地壳内低阻层深度为11～15km，且大部分为低温区。祁连山构造复杂，曾受到多期强烈褶皱和断裂作用，据此推测本区地壳内低阻层多由含水或其他流体的破碎岩层引起。

(7)松潘—甘孜—康滇地壳内低阻层隆起区。自松潘—甘孜褶皱系东南端直到康滇隆起的轴部地区。地壳内低阻层深度为11～20km。

(8)雅鲁藏布地壳内低阻层隆起区。由西藏雅鲁藏布江一带的东西向低阻区及云南腾冲一带的南北向低阻区组成。地壳内低阻层深度为11～17km，与上地幔内低阻层对应较好。本区为高地温地区，地壳内低阻层可能与岩石的部分熔融有关。

(9)天山—准噶尔地壳内低阻层隆起区。自吐鲁番—哈密盆地向北跨越北天山，直到准噶尔盆地。地壳内低阻层深度为13～20km，仅在吐鲁番盆地与天山地区有地壳内低阻层与上地幔内低阻层的对应，该区北部有莫霍面的隆起区。

(10)北山东北端地壳内低阻层隆起区。包括上海和武汉地区。地壳内低阻层深度为11～20km，与上地幔内低阻层的隆起没有明显的对应关系。该区构造活动少，趋于稳定，因此壳内低阻层可能是由地壳内的含水地层引起的。一些研究者认为这类低阻层是由上元古界板溪群岩层引起，其电阻率可以低到几个欧姆米，是我国南方地区有代表性的低阻标志层。

(12)泉州—赣州地壳内低阻层隆起区。自福建泉州向北西伸展，直到罗霄山东麓。地壳内低阻层深度为14～22km。该区西段对应于莫霍面隆起区，东部有强地震分布，地表强烈抬升，这里可能是闽粤台沿海北西向最新活动构造带的一部分。

(13)洞庭盆地地壳内低阻层隆起区。地壳内低阻层深度为15～19km，对应于高地温区。

(14)鄂西的建始—恩施盆地地壳内低阻层隆起区。地壳内低阻层深度为11～16km。

地壳内低阻层的坳陷区大部分对应于相对稳定的地区。地壳内低阻层深度在鄂尔多斯地块为31～38km，在阿拉善地块为35～39km，在兰州—西宁地块为30～42km，在拉萨—那曲褶皱带为26～41km，在巴颜喀拉褶皱带为28～45km，在东准噶尔褶皱带为25～31km，在江汉断坳北缘为25～31km，在苏北断坳为26～33km。

已进行过 MTS 而未发现地壳内低阻层的地区有：扬子地台的四川盆地与江南隆起，华南褶皱系的衡阳盆地与建瓯隆起，华南褶皱系东南端的广州以东地区，东北的小兴安岭地区，以及松辽地块的南部地区。

综上所述，我国大陆上的地壳内低阻层有如下特点：

(1)在新生代裂谷区和近代构造活动区，绝大多数存在有地壳内低阻层，且深度较浅。

(2)大部分地壳内的低阻层隆起区对应于上地幔内低阻层隆起区。

(3)地壳内低阻层隆起区多数与高地温区对应。

(4)浅源地震的震源一般都在地壳内低阻层之上。

(三)地壳的磁性结构特征

20世纪70年代以来，随着科学技术的迅猛发展，人们可以利用磁卫星对全球地磁场进行全面、系统的观测，并与近地表空间范围内的高精度航磁测量及现代数学物理方法与计算技术相结合反演解释磁异常。其结果一方面利用全球区域磁异常(不同波长)与科学创新的地质思维(或地质概念、地质模型等)相结合对区域构造直接进行地质解释；另一方面运用合理的数学-物理模型，反演出区域不同尺度地壳的磁性分布，然后依据磁性与岩石、矿物、地球化学组分的相互关系，推测大陆地壳的结构。然而，磁卫星与航磁异常的解释结果通常只能得到地壳深部大尺度地质构造的分布特征，如磁卫星长波长磁异常主要反映大陆下地壳的结构特征，而航磁异常则主要反映局部地质结构，如中、上地壳范围内断裂构造、基底及岩浆岩分布等，它们均无法给出大陆地壳内部的细结构，随着世界范围内多个出露高级地体和麻粒岩包体的岩石学、地球化学研究的深入，人们普遍认为，这些出露的高级地体和麻粒岩包体可以作为窥探地壳深部结构及地球动力学过程的窗口，它们为大陆地壳磁性结构研究提供了一条重要途径。

1.磁性构造层顶面深度

磁性构造层顶面深度是指在无磁性的盖层下最先遇到的磁性岩层的深度。磁性基底的地质时代在不同地区是不同的，它并不是某一地质时代地层界面的深度，而是不同地区不同地质时代磁性构造层顶面深度的综合反映，陆地部分深度值从地表算起，海域部分从海平面算起，单位为千米。

磁性体深度计算方法可以使用朱英提出的斜磁化切线法，也可以使用外奎尔法及水平导数法。由于经过部分地质、钻井及其他物探资料校正，其计算误差一般在10%～20%之间。依据磁性构造层时代和埋深变化特征，可将中国及毗邻海域分为东北地区、华北—阿拉善地区、新疆地区、秦—祁—昆—大别山地区、青藏地区、扬子—华南地区、东南沿海地区及毗邻海域八部分。

(1)东北地区。此区除松辽、海拉尔诸盆地外，磁性构造层在总体上呈隆起面貌。张广才岭、长白山区磁性构造层由古生界变质岩及华力西期花岗岩组成；辽东半岛磁性构造层则由太古宙、古元古界变质岩及侵入体组成；大兴安岭的磁性构造层属古生界变质岩及中生代岩浆岩。松辽盆地磁性构造层埋深为4～8km，除中生代火成岩及古生代变质岩外，最深部可能有寒武系结晶基岩。海拉尔盆地位于呼伦湖附近，其磁性构造层的时代与大兴安岭类似，埋深为2～4km，向南伸入蒙古境内。

(2)华北—阿拉善地区。本区磁性构造层显示出在外围地带呈隆起，中心地区呈相对起伏的坳陷格局，自东向西分为胶东—鲁西隆起区、渤海湾—黄淮坳陷区、山西隆起区、鄂尔多斯坳陷区及阿拉善地区5部分。胶东—鲁西隆起区的磁性构造层由晚太古界泰山群及古元古界胶东群角闪岩相变质岩组成，埋深很浅，向北可与辽东半岛出露的基岩隆起相连。渤海湾—黄淮坳陷区内磁性构造层深度变化很大，隆起处可小于2km，坳陷内则深达6～10km，并有断裂相伴，是典型的断块构造。处于北京、石家庄以西的山西隆起区，其中心部分为沁水坳陷，磁性构造层埋深达4km，东西两侧及北部地区磁性构造层已出露地表。它由晚太古代阜平群、五台群、云中山群等角闪岩相变质岩组成。鄂尔多斯坳陷区位于西安以北，南半部磁性构造层由东向西缓慢加深，最深处达6km，在坳陷中部出现一条近南北向的隆起，由4km 等深线圈出，其磁性构造层类似于吕梁山区，由晚太古界结晶基岩组成。鄂尔多斯北半部磁性构造层深度一般在1～4km，由数条呈近东西向延伸的隆起与断陷相间排列组成。位于银川以西的阿拉善地区，由数条北东向的中小型磁性构造层断陷组成，一般埋深仅2～4km。

(3)新疆地区。此区有2个大型坳陷及3个中型坳陷。2个大型坳陷为准噶尔盆地及塔里木盆地。位于乌鲁木齐西北的准噶尔盆地，略呈三角形，磁性构造层深度由北向南加深，靠近天山前缘处可达15km。盆内磁性构造层具双层结构，下层为具磁性的前寒武系结晶基岩，上层为弱磁性的古生界变质岩。准噶尔盆地外围地带则主要是上古生界变质岩及华力西期火成岩侵入体。塔里木盆地是中国境内最大的磁性构造层坳陷，面积达56×10^4平方千米，图3-7是横穿塔里木盆地的南北向剖面，它显示出盆地内磁性构造层缓慢起伏的形态。该区磁性构造层埋藏很深，一般为6～12km，最深在15km 以上。磁性构造层埋藏最深的有两处，如塔(里木)西南坳陷位于和田至喀什地带；塔(里木)东北坳陷，沿塔里木河南侧分布，并有4个深坳中心。罗布泊地区磁性构造层深度为9km，它为塔东北坳陷向东的延伸部分。塔中隆起介于上述两坳陷之间，磁性构造层深度为4～8km，西北段埋藏较浅。塔里木盆地磁性构造层时代，北部由早元古代阿克苏群绿片岩相变质岩组成，其他地区由晚太古代具磁性的结晶基岩组成。新疆地区出现的3个中型坳陷，自西向东分别是伊犁盆地、吐鲁番—哈密盆地和敦煌断陷，它们的磁性构造层深度一般为2～7km。

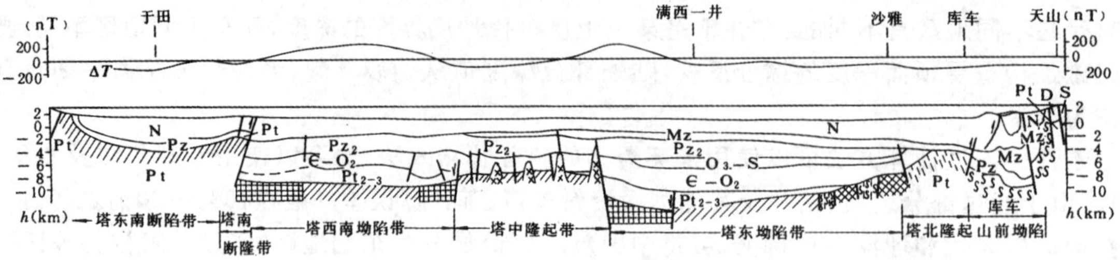

图3-7　塔里木盆地的南北向剖面图

(4)秦—祁—昆—大别山地区。此区隆起呈北西方向展布在嘉裕关、西安至合肥以南山地。秦—祁—昆地区磁性构造层主要由古生界变质岩及侵入体组成，大别山地区磁性构造层则由前寒武系结晶基岩组成。在青海湖以西为柴达木盆地，其中心地带的磁性构造层埋深达12～15km。盆地边缘地带的磁性构造层为古生界变质岩及侵入体，盆内以前寒武系结晶基岩为主。

(5)青藏地区。此区有较多的古生代及中生代侵入体的分布，磁性体深度在很大程度上是反映了古生界及中生界浅变质沉积岩内岩浆岩的深度。这里的磁性构造层深度可分为三个地区，即北部、中部及南部地区。北部地区位于成都以西、西宁—兰州以南的松潘—甘孜地区，磁性构造层深度一般大于4km，靠近龙门山的西北侧为6km，地表大面积出露三叠系。中部地区介于雅砻江与怒江之间，磁性构造层的起伏显示出由数条呈北西向至南北向展布的长条状隆起与坳陷相间排列，这是中国境内地质构造变动最剧烈的地带之一。隆起部位多出露古生界变质岩及中生代侵入体。南部地区位于拉萨附近，这里的磁性构造层由古生代变质岩、燕山期至喜马拉雅期花岗岩组成，其埋藏深度多浅于0.5km。在拉萨东北约300km处出现一个呈北西向的磁性构造层的坳陷，其深度为6km左右。

(6)扬子—华南地区。该区磁性构造层埋藏较深。四川盆地的磁性构造层深度达4～10km；位于成都附近的川西北坳陷及重庆附近的川东南坳陷，其深度达8～10km；介于两坳陷之间的川中隆起的磁性构造层深度为4～8km。四川盆地磁性构造层的时代为元古代或更早。华南地区磁性构造层主要由元古宙或加里东期无磁性或弱磁性的浅变质沉积岩系组成，如昆阳群及板溪群等，因而该区的磁性构造层深度值多是侵入上述地层中的火成岩的深度，如昆明附近的磁性构造层深度值是二叠系峨嵋山玄武岩或基性侵入体的埋深。楚雄盆地呈南北向展布于昆明以西60km处，其磁性构造层深度大于6km。华南地区的磁性构造层深度一般为2～6km。武汉西侧江汉盆地的磁性构造层深度为4～6km。洞庭坳陷位于长沙西北约20km处，其磁性构造层深度一般仅2～4km。

(7)东南沿海地区。本区位于上海、温州、福州至广州一带的东南沿海地区，这里的磁性构造层大多出露地表，并主要由中生代中酸性火成岩组成，部分由前寒武系至下古生界浅变质岩组成。

(8)毗邻海域。中国毗邻海域除台湾海峡缺少磁性构造层深度资料外，其他海域资料基本齐全。黄海北部海域的磁性构造层总体上呈隆起面貌，它使辽东半岛与胶东半岛的磁性构造层隆起连接成一整体。黄海南部海域可分为两部分。靠近胶东半岛的北半部海域的磁性构造层呈隆起状，由元古界变质岩组成；靠近上海东侧的南半部海域的磁性构造层深度达6～8km，它是苏北坳陷向黄海的延伸部分。东海坳陷的磁性构造层深度可达6～10km，由前新生界的变质岩及火成岩组成。东海坳陷向西南延伸可与台湾海峡分布的磁性构造层的坳陷相连。

南海北部海域有4个磁性构造层坳陷。北部湾坳陷位于海口西部，其磁性构造层深度大于4km；珠江口坳陷位于东沙群岛以西，其磁性构造层深度为4～6km；莺歌海坳陷位于海南岛西南，其磁性构造层深度大于6km；琼东南坳陷位于海南岛东南侧海域，其磁性构造层深度为6～10km；东沙群岛及北纬20°以南的海域，磁性构造层深度在4km 左右，它是南海中央海盆的一部分，磁性构造层反映了第三纪形成的大洋玄武岩海底深度。

2.磁性构造层底面深度

磁性构造层底面是地球岩石圈上部磁性壳层的底界面。这一界面深度(居里温度面)以上的磁性壳层岩石具有磁性，其下岩石磁性迅速消失。磁性构造层底面在壳幔热对流中又显示为一特殊的热动力结构面。磁性构造层底面，随着古陆壳的形成即已形成，此后，在漫长的构造热事件演化中不断被调整改造。现今的磁性构造层底面展示了当前中国大陆的壳层热状态及不同单元的结构特征。

(1)计算方法和数据处理。根据以往发表的文献，所谓磁性构造层底面深度计算，主要是计算磁性块体的底界面，而方法又多是先计算磁性体的中心深度 h_0，磁性体顶面深度 h_t，然后才间接求出磁性体底面深度 h_b，$h_b = 2h_0 - h_t$，此为底界面深度的计算公式。式中 h_b 内包含了计算 h_0 及 h_t 的传递误差，因而求得的 h_b 往往精度不高。1988 年又导出了一系列利用位场及高阶导数功率谱计算磁性矩形棱柱体顶面 h_t 及底面 h_b 深度的公式。其中底界面深度 h_b 的对数谱近似计算公式为：$\ln Q_n^{(S)} = C - 2Sh_b$。式中 $S = (u^2 + v^2)^2$，其中 u 及 v 分别为沿 X 及 Y 的方向波数，C 是一个与棱柱体磁化强度、底面积及厚度有关的常数。此外，$\ln Q_n^{(S)} = \ln E_n^{(S)} - (2n + 4)\ln S$，其中 $\ln E_n^{(S)}$ 为矩形棱柱体磁异常的第 n 阶垂向导数对数功率谱。由于多个随机分布的磁性棱柱体异常谱总体平均值与单个棱柱体的异常谱值等效，因而应用“移动窗口”方法计算。计算时使用了正式出版的1:400万全国航磁图编图数据，采用网格为5km×5km。计算中频段通过选择理论模型试验及经验确定。计算使用的窗口边长除理论模型外，还在华北地区进行了对比。

(2)磁性构造层底面的地质构造含义。

①磁性壳层的主要磁性矿物有磁铁矿(Fe_3O_4)、钛磁铁矿(Fe_2TiO_4)及磁黄铁矿(FeS)等，它们在结晶或重熔过程中，通过居里温度时获得磁性或者失去磁性。试验表明，纯磁铁矿的居里温度(磁化或消磁温度)为585℃，当其含有钛铁矿成分时，则居里温度相应下降，一般常见值在350～250℃之间。磁黄铁矿的居里温度为324℃。显然，磁性构造层底面深度及起伏形态与磁性壳层厚度及构造特征关系密切。现已查明，在古老稳定的克拉通陆块区，磁性构造层底面显示为深的块状坳陷区。在陆壳拉张断陷、岩浆火山活动区，磁性构造层底面显示为埋深较浅的隆起带。在陆壳碰撞挤压区，磁性构造层底面显示为深度较浅但具隆凹镶嵌条带构造的特征。

②按全球平均地温梯度30℃/km 及最高消磁居里温度585℃估算，磁性构造层底面深度应浅于20km，以往认为这相当于康氏面，位于上地壳底部。但近几年国内外超深井工作揭示，地温梯度在不同陆壳区和不同岩石层中的差别很大。浅部及沉积层中的地温梯度较大，向深部及进入变质基岩中地温梯度逐渐变小。在原苏联科拉半岛超深井的11 000m 处，实测温度为200℃，平均地温梯度为16.8℃/km。在欧洲奥地利维也纳北8 553m 超深井井底处的温度为232℃，平均地温梯度为25.2℃/km(井中有丰富的天然气)。在我国四川盆地关基井的7 157m 深处，温度为177.5℃，平均地温梯度为22.5℃/km，但5 000m 以下的地温梯度已下降为15℃/km。在我国西部塔里木盆地7 000m 的井下温度一般仅为115～154℃，平均地温梯度为

17℃/km，5 000m 以下的地温梯度降为14℃/km。依据深井资料估计，我国一些陆壳稳定区的万米以下的变质岩层中，地温梯度可能会降低到12～10℃/km。因而可推定磁性构造层底面埋藏深度将会达到40～60km。这个模型与实际结果一致，说明四川盆地、塔里木盆地等地深的磁性构造层底面坳陷区可能是客观存在的，由计算绘出的数据是可以接受的。

③研究表明，地温场决定于热源及壳层热传导机制，其中大部分(约占95%)热流为壳幔均衡传导热，其余为水循环对流热，中、新生代岩浆体及火山岩残余热，以及构造层块错位摩擦热。对流热、残余热往往在沉积盆地深部汇集，形成明显的地温异常带叠加在区域性传导热背景上。磁性构造底面深度与区域性传导热背景场有较好的对应关系。在塔里木盆地等陆块稳定区，热流密度值低于45mW/m^2，地温梯度低于17℃/km。这些地区的磁性构造层底面显示为深坳陷，埋深在40km 以上。

在青藏高原及周围陆壳碰撞抬升区，热流密度值大于75mW/m^2，地温梯度高于30℃/km，磁性构造层底面显示为浅背景条带状隆凹区，埋藏深度仅为24～34km。在中国东部的一系列中新生代盆地区，由于陆壳拉裂塌陷并伴随有岩浆火山活动，因而在盆地深度(基岩凸起带)常显示出地热异常。深井中热流密度值往往达60～80mW/m^2，地温梯度在基岩顶部及沉积层中，可达到25～30℃/km，但这些地区的磁性构造层底面仍显示为坳陷形态，埋藏深度为36～40km。依据外围基岩出露区及深井资料分析，上述热异常主要是对流热及残余热，它们汇聚封储于盆地内基岩隆起的顶部。地温梯度在进入基底后往往明显下降20℃/km 以下，并与周边基岩出露区相一致。

(3)中国大陆磁性构造层底面的构造特征。大陆区的磁性构造层底面按其埋藏深度及展布形态，可划分为下列不同特征的构造区。

①古陆壳块稳定构造区。本区包括四川盆地、鄂尔多斯盆地、塔里木盆地及准噶尔盆地等。磁性构造层底面埋深为40～50km，并显示为菱块状深坳陷。基底多形成于太古宙—早元古代，上覆有各时代沉积且厚度常在万米左右。这类盆地热流值较低，可称之为“冷盆地”。新一轮石油普查发现，在这类盆地深部(5 000m 以下)可能隐藏有巨大的油气资源，如塔北油田、川中油田、川东南气田、庆阳油田及榆林气田等。油气层埋藏深、油质轻、气压高、构造圈闭范围大，是这类盆地的共同特点。此外，这类盆地还蕴藏有巨大的优质煤炭资源及非金属矿产。

②陆壳活化断错拉裂区。本区包括我国太行山以东的东部平原、浅海及山岭地区。这里的磁性构造层底面隆凹相间排列，其中新生代盆地内的磁性构造层底面显示为坳陷，埋深约36～40km，如松辽盆地、渤西坳陷、华北盆地、南黄海盆地等。对比地壳测深资料，发现磁性构造层底面与壳底发育的壳幔混合层对应。这反映了古陆壳因磁性构造层底面抬升而消磁和重熔。这类盆地热流密度较高，特别是基底隆起顶面及深断裂带沿线处更为明显，可称之为“热盆地”。我国现今勘探开发的油气资源主要分布在这类盆地内，如大庆、下辽河、胜利、大港、任丘及中原等油气田。它们的共同特点是油气层埋藏浅(1 500m 左右)，油气层多，类型复杂，油质较稠。我国东部山岭区，如大兴安岭、张广才岭、燕口、太行山及胶辽山地地区，磁性构造层底面显示为隆起带，埋藏深度为24～34km，地温梯度平均在20℃/km 左右。地壳测深揭示这些地区地壳内发育有低速低阻带，其深度与磁性构造层底面深度吻合。可以推测，壳内孕育有高温热水及岩浆房，壳层部分岩矿发生了消磁、重熔现象。中新生代以来，伴随断裂及岩浆火山活动，发育了丰富的金、铜及多种金属矿藏。目前沿一些交叉的区域性断裂带，还分布有热水、温泉及较强烈的地震活动。

③陆缘及陆内断块碰合扭错带。此带包括东南沿海山岭区、青藏高原及内地一些山岭带。

磁性构造层底面显示为条带状隆起并与山岭对应，埋藏深度为28～34km。青藏高原区的岩石圈剖面揭示，磁性构造层底面与壳内低速、低阻和低密度层相对应，因而推断这一层可能为上下地壳层间的滑脱面，发育有高温热水及岩浆熔融体。沿断裂带形成一系列矿带，如雅鲁藏布江铬铁矿带，金沙江斑岩型金铜矿带。此外，沿断裂还有一系列热泉涌出，并伴有地震活动。我国东南沿海地区，如泉州、汕头，其地壳测深结果表明，地壳底面（莫霍面）埋藏深度与磁性构造层底面深度相对应，地面出露的主要是富含放射性元素的中生代壳熔型花岗岩及中酸性火山岩。据此推测东南沿海陆壳构造活动主要发育于中生代，目前已基本冷却固化。由于壳层已稳定，故地震活动不强，仅在地表分布有对流型低温泉，并有泉水涌出。沿这一地带发育有与中生代花岗岩岩浆活动有关的放射性矿藏及稀土矿藏。

（四）地壳的布格重力异常特征

我国的布格重力异常是以青藏高原为低值中心（约$-550\times10^{-5}m/s^2$）向北向东逐渐升高，形成东高西低、北高南低的总趋势，并被纵、横贯于全国的两大梯级带分割成台阶状的三级区域场，在此背景上叠加有多个形态各异的局部异常和规模较小的梯级带，构成我国复杂而独特的布格重力异常场。

1. 重力梯级带

主要包括2个大型和4个小型的梯级带，它们构成我国布格重力场的骨架。

（1）大兴安岭—太行山—武陵山大型重力梯级带。纵贯我国东部，走向北北东，全长4 000km，宽约120km，布格重力值分布范围为$-10\times10^{-5}\sim-110\times10^{-5}m/s^2$。从大兴安岭以北，我国边境地区的密集成束的梯级带等值线开始呈均匀分散状；南端则延入越南境内。梯级带在辽河（西拉木伦河）、燕山、秦岭、苗岭等多处发生明显弯曲，显示梯级带有错动或有近东西向的异常叠加在梯级带上。

（2）青藏高原周边大型重力梯级带。该带环绕青藏高原，即沿昆仑山、阿尔金山、祁连山、川西、横断山、喜马拉雅山分布，而其西端由帕米尔高原的南北两侧延伸至邻国。总长度大于6 000km，宽约240km，布格重力值约为$-150\times10^{-5}\sim-450\times10^{-5}m/s^2$之间。梯级带形状复杂，在东经90°以东分为两支：北支沿阿尔金山、祁连山、龙门山分布；南支沿东昆仑山、巴颜喀拉山分布，在横断山脉处又相互会合。沿重力梯级带多处出现局部弯曲和被局部异常所叠加干扰的情况。

4个较小的重力梯级带是：闽浙东南沿海梯级带、滇东川西梯级带、阿尔泰梯级带和天山梯级带。

2. 区域重力场

我国大陆区域重力场呈现三级台阶状，由东向西逐次降低，它们被两大梯级带分隔和连接。

（1）东部区域重力高，即第一台阶。位于大兴安岭—太行山—武陵山重力梯级带以东，包括松辽平原、华北平原和江东低山丘陵地带。布格重力值在$+40\times10^{-5}\sim-40\times10^{-5}m/s^2$之间，但多数地区在$+20\times10^{-5}\sim-20\times10^{-5}m/s^2$之间。其中北纬30°以北以正值为主，以南以负值为主。

（2）中部弧形区域重力场，即第二台阶。分布于前述两大重力梯级带之间的广大地带，呈弧形分布于云南、贵州、四川、陕西、甘肃、新疆及内蒙古中西部。布格重力值一般为$-100\times10^{-5}\sim-200\times10^{-5}m/s^2$，它较上述第一台阶的布格重力值普遍下降了约$100\times10^{-5}m/s^2$。

（3）青藏区域重力低，即第三台阶。位于青藏高原周边大型重力梯级带之内，布格重力值约为$-400\times10^{-5}\sim-550\times10^{-5}m/s^2$，较第二台阶的布格重力值又普遍下降了约$300\times10^{-5}m/s^2$。其内部又可再分为两个次级台阶：北部（青海）地带，布格重力值约在$-400\times10^{-5}m/s^2$左右；南部（西藏）地带，布格重力值约在$-500\times10^{-5}m/s^2$左右。

3.局部重力异常

在上述重力梯级带和区域背景场上，分布有大量局部重力高和重力低。它们的分布状态可归纳如下：

(1)走向基本为东西向的布格重力异常带。有天山—阴山—燕山重力低异常带、秦岭—大巴山—大别山重力低异常带，苗岭—南岭—武夷山重力低异常带、唐古拉山重力低异常带及冈底斯重力低异常等。它们多呈线状或弧形分布。

(2)等轴状或团块状布格重力异常。准噶尔、塔里木、四川等盆地中多出现这类重力高或重力低异常。

(3)走向为北东的布格重力异常带。多呈线状或串珠状出现在东部地区，如长白山重力低、郯—庐—辽—吉重力高异常带等。

4.对布格重力异常分布的初步解释

(1)区域重力场与地形呈宏观镜像关系。区域重力场由东而西呈三个下降台阶与地形由东而西呈三个上升台阶，恰成宏观镜像关系；重力梯级带的分布和走向与平原和高原以及各级高原之间的过渡带相符，梯级带下降与地形上升成镜像关系等等。据此推断，它们主要反映了莫霍面的埋深变化，亦即地壳厚度的变化。在我国东部地区（第一区域重力台阶）地壳厚度平均在30km左右；中部地区（第二区域重力台阶）地壳厚度平均在35～45km的范围内变化；青藏高原（第三区域重力台阶）地壳厚度平均在60～70km的范围内变化。

(2)重力梯级带。重力梯级带反映了莫霍面深度的陡变带。它的发现与圈定，是重力测量对深部构造研究的重要贡献。如大兴安岭—太行山—武陵山大型重力梯级带，提供了我国东部有此纵贯南北的巨大梯级带的相应地壳构造变化的信息。

(3)对局部异常的分析与解释。

①大型盆地多出现与盆地分布形状相近似的局部重力高，在其周围往往出现环绕盆地的弧形波浪状的重力低异常。这主要反映了盆地具有高密度的核部或老基底隆起。它们往往是经过多次构造运动形成的，如塔里木、准噶尔、柴达木等主要盆地。这些盆地中的高密度核部或老基底具有刚性，在构造运动中不易形变，其周边介质则易于形变，形成地壳加厚和地形隆起。不仅大型盆地有上述重力场特征出现，洞庭、鄱阳、三江、南阳等小型盆地也往往有局部重力高存在。

②沿我国各主要山系往往出现条带状重力低异常。如由南而北有乌蒙山—苗岭重力低异常，秦岭—大巴山—大别山重力低异常，阴山—燕山重力低异常等。据推断它们有两种成因，一种是由于地壳均衡作用使山系地壳变厚；另一种是在地壳内分布有大量低密度地质体，诸如壳源花岗岩等，从而形成重力低异常。

③局部重力异常走向具有分区性。如华南、下扬子地区的局部重力异常呈北东向分布，华北地区的局部重力异常多为不规则的等轴状、团块状，两者被秦岭—大巴山—大别山条带状重力低所分隔。再如，东北松辽平原地区的局部重力异常略呈北北东向排列；内蒙古、甘肃、新疆及黄土高原的重力异常以东西向排列为主，且有的在两端略呈凹向北的弧形；青藏高原内部的局部重力异常以东西向排列为主等等。上述分区特点反映了各区内地质构造之间存在着差异。

§3.2 综合物探在基础地质研究中的作用

一、研究地壳深部构造的综合地球物理方法(简称深部地球物理)

(一)深部地质研究的内容

深部地质研究通常与地球内部的地球物理研究结合在一起。实际上,地球物理方法所确定的仅仅是地球内部的不均匀层及壳幔界面的几何形状和地球物理参数,这是深部地质学的一项最重要的任务,但不是唯一的任务。地壳和地幔的成分,各个不同层面物质的物理状态、性质和性状,是地球化学和岩石物理学的研究内容(这些学科都引用了各种实验研究方法)。在解决深部地质学的任务中,构造地质学、古气候学、天文学、行星学等做出了出色的贡献。但是现阶段在深部研究中起着最显著作用的还是地球物理学。

深部地质的研究对象是地球深部各个带的结构(成分和构造),它们的发展历史,以及在这些带里正在进行的作用。但是,如果把地表到地心的整个地球包含在深部地质学的研究范畴内,也还为时过早,因为目前认为确实可靠的关于地球深部的资源混杂着许多假说。合理的提法是只研究地壳和上地幔,也就是说,按大多数地质学家和地球物理学家的意见,仅研究那些与经典地质学的研究对象——地壳的近地表部分有紧密联系的地球圈层。地质找矿工作的实践和地质学各个分支的理论恰恰需要这些地球圈层的资料。在这样的情况下,《深部地质学教程》可以认为是描述地壳和上地幔的地质学。因此,深部地质学应该研究地壳和地幔的成分、构造及其岩石的物理性质和状态,地壳和地幔里已经进行的和正在进行的作用,以及描述地壳产生和发展的历史,并确定构造圈的深部结构与近地表地质的相互关系。深部研究的根本目的是获取解决各种地质学问题的资料,并为寻找深部矿床奠定基础。

一些研究者曾明确指出,在某种场合下,用传统的地质学方法,如钻探,研究3~6km的深度并不属于深部研究范畴;而在另一种场合下,数百米深的研究已属于“深部研究”。因为在第一种情况下,地质学家可直接获得有关岩石和构造的资料;而在第二种情况下,只是间接地指明岩石的可能成分。显然,不能直接用地质学方法进行研究的那一部分地壳应该属于深部地质的研究领域,而不管其埋藏深度如何。把地壳的研究工作分为“深部”与“非深部”是相对的,实际上用间接的方法研究深部必然与地质工作同时进行,地质工作的可能性决定于钻探和山地工程发展的水平。

在褶皱区和地台区,“深部”的上界线是有区别的:在褶皱区,上界线很少低于1km;在地台区,上界线深度4~7km。对地壳上那些钻井达不到的地方及地幔的研究工作,毫无疑问属于深部地质学。根据上述观点,不应该把深部(或三维)地质-地球物理测量——它实际上是最重要的地质学分支之一——看作是深部地质学的一部分。岩石学、矿床成因学、构造学的工作与深部地质学也没有直接的关系,尽管这些学科利用了深部地质学的一些最基本的资料。

对深部地质研究工作有两种观点。

一种观点认为,对于解决某一项具体任务或一系列任务来说,大家对每种方法的作用都已相当明确,每种方法能满意地完成所担负的使命。为了成功地解决一些问题,只需要根据地质情况合理地、准确地选择综合的地球物理学、地质学、地球化学和其他方法。

另一种观点认为,各种不同方法在解决具体地质任务时还不成熟。应该注意到,地质学中许多观点建立在假设的基础上,这些假设本身还需要证明。例如,地壳的分层不应该只是严格按照地震资料，因为根据地质测量所描绘出的深部褶皱在地震资料中不一定会反映出来。地震界面也并不总是重力异常体或磁性体的界面。这种观点使得地质学家和地球物理学家开始怀疑一些已获得的信念。已取得的真理具有相对性，还需要受到检验和证明。

（二）深部地球物理研究方法简介

目前，地球物理方法是研究地壳深部构造的最有效、最准确和最可靠的方法。最常采用的是地震法、重力测量法、电法勘探，尤其是各种地电磁测深。

1. 地震法

（1）地震学。它利用各种体波和面波、纵波和横波来研究地球的内部结构和地壳。在某些情况下，拉夫波和瑞雷波以及其他与它们类似的波（G、L_g、T 波）有很大的意义。

拉夫波，这是一种在水平面上偏振的表面横波。瑞雷波也是横波，它们在垂直方向上偏振。如果介质是均匀的，这两类波和其他波的速度与波长无关；如果介质的弹性是变化的，那么这些波的速度将随波长增大而变化。在研究地壳和地幔时，除了表面波的速度和周期的频散特性外，还要利用它们的振幅特性、衰减、相速度与群速度的关系。里希特把相速度定义为由运动方程推算出来的速度，而把群速度定义为地震能量放出的传播速度。群速度的确定比相速度更准确一些。但是它受复杂的层状介质的影响更大，所以用它来研究区域性特征不大合适。

G 波（古登堡波）是一种拉夫波，只能在强震时记录下来并随地震震级的减少快速衰减，其特点是速度非常稳定（约4.41km/s）。L_g 波可以在长面波背景上作为一种短周期扰动而被划分出来，在大陆范围内衰减很小，传播很远，但一进入大洋地壳就消失。T 波也是一种短周期波，在海洋里以声波的速度传播，在大陆上以普通地震波的速度传播。上面列举的波有时也称做导波。对于短周期的拉夫波、瑞雷波、L_g 波来说，地壳是其通道（波导层）；而对 G 波来说，波导层是地幔中的低速层，这一层对长周期的瑞雷波也起着波导层的作用。T 波可以看做是大洋中的导波。

用地震波方法研究地壳和地幔的构造、物质状态、应力状态以及岩石圈的其他参数，是通过对有关各种波的速度、传播特点、能量的吸收等资料的分析来进行的。为确定深部构造而采用的方法，是以利用远震或者近震的体波为基础的。根据地震波的走时与整个地球或某一地区的平均走时曲线的偏差，可以求出地壳底面或地壳各层顶面的埋藏深度。如果纵波在地幔顶面的传播速度是稳定的，则时距曲线反映了记录台站至震源的距离 R 与地震波走时 t 之间的关系，其直线段对应地幔顶面。根据来自地壳或者地幔其他面上的地震波，可用类似方法在时距曲线上大致画出直线段，但它与坐标轴成另外一种倾角。到地壳底面或其他面的深度的变化 Δh 会引起与直线的时距曲线的偏离，因为地震波在介质中以较慢的速度通过附加距离 Δl。当距离 R 很大而深度 Δh 的变化很小时，附加距离 $\Delta l \approx \Delta h \cos i$；通过这一段距离所需要的时间 $\Delta t = \Delta l / v_1$（图3-8）。$\Delta h$ 愈大，地震波到达观测点的延误时间就愈长（与根据平均走时曲线算出的走时相比）。

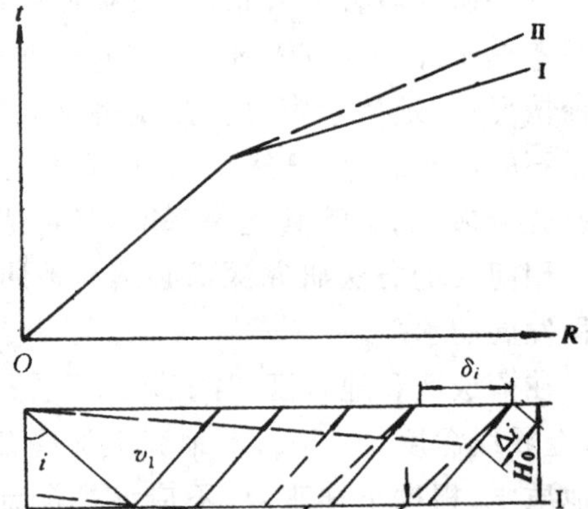

图3-8 当界面（地壳底面）处于水平或倾斜位置时双层介质中地震波的传播路径示意图

根据平均走时曲线的偏离直接计算出的地壳或任何一层的厚度是非常粗略的，因为不可能准确地确定震中距离和地震波的走时。为了减少这些因素的影响，采用了一种方法，这种方法的根据是不测量震中和地震台之间的距离，而是测量两个或者更多的地震台与震中之间的距离差。很明显，这些差等于位于震源剖面上的各台站之间的距离 Δl。根据 Δt 与 Δl 的数值，就可以计算出在 Δl 距离上壳下层埋藏深度的变化以及地震波在这一层里的视速度。为了确定地壳的厚度 H，必须知道其底面深度 H_0，哪怕只知道一个点也好。H 的大小可以用各种不同的方法求出。马萨尔斯基（С. И. Масарский）提出了一个计算任何点上地壳厚度的公式：$H = tv_1/\cos i$；式中 t 表示地震波走时的初始时间，根据距震源的距离算出，i 角可由波在相邻介质中的速度比求出。

用地震学方法确定地壳厚度的精度，取决于震源深度、震中距离以及地震波到达各个台站的时间的误差。深部界面的非水平状、壳内一些层面和非均匀层的折射作用、地震波速度在地壳里的变化，都会对精度产生明显影响。这些就是确定地壳底面和壳内及地幔内其他界面深度时精度低的原因。

在某些点上，在纵波作用下产生横波或者在横波作用下产生纵波。确定这些点的深度可以研究地壳和地幔深部构造，这种方法已得到广泛运用。有人认为，转换点位于弹性不同的两种介质的界面处。地震转换波法（МОВЗ）在理论上可以把地壳划分得非常详细。除此之外，根据转换横波 p_s 与纵波 p 的速度和振幅 的比值，根据这种比值的变化规律，可以判断岩石的特征以及在地壳和地幔里波速反转带的存在。但是，速度特征本身却是用其他方法发现的。这就使不同地段出现的转换面的对比一定是困难和不可靠的。对比的困难看来在于，在地壳里总是可能有大量的界面，弹性波的性质在界面的两侧变化显著，并且这些界面不一定都是以巨大的岩石综合体来划分的。在地震转换波法剖面上，地壳和地幔里存在许多平行界面也可以解释这点。实际上，有些界面并不是到处都很明显。

（2）地震勘探，深地震测深。地震测深有两项主要任务：①查明深部界面并研究它们的起伏；②确定介质的速度参数（为解决第二项任务，必须要有最完善的观测系统）。

在深地震测深时，距爆炸点200～600km 处可记录到折射波。在陆地上爆炸（1～10）×10^3kg 的炸药，在海上爆炸100～150kg 的炸药就可以产生激发波，有时也利用地下核爆炸的能量。由于要进行环境保护，所以也研究了来自弱震源的信号累积和叠加的各种方法。在有利条件下，沿剖面进行连续观测。要得到地壳和地幔界面的相遇时距曲线和追踪时距曲线，必须做系统观测。在难以通行的地区，可进行分段连续剖面测深或者点测深。对于激发振动除采用一般的方法外，还可采用飞机投弹爆炸的办法。由折射界面而来的地震波按其深度顺序到达爆炸点附近的台站，以相反的顺序到达远离爆炸点的台站（图3-9）；在中间距离（150～200km）的台站上可以观测到来自不同界面的

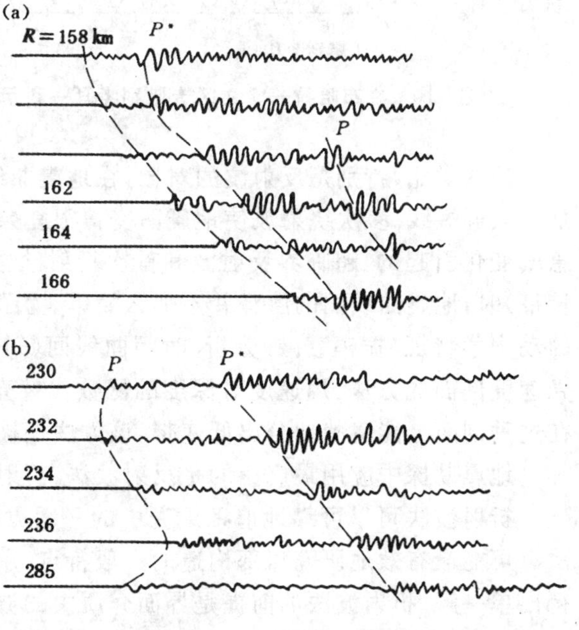

图3-9　天山干涉带前(a)和干涉带后(b)的地震图
P—来自莫霍面的折射波；P*—来自玄武岩层顶面的折射波

干涉波，干涉波对于地震记录的解释是不利的。

按 И. С. 沃利沃夫斯基的意见，观测系统的选择取决于所要解决的任务特点、介质的模型及其先验资料的数量、所记录到的深部地震波的类型、干扰水平、对比类型（连续对比、离散对比）、激发源的特点、自然条件（特别是局部起伏）和所使用的仪器。深地震测深中所采用的波频率为10～15Hz。由固结地壳面来的波，其初至可在40～100km 的距离内记录到；由玄武岩层顶面来的波，其初至可在130～170km 的距离内记录到；地壳下层来的波，其初至可在150～300km 的距离内记录到。地震波场由稳定波组组成，其中非常明显地分出固结地壳界面的折射波 P_{OK_1}、莫霍界面或上地幔的折射波（首波或弱折射波）P_{opM} 以及地壳底面的反射波 P_{ompM}（图3-10）。由壳内其他界面来的波，如从玄武岩层顶面来的波 P_{OK_2}，并不总是能形成稳定的波组。

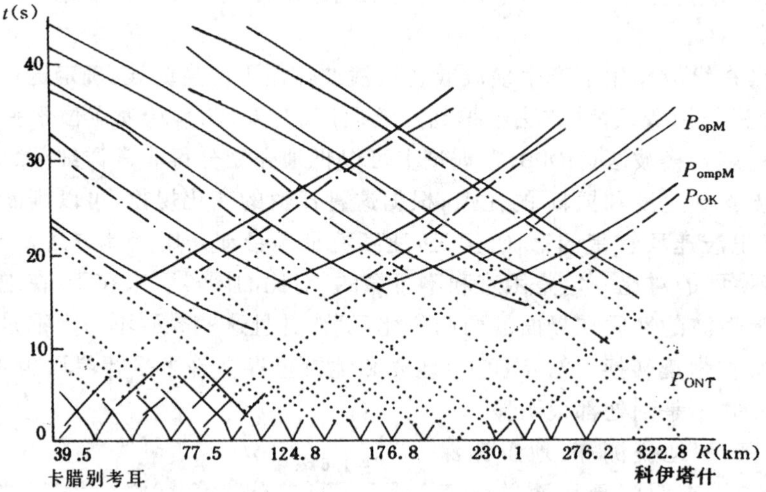

图3-10　在布哈拉—希文区卡腊别考耳—科伊塔什深地震测深剖面上深部波的时距曲线图

波的对比，特别是反射波的对比，在地震曲线图上往往是困难的。在这种情况下，时距曲线是一大群短线。多次绕射波使地震图变得很复杂。多次绕射波是由同一界面的埋深或倾斜角的急剧变化引起的。超临界反射波和首次折射波常常不能区别开。当地壳里存在低速带（速度反转带）时，地震曲线图的解释并不那么简单。为了确定地震波的性质和查明低速带，需要采用波的动力学特征（振幅衰减）分析、时距曲线回归算法和其他方法。P. 吉斯（Giese）曾提出建立地壳速度剖面的方法：用速度对深度的函数代替壳内界面，以速度等值线的形式画出深部剖面，在这种剖面上能清楚地分出低速带。该方法也被原苏联地球物理学家采用。

地震勘探中应用最广泛的是反射波法、折射波对比法和折射波法。

折射波法可以可靠地追踪地壳中的平缓界面，确定界面波的速度。在勘察工作中，这种方法有可能最有效地研究深部构造的一般特点。用这种方法进行相似界面的地震学对比，通常会得出单一解。折射波法的前提是界面介质中的波速有相当大的差异，所研究的界面几乎是水平产状，而且介质是均匀的。离开这些条件将会导致严重的错误。被研究界面的起伏程度显得特别重要，它不仅会歪曲所确定的深度，而且可能形成虚假的多层构造图像。

如果起伏的宽度很小，倾斜很陡（被复背斜和复向斜所复杂化的背斜和向斜褶皱），那么得到的不是波状界面，而是某个平均界面。存在水平薄层时，也会出现某种虚假的平均界面。如果不均匀层在剖面上具有复杂的形状，波速又与邻近地质体没有太大差别，折射波法不能确定范围达几十千米的不均匀层。同时，高折射系数的界面表现为许多间断的界面，且性质不同。位于折射界面之上的不均匀层，无论对波速还是波的方向都会产生畸变。某些地球物理学家认为，这些影响是通过介质的“不透射率系数”反映出来，但这种影响并非总能弄清楚和注意到。

地震波在地壳范围里可穿过数十至数百千米。地质学家认为，地质介质是相当复杂的，但在地质解释时却假定它是均匀的，只考虑由主要地震界面划分的各层的差异。很明显，折射波深地震测深法只能提供地壳深部构造略图。在实际地质条件下，用这种方法不可能达到高详度和高精度。

根据许多地球物理学家的意见，在研究地壳方面，反射波法具有广阔的前景。实际上，用这种方法可以追踪具有复杂几何形状的界面形态，划分多次波速度反转的剖面。这种方法在研究深部构造方面的详尽程度从原理上说几乎是没有限制的。根据 И.П.科斯明斯卡娅的资料，在深地震测深方法中，反射波法的分辨能力比折射波法高3～10倍。在临界角和亚临界角范围内的反射波能发现和研究的岩层是：深度较大时(30～50km)，岩层的厚度不超过2～3km；深度较小时(10～20km)，厚度不超过3～5km。在深度30～50km 时，根据折射波可靠地区分厚度大于10km 的岩层。30～50km 的深度对深地震测深是最合适的。在这个深度上，当时距曲线的长度为50km，波组记录的持续时间为0.5s 时，折射波的相对分辨能力(岩层厚度与其埋藏深度的比值)等于0.2～0.4，反射波的相对分辨能力等于0.03～0.07。当深度较小时(10～20km)，它们的分辨能力分别降低到0.5～1.0和0.3～0.6。在深度较小的条件下，折射波法和反射波法只有微弱的差别。

上述看法仅是一种理想的简单条件下的评价。属于同一地质界面的反射面的对比存在很大的困难。在进行这种对比时，主观因素的影响很大。大量的反射面使解释工作变得非常复杂，往往不得不借助于统计方法。统计方法提供的结果不太具体和不大准确。只有界面波速度的确定例外。严格确定低速层的深度、速度梯度和下伏层的速度参数是不可能的。根据反射波绘出的深地震测深剖面，与解释人员的技巧和知识，以及解释的初始假设条件有极其重要的关系。因此，在有些情况下，剖面上的界面并不比用折射波法得出的界面多；而在另一种情况下，这种界面又多得不可胜数，这不是偶然的现象。在采用反射波方法时，如果不进行十字形探测，界面的倾斜会导致出现虚假的低速带。

一般来说，虽然地震方法能对层状均匀介质提供准确和单值的结果，但是在实际地质条件下地震方法有很大的局限性。实际上，它们对深部构造只能描绘出很简单的图像。对沉积岩层以下的地壳上部只能勾绘出略图。深地震测深中的反演问题是用选择法解决的。至今只有地震法最有可能(与其他方法相比)准确地确定地震界面的几何形态及其埋藏深度，只有地震法能够提供有关地球深部物理特征的直接资料。

2.重力测量法

重力测量法能提供关于地壳和地幔中质量分布的概念，所以能判定地球内部的构造和成分，在某种程度上能推测出密度不均匀体的埋藏深度。该方法是以测量位场即重力场异常为基础的。它提供的是异常场的总的特征，而异常场是由不同规模、形态和埋藏深度的不均匀体的重力作用叠加而形成的。因此，必须把实测的异常场划分为许多分量场。分量场是由不同的地质体引起的。根据重力测量资料所作的各种图和计算的质量，取决于划分异常场的质量。这项任务是非常困难的，在大多数情况下不会有单一的解答。反演问题，即根据重力异常计算地质体的形状、深度和密度，也具有多解性。

位场特别是重力场的这两种性质，是研究深部构造时把重力异常当做辅助资料的原因。事实上，即使不能令人满意地把异常场划分为分量场，也能得出某种程度的正确答案。根据重力场离开场源的衰减程度，可以估算激发体的埋藏深度。在没有任何其他资料的情况下，根据重力水平梯度能划定异常体的深度范围。因此，在利用重力资料时，甚至没有地质约束条件，对一系列深部结构问题也会得到可以接受的结果。

在研究地壳的均衡状态以及在地壳和地幔里发生物质迁移或者物质密度变化的作用时，重力测量法起着巨大的作用。用重力测量法研究地壳深部构造有各种办法。在大多数情况下，重力测量在一系列研究深部的地球物理方法中只处于从属地位。最广泛使用的方法是，在某些地区用地震方法确定界面的深度，然后根据重力异常强度与这一深度的相关关系，绘制深部界面图。同时，要弄清整个地壳、固结地壳（没有沉积层的地壳）和地壳各分层的关系。现在，这种关系已研究得相当详细。已经查明，对于地壳的不同构造单元、不同地区，这些关系很不相同，有时甚至是矛盾的。在有些情况下，甚至在同一个地区，这种关系也出现相反的变化。根据关系式 $H_M = f(\Delta g)$ 编制壳下层的起伏和深度图，在较好情况下能提供粗略的地壳厚度图。分析这些关系，对于研究地壳与地幔之间的相互关系和相互作用有很多益处。

用重力测量法研究地壳深部构造的另一种广泛应用的方法，是根据重力异常计算深度，有时这种方法与相关关系法结合使用。按照异常进行分块计算，计算引起这些异常的块体的顶面或底面的深度。对计算结果进行统计整理，根据曲线的极大值，找出研究区内深部界面的可能数目。将每一组数据归于一定的界面，可以用等值线的形式画出界面的起伏。这个方法对编制地壳上部构造图是比较有前途的。该方法的主要缺点是把与局部异常有关的地质体的某一部分当作地质体本身，这常常是不对的。有时候，对计算结果进行统计整理时，测线上或面积上的个别结果似乎圈出了某一层，但这些个别的结果并不能反映该层，整个的结果才能反映某一层（图3-11），因此有人把整个结果的轮廓看成是某一层的界面。

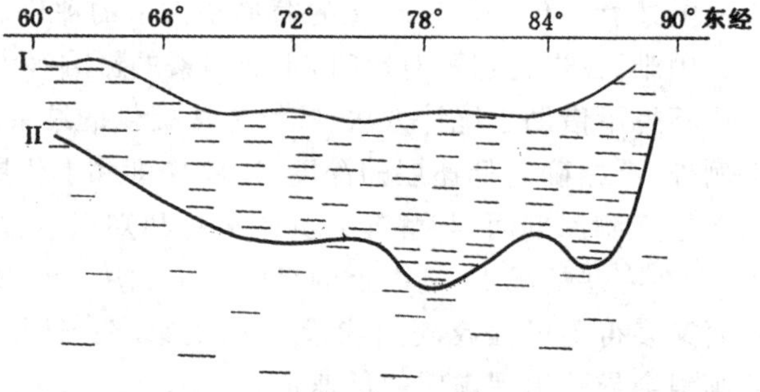

图3-11 地壳剖面里激发体上部边缘的分布（西西伯利亚低地，北纬64°）

基底面：I—前侏罗纪；II—前古生代（前寒武纪）

无论在哪一种方法中使用重力资料，实测重力场总是要事先分解成不同级次的场。因此，有人认为，把实测场分解为分量场，能解决对应各种地质体的异常的计算问题。实际上这是两个完全不同的问题。由于这个问题对根据重力异常推断深部构造的可靠性和准确性特别重要，所以要简单地说明异常场分解为分量场的最常用方法的实质。

这些方法可以分为五类：①平均法；②相对观测面的不同高度的换算法（异常的解析延拓）；③高阶导数计算法；④地球物理异常的相关分离法；⑤地质简化法。后两种方法在分类上属地质－地球物理法。所有这些方法无论在剖面上还是在平面上都可以采用。

（1）平均法。人们用复杂的数学公式还是用肉眼估计一条平均线，其实质是一样的——通过计算消除场的局部变化来找出异常场的某个平均水平，同时要考虑到使消除不同符号（与平均水平相比）异常的比重相同。也就是说，这些局部异常的面积或者“体积”在平均线或平均面的两侧相等（图3-12）。平均法可以用各种方式进行。最简单、最灵活、往往也是最有成效的方法是沿剖面进行曲线平均，这时对平均参数没有硬性规定。在复杂场的情况下，如果硬性地规定平均参数，那么异常不可避免地会产生畸变。曲线平均法不会出现异常畸变和虚假异常，这就弥补了曲线平均法的主观性。

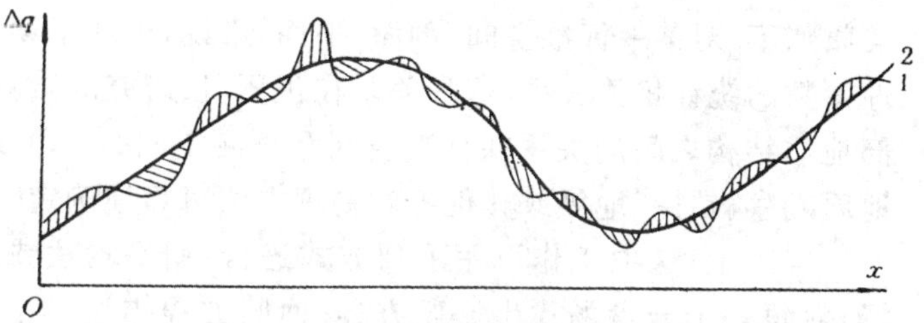

图3-12　说明平均法实质的示意图

1—实测曲线；2—平均后的曲线

广泛使用平均量板，用量板按照一定的系统算出场的平均值。在大多数情况下，量板是圆形或者正方形，有时为矩形或椭圆形，通过选择的办法求得平均半径。要采用这种半径：当它增大时，这一点上的平均值几乎不变。量板法的优点是简单，缺点是不能选择出对所有异常都是最佳的半径（甚至对同一级次的异常都不能做到）。在许多异常中仍然有很大一部分是区域分量场，在其他地方产生与任何实际地质体无关的虚假异常。

（2）不同高度换算。位场的解析延拓法是以场强随远离场源而减小为基础的，即建立在异常衰减的基础上。将任何地质体的位场换算到高度 H 上，不管它原来怎么样，如果测量是在地面上进行的，那么这个地质体似乎向深处移动了 H 距离。在区域性研究中，要把异常换算到高于地面的水平面上，即上半空间。这时既可以采用解析法，也可以采用量板法。为了划分出对解决所提出来的问题有意义的异常，要指定一个高度。通常选择一系列高度，以便在某些高度上不受近地表的局部不均匀层的影响，在另一些高度上不受玄武岩层面起伏的影响。往往选取的换算高度接近于某一层面的埋藏深度，再划分出这个面的异常效应。

许多研究者在理论上和实践上都曾指出，根据自己的计算结果，上半空间异常的空间分布的计算结果接近于平均法。如果平均半径与换算高度之比为4∶1，那么这些方法得出的结果几乎是同样的。对高度的换算像平均法一样，在给出的参数足够精确的情况下，也只能解决某一部分异常的区分问题，而大部分异常或是由于没有完全衰减（在换算高度不够时），或是由于各种不同分量的重叠（在换算高度过大时）而变形，这就会毫无例外地得出虚假的局部异常，尤其是在重力梯级区。

（3）高阶导数计算法。高阶导数对场的变化最为敏感。在小比例尺测量和资料的质量低时，计算重力的错误和重力场轮廓的不精确就会在图上以异常的形式出现。因此，对高阶导数的计算最好应用于大比例尺和高质量资料进行分析（主要用于地球物理普查和勘探）。

几乎所有的研究者都认为，为了划分区域分量，最好进行平均和高度换算。为了弄清局部异常，最好是计算高阶导数，并计算观测面以下的重力场分布状况。克卢申（П. Г. Клушин）指出，平均法适用于任何比例尺的测量，向上半空间换算需要大于1∶100万（最好是1∶20万或更大）的测量资料，对重力位二次导数的计算需要1∶5万或更大比例尺的测量资料。许多地球物理学家认为，所有这些方法按其原理都是平均法，它们的结果几乎是一致的，所以最好采用最简单的和最不费力的方法。

位场的分解实质上是滤掉具有一定特征的异常。把异常场划分为分量场的问题，可以看作是分出有用信号和抑制干扰信号。为了得到最佳的解答，在选择变换方法时，应当引用频率滤波法，以及采用概率理论和数理统计。异常场的有意义的分量作为具有最佳统计特征（数学期望、离差）的随机函数求得，并且有很好的自相关性。

（4）划分异常的相关法。相关法（或叫线性预测法）的目的在于划分出某个地质界面或地质体的每个异常分量。由日达诺夫(М. С. Жданов)和什莱勃曼(В. И. Шрайбман)提出的相关法的实质如下:对某一标准空间(剖面、平面)来说,出现了场(Δg 或 ΔT)与地质参数或地质-地球物理参数的统计相关关系,这种关系在预测(被研究的)地区也存在。同时,有人认为,异常场与深部地质结构之间的关系在标准空间和预测空间是一样的,标准空间的地质结构特点可以通过地质勘察、钻探、地震或其他地球物理方法可靠地确定。

实际上,这项工作可用下列方式进行:用平均法或其他方法划分出几个不同级次的分量场,对每一个分量场找出回归方程。回归方程描述了重力异常或磁异常与深部界面产状的关系;深部界面根据地质或其他地球物理资料确定。算出相关系数,并选出相关系数最大、均方差和置信区间最小的分量。如果相关系数增大,标准差同时增大,那么不认为答案最佳。相关法既可应用于双相关方案中,这时所要研究的是两个量的关系,例如重力异常与玄武岩层顶面埋藏深度的关系;也可应用于多元相关方案中,这时所要研究的是几个参数的关系,例如重力异常与磁异常、壳内花岗岩层埋藏深度(据钻孔资料)及地形起伏高度的关系。如果多元相关与双相关相似,证明选出的参数组合里也有对解决问题无用的参数。

如果标准空间与预测空间在结构上相当接近,而且所采用的参数之间有线性关系,那么区分地球物理异常场的相关法能够提供可靠的和准确的结果。

一般来说,在研究地壳深部构造中,重力测量法有许多可能性,不可能有单一解答,主要原因是不可能单解地把实测场划分为对应各种地质体的分量场。

3. 磁法

磁法测量能够查明磁性体在深部的分布状况,并可获得有关磁性体的磁化强度和某些磁性体的埋藏深度的概念,有时还能获得有关磁性体形状的概念。但是,仍有一些不清楚的问题,如磁性体界面与地壳和地幔的深部构造有什么关系;认为某类异常起源于数十千米,这究竟合理到什么程度;在进行定量计算时,在什么样情况下,考虑或不考虑剩余磁化向量的影响才符合实际,等等。

在研究固结壳时,应用磁法勘探的可能性由下例说明。根据对东西伯利亚许多地区 ΔT 异常的计算,可以在12～17km 处划出一个界面,它可能属于玄武岩层界面。根据阿尔泰一萨彦地区东部算出的磁性体上下面的深度,可以编制玄武岩层顶面以上的深部构造图。大体上它们已被地质-地球物理的综合研究所证实。因此,至少在古老的褶皱区和前泥盆纪岩浆活动占优势的地区,有可能利用航磁资料绘制地壳上部的深部界面图。

同时,对中哈萨克东南部进行了这样的计算,编制了较浅的界面图。这种界面既不与地震界面相符,也不与地质-地球物理方法得出的界面一致。它分布在花岗岩层面,而根据地质结构判断,这里的花岗岩层几乎全由花岗岩组成。显然,这一界面划分出同一种岩石的磁性和无磁性的差异,并标志着某种锋面(岩浆锋或变质锋)的存在;在此锋面以下,磁性岩石的形成和存在是不可能的。

布利娜(Л. В. Булина)在1970年指出,磁性体下部边缘的深度与构造的分带性有关。布利娜还确定,磁性和弱磁性杂岩的形成周期是有规律的。沃尔克(В. Э. Волк)于 1974年提出根据磁性资料划分地壳的可能性。

将磁异常场划分为分量场的方法研究得很差。一种方法是将磁异常场进行平均或者向上半空间换算。但是在复杂磁场情况下,这在技术上很难做到,并且没有物理依据。另一种方法是根据地磁最小值确定低级次的分量场。这种方法的根据是,在均匀磁化和磁化强度向量位置正常时,所有的磁异常都应该是正的。用这种方法划分区域性磁场时,那些明显由局部磁化引起的部分异常将被消除。这种方法也用来从高级次开始逐次消除异常。无论哪一种方法，都有量板图集和解析公式；尽管它们有自己的缺点，但仍然能在许多情况下令人满意地解决问题。

深部地质学的目的是根据地磁资料计算磁性体的磁化强度、顶底面的深度，确定磁性体的形状，甚至计算莫霍面的温度。人们对磁法勘探资料的可靠性持否定态度的原因如下：解释时几乎总是假定磁化是均匀的，磁化强度向量方向与现代地磁场是一致的，磁性体的形状是十分简单的；此外，也不考虑具体异常区的岩石磁性等。在接近实际的条件下，磁法可成为深部地质-地球物理综合研究中较有成效的组成部分。

地球磁场的研究结果很久以前就成为岩石圈板块漂移说的论据，这种漂移可以是相互相对漂移，也可以是相对于更深的地球圈层的漂移。地磁测量资料是洋底和板块构造漂移说的主要依据。这一假说的实质在于，或是地幔物质，或是地幔中的玄武岩分异产物，在洋中脊的轴部向岩石圈表面上升，从而使大洋岩石圈板块扩张，并且逐渐增大。这种扩张作用周期性地重复发生。每次扩张时，较老的岩石圈断块相互远离，并对称地分布在新形成的地带两侧。因此，洋底地壳是由各种不同时代的狭长延伸的地带所组成，它们对称地分布在洋脊轴的两侧，越是古老的岩石，距洋脊轴越远(图3-13)。

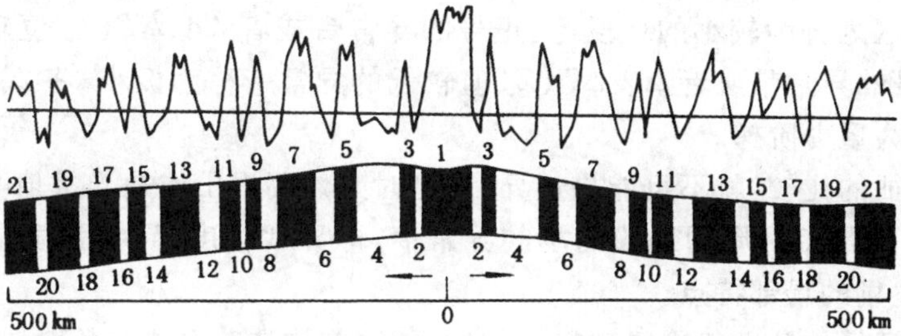

图3-13　据洋底漂移说做出的垂直洋脊走向的地磁剖面和岩石圈剖面(示意图)

注：岩块的古老程度随图中数字顺序增大

地壳各带的时代不同，既反映在组成这些带的岩石磁化强度方向的变化上，也反映在磁化强度符号的变化上，这就决定了磁异常具有规律性。小比例尺地磁测量资料、条带状磁异常图、剩余磁化向量的计算是漂移假说的基础。磁异常对比是件很困难的事。根据材料的详细程度，可以进行不同的对比。在进行海上测量时，困难增大，因为这种测量的程度很低，而异常强度一般不大(200～300nT)。甚至在小比例尺图上也会经常看到正规的线性异常受到破坏的情况。如果摈弃有关平移的假说，那么大洋磁场在极大程度上不会再是线性的，更不会有严格的规律性。

在某些磁测资料中经常可以看到相邻剖面的磁异常对比极其牵强附会，往往只把剖面上的异常连续性作为对比的准则，而不顾它们在形态和数量上的特征。有时对于同一个地区，不同地球物理学家指出的异常轴在方位上有很大的差异。“对称”磁异常带的平行，引起了更大的怀疑，后来认为这些带属于相同时代。根据各种假设做的计算，对剩余磁化向量未做出判断，因根据定向岩石标本(采自三大洋层)确定剩余磁化向量的工作暂时还没有做。总之，洋底漂移说的原始资料还远不是没有问题。

4. 重力场和磁场定性解释及应用

除了定量计算外，还应用场的定性特征，这样地球物理方法在解决地质问题中的可能性明显增大。这些定性特征是：异常符号的变化频率、异常的差异、异常的幅度和方位等。这样就可以把某一地区划分为具有一定异常特征的带，也就是地球物理分区。А.Д．阿尔汉格尔斯基、В.В.费登斯基和А.А.米哈依洛夫首先在原苏联使用地球物理分区。

异常场分区的标志有以下几点：①异常场的平均水平及其符号，也就是对应不同深度的特大地质体的区域异常强度和符号；②场的变化程度（场的分割程度），根据异常符号的变化频率和局部异常的面积确定。这个参数表明地质体中岩石的变化频率或者地质体的不均匀性；③局部异常的幅度，其大小取决于岩石在物理性质上的差异和地质体的规模；④异常曲线类型，由地质体的产状特征及其相变决定；⑤平面上异常的形状，它与水平剖面上地质体的形状一致；⑥反映地质体走向的异常方向；⑦异常在面积上的分布情况（不同符号异常的交替分布或者局部异常在平静区域背景场上的孤立分布），它与地质体的分布特点一致。

因此，至少有七种标志。其中哪种是主要的，哪种是次要的，这与异常场的性质、地球物理图的比例尺以及所要研究的问题有关。例如，分析重力异常时，最常利用的主要特征是异常强度和符号。在进行磁场分区时，还必须考虑磁场的差异。但是，在任何情况下仅有一种标志是不够的，必须从地球物理资料中提取全部信息。所以，必须采用综合标志，而这些标志之间的从属性在不同地区是不一样的。这时可以根据一两个标志划出最大的地区（异常带），然后根据其他标志再把这些地区划分为较小的地段等。正号的异常带或者Δg、ΔT、Z_a值较高的异常带通常称为极大，而负号的异常带或者Δg、ΔT、Z_a值较低的异常带称为极小。将Δg异常场的单侧急剧下降或升高称为重力阶梯。

没有定量特征的比较，就不可能描述异常。这时必然要提出或是异常值与区域正常场的差值，即异常强度；或是相对周围地段的场的异常值，即异常幅度。异常强度描述场的区域性特点，异常幅度描述场的局部特点。

异常地球物理场的分区工作得到很大的发展，这与构造分区中采用地球物理资料有关。地球物理的分带性不仅仅反映了地壳的近地表部分的构造分带性，而且也反映了深部结构。地球物理场的分区是综合深部研究中最重要的工作。原苏联许多地区已有磁异常场和重力异常场的分区图，这些图常常直接变为构造图3-14。

重力带与构造带的关系以及重力场各部分的相互关系，反映了各种不同深部因素对重力场的影响。这在山区表现得尤为明显，最新构造的深部分量叠加在地壳层分量之上，地壳上层的结构由前寒武纪和古生代的地槽型构造决定。各磁异常带在轮廓和面积上都有很大差别；它们的分布状况在某种程度上反映了大地构造的特征。不同强度的磁场状态与深部结构特点有相关关系，例如低磁场一般表明玄武岩层顶面的位置较深。磁场和重力场分区图在某种程度上相似。

随着计算机的使用，地球物理分区方法获得了广泛的发展。异常地球物理场分区工作引用数理统计法、周期图分析法和自相关分析法等等。Н.Г.别尔梁德的著作可以作为自相关分析法划分异常重力场分带性的例子。对场进行分区，这意味着分成许多地段，在各地段范围内场是固定不变的。相关函数的稳定性是场稳定性的准则，从一个带到另一个带时，相关函数发生变化。场的统计性质的最明显变化反映在零相关半径τ_0和自相关半径$\tau_{0.3}$上，这时相关系数等于0.3；但是人们认为相关系数为0.3的相关实际上不存在。有人计算了各种相关半径的相关函数，直到相关系数等于零或者0.3。相关半径τ的剧烈变化意味着由一个异常带过渡到另一个异常带（图3-15）。

Г.М.瓦利亚什科、Ю.Я．瓦希洛夫、Н.С.谢列勃连尼科娃和А.Ш.法依捷尔松（1972）提

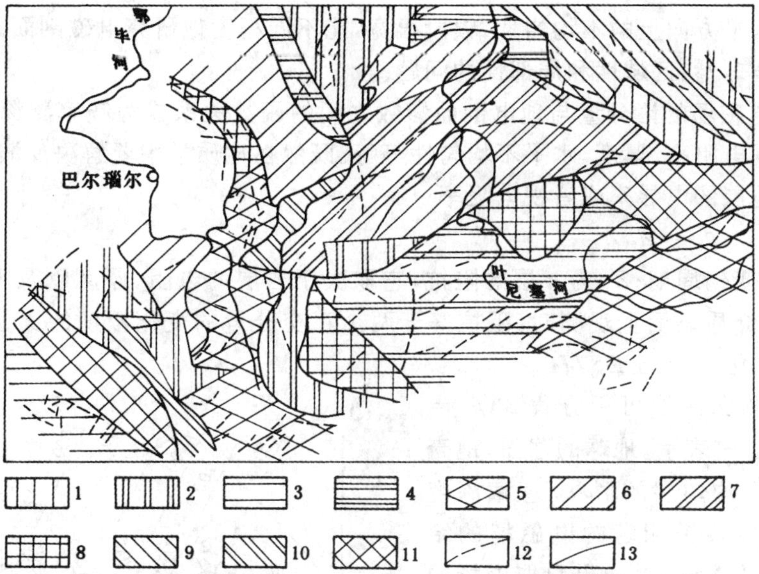

图3-14　阿尔泰—萨彦地区异常磁场分区图

区域磁异常带:1,2—负异常带;3,4,5—接近于零;6～8—低正异常带;9～11—高正异常带;磁场:1,3,6,9—平静磁场;2,4,7,10—弱变化磁场;5,8,11—强变化磁场;12—磁异常轴;13—分带界线

出了另一种分区的方案。他们把异常体看成断面为矩形的地块,根据异常计算这种地块上下边缘的埋藏深度。对于不同的带来说,所求数值的统计图不一样。利用数学方法,异常场的分区工作还有其他的方案。

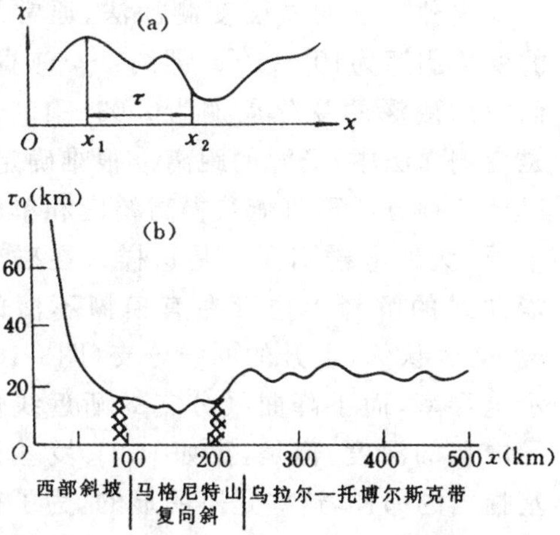

图3-15　自相关函数的确定(a)和南乌拉尔剖面上自相关函数的综合曲线(b)

5. 电法

在地壳深部探测中,电法勘探用于确定第四系或者其他非变质地层的厚度,用于确定地台层状综合体底面的深度,用于查明地壳和地幔的低阻层。在进行浅部研究时,实际上应用了直流和交流的所有电法。对于深部的研究,主要采用各种不同方案的测深法,这些方法是:垂向电测深、偶极电测深、大地电流测深、电场建立法和磁场建立法。大地电磁测深法和磁变测深法是以地球磁场随时间变化而形成的电场和磁场为基础的,这些测深方法得到了广泛的应用。使用磁变法时,可以考虑也可以不考虑磁变的本质。最近几年,侧重于以磁变为基础的磁变测深。磁变的实质已经很清楚,磁变是太阳日变化 S_P 和磁暴变化 D_{sr}。磁变的本质已经知道,故磁变测深在理论上更有前途,能高精度地确定地壳和地幔的参数。为了得到某些参数的平均值,如地核或地幔各层的电导率,可采用地磁感应法,但是它只适用于岩层为水平均匀层的条件下。

在大地电磁测深和磁变测深方案或者剖面方案中,频率测深的应用开辟了广阔的前景。频率测深的结果属于一个比较小的面积("点")和交叉点,不仅可以确定垂直剖面上的不均匀性,而且可以确定水平方向上的不均匀性。频段很宽，能不同程度地研究电磁剖面。因此，频率测深法可用来解决全球性、区域性和局部性的问题。

天然可变电磁场的诸分量与地电剖面参数之间的函数关系成为频率测深法的基础，这些参数是各层的视电阻率、厚度、水平不均匀性等等。既然在地质学中要解决反演问题，那么一般就需要确定导电层的电导率或者视电阻率

$$\rho_k = 2TZ_n^2$$

式中：T 为变化周期；Z_n 为 n 层的阻抗，它取决于岩层的电阻、厚度以及下伏的无限厚地层的电阻率。在介质表面上观测时，阻抗等于两个正交分量的变化幅度的比值，即电场的 E_{xy} 和磁场的 H_{xy} 之比，$Z_n = \pm E_{xy}/H_{xy}$。

大地电磁测深曲线可用方程式 $\rho_k = 0.2T(E_{xy}/H_{xy})^2$ 来表示。地球的球面，地壳和地幔的水平不均匀层的形状、埋藏深度和电各向异性以及被测定的电磁场的结构，对结果都有很大影响。如果只取磁场的垂直分量与水平分量之比，上述因素的作用就显得较弱。在这种情况下，对某一变化周期 T，视电阻率

$$\rho_{kT} = (2/T)[y(H_z/H_y)]^2$$

这种方法叫做磁变测深法。通常采用的变化周期为10^5～10^7s，即约1～100昼夜，而“小”测深的变化周期为0.03～100s。在磁变测深法中，场源的距离 y 很难确定，所以用这种方法不可能获得高精度和单解的结果（大地电磁测深也是这样）。在磁变测深曲线的解释上也存在有模糊不清的情况。有人认为，上升的曲线分支（图3-16）表示电导率，而下降曲线分支的渐近线代表导电层的深度。但是，正如 П. П. 罗基田斯基指出的那样，这些是不明显的。为了得到满意的解释，应该把其他一些参数，如导电层的埋藏深度看成是常数。

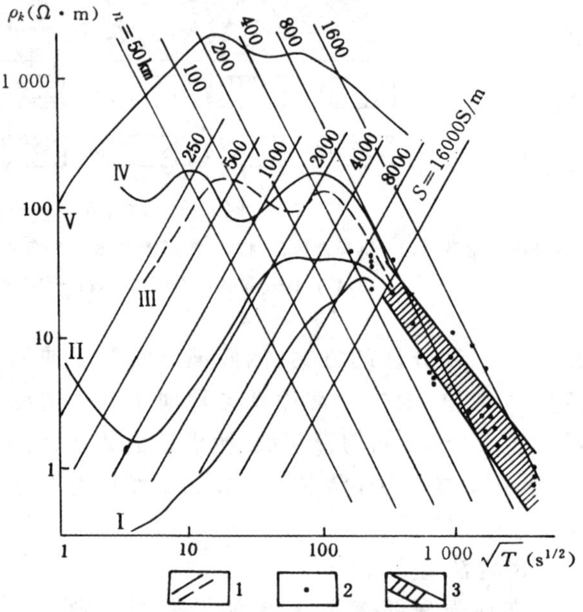

图3-16　深部磁变测深曲线

Ⅰ—桑给巴尔；Ⅱ—鲍罗克—莫斯科台向斜；Ⅲ—索洛马托沃—外乌拉尔；Ⅳ—阿尔季—前乌拉尔；Ⅴ—普列谢尼齐—白俄罗斯台背斜；1—磁变测深曲线；2—全球性大陆磁变测深资料；3—实际的全球性大陆ρ_{kT}曲线分布区，该区内概率不低于0.8

在用其他方法研究感到非常复杂的东西伯利亚地区（通古斯台向斜，哈坦加），在研究地壳上部5～12km 的结构时，大地电磁测深法得到了广泛的应用。在世界上许多地区，用大地电磁测深法确定地壳和地幔中高电导率层的深度，这一深度由几十千米到150～200km，甚至可达300～380km。对不同构造区，这一深度不一样。深部电磁测深结果的精度暂时还较低，只应把它们看作一种标志。

人们也详细研究了采用人工电流源的深部垂向电测深法。

6. 地热法

地热学的主要任务是获取地球热量在地壳和地幔中分布状况的资料。地热探测可以提供地球上不同地区的地热梯度、热流和热状态的信息。为了计算热流密度 q，必须知道某一深度

的温度变化（温度梯度 G）及这一深度的岩石热导率 k，$q=G/k$。

地球的热场由很多因素决定，如全球性热源及其厚度和分布深度、地壳上部的局部性热源、岩石的热导率、地壳构造、地球表面的性质、热交换中的对流因素（地下水、火山爆发）等等。上述因素的复杂综合使实际热场与某种理想热场有偏离。理想的热场只有在下列假设条件下才能观测到：地球是均匀的，并且具有规则的几何形状；某种统一的热源距地球表面上任何一点的距离都是相等的。这些偏离作为地球热场异常而被记录下来。查明热异常并确定异常的原因，就是地热探测的任务。

无论在陆地上还是在海上都已开始热流的研究。尽管是多么不合常情，然而在水下条件下进行热流测量却是一件比在陆地上更容易做到的事：水隔绝了温度的季节性变化和昼夜变化；除此之外，在海底下面没有地下水流。现在对洋底热流的研究比大陆上还要精细。

在陆地条件下，热流只能在钻孔中确定（钻孔要比水循环带深）。直到不久前还有人认为，只有深度超过800m 的钻孔才适合于热流测定。但是最近几年的研究表明，深度达200m 的钻孔也有可能用来进行地热探测。这就极大地促进了热流的研究，因为在任何地区都可以进行浅部钻探。到目前为止，只利用一些深钻进行热流测定，因为这项工作只限于在地质上合适的地区进行。

水的循环在热传输中起着重大的作用，但是地下水运动对热流的影响研究得还很不够。很难统计，有机化合物在地壳里氧化时产生的热，以及在地壳的各个不同深度连续进行的并伴有热释放（如蛇纹石化）或者热吸收（辉石、角闪石等的形成）的热化学反应时产生的热，是怎样使内生热流发生变化的。在硫化金属矿区，氧化作用的热释放，看来可能比地球的热流高。因此在金属矿区测定热流密度应该特别谨慎。

在地热学中存在许多不能解决的问题，其中最重要的也许是地质顺序问题。只通过建立理想的地热模型和数学模型未必能解决这些问题，应该在详细的、繁重的地质研究的基础上来寻找答案。

在即将结束对深部探测各种地球物理方法评论的时候，应当指出，这些方法实质上是认识地球深部构造的唯一方法；由于方法本身的客观特点，它们不可能在实际地质条件下提供单一解答。所以，根据一种方法与另一种方法的依赖关系，又提出各种综合方法。但是，这种办法还不能最终解决问题，不能保证单一解答。综合方法有时甚至会妨碍弄清每种方法的真正作用。所以，为了解决特别重要的实际问题，常常要结合地质资料和岩石物理性质资料来使用地球物理方法。

二、综合地球物理在地质填图中的应用

地质填图是依次研究地下地质结构的过程。在地质勘探工作的所有阶段都进行地质填图，并以绘制成地质图而结束。这些地质图就成为矿床预测、普查和勘探的基础。

在拟订规划时，将地质填图的地质勘探工作划分为：

（1）比例尺1:200 000（1:100 000）的区域地球物理调查，随即进行相同比例尺的地质测量；

（2）比例尺1:50 000（1:25 000）的地质测量；

（3）深部地质填图，同时预测开采能力所及深度内的矿产；

（4）比例尺1:10 000到1:2 000的详细地质填图（详细普查和普查评价工作的分阶段）。

在地质填图的同时，进行相应比例尺的综合地球物理调查，这些工作或者与地质测量同时

进行，或者在地质填图之前进行。

(一)区域性地质填图

区域性地质填图的目的是进行构造分区，编制预测图，查明区域内最重要的地质构造特征和矿产分布位置。综合地球物理工作布置在地质填图之前，包括航空方法和地面方法中的重力测量、磁法测量和电法测量以及地震工作。

1.工作的设计

地球物理工作从设计开始。为此要收集现有的全部地质资料和地球物理资料作为设计任务的基础，要分析区域内地球物理场和岩石物理性质。应充分注意以前进行过的地球物理测量，分析邻近区域的工作成果，提出任务，然后转入选择综合方法及合理的野外观测方法。

2.解决的问题

在上述分阶段，地球物理综合方法的基本任务是：

(1)研究地壳整个厚度内的结构，确定地壳上部各层结构与深部构造的关系；

(2)利用有关深部构造的地球物理信息对调查区进行构造分区，并准备预测图的地质构造底图；

(3)研究调查区内的地质结构特点，为较大比例尺的填图准备地质-地球物理底图，查明矿产分布的规律和划分远景区。

3.方法的综合

在区域性填图时，必要的地球物理调查是：

(1)比例尺1:200 000的重磁测量，测量的主要任务是区域性大地构造分区和区域内的小比例尺构造填图；

(2)比例尺1:200 000的航磁测量，用于区内的岩性填图，并补充研究主要的构造单元，如侵入体、断裂带等。

4.区域性调查的地球物理方法

在区域性调查时，每个地质区要布置几条深部地震测深测线，配合以重磁和电法勘探观测。沿测线编制反映地壳整个厚度内的结构的地质-地球物理基准剖面。

深部地震测深通常与记录近震与远震弹性波的地震观测配合进行。这时地震测深剖面作为基准骨架，而地震观测填充其中。

对金属矿区和煤田来说，沿基准测线进行的地震勘探工作有很大意义，其目的是为了研究深部(达8～10km)构造的特点和获得2～3个地质-地球物理基准剖面，以便更可靠地解释其他地质-地球物理信息。

含油气远景区是沿区域性地震勘探或测点地震测深的规则测网进行研究的，目的是圈定凹陷、洼地、盆地，划分出其中的大型内部构造(隆起、长垣)和远景地区。

在面积性调查时，根据基本测量资料不能可靠地解释物理场性质，也不能大致解决所提任务的地段，要用相同的方法进行详查工作。还规定要在贯穿该地段主要地质构造单元和预定要布置钻孔、浅井和剥土的测线上进行综合方法的补充观测。

三高度测量，即同时从宇宙(人造卫星、载人宇宙飞船或空间轨道站)，从飞机实验室和从地面各地段的测量，具有重要意义，可使人们获取大范围的有关深部地质结构的信息。

综合方法中应用最广泛的方法是磁法勘探。磁法勘探为地台区和褶皱区的构造分区提供丰富的资料。这时解决的问题有：①粗略地圈定具有不同地质发育历史的地壳的大地段(地台，地台型盆地和隆起；地槽，山前坳陷和山间坳陷)；②追索不同时代的褶皱带和查明主要构造单元之间的构造关系;③追索岩墙杂岩体、超基性岩带和查明构造断裂;④查明侵入和喷出岩浆活动有不同程度的表现的地段;⑤对地质建造的范围填图并解决其他构造分区问题。

在编制地质构造图和大地构造略图时,解释磁场异常的经验证明,磁场中各种地质特征的表现形态是多种多样的。这就决定了应用磁法勘探资料时必须有其他方法配合。特别是在填绘地台区的褶皱基底时,应用电法勘探、地震勘探和重力勘探的结果能满意地解决问题。

从磁法勘探和重力勘探的资料可以获得有关结晶基底内部褶皱断块构造、基底表面起伏、基底内巨大断裂带和岩浆建造分布得很全面的概念。

在研究结晶基底起伏时,在综合方法中广泛应用电法勘探方法。用大地电磁法、大地电磁剖面法、大地电磁联合剖面法和大地电磁测深法等方法的基础是沉积地层中有高电阻层。可以沿测线,也可以按面积进行工作。

地震勘探的结果可进一步确定地壳深部各层和基底表面起伏的结构,说明地台沉积盖层的地质构造,确定各地震地质层的位置。这样也就使重力勘探资料的解释更加准确,在此基础上可对地震剖面线之间的地段进行地震地质资料的最接近实际的解释。

重力勘探和磁法勘探的资料能最清晰地表现结晶地盾范围内基底的内部构造。小比例尺的重力勘探和磁法勘探可以区分出应做较详细调查的地区。

地台区内的航磁测量能提供有关基底地质结构(构造的主导方向、岩层的埋藏深度等等)以及沉积盖层的信息。当沉积盖层中有侵入岩和喷出岩建造时,航磁测量能测定其位置。在褶皱区,岩浆岩和变质岩使地质结构复杂化,航磁测量可用以查明和追踪疏松盖层下的不同磁性岩层。

航空伽马测量可大大增加有关侵入岩和沉积岩在出露区分布的信息。

从地质填图时采用的地面地球物理方法中选用在获取信息和整理信息方面灵活、经济和简便的方法。

5.资料的整理和解释

通过在地质测量之前进行的地面地球物理调查可获得该区的各种物理场图和地质构造略图。

对于地质历史复杂的地区,编绘下列物理场图:

(1)依据磁法勘探资料,编制 Z_a 等值线图和方向互相垂直的 Z_a 曲线平面剖面图。

(2)依据重力勘探资料,编制具有该区标准中间层密度和换算到海平面的 Δg 布格图;编制具有中间层变化密度并换算到按照某种理由高度合适的 Δg 布格图;编制观测场的各种换算图,首先是区域异常和局部异常图。

(3)依据电测深法电法勘探资料,编制各类电测深曲线图、疏松沉积层的等厚度图和标准层顶板地形图。

(4)依据地球化学方法,编制一些元素的等浓度图,这些元素的含量高于其克拉克值或其分散晕的分布决定于该地段的地质结构。

沿贯穿工作区主要构造单元的测线还要编绘地质-地球物理剖面图。

在研究岩石物理性质的基础上,对于具有参数统计特征的所有地层层位要编制表格和变化曲线(直方图)。

地面地球物理方法资料的解释要与航空方法(磁法、电法、伽马能谱测量)的结果相对比,先按每种方法单独对比,然后按整体综合对比。这种顺序是合适的,因为分别解释能控制各个方法的结果(如果异常是与同样的地质体有关),还能查明在分别解释时未发现的附加地质体。

在共同分析磁场和重力场时有可能更可靠地测定激励体的产状，特别是磁化强度矢量的倾角、构造断裂的倾斜角；测定不同构造期岩石的物质成分。在利用统计解释方法的情况下，根据与同一地质目标有关的选定带平面的位移，可以估计该地质目标的产状（倾角）。这种带的位移可以用各个方法的探测深度不同来解释。

在区域性填图的分阶段，必须在现有地质资料的基础上，首先是在所研制的（即使是一级近似的）填图目标的物理-地质模型的基础上解释地球物理资料。这时，每个地质事实都应看作没有去掉误差的单个地质观测。因此，地质结构应该用它们的置信程度来表征。为了阐明置信程度不高的异常的地质性质，要布置检查（填图）钻探。

根据地质-地球物理资料综合解释的结果编绘地质构造略图，并指出所作图件的置信度、详查工作的地段、各种矿产的远景地段、检查钻孔的位置。说明书要注明，为了提高地质图的置信度应该采用哪些地质方法和地球物理方法。在区域性地质填图的分阶段，类似这种综合地球物理工作方案的效益由在各种不同地质结构区中的调查结果来证实。

现讨论在加拿大利用区域性重力调查资料的实例。工作地区发育有火成岩-深成岩和片麻岩带，并且集中着非常稀有的镍、金、银、铜等矿床。这些调查用以制作该区的区域地质模型，作为随后更详细地研究远景区的基础（图3-17）。

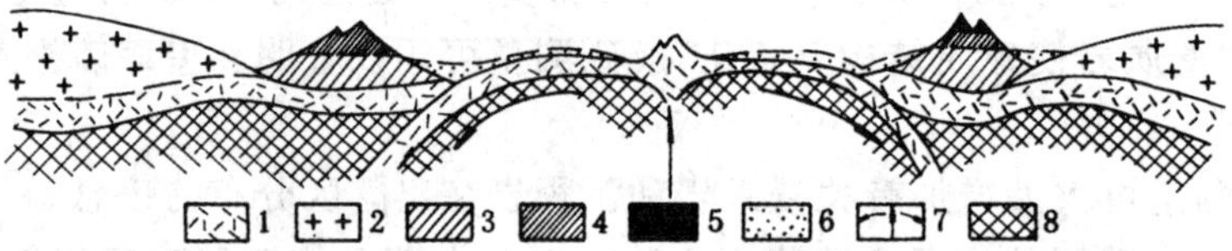

图3-17　根据地质构想和地球物理资料制作的区域综合地质模型

1—铁镁壳；2—硅铝壳；3—玄武岩；4—安山岩；5—流纹岩；6—沉积岩；7—熔岩流移动方向；8—幔源岩

编制程式化地质图的方法在地质填图时可能更广泛地普及，从而使各种（地质、地球物理、地球化学等）原因引起的干扰达到最少。作为地质干扰的实例，图3-18示出44位地质学家获得的变质页岩和闪长岩的岩心按类型、成分和颗粒大小的鉴定结果。由这些资料可以看出，用已知分布规律没有描绘出类似的鉴定结果。这说明在填图的最初阶段，即岩石鉴定阶段就有了主观误差，因而有必要建立岩石名称编录，接着便是用电子计算机研究程式化地质填图的原理和方法。在原苏联和加拿大，这种作法大大提高了地质图的可靠性和再现性；尤其是在变质杂岩发育地区。

例如在加拿大，在接近于原苏联的区域性填图的阶段，自1965年起在格连维尔—弗朗特区域进行了程式化填图。建立了岩石名称编录，研制了计算机语言，编制了处理地质资料的程序，这就有可能利用计算机清楚地鉴定岩石，并标出填图目标的准确位置。在自动化填图系统的研制阶段，来自世界各地的地质学家的代表对这个系统做了试验。试验表明，不仅测量的置信度高，而且缩短了露头编录的时间。可惜的是，对于疏松沉积物覆盖区，虽然地球物理资料的统计整理大大改善了以类似办法编制小比例尺地质图的详细程度和再现性，但是地球物理资料的应用暂时还不连贯，即只在异常与一定岩石的关系清楚时才能追索目标。

（二）大比例尺和详细地质填图

大比例尺地质填图的目的是编制大比例尺预测图，用以评价区域远景和为布置下一步工作提出论证。这时综合地球物理工作可以在地质测量之前或同时进行，目的是解决广泛的地质构造问题（区分和追索个别地质体，确定它们的成分和产状，填绘褶皱构造，追索断裂破碎带、岩墙、侵入体等）。

详细地质填图的目的是编制已知矿床及其两侧和邻近地区的详细地质图，这是在详细普查和普查评价工作的分阶段对普查和勘探矿床进行精确预测的基础。目前这些工作具有特殊的现实意义，因为要寻找地表没有露头的金属矿体（深部填图），要在经济开发地区扩大储量和保持正在开工的采矿企业的利润率等。

大比例尺地球物理调查通常与地质测量和钻探同时进行。

1. 工作的设计

大比例尺详细地质填图时，地球物理调查可以在地质测量之前或同时进行。

超前进行的面积性地球物理调查（以1∶50 000～1∶25 000比例尺为代表），可以为随后的地质测量奠定地质-地球物理基础。超前的大比例尺地球物理调查在方法上与区域性地球物理调查类似，并且设计、施工和成果解释的步骤相同。

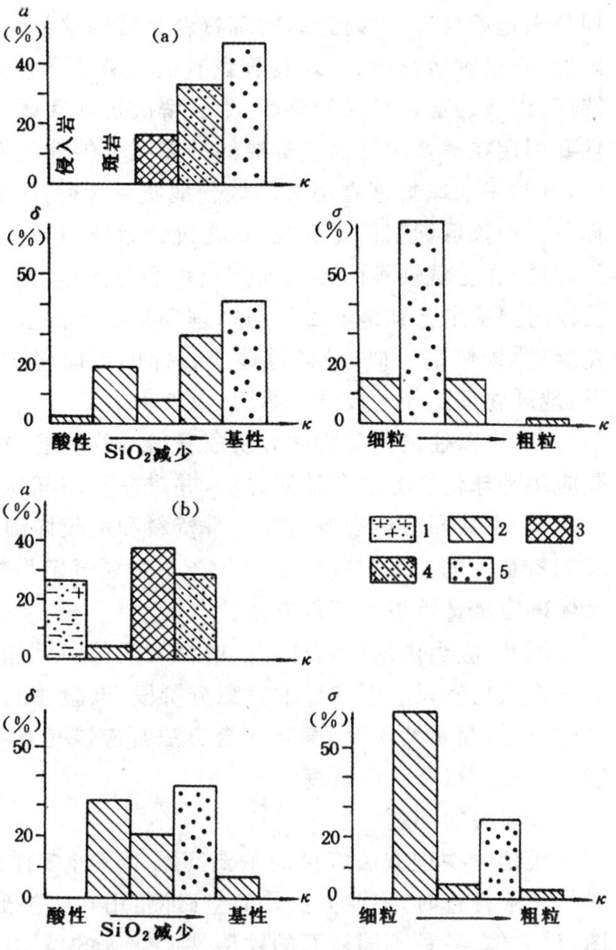

图3-18 地质干扰的举例

(a)变质粘土质页岩的特征；(b)闪长岩的特征。a—确定岩石名称；δ—确定岩石成分；σ—确定颗粒大小。岩性：1—侵入岩；2—斑岩；3—火山岩；4—火山碎屑岩；5—沉积岩

在地球物理调查配合地质测量的情况下，解决的问题相同但范围更广，而且正是因为地球物理调查与地质填图同时进行，图件的详细程度也更高。工作由详细评价的地球物理测量组成，目的是详查已查明的地球物理异常和地球化学异常，解决局部地质问题，初步评价有成矿远景的目标。

选择地球物理测量的地段有各种办法，取决于必须研究的剖面的物理-地质模型资料的完整性和特征。

设计大比例尺和详细地球物理调查时，要仔细分析区域测量和以前完成的较大比例尺测量的资料（包括相邻区域的资料），用钻探和山地工程检验地球物理资料的结果。在设计阶段，为使调查区的物理-地质模型更精确，要依据钻探和山地工程掘进的资料做反复解释。为了划分弱的地球物理异常，用统计方法在设计阶段重新解释往年的测量资料。这时可以吸取已编地质图的辅助信息，以解决有关问题。

在设计大比例尺地球物理工作时，可能出现下述情况：

(1)在区域性填图或大比例尺填图应分阶段进行，使用一种或几种地球物理方法能可靠地划分出地质目标。这时地球物理资料解释的单值性或者已被地质观测结果证实，或者没有引起怀疑。在这种情况下，地球物理调查的任务在于确定目标的位置，查明它与其他地质体共轭的特征，以及确定该目标的参数。为了解决这些问题，不仅要引用一些测定该目标位置的方法，而且要引用在解释时可提供重要的补充细节的辅助方法，包括地球化学和地质方法。

(2)用地球物理方法可靠区分地质目标时，不能保证测定其性质的单值性。如果在任何解释方案中该目标都值得重视，则在设计地球物理工作时要引进其他方法以确定该目标的性质。

(3)在区域性填图或大比例尺填图分阶段，地质目标未清楚地表现在地球物理场中，但是设计时要确定已知地质目标与物理场特征的关系。重新解释时在应用统计方法的基础上，只要先验地(即使是近似地)知道地质目标的走向，就有可能更确切地确定这些特征。在这种情况下，地球物理工作的设计与第(1)点相似。

(4)在以往的地球物理分阶段获得的物理场中未反映出已知的地质目标，在这种情况下主要应用地球化学方法和地质方法，并进一步用其他方法验证地球物理工作。

(5)在共同分析现有地球物理资料和由较详细工作取得的地质资料时，确定地质目标与物理场特征间的关系。这时，设计任务书中要规定地球物理方法的一些后备观测工作量，但不必具体确定测量地段和工作方法。

因此，应当由地球物理方法解释的问题，只可能在地质测量过程中确定。

在大比例尺填图和详细填图分阶段，试验性地球物理调查的工作量和作用增大。这时野外工作方法、测量比例尺，甚至综合方法都应该是互相关联的，必要时应根据具体任务和各个地段的地质构造条件而改变。

2.解决的问题

用地球物理方法解决的主要问题是多种多样的。在比例尺1∶50 000的地质测量分阶段和进行一般普查时，主要方法是航空磁测，用它解决被疏松沉积层覆盖的结晶基底岩石的岩性填图，侵入体、各种不同岩石的铁磁性矿化等的填图问题。磁场中常反映出岩石接触变质带和热液蚀变带，主要决定于磁性矿物的带入或岩石失去磁性。

配合比例尺1∶50 000(1∶25 000)的航磁测量进行航空放射性(伽马能谱)测量，除普查放射性矿床和稀有金属矿床外还解决填图问题(然而在有疏松沉积层屏蔽时方法的效果降低)。

航空伽马能谱测量用于结晶基底岩石的填图，追索对于许多矿产都有远景的构造破碎带、岩石钾交代作用和热液蚀变带，划分近矿蚀变和直接区分稀有金属矿化带。

电法勘探主要用于在浮土覆盖地区进行深部地质填图。测深法用于研究水平层状剖面。在地台和山前坳陷条件下，借助测深法研究沉积岩层的构造，填绘基岩起伏、隐伏侵入体，研究各个块状构造的内部结构。测深法资料也用于计算起伏地形对高精度重力测量结果的影响。

用电阻率电测深剖面法可以填绘疏松沉积层下的岩石接触带、构造破碎带、挤压带、次生矿化带。剖面法的大量工作用于直接寻找金属矿床，主要是寻找脉状和层状类型的矿床。在研究多年冻土时，用这种方法填绘冻结岩石分布区。

自然电场法主要用于对含有分散状电子导电矿物如石墨、黄铁矿和部分磁铁矿的岩石进行填图。例如，在变质杂岩发育区用该法可以填绘石墨化岩层、富含硫化物的热液变质岩石带。

激发极化法用于解决地质构造问题，即填绘构造破碎带、接触带，以及当被填图岩石中有分散硫化物、石墨和磁铁矿时的其他构造单元。

交流自然电场法可以解决与剖面法相同的问题，具有便于测量的特点。在对垂直分层的剖面填图时，此法最为有效。

重力勘探在解决下述问题时最有效：①研究调查区的构造条件和确定褶皱错动的性质、规模和产状，大范围的地质填图，划分普查的远景区；②划分、圈定和研究对寻找一定矿产（铁、铬、镍、金等）有远景的侵入岩体（首先是未被侵蚀揭露的侵入体）的形态，确定岩体的最可能的岩石成分；③断裂带和构造破碎带的填图，近似确定它们的空间位置和分布深度等；④普查和追索矿带及单个矿体，确定它们的产状。

地震勘探用于解决组成褶皱基底的岩浆岩、变质岩和沉积岩岩石组合的填图问题；研究基底的结构构造特征、挤压带、破碎带、褶皱构造，以及含矿侵入体的形态和产状，还研究矿田构造等问题。进行构造破碎带和断裂的填图时，地震方法用以确定它们在平面和深部的位置。

3.方法的综合

在大比例尺和详细填图时，方法的综合决定于具体地质条件：疏松盖层的存在和厚度、沉积层和基底的构造条件、岩石建筑的岩相成分、岩浆活动和控矿因素的特征、含石油和含煤远景构造的类型、矿产的种类、矿层的规模和埋藏深度。

前寒武纪地盾的地质填图经常使用磁法勘探、重力勘探（包括测量二次导数）、电剖面法、电测深法，而在疏松沉积层厚度达10～20m 的地区还按磁法观测网进行金属量测量、电磁勘探方法等。

在野外工作的同时研究岩石物理性质。大家知道，剖面上部的岩石在物理-化学风化作用下改变了本身的性质：磁性矿物变成非磁性矿物，成分中含有放射性元素的矿物发生溶滤；由于裂隙度和孔隙度增大，电导率升高；密度和弹性波传播速度降低（低速带）。因此，地球物理资料沿相邻测线的对比和各种岩石界面的划分发生困难。

有时研究岩石物理性质可以解决地质填图的局部问题，如野外鉴定岩石的问题。于是，在结晶地盾区对难以用肉眼区别的混合岩和花岗岩填图时用伽马能谱测量，因为花岗岩的特点是钾含量较高。这类问题的解决不仅能鉴定岩石，还能解释古老的断裂构造，以及更深入地研究该区的地质发展史。

在金属矿区，必需的地球物理调查有航空磁法勘探、航空伽马能谱测量和各种航空电法勘探，包括无限长电缆、旋转磁场、航空偶极感应剖面法等方法。在研究层状剖面时，航空过渡过程法也是有发展前途的方法。

在金属矿区大比例尺地面测量中，最有效的是磁法测量：在平原条件下用车载磁测，在山区条件下进行步行测量。

金属矿地区综合方法中最有效的是次生分散晕的岩石化学测量和隐伏次生晕的深部地球化学测量，同时在浮土覆盖（达50～100m）的地区利用填图钻和普查钻。

4.资料的解释

最大限度地利用所有的地球物理、地质、地貌、地球化学资料，高效能地、综合地进行资料解释。结果的整理、解释和表现方法，可因所解释问题的性质、地球物理综合方法和野外观测方法的不同而不同。

近几年来，进行详细地质填图时特别重视在比例尺1∶10 000～1∶20 000综合地质-地球物理测量基础上编绘可靠的地质图。众所周知，测量结果的再现性是地质图可靠性的尺度。尽管广泛地应用着地球物理方法，但是大比例尺图件的再现性，尤其是对金属矿地区，仍然是很低的。

已知有这样的情况，即对同一地区，不同作者编制出岩石编录名称不同、地层划分方案不同和大地构造画法不同的地质图，这种情况绝大部分属于地质历史复杂的地区。

由于有“地质”干扰存在，必须研制和应用以地质现象定量特征为基础的方法。地质规律通常具有概率关系，为了描述和研究，最好是引入数理统计方法。这种办法要求在地质测量时应用数字化的，首先是地球物理的方法。

专门地质-地球物理填图的基础是确定地质图作为地壳某地段的统计模型，其中以同等程度反映出模拟地段的成分、结构和形成历史。要反映岩石的形成史，就要区分具有不同岩石成分和结构特征的顺序阶段。假设每个阶段都有自己的“地质场”，这个场显示出具有成因共性的岩石的分布范围，并且可以单独画出。场的构造表示成岩石的分布函数，“地质体”成为分布函数确定值的范围，而“地质界限”成为函数的边界值。整条环节的基础是“岩石”，岩石的分布应当反映在地质图上。岩石的总和构成地质编录的图例，岩石鉴定的误差应该最小，并可能在其他调查过程中再现。换言之，图例的质量决定着地质图的可靠性和再现性。当图例已拟定时，地质填图的任务实质上是以地质图的比例尺来阐明和描绘岩石（图例单元）的分布。

这样一来，详细地质图的编制可分为三个阶段：

第一阶段——统计研究岩石的成分和物理性质，建立地质-地球物理编录的相应图例；

第二阶段——统计研究岩石的分布及岩石在地球物理场中岩性沿基准面变化最大的方向的反映；

第三阶段——二维统计研究岩石的分布（面积性填图）。

编制大比例尺地质图的这一方法已成功地经过试验，特别是在中阿尔丹、科拉半岛、乌拉尔及其他地区对变质杂岩的研究。

下面叙述在阿尔丹含云母矿田填图时这一工作方法的实例。在第一阶段，将地质编录的图例作为研究岩石物理性质的基础，所依据的是关于岩石是矿物稳定的、均衡的（共生的）、组合的概念，矿物组合形成的先决条件是矿物系统的原始化学成分和随时间变化的外部条件。

在基准剖面上研究了所采用图例的岩石物理性质。这些剖面穿过要填图的杂岩体的不同地点，测量了磁化率、视电阻率、密度和天然伽马强度。为了鉴定岩石，研究了结晶片岩和混合岩的铁磁性物质的成分与居里点。根据这些数据成功地划分出信息参数，由于岩石密度差异很小而未进行重力勘探。

图3-19示出分布最广泛的岩石类型，即结晶片岩的磁化率和视电阻率的研究结果。可以看出，物理性质的分布服从于正态规律，并且证明按图例划分的各类岩石的物理性质是均匀的。

为了预先评价用地球物理方法（如磁法勘探和电法勘探填图）的可能性，确定了划分岩性的概率，用的是按物性研究的原始资料绘制的累加频数曲线。将分布曲线交点的横坐标移到累加频数曲线上，得到以百分数表示的、在其他类型岩石背景上划分一种类型岩石的概率。这种评价可以解决某些物理参数的信息度问题，从而可以预先选择地球物理方法。

划分岩石的概率表示成矩阵比较方便，而为了计算物理性质的信息度，应当利用全概率公式：

$$P(A_j) = \sum_{i=1}^{n} p(H_i)P(A_j/H_i)$$

式中：$P(A_j/H_i)$ 为划分出相应岩石的条件概率（用图示确定）；$p(H_i)$ 为断面中 i 类型岩石的累计厚度与断面的总厚度之比的先验概率。

$P(A_j)$ 值是在研究物性阶段时选择地球物理综合方法的重要地质-地球物理参数，因为利用这个数值可以判断在划分整个断面的岩层时预先确定方法的可能性，并且利用类似的评价

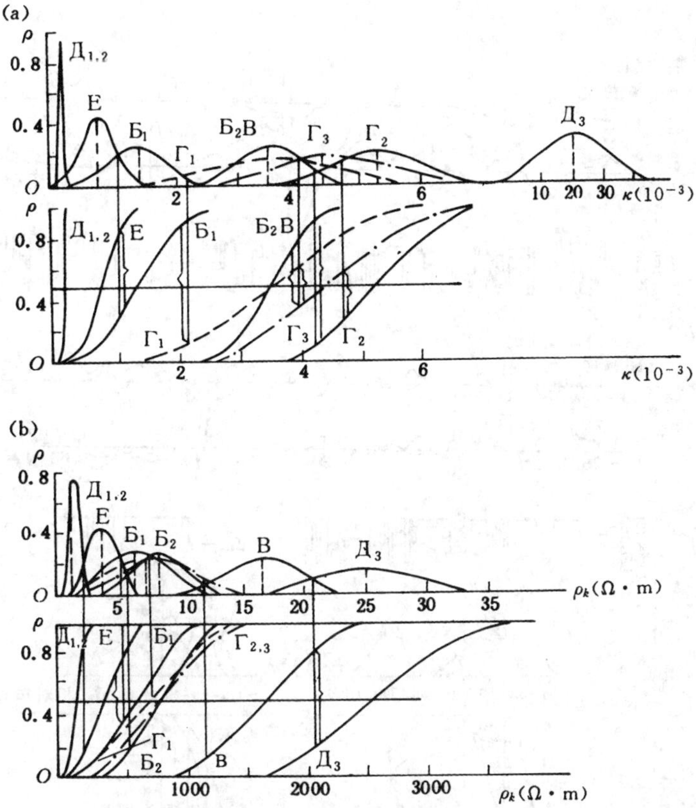

图3-19 中阿尔丹含云母矿田结晶片岩的磁化率 κ(a) 和视电阻率 ρ_k(b) 的变异曲线和累积频数曲线

斜长石片岩：Б₁—黑云母-紫苏辉石；Б₂—紫苏辉石-角闪石；В—二辉石-角闪石；Г₁—透辉石-角闪石；Г₂—黑云母-角闪石；Г₃—角闪石；Д₃—磁铁矿-透辉石；Е—石英-透辉石；Д₁—透辉石片岩；Д₂—斑花大理岩

来比较各种不同方法。此外，所得的信息在许多情况下可以用来定性地评价地球物理异常。例如，当已知岩石磁化率 κ 的平均值时，可以按公式 $\Delta Z = 2\pi\kappa H_0$ 来估算磁场的强弱，其中 H_0 为研究区内的地球正常磁场值(在疏松沉积盖层不厚的情况下)。

填图的第二阶段要借助预先选择的综合地球物理方法研究地质剖面。依据剖面的物理-地质模型编录的资料来最后选择该区填图的综合方法。这时，还利用按统计抽样结果确定的各类岩石上地球物理场的平均强度。将一定类型岩石上的地球物理场平均强度或在统计窗范围内的岩石物理参数值，引入反映剖面地质结构的函数 $F(x_j)$ 来评价该方法对填图的适用性。

$$F(x_j) = \sum_{k=A}^{T} m_k(x_j) g_k$$

式中：x_j 为统计窗中心的坐标；$m_k(x_j)$ 为统计窗范围内岩石厚度的函数〔$m_k(x_j) = \sum(m_k/L)$；L 为统计窗的长度〕；g_k 为 k 类岩石的地球物理场的平均强度。

图3-20示出利用类似函数评价无线电波法和磁法勘探可能的实例。带字母符号的阶梯状细线表示结晶片岩层的岩性剖面(相当于一定岩类的范围的高度，取假定值)。粗线表示实验曲线($\Delta Z_\partial, \delta_\partial = (Z - Z_{cp})/Z_{cp}$，式中，$Z = E/H_p$，相应地为电分量和水平磁分量)。虚线表示两个剖面上可与实验曲线对比的理论曲线($\Delta Z_T, \delta_T$)。磁法勘探的 ΔZ_∂ 和 ΔZ_T 的相关系数等于 0.70 和 0.73，对于无线电波法的数据为 0.43 和 0.45。通过对不同岩性岩石上磁场和电场强度的研究取得参数，根据这些参数值的变异曲线计算出 ΔZ_T 和 δ_T(图 3-20)。按地球物理场强度划分

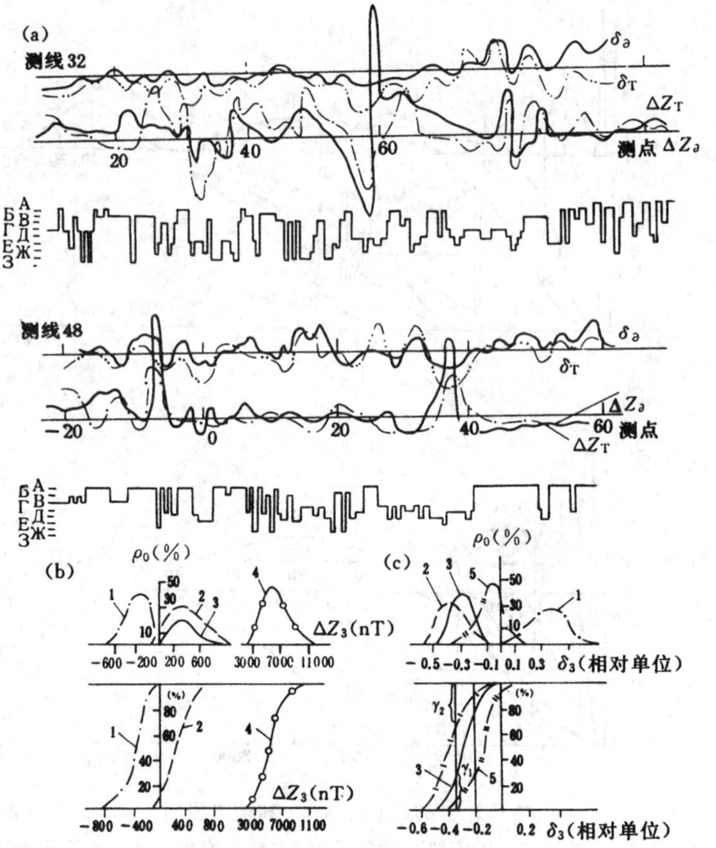

图3-20　基准剖面上场的分析

(a)实验曲线和理论曲线 $\Delta Z_э$,ΔZ_T,$\delta_э$,δ_T 的对比曲线图；刻度上的字母：A—角闪类混杂岩；Б—透辉石-角闪石类混杂岩；B—黑云母-紫苏辉石-角闪石-斜长石片岩；Г—镁橄榄石斑花大理岩；Д—透辉石斜长石片岩；E—透辉石片岩；Ж—磁铁矿-透辉石斜长石片岩；З—透辉石-角闪石-斜长石片岩；(b)、(c)分别为按磁法勘探和无线电波法资料做出的各类岩石上场值变异曲线和累积频数曲线(%)；1—镁橄榄石斑花大理岩；2—透辉石斜长石片岩；3—角闪石斜长石片岩；4—磁铁矿—透辉石斜长石片岩；5—透辉石-角闪石斜长石片岩

岩石的总误差等于 γ_1 和 γ_2 之和，可以在图 3-20 上确定。

此外，最好是在基准剖面周围最邻近的地区进行面积性调查，目的是查明具有不同走向、叠加反映在地球物理场中的地质目标的影响。这时采用(例如在互相关系函数最大值范围内)叠加物理场的办法，可以大大增强所研究目标上的物理场。这些互相关函数是用剖面间相关法或是沿着在几个基准剖面上先验确定的地质目标的走向求得的。整理结果示于图3-21。在地质编录时曾经规定，基准剖面穿过不同走向的四类地质目标。其中有具有场 H_1 的分层目标、具有场 H_2 的辉绿岩墙、具有场 H_3 的断裂破碎带和具有场 H_4 的花岗岩体，总起来构成整组事件，因为编录时没有发现其他目标。在四种场的组合上还叠加了仪器的干扰场 H_5，它服从于零平均的正态规律。

资料分析从携带主要信息的地质目标的场开始，在本侧的情况下，从分析结晶片岩的场开始，沿着先验已知的方向按五条剖面线依次求和，然后计算平均曲线(H_1,H_2,H_3,H_4)，从而查明地质目标在基准剖面带内平面上的位置。

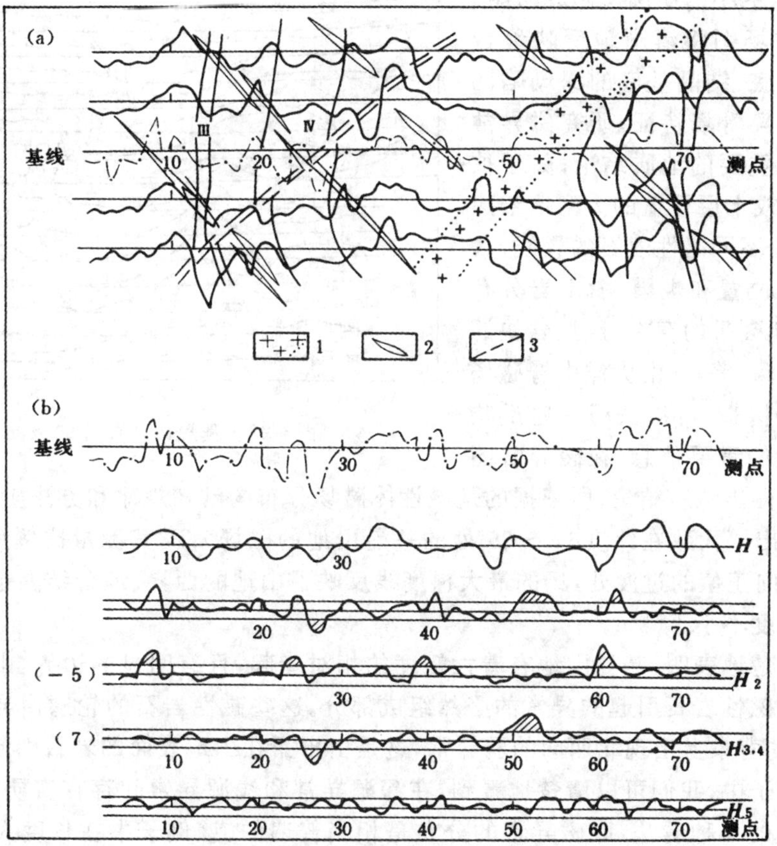

图3-21　在地质-地球物理基准剖面上总和地球物理场的分析

(a)带有地质图要素的平剖面图；(b)应用剖面间相关方法的结果；

Ⅲ，Ⅳ一经过分层的岩层；1一花岗岩；2一辉绿岩脉；3一构造破碎带

填图最后的第三阶段是沿面积追索地质体。为此，除了目测划分目标外，还广泛利用统计整理法、按综合标志的地质目标分类法。特别是为了整理资料，采用反概率法、剖面间相关法、自谐滤波法，可以划分现有的全部信息并追索标志岩层群或是在基准剖面上已可靠地划分的各个岩层。因此，对测量的第二阶段的要求之一是编制出在填图区不同部位的基准剖面上观测到的典型标志的图集。例如，利用反概率法可以按每种方法分别计算的似然函数曲线的交点，单值地划分典型异常。这样就建立起地质图的“格架”，这是随后进行地质-地球物理解释的基础。

编制地质图时使用地球物理资料的上述顺序可以在计算机上实现，随着研究程度的提高，它不断得到补充，而且总能再现。

三、磁大地构造单元的划分

大面积航空磁测量最初的一些经验就已经表明，任何地区发现的磁异常，无疑都与地质构造的非均一性有关。实测异常场是各种地质体磁异常的总和，在任何情况下都可以用来推断测区的地质构造。

大面积航磁和海磁的结果按测量比例尺成图，或以更小的比例尺制成略图。小比例尺的磁场图将清晰地反映地台区、地槽区、洋底、结晶基底的深坳陷区或其出露区的异常场特征。研究磁异常图能得出一些重要的地质结论；关于被较年轻的岩层或水层覆盖的大型褶皱建造的走向，关于不同磁性岩石的界线、大型侵入岩体的位置和规模、喷出岩分布的范围，关于断裂带的存在、巨型岩块的相对或绝对埋深，等等。由大洋中脊磁场明显的条带状构造，可以获得一些反映海底扩张过程的重要信息。在磁异常图的分析过程中得出地质结论，所依据的是磁性体磁场分布的已知规律和方法应用的经验。

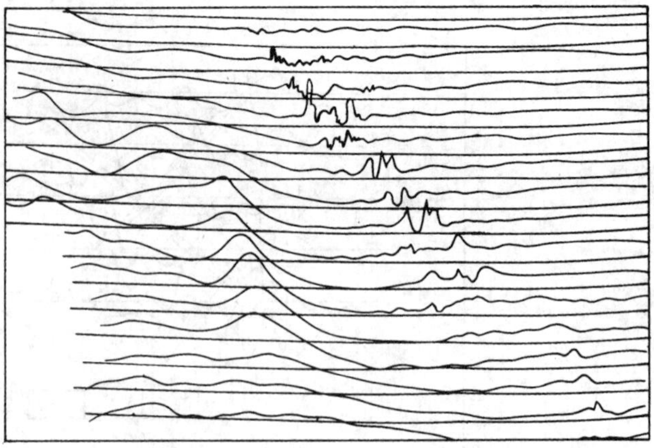

图3-22　基曼山地西界的磁场 ΔT

图3-22给出了大致在纬度64°～65°处的基曼山地的磁场 ΔT，其测量比例尺为1∶500 000。在 ΔT 的负值向正值的过渡处，场的最大梯度线反映了山地的西界。地台结晶基底内的磁性岩石距地表的深度不小于5km。

这幅图清楚地表明，基曼山地有着大幅度的相对隆起，且有明显的边界。山地上的负场是由埋深很大的磁性岩石引起的异常的必然组成部分。这些磁性岩石的轮廓由异常的正值部分圈定，在负场的背景上出现北西向的弱异常，这是由出露在山地表面的岩石引起的。

在这一例子中，我们可以清楚地看到，在深源异常和浅源异常间存在实质性的差别；同时也证实了上述的一种看法，即磁异常的分布是相当普遍的。该例子中在长度大于250km 的带上，很少见到有出露地表的磁性岩石，这一地段上的基曼山地实际上主要是由非磁性岩石组成的。而我们毕竟没有见到十分单一的磁场，这是由于受山地以外的结晶基底的磁性岩石的影响，磁场被破坏了。

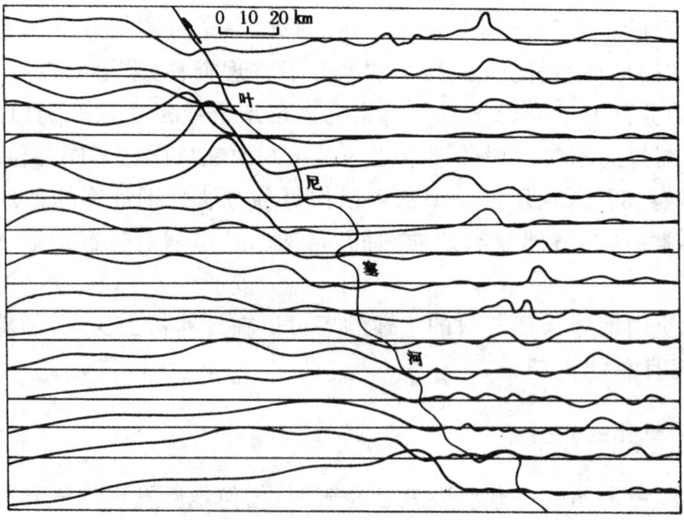

图3-23　西西伯利亚低地与叶尼塞山地交界处的磁场 ΔT

在西西伯利亚低地向叶尼塞山地过渡带上，可以观测到类似的磁场图(图3-23)。在地台的结晶基底内，磁性岩石的埋深很大，而在叶尼塞山地范围内观测到由出露地表或埋深不大的岩石引起的弱异常。我们所研究的上述两幅图在负值的强度和范围上并不相同，这可能是由于选择正常场的方法不同引起的，也可能是基曼山地图幅中的 ΔT 场本来就强一些的缘故。叶尼塞山地上的负场分布范围较小，可以用磁性岩石分布较广来解释。

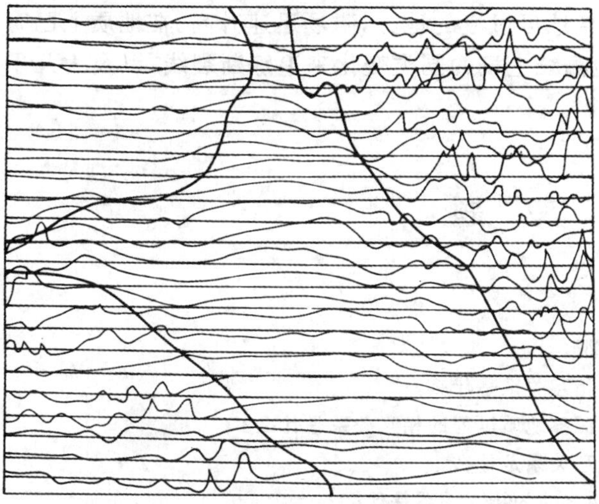

图3-24　库兹涅茨盆地上的磁场 ΔT

(粗黑线表示库兹涅茨煤田的界线)

在厚度很大的沉积岩层发育地区，出现正磁场是常见的现象。库兹涅茨盆地上的 ΔT 场示于图3-24。库兹涅茨煤田的大致范围与相对平静的升高磁场极其一致，其周围是封闭的褶皱建造上的跳跃的 ΔT 值。ΔT 场的平稳变化表明，引起磁异常的岩石埋深相当大。由此得出，在库兹涅茨盆地的很厚的沉积层下，强磁性结晶岩约位于10km 深处。盆地外 ΔT 值的跳跃，说明库兹涅茨阿拉套和萨拉伊尔山地的岩石埋深小，且成分不稳定。

上面所举的例子中均未给出深度的计算结果。这些例子都是按以往小比例尺测量的资料给出的，只是为了反映大规模的大地构造单元分界线上的磁场。在上述几个地区还进行过大比例尺的航空磁测，在地质填图和寻找有用矿产时利用了这些结果。

我们研究的这些航磁测区中的一些主要构造单元，都有着不同的磁场反映。上述例子均属于一些特殊情况。在西西伯利亚地台的东部边界，远非在任何场合下都能测得类似的磁场图。在某些地段，深部源引起的正异常强度减弱，但是又出现了可以追索这一边界的新标志。同样，我们也并非在基曼山地的全部边界上都能观测到如图3-22所示那种特征的磁场。例如，与基曼相接的乌拉尔的东部边界主要的不是通过磁场强度的变化，而是凭借完全确定的磁异常的轴向变化而清晰地显示出来的。乌拉尔褶皱带的延伸远远地超出了乌拉尔的可见范围，向东一直延伸到西西伯利亚低地的沉积层之下。根据磁测资料尚不足以确定该褶皱带的东部边界。

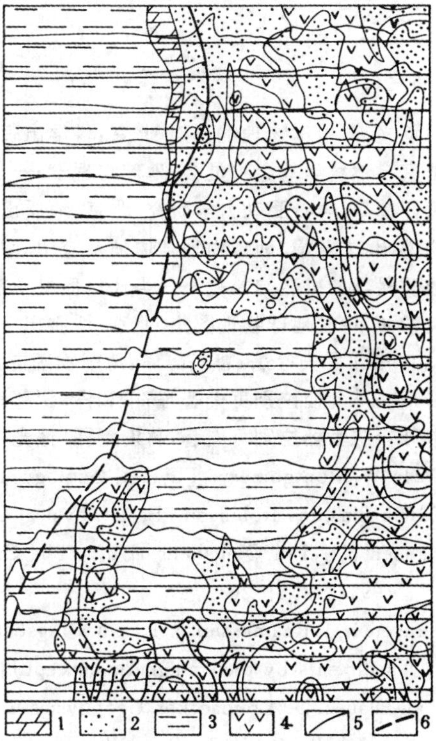

图3-25　东西伯利亚西缘的磁场 ΔT

1—碳酸盐岩；2—煤系；3—砂质粘土，页岩；4—暗色岩；5—由地质资料确定的断裂带；6—由磁测资料确定的断裂带

图3-25给出了东西伯利亚地台西缘的磁场。在地

台范围内，暗色岩的顺层侵入和交割侵入十分发育，这些岩石引起了不规则的、急剧变化的 ΔT 场。在该区北段的每条测线上，自西向东逐渐接近区域断裂带时，ΔT 场缓慢地减弱。在下古生代碳酸盐岩向较年轻岩石中暗色岩发育地区过渡的地方，磁场迅速升高。在地质上已查明的断裂带上 ΔT 场的明显变化，为根据其他测线上场的同类变化来追踪断裂线，以及为几乎沿整条断裂线追索地台的西部边界提供了依据。

思考题

1. 描述固体地球的主要物理参量有哪些？
2. 试描述地壳的基本结构。
3. 试述大陆岩石圈的地球物理界面的分布特征。
4. 大陆岩石圈的地球物理结构与深部构造的相互关系是什么？
5. 大陆岩石圈的地球物理性质的变异特征与深部地质过程的相互关系是什么？
6. 大陆地壳的磁性结构与深部地质过程的相互关系是什么？
7. 大陆地壳的地磁、重力、电性、速度及热结构之间的相互关系是什么？
8. 试述中国大陆地壳的重力场的基本特征。
9. 试述中国大陆地壳的磁场的基本特征。
10. 试述中国大陆主要块体的速度结构特征。
11. 试述中国大陆主要块体的电性结构特征。

参考文献

傅承义等. 地球物理学基础. 北京：科学出版社，1985

国家自然科学基金委员会. 地球物理学——自然科学学科发展战略调研报告. 北京：科学出版社，1994

黄怀曾等. 岩石圈动力学研究. 北京：地质出版社，1994

胡德昭，朱慧娟. 地球物理学原理及应用. 南京：南京大学出版社，1995

地质科学的机会与挑战——当代地质科学前沿及我国对策研究之一. 北京：地质出版社，1991

袁学诚. 中国地球物理图集. 北京：地质出版社，1993

A.Г. 塔尔霍夫等著，曹玉等译，地球物理方法的综合应用，北京：地质出版社，1988

卡·纳·陈勃杜拉别可夫著，高中和译. 深部地质学原理. 北京：地质出版社，1986

卡·纳·陈勃杜拉别可夫著，蒋宏耀译. 地壳中的电磁现象. 北京：学术书刊出版社，1990

Carla W. Montgomery. Physical Geology，1988

Edwin Simouns Robinson. Basic Physical Geology，1982

Hansen H J，Liu Qingsheng *et al.*. The Cretaceous-Tertiary transition in south China. Historical Biology, 1994，7：251～263

Hansen H J，Rasmussen K L，Liu Qingsheng *et al.*. Correlation of marine and terrestrial Upper Cretaceous sediments by their magnetic susceptibility. Bull. Geol. Soc. Denmark，1993，40：175～184

Jean-Claude. De Bremaecker. Geophysics-The Earth's Interior，1985

Jacobs J A，Russell R D，Tuzo Wilson J. Physics and Geology，1974

Kern H，Gao Shan，Liu Qingsheng. Seismic properties and densities of middle and lower crustal rocks exposed along the North China Geoscience Transect. Earth and Planetary Science Letters，1996，139：439～455

Kearey P，Brooks M. An introduction to geophysical exploration，1984

Liu Qingsheng，Yuan Zhaolin. The study of magnetic anomalies originating from rock masses. Second Symposium on Exploration Geophysics. China Academic Publishers, 1986

Liu Qingsheng, Gao Shan. Geophysical properties of the lower crustal granulites from the Qinling orogenic belt, China. Tectonophysics, 1992, 204: 401～408

Liu Qingsheng, Lu Fengxiang. Magnetic petrology of ultramafic xenoliths from Dalongwan, Huinan, Jilin Province, China. Chinese Science Bulletin, 1992, 7: 582～586

Liu Qingsheng, Gao Shan *et al.*. Magnetic structure of the Dengfeng-Lushan crustal cross-section, Henan. Science in China(B), 1994, 37(8): 991～1000

Liu Qingsheng, Gao Shan *et al.*. Magnetic petrology of Archean amphibolite-granulite facies rocks from Yangtze craton, South China. EOS, supp. s. 1996, 81

Liu Qingsheng, Gao Shan. Magnetic petrology of high-grade terrains in the Archean Shield areas-Window into deep crustal structure and geodynamic processes. Journal of China University of Geosciences, 1998, 9 (1): 81～85

Liu Qingsheng, Gao Shan *et al.*. Magnetic structure of Archean Kongling Group from Yangtze Craton, South China. Journal of China University of Geosciences, 1998, 9(2): 144～151

Liu Qingsheng, Gao Shan, Liu Yongsheng. Magnetic structure of the continental crustal cross-section in central North China Craton. Journal of Geodynamics, 2000, 29(1/2): 1～13

Stanislav Mares. Introduction to applied geophysics, 1984

第四章　综合地球物理方法寻找固体矿产资源

固体矿产资源是以固体形式产于地壳内的有用矿产资源的总称，是人们最早发现和被利用的矿产资源，目前仍然是国民经济建设最需要的和寻找的主要对象之一。随着国民经济的高速发展，对矿产资源需求量大增，固体矿产的开发已由近地表矿产向深部隐伏矿转移。加之固体矿产矿种繁多，矿床类型复杂，地质情况千变万化。因此寻找固体矿产已进入了由地质、地球物理、地球化学等方法联合的综合找矿时代。

§4.1　矿床主要成因类型、成矿地质模式及其地球物理异常特征

矿床的勘察工作，其目的在于查明矿体形态、空间位置及其有益有害组分的含量、赋存状态及其变化规律、计算各级储量进而研究开采技术条件、矿石技术加工和选冶性能等因素，为矿山开发和矿山设计提供依据。地球物理勘察矿床主要解决两个方面问题：第一方面是研究矿床成因及其埋藏的地质条件，主要是在矿床普查阶段，运用地质-地球物理填图来确定矿床可能存在的地质条件，属间接找矿；第二方面是研究矿床赋存形态，这主要是在详查阶段进行，通过矿体的地球物理异常特征圈定矿体形态属直接找矿。由于矿床的成因阐明了矿床在特殊地质环境与构造中形成的原因，因此根据矿床成因类型应用地球物理方法研究矿床形成的地质条件与物理条件有很大的实用性。表4-1列出矿床主要成因类型。

表4-1　矿床成因类型

成因类型	
分　类	类　型
外生的	风化的 冲积的 沉积的
内生的	岩浆的 伟晶岩的 交代的 云英岩的 碳酸盐化的 矽卡岩的 热液的 黄铁矿的 层状的
变质的	受变质的 变质的

（据 A. Б. 卡日丹，1990）

一、外生矿床成矿地质模式与地球物理异常特征

外生成因的固体矿产产出在年轻地台和现代地台范围内，一般可分为风化壳型、冲积型与沉积型三种次成因类型。其矿床特点是呈层状、席状或其他水平产状，同地台盖层沉积岩的层理要素一致，通常规模较大，大大超过了其他构造条件下形成的矿床。外生成因的主要固体矿床类型列于表4-2。

（一）风化壳外生矿床

风化壳是地台形成物，大部分产于气候炎热、地形比较平坦和构造平静期长的条件下。与超基性矿的风化壳有关的矿床有硅酸盐镍钴矿床以及某些铁矿床；含长石的碱性和酸性岩石

表4-2 外生成因的主要固体矿床类型

矿床类型	有用矿种	矿床形态	容矿构造
风化壳外生矿床	铝、锰、镍、铁、钴、钛、钒、镁	席状、透镜状、简化的网脉状、鸡窝状聚集体	红土型风化壳
砂矿床	金刚石、金、铂、钛、钨、锰、锡、钽铌、水晶	层状、似层状	河谷、冲、洪积扇
沉积矿床和火山沉积矿床	铁、锰、铜、铅、锌、钴、镍、钒、磷、硫、钠盐、钾盐、煤	层状、似层状、透镜状	沉积岩的层状构造

(据 A.Б.卡日丹,1990)

的风化会形成铝土矿床、某些高岭土矿床以及非晶质菱镁矿床。

矿床的地质-地球物理模型取决于风化壳的特征。风化壳的厚度可由几米到20～30m,在破碎带内达100～150m 以上。风化壳的上部界面总是冲蚀界面,或者比较平坦,或者呈波浪状,而风化壳底部总是很不平坦,往往具有囊状深坑和凹陷。在裂隙岩石和不太稳定的原生岩中,风化作用强烈,也会产生很深的凹陷。

风化矿床的地质断面按物理性质可分成密度、磁化率和电阻率不同的三个基本层位。断面的底层一般由高电阻率的、往往是磁性分异良好的致密火成岩和变质岩组成。这些岩层上面常覆盖着低电阻和无磁性的海相沉积层。两层之间埋藏有物性分布具有垂直分带性的风化壳。

借助地球物理方法可以解决以下问题:①研究原生岩的成分;②填绘风化壳分布面积及厚度;③填绘构造破碎带。为了解决这些问题,通常用磁法勘探、重力勘探和电法勘探组成的综合方法。根据具体地质条件还可以补充采用其他方法,如地震勘探(在寻找产于古风化壳中的库尔斯克磁异常区的氧化矿时)。在组成富矿层主要物质的疏松矿层中,地震波的界面传播速度(3 000～4 500m/s)大大低于围岩中的速度,疏松矿层的特点是具有吸收地震波能量的异常现象。

在绿高岭石的风化壳填图中,伽马测量提供辅助信息,因为在具有绿高岭石工业含量的地段出现较高的伽马强度。

地球物理方法常与金属量测量相结合,后者用于划分镍和钴的分散晕;还与地面中子伽马法相结合,根据捕获热中子的镍伽马射线的强度填绘含镍风化壳。

现以产于蛇纹石化超基性岩体凹陷中及其与碳酸盐类岩石接触带上的矽卡岩型镍矿床为例,说明综合地球物理方法探查这类风化壳型镍矿床的有效性。综合地球物理方法由重力、磁法、电阻率剖面法和电测深法组成。风化壳和原生岩石的密度差是应用高精度重力勘探的物性基础。重力异常不仅与风化壳厚度有关,还与基岩密度的不均匀性有关,所以重力勘探还必须与电法勘探相配合。由电测深资料编绘的地电剖面可明显推断超基岩体中的凹陷。根据磁法勘探资料能很好地填绘出蛇纹岩体。图4-1给

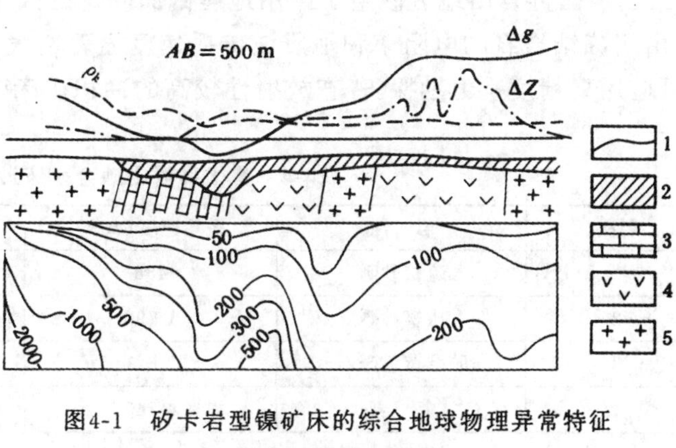

图4-1 矽卡岩型镍矿床的综合地球物理异常特征

(据 A.Г.塔尔霍夫等,1988)

1—由电测深资料绘制的地电剖面 ρ_s 等值线(Ω·m);2—风化壳;3—大理岩;4—蛇纹岩;5—花岗岩

出了用综合地球物理方法普查矽卡岩型镍矿床阶段地球物理方法的资料。

(二)砂矿床

从世界采矿史来看,一些重要的金属矿的开发都是从开采砂矿开始的。该类矿床特点是产出浅、易找、易采、易选、投资少而收效快,因此自古以来一直是某些金属矿的重要来源。如各种年代的砂金型矿床占世界产金量的10%～20%,原苏联一半左右的金产量来自砂金,我国金矿储量中砂金约占10%左右。

原生砂矿床或含矿地层由于地质营力作用破坏,外力搬运、分选、沉积,在一定条件下富集成有经济价值的砂矿床。原生矿床的规模越大,含矿岩石的出露面积越大,提供的成矿物质也越多,形成砂矿的可能性也越大。

砂矿床是许多矿床的供应者,其中如金刚石、金、铂、钛矿物、钛铁矿和金红石、黑钨矿和钨锰矿、锡石、独居石、钽-铌酸盐类、铬尖晶石、重晶石、锆石及其他重矿物——钛铁矿、金红石、水晶、刚玉等。

所有砂矿床的地质-地球物理模型由两个基本层位组成:含矿层(或砂层)与含矿层下面的基岩。砂矿区主要由第四纪或古代疏松沉积物与基岩两大类物质组成。由于疏松沉积物在物质成分、结构构造、岩性、含水性、地质年代和经历都与基岩不同,因此疏松层与基岩在电阻率、极化率、地震波速与密度等物理性质方面存在有较明显的差异。表4-3给出了某地的第四系和基岩的电阻率 ρ、极化率 η、密度 σ 和地震波速 v 的一组数据。

表4-3 某地第四系和基岩的ρ、η、σ 与v 的数据

岩石名称	电阻率 $\rho(\Omega\cdot m)$	极化率 η(%)	密度 $\sigma(g/cm^3)$	波速 v(m/s)
第四系	500	0.1～1	2～2.5	354.8
基 岩	1 000～5 000	2～3	4.08	1 500

(据史元盛,《综合物探》,1993)

普查砂矿时一般用地球物理方法解决两个问题:①寻找古河谷;②研究基岩起伏和岩性。主要使用电阻率剖面法与电测深法。疏松沉积层厚度较大的地段一般为视电阻率低值带。地震勘探经常用来检测电法勘探成果,在条件有利地区可以对疏松层进行细分,确定含矿砂层。表4-4给出美国拜哲山地区砂金矿床用地震剖面确定的四个层位的波速度值。在多年冻土发育地区,由于冻结岩石的电阻率和地震波传播速度显著增大,使电法勘探和地震勘探效果变差,这时可应用高精度重力勘探。普查放射性较高的冲积矿床时,可应用航空与地面伽马测量。

表4-4 美国拜哲山砂金矿床地层的波速

层次	岩 性	平均速度(m/s)	速度范围(m/s)	厚度(m)
1	疏松砂砾	488	433～610	9.14
2	压实砂砾	1 798	1 524～2 195	12.9
3	胶结蓝色砾石	2 621	2 286～3 048	24.38
4	基 岩	4 740	3 962～5 182	—

以普查砂金矿的地球物理工作方法为例。普查含金砂矿的地球物理标志有:深侵蚀断面和基岩地形上明显的凹陷和低地的存在;基岩和疏松沉积物物性的显著差别;其他不易搬运的稳

定矿物，特别是磁铁矿与砂金矿相伴生。

如果砂金矿中有磁铁矿，而下伏岩石无磁性，则采用磁法测量圈定砂矿。这时磁异常幅值为数十纳特。如果下伏岩石也有磁性，则用磁法圈定砂矿一般无效。

普查含金砂矿常用直流电法勘探，四极对称剖面和电测深法，目的是查明间接标志，如古河床中的低地和凹陷。基岩地形的低洼部分一般视电阻率较低。将测线方向选为垂直于推测的古河床走向，即测线互成角度而不形成平行线系统。测线间距取决于所推测的砂矿的延伸情况，由几十米到三五百米。测线上测点间距为20～25m。在这些测线上进行了电测深法，以确定疏松沉积的厚度和较准确地解释电剖面法的资料。上述综合方法有时要辅以地震和重力勘探。

（三）沉积矿床和火山沉积矿床

锰矿石的主要储量和大型低品位铁矿床都与铁和锰的沉积矿床有关。含铜砂岩和有铅锌矿化的含铜页岩矿床都是沉积成因的。此外大多数铝土矿床，非金属矿床中的磷灰岩、硫、矿物盐、石膏、重晶石、高岭土、耐火粘土、硅藻土、石灰岩及许多建筑材料矿床都属于沉积矿床和火山沉积矿床。

这类矿床的特点是矿层在断面中占有一定的地层层位，形状以层状或透镜状为主，所以地球物理方法主要用于查明具有某种矿产聚集的有利条件的构造和岩性-地层标志。

1.沉积铁矿床

沉积铁矿床发育广泛。各个矿床的储量以10亿吨计，并且约占世界铁矿开采量的30%。通常最厚的富矿层产于向斜坳陷一凹地中。

在比例尺1:50 000～1:25 000的工作阶段，应用的综合地球物理方法包括磁法勘探、重力勘探和电法勘探，解决的主要问题是寻找充填有沉积岩层（例如，中哈萨克阿塔苏类型矿床中的泥盆系和石炭系岩层）的有利的向斜构造。这种构造的特征是磁场平稳和重力场较低。电法勘探用于确定古生界岩层顶部及其风化壳上界的埋藏深度。

在普查这一类型铁矿床时，应用地球物理方法的工作量有限。

2.沉积锰矿床

沉积锰矿床在各种不同类型的锰矿床中占主要地位。在此类矿床上地球物理方法用于解决岩相-岩性和构造问题，以便圈定远景地区。这时利用比例尺1:200 000～1:50 000的重力测量和航空磁测、构造电法勘探和地震勘探的资料。例如，俄罗斯尼科波尔和恰图拉类型矿床的普查，首先是查明和追索乌拉尔地盾和济鲁尔结晶地块的洼地构造中的含锰建造。其基础是小比例尺航空磁测和重力测量资料的分析结果。比例尺1:25 000～1:10 000的磁力勘探、重力勘探、电法勘探和地震勘探的测量资料用于研究内部结构，尤其是断裂构造、矿层上覆沉积的厚度等。

3.含铜砂岩矿床

含铜砂岩矿床约占世界铜储量的50%。

现在讨论用地球物理方法寻找原苏联哲兹卡兹干类型矿床的实例。矿体产于土仑阶石灰岩上的中、上石炭系砂页岩地层（哲兹卡兹干层）。这些地层挤压成大型向斜褶皱，因有被断层切割的短背斜而复杂化。矿床伸展到向斜侧翼，分布在大型构造（20km×30km）的边缘部分。在向斜侧翼，矿层周围的岩层接近地表；而在中部，埋深在800m以上。

断面的物性分异甚好。例如，哲兹卡兹干层是高电阻的基准层，具有较高的密度，表现出较高的弹性波传播速度。岩层的磁性分异较差，只有受到深部构造破碎带控制的泥盆系喷出岩具有较高的磁化率。

地球物理工作的目的是查明地层的和岩性的控矿准则，也就是填绘哲兹卡兹干层，以及构造准则，即寻找大型正构造，在其范围内寻找哲兹卡兹干岩系内发育的因断裂破碎带而复杂化的二级与更高级次的构造。

综合地球物理工作包括小比例尺1∶20万的面积性航空磁测和重力测量，以及电法勘探和地震勘探的剖面性测量。目的是查明区域的、岩性的和构造的准则。由于中生界—新生界沉积盖层最厚可达200m，给重磁资料的解释带来了困难，所以采用电法勘探和地震勘探研究这一厚盖层。通过这些调查确定出该区的主要区域构造是具有受深断裂控制的断块构造的哲兹卡兹干—萨雷苏洼地。

1∶5万比例尺的普查工作的基本任务是研究褶皱和断裂构造，确定埋藏不深的、矿层周围的哲兹卡兹干岩系地段。基准层是物性差异明显的哲兹卡兹干岩系和日德利萨依岩系。用重力勘探完成面积性测量，用地震勘探按测网布置追索构造，致密的泥灰岩和含盐沉积对重力资料解释构成了困难，而向斜陡倾侧翼影响了地震勘探的效果。但两者结合，成功地确定出矿层围岩地层的埋藏深度，追索出断裂破碎带，并划分出有含铜远景的隆起断块。图4-2给出了萨雷奥里背斜的综合地球物理调查结果。

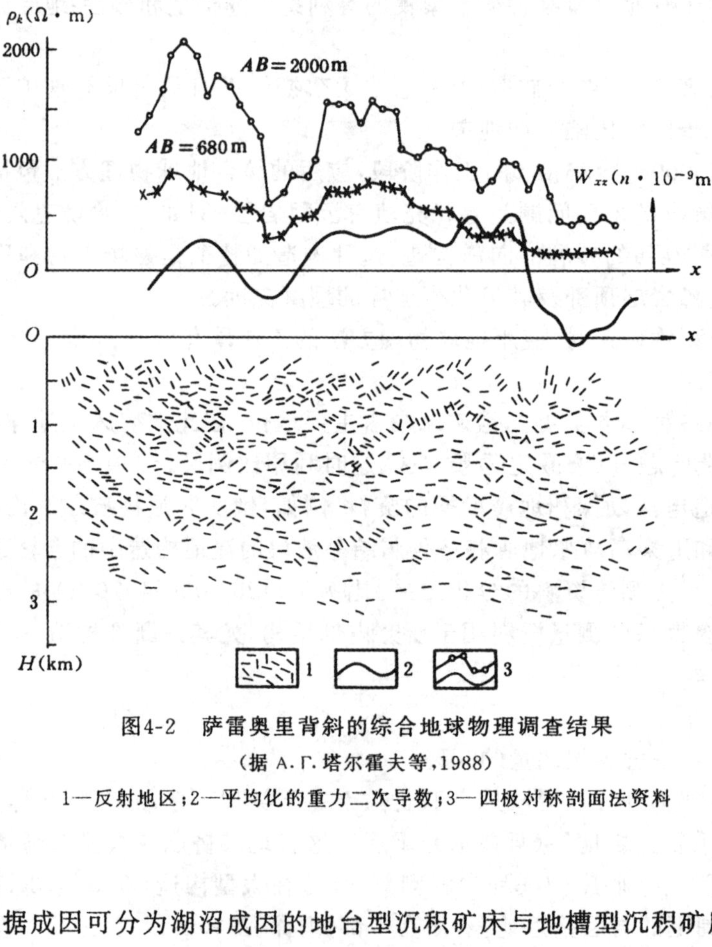

图4-2　萨雷奥里背斜的综合地球物理调查结果

（据 А.Г.塔尔霍夫等，1988）

1—反射地区；2—平均化的重力二次导数；3—四极对称剖面法资料

4.铝土矿床

铝土矿床根据成因可分为湖沼成因的地台型沉积矿床与地槽型沉积矿床。

(1)地台型铝土矿床。地台型铝土矿床的物理-地质模型具有下述特点。在模型中观测到地台型盖层和基底岩石之间的物性差异最大。例如，基底岩石的有效剩余密度平均为0.4g/cm³，电阻率比沉积盖层高2～3个数量级，后者的电阻率不超过几至几十欧姆米。沉积岩的特征是弹性波传播速度低(1.4～2.2km/s)和磁化率不高。弹性波在基底岩石中的传播速度相当大,可能达到5.6～6.7km/s(土尔盖坳陷的石灰岩),磁化率等于$(3\times10^3\sim3\times10^4)\times10^{-6}$(别尔戈罗德地区的含铁石英岩、土尔盖坳陷的基性和中性成分的喷出岩、季曼的磁铁矿片岩)。

在区域性调查阶段,采用地球物理方法解决的主要问题有:发现成矿前地形的大型平坦隆起(地台基底),基底岩层的岩性分层,并在基底岩石中划分出铝硅酸盐类岩层(母岩)和碳酸盐类岩层或其他不含硅的岩层。应用电测深研究基底起伏,在有利条件下划分疏松沉积层;重力勘探用于调查基底构造和断面的岩性分层;磁法勘探用来划分喷出岩发育地区;在个别测线上采用地震勘探验证电测深解释结果并确定碳酸盐类岩石发育区的界线。在进行地球物理勘探的同时,也伴随地质测量和构造填图钻探。根据综合工作的结果编绘成矿前地形等高线图、ΔZ等值线图和基底地质岩性图。位于有利地质条件并在空间上与磁异常一致的低洼地带应为铝土矿床成矿远景区。

(2)地槽型铝土矿床。地槽型铝土矿床与碳酸盐类岩层发育地区有关,总的来说,这些地区的磁化率很低。含铝土矿的地层引起强度为几十纳特的局部磁异常。碳酸盐类岩石发育区周围的侵入和喷出生成物具有较高的磁化率,由$(3\times10^1\sim3\times10^2)\times10^{-6}$变化到$3\times10^{-6}$。岩石的放射性实际上无差异,而含铝土矿地层中铀和钍的含量高出1～4倍。

考虑到上述物理-地质模型,用地球物理方法可以解决两个主要问题:①碳酸盐类岩层发育区的填图;②普查含矿层位和沿走向与倾向追索。实现这一目标可采用1:2.5万航空伽马,伴随伽马能谱测量、磁法勘探、电测深和电剖面法的地面检查工作。电法勘探可用来确定覆盖层的厚度。

5.磷灰石矿床

磷灰石矿床有地台型与地槽型两类。由于沉积岩中磷、铀和钍的共生关系,含磷灰石地层有较高的放射性。磷灰石的放射性为1.8～3.6A/kg,而围岩往往不超过0.7A/kg。

在磷灰石矿床上用地球物理方法解决的主要地质问题如下:①划分有远景的含磷灰石地区;②研究地质结构和这些地区的岩性分层;③磷酸盐类岩层的填图(主要是在普查地槽型矿床时)。

普查磷灰石矿时,主要以航空和地面放射性测量为主。在地台型磷灰石矿床的远景区内还配有电法勘探、地震勘探和高精度重力勘探研究沉积杂岩。在地槽型磷灰石矿床用磁法勘探、电测深、电剖面法、偶极剖面法以及重力勘探进行沉积岩、喷出岩与侵入杂岩的填图。

6.沉积硫矿床

沉积硫矿床产于断裂交叉带、平缓的短轴背斜和基底的个别构造凸起中。硫的积聚与接触石膏和硬石膏的石灰岩、泥灰岩和白云岩有关。石膏-硬石膏沉积具有高阻率和高密度。这些沉积层是电性基准层。

地球物理方法用于解决下列主要问题:①查明地区的具体构造-大地构造特点;②确定深度、产状特征和石膏-硬石膏岩层的尖灭带。这时综合方法包括电测深法和地震勘探。断面一般表现为KH型四层曲线。在埋藏深度很大(300～1 000m)时用反射地震查明石膏-硬石膏层的尖灭带,石膏-硬石膏层反射波与石灰岩相比强度大。根据这种调查的结果编制构造图,在图上反映出构造单元、基准层和石膏-硬石膏岩层的尖灭带。

二、内生矿床成矿地质模型与地球物理异常特征

内生成因的固体矿产可产出在造山前期前地槽、褶皱活化区、古老地台与地台活化区。内

生矿床一般均与岩浆岩体及其热液活动有关。主要可分为分异侵入体型、未分异侵入体型、伟晶岩—云英岩型、矽卡岩型、碳酸盐岩型与裂隙交代细脉与网脉型六种类型，这六种类型内生矿床主要特征列于表4-5。

表4-5　内生(岩浆成因)矿床类型

矿床类型	主要有用矿种	矿床形态	容矿构造
分异侵入体型	镍、钛、铬、铂、磷、稀土	扁平岩盆与岩盘状	侵入体顶部与低部
未分异侵入岩体型	金刚石	筒状体	显生宇地台中金伯利岩
伟晶岩-云英岩型	锡、钨、铍、锂、钽、刚玉	脉状型、网状脉型	花岗岩侵入体顶部带和接触带
矽卡岩型	铁、铜、钴、钾、磷、钨	层状、透镜状	碳酸盐岩与中酸性岩体的接触带
碳酸盐岩型	金云母、铌、稀土元素、磷灰石	岩株、网状脉	具有明显环状构造中超基性岩
裂隙交代细脉、网脉型	铁、铜、锑、汞、钼	细脉状与网状脉	火山成因—沉积地层构造破碎带

(一)与侵入体分异有关的矿床

这些矿床包括镍矿、钛磁铁矿、某些铬铁矿、铂矿以及磷灰石-霞石和稀土-含铌的矿床。

含矿侵入体一般呈扁平的岩盆状和岩盘状，以及岩床状。矿床往往产于侵入体内的顶板和底部附近，仅在个别情况下位于侵入体范围以外。

与侵入体分异有关的矿床是有利于应用地球物理方法的目标。侵入体在物理性质(磁化率、密度、导电性、地震波的传播速度)方面差异相当大，并具有明显的产状要素。地球物理方法用于解决下列主要问题：

(1)调查控制矿床分布的构造(划分出侵入体高饱和度的地带，研究富含有侵入体的穹形构造，查明破碎带和岩墙地带)；

(2)研究侵入体的形态和内部结构，以便划分出最有利于圈定矿体的地段。

综合地球物理方法包括航空磁测和航空电法勘探(旋转磁场法和无限长导线法)、地面磁测、重力勘探(电测深)、电磁法(不接地回线法)、瞬变电磁法和地震勘探法。由于该类矿床的地质条件多种多样，综合地球物理方法也多种多样。例如，为研究佩钦加构造带的深部结构以便普查铜镍矿床，采用反射地震法并配合以比例尺1:50 000的重力勘探、比例尺1:25 000的航空磁法勘探和地面磁法勘探。用地震勘探追索深部陡倾地质接触带和构造带(图4-3)。磁法勘探和重力勘探能确定此带的地质结构，并确定基性和超基性大型岩体和位置。

在原苏联，磷灰石-霞石矿的主要矿床是依据地球物理测量发现的。下面讨论应用地球物理方法研究希宾型磷灰石-霞石矿矿床的结果。希宾型霞石-正长石岩体在平面图上呈未封闭的环状。综合地球物理方法由航空磁测和地面磁测(比例尺1:50 000)、比例尺1:20 000的面积性重力测量和沿放射状测线的反射地震勘探组成，用于研究平面上和深部的岩体。根据磁法测量的资料成功地圈定了岩体，而反射地震法和重力勘探的结果可以提供有关深部岩体界面性质的信息。依据这些综合资料制作了整个岩体的立体地质构造模型(图4-4)。

(二)未分异的和弱分异的超基性和基性岩有关的矿床

此类矿床是指原生金刚石矿床和某些钛磁铁矿和铂矿床，以及许多铬铁矿矿床。

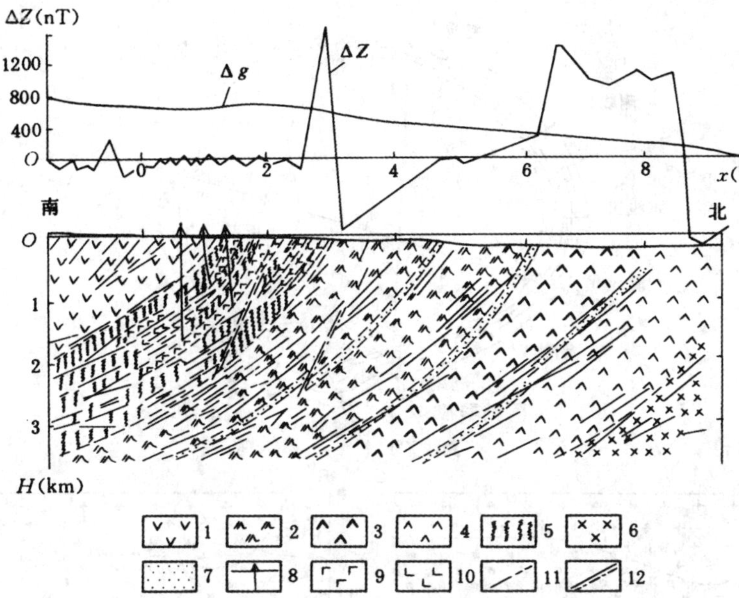

图4-3　佩钦加构造的综合地球物理调查结果

（据 A.Г.塔尔霍夫等，1988）

1—覆盖层Ⅳ的辉绿岩；2—覆盖层Ⅲ的辉绿岩；3—覆盖层Ⅱ的辉绿岩；4—覆盖层Ⅰ的辉绿岩；5—含矿层的千枚岩；6—太古代的基底岩石；7—沉积岩；8—钻孔；9—基性成分的岩石；10—超基性成分的岩石；11—反射的范围；12—构造破碎带

1.原生金刚石矿床

原生金刚石矿床（金伯利岩体）的物理-地质模型具有下列基本特征。金伯利岩体具有筒状、岩墙状和脉状。在大多数情况下，金伯利岩的岩墙和岩脉含金刚石很贫，或者根本不含金刚石。呈漏斗状、具有等轴状横截面（面积达10 000m^2，少数达数十万平方米）的垂直和倾斜岩体称为金伯利岩筒。在原苏联，围岩是下古生界粘土质-碳酸盐类岩层，而在非洲是各种不同成分的岩石，其中包括花岗岩。

按照产出条件，金伯利岩体可能被不厚（达20m）的疏松沉积覆盖，或者被厚（由数十到数百米）的中生界—新生界或暗色生成物盖层所覆盖。

金伯利岩筒和围岩的磁性差异最大。金伯利岩体的磁化率取决于磁铁矿和钛磁铁矿的含量，达$10\,000\times10^{-6}$以上，平均为$(300\sim2\,000)\times10^{-6}$。剩余磁化强度值$I_r$不大，而比值$I_r/I_i$（$I_i$为感应磁化强度）平均为0.5～1.0。金伯利岩的围岩和上覆沉积层实际上无磁性。上覆暗色岩层的特征是磁性变化范围很宽：由强磁性〔$k=(1\,000\sim3\,000)\times10^{-6}$〕到实际上无磁性（$k=100\times10^{-6}$）。剩余磁化强度$I_r$的符号可能为正，也可能为负，比值$I_r/I_i$的变化范围很宽，由0.5到15。此外，玄武岩层、上二叠系砂岩、凝灰岩和凝灰砂岩也都具有较高的磁化率。

金伯利岩和围岩的密度差异很小。在某些情况下，金伯利岩具有不大的负剩余密度（0.1～0.2g/cm^3）。相对于金伯利岩和围岩，只有暗色岩层具有稳定的正剩余密度（0.5～0.7g/cm^3）。

金伯利岩、沉积盖层和暗色岩层的电阻率差异不大，在很大程度上因为有冻结和融解岩石带存在而复杂化。于是，最有利的普查对象是被厚度不大的疏松沉积覆盖的金伯利岩筒，而最复杂的则是产于暗色岩岩层下的岩筒。

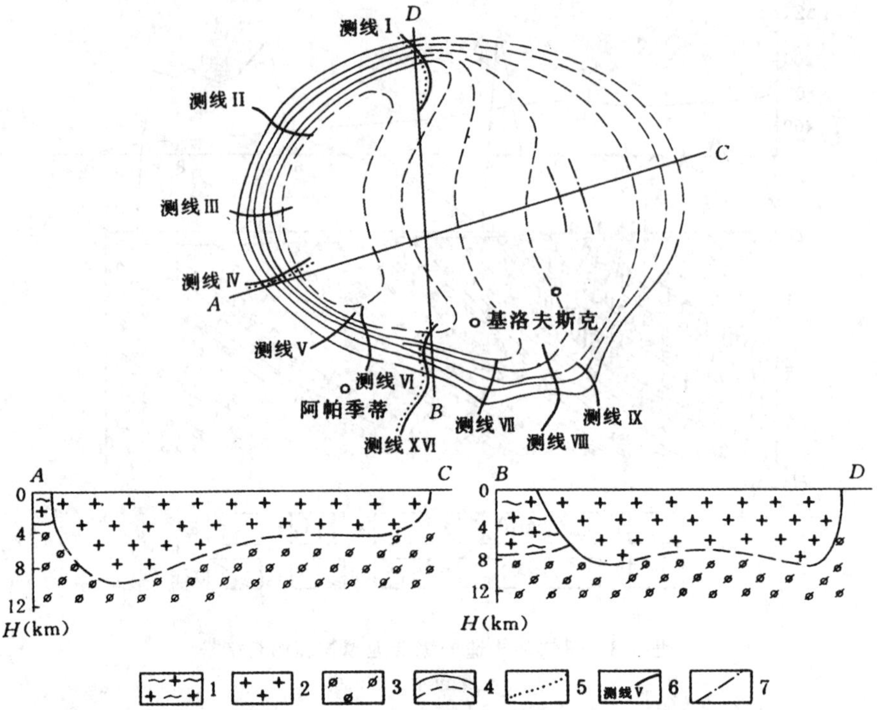

图4-4　依据航空磁测、重力测量和地震测量资料制作的希宾岩体地质构造模型

1—喷发沉积地层；2—霞石正长岩；3—太古代生成物；4—岩体与围岩接触带的等深线(km，实线为真实的，虚线为推断的)；5—反射地震法测线；6—计算的重力测线；7—计算的航磁测线

在普查金伯利岩阶段，地球物理工作的主要任务是：①划分有远景的地区；②直接发现金伯利岩岩筒。借助于比例尺1∶200 000的航空磁法勘探和重力测量，伴随以比例尺1∶200 000的重砂测量，以寻找金刚石的伴生矿物(镁铝榴石、橄榄石、铬透辉石、镁钛铁矿和磁铁矿)，就能很可靠地完成第一项任务。根据航空磁测资料填绘暗色岩的分布范围、反映深部断裂的暗色岩岩墙带，取得有关结晶基底岩石成分的信息。根据重力勘探和反射法地震勘探的结果研究岩浆岩体的产状要素，进一步确定深部断裂的位置。通过这些工作，编制出大地构造概略图。那些位于深断裂内并具有有利的地质普查特征，尤其是通过重砂测量得出的地段，可认为是有远景的地段。

直接普查金伯利岩筒，这一任务比较复杂，因为地球物理方法中没有一种能给出单值的结果。比例尺1∶25 000和1∶10 000的航空磁法测量，伴随以比例尺1∶50 000的重力测量，对于填绘金伯利岩筒最有可能存在的断裂破碎带及其交点来说是主要的方法。航空磁法测量伴随以比例尺1∶10 000～1∶5 000的地面磁测工作，还常常与感应法、电测深法、偶极电剖面法、甚低频法、激发极化法与瞬变电磁法等电法勘探方法，以及与同一比例尺的高精度重力测量相配合。两个高度的航磁测量主要用于划分磁异常。

2. 铬矿床

铬矿床的研究，用地球物理方法解决下列主要问题：①大型超基性岩体和岩墙的填图；②研究超基性岩体上、下缘的形状和埋藏深度；③确定疏松沉积的厚度，以便研究隐伏地形的特征，用来估算它对重力资料的影响。下面讨论应用地球物理方法普查南乌拉尔铬矿床的实例。

这些矿床产于主要由蛇纹岩组成的超基性岩体中。该区蛇纹岩的平均密度(2.40～2.53 g/cm^3)低于周围变质岩的密度(2.65g/cm^3)和辉长岩类的密度(2.83g/cm^3)。按磁化率κ,蛇纹岩与围岩差别很小,只有辉长岩成分的岩墙具有相当高的κ值。解决前两个问题的主导方法是比例尺1:50 000～1:200 000的重力勘探。第三个问题用电测深法来解决。利用这些方法的资料可以划分出有远景的地区,即含纯橄榄岩蛇纹岩发育区。

(三)伟晶岩与云英岩型矿床

1.伟晶岩矿床

伟晶岩矿床是陶瓷原料(长石)、白云母、锂、铯、钽矿和绿柱石、压电石英和光电萤石,以及刚玉的来源。

伟晶岩一般在成因上和空间上与原生侵入体有密切关系。伟晶岩带产于不同时代构造的衔接处、地台的褶皱边缘、古老的构造带上,延伸数十和数百千米。稀有金属伟晶岩带一般在成因上与黑云母花岗岩体有关。伟晶岩有较高的电阻率、压电效应和放射性。

地球物理方法的主要任务是查明对形成伟晶岩带有利的地质构造条件和随后对各个伟晶岩体进行填图。解决这些问题要借助于航空伽马-磁法测量和重力测量以及更详细的工作,使用各种不同形式的电剖面法、压电法,当浮土层厚度不大时使用伽马测量。

2.与钠长石化和云英岩化花岗岩有关的矿床

这类矿床包括常常含有复合钨铍和钨钼铍矿石的绿柱石矿床、含云母的萤石-绿柱石矿床和含有磷钇矿和独居石的锡石-黑钨矿矿床。锆铌和稀土矿的矿化与钠长石化花岗岩有关。

钠长石化和云英岩化花岗岩往往产于较古老的花岗岩和喷出岩中,有时也在沉积岩中。花岗岩体四周的围岩通常强烈地纳长石化和云英岩化。富集稀有元素的岩体的钠长石化内接触带的厚度通常不超过数百米。

含矿云英岩的密度(2.80g/cm^3)高于花岗岩的密度。云英岩通常表现出比花岗岩零碎的磁场。在云英岩中高含量的放射性元素使其上部出现放射性测量的异常,而铍的存在提供了利用中子方法的可能性。

地球物理方法的主要任务是填绘花岗岩侵入体和蚀变岩石的内接触带。这时应用航空伽马-磁力测量和重力测量组成的综合方法,补充以电法勘探(电测深法与电剖面法)测量。

(四)矽卡岩型矿床

这是铁、钨、钼钨、铜、铅锌和含铜多金属的矿床。金矿床及其他类型的矿床与矽卡岩的关系较小。矽卡岩体的形状是极为多样的,有透镜体、似层状体、等轴状和柱状体、脉状体。

所研究的地质体(矽卡岩和花岗岩类)与围岩在磁性与放射性方面分异最稳定。所研究的地质体一般造成较强的磁场和伽马场,而且波的传播速度最低。根据电性和密度特征也能加以确定,但是金属元素的含量高会使矽卡岩的电阻率降低。

图4-5上示出矽卡岩型铁矿、铜矿和白钨矿矿床的物理-地质模型。可以看出,矽卡岩矿床与围岩的磁场和电场是不同的。

在调查矽卡岩型矿床时,地球物理方法的主要任务是:①划分出有远景的地区,即发现花岗岩类岩体、岩体与围岩的接触带、矽卡岩带;②远景区的立体填图,其主要目的是研究岩性-岩浆和构造方面的普查标志。主要地球物理方法是航空磁测和地面磁测,补充以重力勘探和电法勘探。为了进行立体填图,尤其是为了研究喷出-沉积地层的构造,确定大型构造破碎带和侵入体与围岩接触带的空间位置,除了重力勘探外还要应用地震勘探。

在研究整个地区的大地构造-构造特点时,沿着踏勘剖面线完成反射法地震勘探。沿着垂

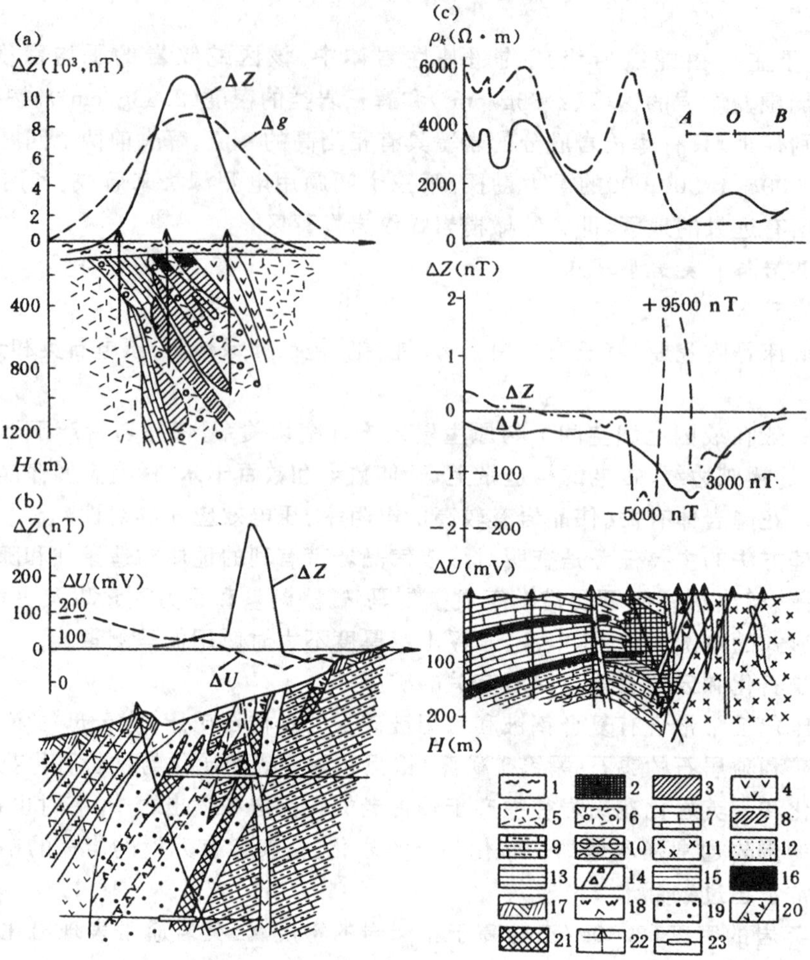

图4-5 矽卡岩矿床的物理-地质模型

（据 A.Г.塔尔霍夫等，1988）

(a)铁矿床；(b)铜矿床；(c)白钨矿矿床；1—中生—新生界覆盖沉积层；2—大理岩；3—磁铁矿；4—闪长斑岩；5—玢岩凝灰岩；6—玢岩矽卡岩；7—石灰岩；8—根据地球物理发现的新矿体；9—砂岩；10—凝灰岩；11—花岗闪长岩；12—凝灰角砾岩；13—矽卡岩；14—含铜磁铁矿；15—矽卡岩和闪长岩中的细脉浸染状富矿体；16—矽卡岩中的层状铜矿体；17—浮土层；18—硅质石英岩；19—角岩；20—细脉浸染状和氧化白钨矿体；21—块状白钨硫化矿体；22—勘探钻孔；23—探槽和地下钻探的钻孔

直于侵入体与围岩接触带的剖面线，以及沿着十字交叉和放射状剖面线、三角形和四方形闭合路线系统，对各个侵入体进行研究。

矽卡岩型铁矿床是应用地球物理方法最为有利的目标，因为它们表现出高密度和高磁性的特征。在此类矿床上能出现强度达数千到数万纳特的局部磁异常和正重力异常，两者相符合是可靠的普查标志。由于这些矿床的导电性较高，电法勘探方法（如感应法和激发极化法）能提供很好的效果。

（五）*碳酸岩矿床*

这种矿床是有工业品位的铌、钽、稀土、锆和锶，以及磁铁矿、磷灰石、蛭石和用于水泥工业的碳酸盐原料的来源。

碳酸岩在成因上与超基性-碱性岩岩体有关，岩体在平面上呈等轴状，面积达50km²以上。碳酸岩矿具有较高的Nb_2O_5含量。矿体通常产于侵入体内部，在平面上为等轴状，面积由数百平方米到$15km^2$。超基性-碱性岩体和碳酸岩由于磁铁矿含量大于围岩而呈现出高磁化率特征。而碳酸岩具有铀钍性质的高放射性。

地球物理方法的主要任务是：①超基性-碱性岩体和碳酸岩的填图；②研究远景地区的大地构造-构造特征。主导的地球物理方法是航空方法，即磁法和伽马能谱测量，伴随的航空摄影测量。地面工作包括磁法和伽马能谱测量，补充以岩石地球化学测量，而且有时用重力勘探辅助填绘岩体，用电法勘探填绘构造破碎带。

（六）裂隙交代细脉型与网脉型矿床

1.细脉型矿床

此类矿床包括许多含铜黄铁矿矿床，以及某些锑和汞、锡、萤石、重晶石、菱铁矿和磁铁矿矿床。属于此类矿床的还有许多锡矿、钨矿和钼矿矿床，以及金-银矿床（从混有少量银的金到金-银矿床，最后到纯银矿床的宽广系列）和许多铀矿床。

虽然这种类型的矿床多种多样，但是从地球物理的观点来看，其局部化的特点有许多共同之处。在一般性普查阶段，地球物理方法依据岩浆岩、岩性和构造等普查标志组合来发现远景区。总的来说，远景区的特征是存在着火山成因-沉积地层，其中主要发育有基性和酸性成分的火山岩层系，岩石受强烈热液变质作用，并且有深断裂、构造破碎带和多裂隙带。例如，穆戈扎尔含铜黄铁矿矿床在成因上与绿岩带有关，后者由火山岩组成并形成地堑式坳陷，又因有次级背斜和向斜褶皱而复杂化。

绿岩带岩石的特征是高密度（$2.8\sim2.9g/cm^3$）和高磁化率（达$2\ 000\times10^{-6}$）。在鲁德内阿尔泰，与多金属矿体有关的是有火山熔岩和粉砂岩夹层的凝灰岩。

构造规则矿床产于被构造破碎带复杂化的背斜顶部，或者产于岩石角砾化带。围岩的特征是热液变质，呈石英化、绢云母化、碳酸盐化和黄铁矿化等形式。这种岩石组合的密度随着时代的增长而由中、上古生界岩层的$2.65g/cm^3$增大到下古生界沉积的$2.7g/cm^3$和寒武系沉积的$2.8g/cm^3$。

雅库特、远东、滨海地区的锡矿床产于花岗岩类侵入体和区域深断裂呈羽状分布的次级断裂带内。含锡花岗岩类岩体本身无磁性或呈弱磁性。但是，沿外接触带往往出现由角岩化岩石磁黄铁矿化所引起的弧形磁异常。断裂构造往往造成线状磁异常，主要也是由于其中含有磁黄铁矿。

汞矿床的主要找矿标志是构造标志。这些矿床都产于大型区域断裂和褶皱构造内。例如，中亚的锑-汞矿床局限于被断裂复杂化的穹窿构造轴部。这些矿床表现出岩性-地层的普查标志，即产于石炭系上部岩层、石灰岩与页岩的接触带内。在原苏联东北部，这种矿床沿着通过陆源沉积地层的大型断裂破碎带分布。在外喀尔巴阡，汞矿位于不同成分的蘑菇状侵入体内。

许多金矿床还产于破碎带和片理化带，在空间上与不同成分和形状的侵入体有关。

含铀地区的特征是有地堑-断块结构、深部区域断裂发育、伴生有小裂隙带和岩墙带。铀矿床矿区的主要找矿准则是在物理场中表现得很明显的构造-大地构造和火成岩特点。例如，矿区通常产于中心型和线性的火山构造中，并且其特征是不同平面的断裂构造造成不同级次的断裂密集交汇。在这些地方观测到强蚀变岩石，呈绢云母化带、钠长石化带、黄铁矿化带、高岭土化带和其他蚀变带出现，还观测到岩脉、岩墙、小型次火山体和侵入体。所有这些地质构造形成物在电性和磁性及密度方面很容易区分。

在普查裂隙交代型和细脉型矿床时，用地球物理方法解决的主要问题如下：①查明控制矿床分布的构造特点；②确定岩性-岩类和时代标志（填绘岩石接触带、划分出岩类差异）；③蚀变岩石带的填图。在解决这些问题时，应用的综合方法包括航空伽马-磁法勘探、重力勘探、金属量测量、电法勘探（电测深法、激发极化法、中间梯度法、感应法），在许多地区，综合方法还辅以地震勘探和地面伽马能谱测量。

下面介绍在哈萨克斯坦普查鲁德内阿尔泰普查多金属矿床的实例。采用的综合方法包括航空磁法勘探、金属量测量、激发极化法、电磁法和重力勘探，有时辅以反射法地震勘探和电测深法。研究结果示于图4-6。用磁法勘探填绘出不同岩性的岩石、断裂破碎带、花岗岩类和辉绿

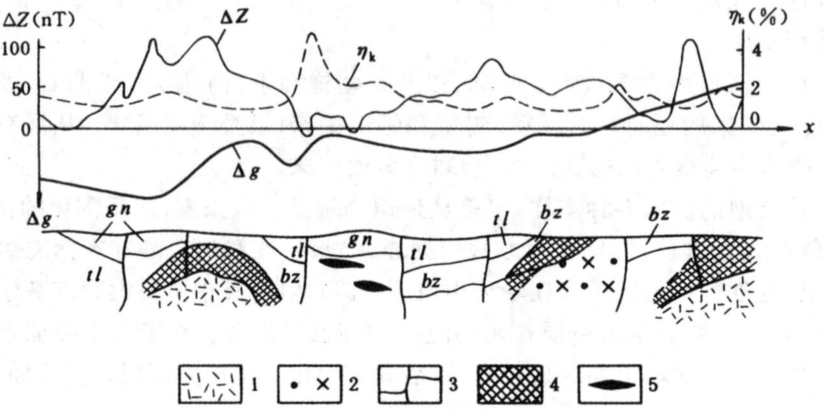

图4-6　在鲁德内阿尔泰普查多金属矿床时应用综合地球物理方法的结果

（据 A.Г.塔尔霍夫等，1988）

1—变质岩；2—粉砂岩；3—地质界面；4—角岩化和矽卡岩化带；5—矿体；*bz*—别列佐夫系（D_2）的酸性喷出岩、凝灰砂岩、粉砂岩；*tl*—塔洛夫系（D_2）的酸性喷出凝灰岩和熔岩；*gn*—戈尼阿季托夫系（D_2）的粘土质页岩、粉砂岩、辉绿岩

岩类侵入体、岩石的热液蚀变带。进行岩石地球化学测量的目的是发现铜、铅和锌的次生分散晕。在覆盖区，综合方法中包括水化学测量，从所有的天然水源和人工水源取样。为了确定疏松沉积层的厚度和成分，利用电测深法。电磁法异常实际上出现在鲁德内阿尔泰所有的多金属矿床上，在地表的露头或被厚度不大（10～15m）的疏松层覆盖的地方。在远景区用激发极化法进行测量。有矿体时 η_s 增大到10%～15%，但是由于围岩中有分散状硫化矿物，激电异常的宽度大大超过矿体的规模。在矿体远景区，重力勘探用于构造填图。为此目的，尤其是为了划分背斜范围内的局部隆起，研究变质岩和喷出岩组合的内部结构，还要进行地震勘探。

2. 网脉状含铜斑岩矿床

这类矿床包括许多产于含矿侵入体接触地段的铜矿和铜钼矿床，这些矿床是侵入沉积-火山岩层，有时是侵入沉积岩层的网脉状和岩墙状花岗岩类岩体。网脉状矿床在平面图和剖面图上常常呈不规则状，接近于等轴状，其大小可达数百米（图4-7）。侵入岩的分布受到线状延伸断裂破碎带的控制。此带有一些羽状断裂、大断裂交叉带和断块构造。

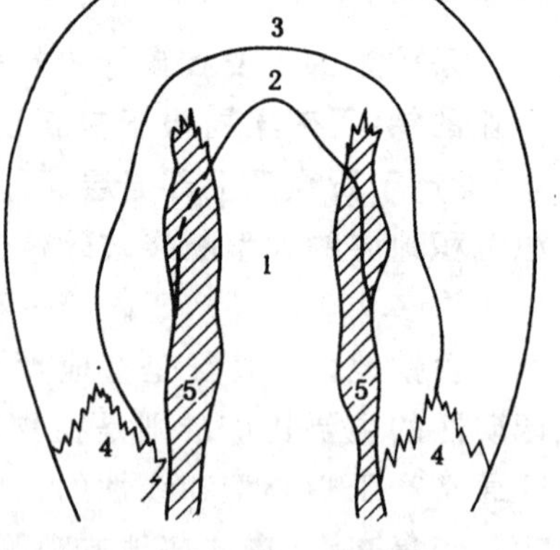

图4-7　斑岩铜矿床的模型

1—硫化物富集程度低核部；2—黄铁矿壳层（黄铁矿约10%）；3—边缘带（黄铁矿约20%）；4—黄铁矿上以磁铁矿为主的范围；5—矿体壳层

滨巴尔喀什的含矿花岗岩类岩体和阿尔马雷克矿带未

蚀变的正长岩的特征是磁化率高达2 000×10^{-6}。含矿侵入体受硫化物、特别是黄铁矿的"浸染",使侵入体的极化率明显增高。然而,无矿的次生石英岩也经常富含浸染状黄铁矿。花岗岩体和花岗岩类岩体的特征是弹性波传播速度为4.7～5.0km/s,低于周围的火山形成物5.5～6.0km/s。构造破碎带内岩石固有的弹性波速度更低。

地球物理方法用于含矿侵入体填图和查明调查区的构造情况。这些问题用磁法、重力、电法、激发极化法和岩石地球化学测量解决,在有些地区还辅以反射地震法。

根据磁法勘探资料能成功地划分出含矿侵入体,或者能划分出含矿侵入体围岩的接触带。断裂交叉带出现在重力场水平梯度增高和磁场强度降低的地段。大多数斑岩铜矿床引起强度达10%～15%的激电异常。当疏松沉积厚度大(达30～50m)时,应用激电测深法。

进行岩石地球化学测量的目的是研究铜和铅的分散晕,依据分散晕的分布来定向地确定至含矿构造和侵入体的距离,以及判断侵蚀断面的位置。用地震勘探方法研究侵入体及其构造要素。依据反射地震资料成功地追索出倾角0°～50°的反射界面。

在哈萨克普查斑岩铜矿时地球物理调查的结果示于图4-8。磁场分异很大,而且在辉长-辉绿岩发育地区 ΔZ 值达2 000nT。砂岩、细碧岩和辉绿玢岩表现出最小值。根据联合电剖面法的资料,以低电阻带划分出次生石英岩的发育区。中间梯度法 ρ_k 曲线能可靠地填绘出该带的东南接触带。在具有浸染状矿化的次生石英岩带上观测到达10%的高 η_k 值。

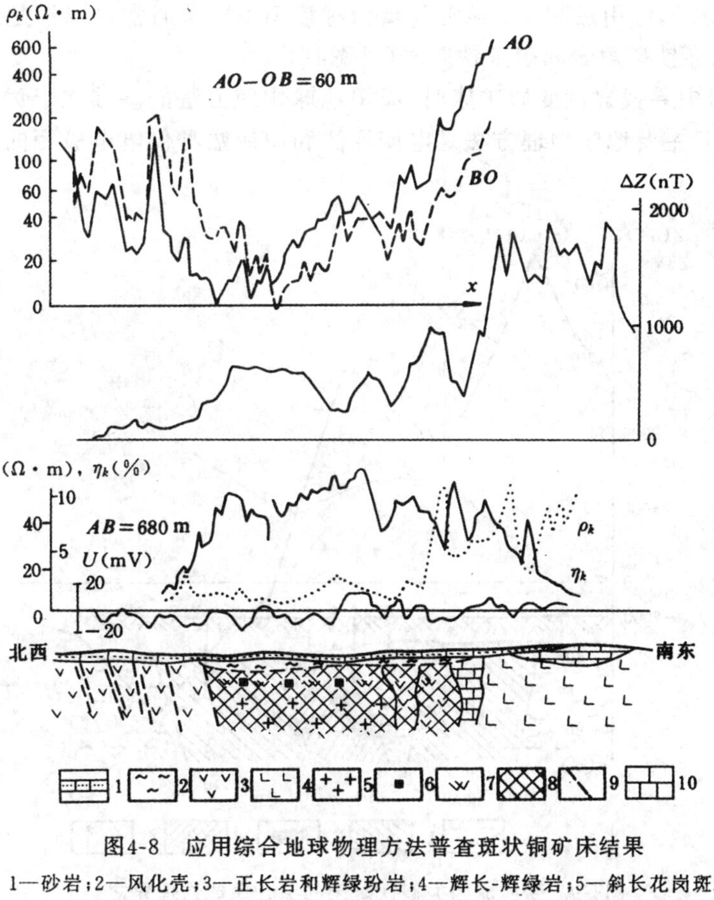

图4-8 应用综合地球物理方法普查斑状铜矿床结果

1—砂岩;2—风化壳;3—正长岩和辉绿玢岩;4—辉长-辉绿岩;5—斜长花岗斑岩;6—氧化铜矿带;7—次生石英岩;8—细脉浸染状硫化矿;9—构造破碎带;10—白云岩

三、变质矿床成矿地质模型与地球物理异常特征

这类通过变质作用产生的矿床包括世界上的最大型铁矿床、大型锰矿床、钛矿床。在非金属矿产中，变质成因的矿床有石墨、蓝晶石、硅线石、金云母、刚玉的某些矿床，压电石英矿床、大理石、石英岩、瓦板岩的许多矿床等。

在大多数情况下，铁矿床的分布受褶皱构造的控制，并有明显较高的磁场和重力场。例如，含铁石英岩的磁化率由$3\times10^{-3}\sim8\times10^{-2}$，密度由$3.1\sim3.8g/cm^3$，而围岩实际上无磁性，其密度也低得多($2.7\sim2.9g/cm^3$)。

在普查变质成因类型的铁矿床阶段，应用地球物理方法解决的主要问题如下：①划分沉积变质杂岩和研究褶皱构造；②填绘含铁石英岩，研究其产状要素；③确定覆盖岩层的厚度和研究变质杂岩体表面的起伏。

综合方法包括航空磁测与重力测量、电测深法、电剖面法和折射波法。依据磁法勘探的资料划分出最有远景的地段，以便进行更详细的工作。例如，在库尔斯克磁异常区，这种有远景的地段相当于强度低和面积广的磁异常区。这些异常与含铁石英岩的广阔磁场，或者与厚度相当大的相邻岩层群有关。根据重力勘探资料，铁矿层中的复向斜表现出明显的正异常。为了研究结晶基底的起伏和沉积盖层岩石的特点，应用电测深法、电剖面法和折射地震法。借助折射地震法可划分出富氧化矿的顶板，因为富氧化矿的弹性波传播速度(3.0～4.5km/s)低于含铁石英岩(5.4～6.0km/s)。应用磁测ΔZ异常与重力梯度W_{xz}异常通常可以清楚地区分含铁石英岩层、磁铁矿-假象赤铁矿角岩和碧玉铁质岩(见图4-9)。

在粘土质页岩中寻找含钛变质矿床时，应用地球物理方法的基础在于页岩层具有比其变质围岩低的电阻率。主要地球物理方法是电测深法和使用数种供电电极距的电剖面法的不同变种。

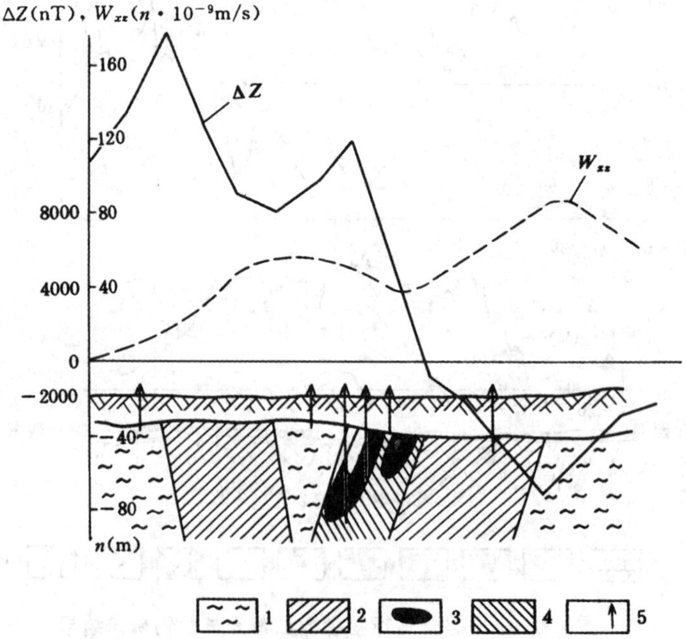

图4-9　变质成因类型铁矿床的综合地球物理异常

1—页岩层；2—磁铁矿-假象赤铁矿角岩；3—假象赤铁矿矿体；4—假象赤铁矿碧玉铁质岩；5—钻孔

对石墨化岩石进行填图时，主导方法是自然电场法。在石墨化岩石尤其是石墨的发育地区中，出现强度为－500和－1 000mV 的负异常。

普查刚玉矿床时，采用包括磁法勘探和电剖面法的综合方法，并补充进行高精度重力勘探，因为刚玉具有较高的密度（3.9～4.1g/cm^3）。结果填绘出与刚玉矿床有关的次生石英岩岩体。

§4.2 不同矿产勘察阶段的综合地球物理勘察模式

矿产勘察的对象是矿藏，其成果是矿藏中经过探明和评价的矿物原料储量。由于地质工作研究对象的特殊性，所以常常不能获得预期的最终成果。只有在一整套地质勘探工作结束后，才能获得物质上的评价，用矿产的探明储量表现出来。只有在这种情况下，储量才有使用价值，才可能评价矿产勘探的经济效益。因此，矿产勘探是一种高风险投资。为了减少风险，矿产勘探过程中必须不断评价经济效益。

地质勘探也与其他工业生产部门一样，其生产的基本要求是获得最大的效益，也就是必须用最少的时间和劳动取得最多成果。矿产勘察的成果是根据所查明矿床的自然价值和对矿藏储量已达到的勘探程度来判断的。矿床的已知自然价值越大，探明储量的评价越确切，勘探费用越少，勘探时间越短，勘探工作的效益就越高。

提高矿床经济价值因素有两个途径：①充分查明有用矿化作用的规模；②全面研究矿产的质量和工艺性能，查明全部主要的和伴生的矿产组分。为了提高探明储量的地质经济评价的准确性，需要做以下三方面工作：①提高地质勘探工作的详细程度；②合理地综合利用地质、地球物理及地球化学研究方法；③充分利用通过各种地质勘探工作所获得的资料。

实现最大效益的要求时，全面研究与竭力降低费用是相互矛盾的。最佳的方案是地质勘探的工作量应当花费最少的时间和劳动，而又能圆满地完成所提出的各项任务。获取补充资料而增加的费用可以用矿山企业所减少的经济损失以及在生产中能为预期增加的利润所补偿，矿床勘探工作就应继续进行。这就意味着，矿床的规模和工业价值越大，越应进行全面而详细的综合地质勘探工作。如果矿床的规模较小，地质构造和产状条件较复杂，那么从经济上限制地质勘探工作的详细程度，缩减勘探工作费用就是合理的。为了获取最大效益，矿床勘探应遵循一定的工作程序。本节我们把固体矿产的地质、地球物理与地球化学综合勘察分为三个阶段：第一阶段为成矿远景预测阶段；第二阶段为区域普查找矿阶段；第三阶段为矿床勘探阶段。

一、成矿远景预测阶段

矿产勘察中要解决的首要问题是到什么地方去找矿，为此首先要选择成矿的远景靶区。矿产地质学家、地球物理学家以及地球化学家通过地质调查与地球物理、地球化学测量获得的资料研究区域的构造、矿源层、成矿规律、成矿环境和成矿条件，预测成矿的远景区。

（一）地质任务

1.成矿的地质前提研究

在评价固体矿产成矿区的远景时，要研究岩浆控制条件、构造控制条件、地层条件、岩性条件、地球化学条件及地貌条件等。其中主要的是岩浆、构造和地层控制条件，而区域和深部地质构造是控制全局的。已知与超基性岩紧密相关的矿床有铬、铂、金刚石和磷灰石等；与基性岩共生的矿床有钛磁铁矿和硫化镍矿；与中性和酸性火成岩有关的矿床有钨、锡、钼、铜、铅、锌、金、铀与石英等。区域性和深部地质构造控制着成矿区、成矿带、矿田和矿床的位置。在成矿区的划分时,区域性和深部地质构造有很重要的作用。断裂带控制着成矿侵入体的侵入。在褶皱带范围内,背斜构造和穹窿构造最有利于成矿。断裂带是岩浆侵入的通道,褶皱与大断裂交叉处往往是控制成矿的远景区。在评价内生矿区时,岩浆和构造控制是主要的;而在评价海相沉积矿床时,地层及构造则是主要的。前寒武纪是最古老和规模最大的鞍山式铁矿的成矿时期;震旦纪是宣龙式铁矿的成矿时期;上泥盆纪是宁乡式铁矿的成矿期;奥陶纪是灰岩侵蚀面上的中石炭纪底部的山西式铁矿的成矿期;二叠纪是涪陵式铁矿的成矿期。铀矿、锰矿、铜矿、铝土矿等都受地层控制;有些内生矿床受不透水盖层的控制,如汞矿、锑矿、多金属矿。

2.含矿性标志

在确定成矿远景区时,除了要考虑成矿的地质前提外,远景区内还应有含矿性标志存在。凡能直接间接证明被评价地区地下存在着矿产的任何地质、地球化学、地球物理或其他因素,都可算作含矿性标志。成矿作用的直接标志有:①天然或人工露头(矿产露头)上的矿产显示;②有用矿物和元素的原生晕和分散晕区;③有用矿物和元素的次生机械晕、岩石化学、水化学、气体和生物化学晕、晕区和分散流;④地球物理异常;⑤古探矿遗迹和矿产标志。成矿作用的间接标志包括:①蚀变的近矿围岩;②矿化的矿物和伴生元素;③历史地理和其他间接资料。

矿床埋藏较浅时,天然露头或人工露头上矿产显示是最重要的含矿性标志,根据这些标志,不仅可以判断矿产的存在,而且可以判断矿产的质量和矿化类型。研究和评价矿石露头的工作往往因矿产和围岩的表生变化而变得困难,在硫化物矿石和化学性质不稳定的其他矿石中,表生改造作用尤为强烈。

在预测隐伏矿床时,有用矿物和矿化指标元素的原生分散晕区,是在围岩中与矿石聚集体同时形成的,与矿石聚集体相比,分散晕区的规模大得多,可以算作矿石聚集体的外带,化学元素的成分和浓度,原生晕的形状、规模和分带性取决于矿石聚集体及其围岩的地球化学、矿物、构造等特点,原生晕的规模与矿石聚集体中元素的浓度成正比,而与围岩中元素的地球化学背景值成反比。

在隐伏矿床区,反映矿体的地球物理异常也可作为含矿性的直接标志。一般产生高反差异常的磁测、重力测量、放射性测量与电法测量,可用于铁矿、钍铀及硫化物矿化标志的探测。

贵金属矿床远景区预测时,由于贵金属含量极少,含矿性质直接标志很难发现,这时利用伴生元素评价地球化学晕具有重要意义。如果伴生元素构成比主要元素更宽的晕(例如硫化物矽石聚集体的汞晕),那么用较疏的观测网即可查明。当主要元素缺失或浓度明显较小时(例如生物化学晕中的铀),可以把伴生元素(镭)作为矿化作用的独立间接标志。

(二)地质、地球物理与地球化学综合预测成矿远景区

矿产在地壳中的分布受各种成矿条件的控制,不同类型矿床,其成矿控制条件不同,研究的重点也不同,如内生矿床着重研究岩浆岩、构造以及围岩岩性条件,沉积矿床应着重研究地层、岩性、岩相和构造条件,风化矿床还应研究风化作用条件,对各类砂矿主要研究地貌条件,对变质矿床要研究变质作用条件。

1.地质、遥感与物探结合查明构造条件

收集测区的地质、地球化学与地球物理区测成果资料,特别是遥感、航测资料,了解测区的构造骨架,在此基础上对主要构造形迹进行地质测量和地球物理调查,确定各种构造组合关系,为成矿预测提供构造条件依据。

利用遥感图像进行地质构造解释的效果较明显,其优越性表现在以下几个方面:①遥感图

像视域广、概括性强，能在一张或几张像片上把规模较大的构造形迹完整地表现出来，轮廓清楚，而且连续性强，既能得到整体概念，又便于了解平面上的变化特征；②遥感图像立体感强，便于获得构造形迹的三度空间变化特征；③遥感图像客观、全面反映了地表的各种构造形迹，便于研究它们之间的相互关系和生成顺序；④在地表覆盖严重、地面工作不易识别的某些隐伏构造或深部构造中，有时在遥感图像上得到一定程度的显示；④卫星图像具有连续性和重复性，不同季节、不同时相卫星图像的对比分析，不仅可以揭示或推断某些构造的存在，还可以通过动态分析监视活动构造。

能用于研究区域地质构造的物探方法有好几种，但从“地质效果、工作效率、经济效益”统一原则考虑，选择重力、磁法配合是合理的。多年实践表明，重磁异常形态轮廓、分布范围、幅值及梯度变化等特征与区域构造单元之间大致有这样的规律：重力高带往往反映为古生界以下老地层的隆起带、背斜褶皱带、断块凸起或地垒、结晶基底的凸起等；磁异常则反映结晶基底的变化、岩浆活动和断裂等。重磁异常的以下特征可作为断裂构造存在的依据：①重磁异常等值线的梯级带；②呈线状伸展的等值线两侧，重磁异常的主要特征（如异常轴走向、异常值变化的幅度和梯度、圈闭异常的形态特征等）存在明显差异；③等值线出现有规律的同形扭曲或突然转折；④在某一方向上出现一系列局部圈闭，俗称“串珠状异常带”。

2.地质、遥感与地球物理综合研究岩浆岩

利用遥感图像识别岩体，地质调查查明裸露岩体，再结合地球物理揭露隐伏岩体并确定岩体规模与分布。

不同性质、不同规模和不同构造环境下的侵入岩，具有复杂的产状形态。这些侵入岩体经历长期的地壳变化，有的已被剥蚀裸露地表，有的已接近地表。它们在遥感图像上的图形主要有圆形、椭圆形、环形、似长方形、透镜状、串珠状、分枝状、不规则块状、脉状等。在基岩裸露地区的侵入岩体，常以与围岩明显不同的色调、地形和水系类型组成上述图形轮廓。在半覆盖和覆盖区，色调已不是主要标志，而以地形、水系、植被和人文标志等景观现出侵入岩体的图形特征。

基性岩与超基性岩密度、磁化率明显高于围岩，因此利用重力与磁测资料可以比较容易圈定基性岩与超基性岩岩体。中性或酸性岩体其一般含有放射性矿物多，因此应用放射性圈定中酸性岩体最有效。当中性或酸性岩体含有磁性矿物较围岩多时，磁法也常被用来圈定中酸性岩体。

3.地质、地球物理与钻探结合进行地层与岩性研究

研究成矿的地层前提，不仅对沉积矿床而且对内生矿床预测也是有效的。因为对具体的成矿区来说，矿产常常产出在相当窄的地史时期或地层区间。例如中哈萨克斯坦，最盛产矿的成矿期是晚海西期的钨和铜矿化作用，在乌拉尔绝大多数铜硫化物矿显示与志留纪—早泥盆纪范围内一个狭窄的地层有关。

在测区有露头地区进行地质填图，建立测区标准地层剖面。在覆盖地区可以应用地球物理方法研究地层与岩性。应该依据测区的主要岩性特征选择地球物理方法，通常在沉积岩为主的地区应以电法和地震法为主；在火成岩和变质岩广泛分布的地区，应以磁测和重力方法为主。在有钻孔的地区应投入电法。放射性与声波测井方法建立测区地层物性特征及其层序关系。

4.地球化学方法研究潜在含矿性能

矿床的最重要找矿标志有：矿化指示元素的宽阔原生晕和残积晕或狭窄的岩石局部晕；指示矿物及其共生组合的重砂流；地下水中指示元素的高浓度晕；气体和生物化学晕。

由于分析测试技术提高，使地球化学方法研究测区含矿标志中有着举足轻重的作用。根据元素晕和矿物晕的空间分布特征确定有成矿意义化探异常位置，再结合地球物理特征对重要化探异常地区进行研究。在有成矿地质前提的地区，当物探与化探均有异常显示的地区，应为最有远景的成矿远景区。

（三）成矿远景区划分

应用地质、地球物理、地球化学对测区的成矿地质前提与含矿标志进行综合评价后，可圈定有远景的成矿区。根据矿床的工业价值以及成矿前景评价不同，成矿远景区可划分为明显有工业价值的成矿区，地表有良好找矿标志的远景区，以及地表具有微弱和不明显找矿标志的待研究区。

1. 明显有工业价值的成矿区

此种地区的地质和物探研究程度较高，成矿条件很好，已见有大、中型矿床，今后还能找到矿。明显的磁异常大多已验证见矿，磁法找矿的效果良好，但也还有一些异常，有待研究检查验证。

以鄂东南地区为例①。据文献记载和目前出土文物证实，早在春秋战国时期，就曾在鄂东南地区进行过采冶。解放后，在这一地区做了大量的地质调查研究工作，编制了铁矿成矿规律及预测图，鄂东南区域地质图，大比例尺地质图，及大量矿产普查勘探工作。物探在该区进行了大比例尺航空磁测和地面磁测，还编制了异常分布图，及几个主要岩体地质磁测综合图等。通过大量的地质和物探工作，在本区提交了铁、铜、钴、银、金等十余种矿产储量报告。其中有大型铁矿床和大型铜矿床，以及中小型铁矿床、铜矿床。目前鄂东南地区，已成为我国铁、铜等矿产资源的重要产地之一，见图4-10。

鄂东南地区地磁测量中的明显异常，经检查见矿效果良好。然而本区航磁异常检查的还不够，这些航磁异常中还可以找到矿。该区地质和物探工作者进行了以下工作，有的已取得成效，有的正开展研究。①研究磁异常极大值附近的次级低缓磁异常及剩余磁异常，找到了深部矿和已知矿附近的盲矿；②研究岩体北缘接触带负异常中的相对升高部位，并找到了盲矿；③排除叠加场，如安山岩、辉绿岩等的干扰，从中分辨出矿异常；④在各岩体之间研究寻找深大盲矿体等。

类似以上情况者，即可划为明显有工业价值的成矿区，如邯邢地区、鞍山—本溪地区等。

2. 具有良好找矿前景和标志的远景区

在此种地区开展了一定的地质调查研究工作，成矿条件良好。已发现一些矿床或矿点，对寻找矿产的类型大体上是清楚的，还有不少有希望的磁异常或异常群或异常带，有待研究验证，有的异常已初见成效。

以秦岭地区为例②。已进行了区域地质测量，中、大比例尺航空磁测，及局部大比例尺的地质测量及地面磁测，做了一定的普查勘探工作和异常检查工作。已发现一些矿床和矿点，有的异常已见矿。

通过地质调查研究，了解到西秦岭地区有着悠久的地质发展史，受到过多次强烈的构造运动，是一个复杂的构造带。秦岭是一条很特殊的构造带，预示地下的矿产是丰富的。

该区铁矿主要类型见图4-11。

---

① 引自《湖北地质科技情报》1973年第1期，1976年第2期，1971年第1期；《鄂东地区综合研究体会》1978年；《湖北冶金地质》1977年第2期。

② 引自《秦岭巴山地区铁矿找矿方向初步分析》1977年1月。

图4-10 湖北鄂东南成矿区地质和矿产概况

1—背斜轴及地层;2—扭性及张性断裂;3—挤压带;4—推测断裂;5—铁矿床;6—铁铜矿床;7—铜和铜铁矿床;8—向斜轴及地层时代;γ—花岗岩;$\nu\xi$—石英二长岩;$\gamma\delta$—花岗闪长岩;$Q\delta$—石英闪长岩;δ—闪长岩

秦岭地区地质构造复杂,又有相当多的磁异常。本区磁异常除反映了基性、超基性岩体、断裂构造外,也有些形态规则、强度较大的磁异常,经检查验证见到铁矿,如略阳地区陕C-65-M(105)51异常,宁强地区C-65-M(105)98异常,木龙沟地区C-66-M(65)6异常等。除此以外,还有些异常所处的地质位置较好,可以研究千米以上的地质情况,深入检查异常引起的原因,对有希望的磁异常加强研究,在该区继续找矿是有前景的。

类似以上情况者,可划为具有良好找矿前景和标志的远景区。

3.地表具有微弱和不明显找矿标志的待研究区

此种地区的地质和物探研究程度较低。地表找矿标志不够明显,或是大面积覆盖,虽有磁异常群(或带),但检查不够,见矿把握尚不大。区内有工业价值的矿床很少,或还没有找到有工业价值的矿床。

以辽宁昭盟北部地区为例①。区内出露地层较发育的是二叠系和侏罗系中、上统,其次为志留系。中、上石炭系和白垩系局部出露,第三系玄武岩呈零星小块分布,第四系广布区内西南部、北东河谷两侧也有分布。区域构造主要为新华夏系和华夏系。从西到乌兰浩特北面有一条北东向的隐伏深断裂。二叠系海相火山喷发强烈,矿化地层为一套浅海相碎屑岩夹灰岩,其中大理岩、结晶灰岩及其上覆和下伏钙质碎屑岩矿化现象更好。从黄岗到甘珠尔庙一带,地表见一些小的铁矿露头、或矿化点,而且有磁异常带,有的磁异常处有矿化点。仅在黄岗到富林140km长的地带,就分布有C-5-1等18个航、地磁异常,有可能构成一个铁、铜、多金属找矿区,是一个有待研究的地区。

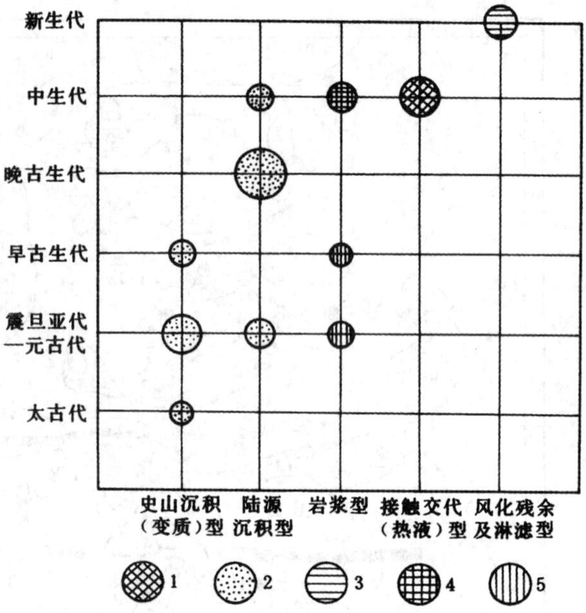

图4-11 秦岭成矿区铁矿床主要类型

1—磁铁矿矿石;2—赤铁矿矿石;3—菱铁矿矿石;4—钒钛磁矿矿石;5—褐铁矿矿石

1964年对一个长达14km,ΔT_{max}约8 000nT 的 M_6航磁异常,进行了地面磁法检查,见图4-12。1∶50 000比例尺地磁测量圈定了异常范围和走向方向,异常断续延长为14km,宽100~600m,形态规则,ΔZ 异常强度一般在1 000nT 左右。异常位于花岗岩与晶屑凝灰岩及大理岩的接触带上,绝大部分为第四系所覆盖,仅见有矽卡岩及磁铁矿的零星露头。经地质普查勘探工作证实为一大型铁(锡)矿床,并伴生有大量锡、钨、铜、铅、锌等元素。有的异常已开始见矿,其余磁异常很值得重视。

类似以上情况者,可以划为地表具有微弱和不明显找矿标志的待研究区。

二、区域性普查找矿阶段

矿产普查是根据普查地区的具体情况,运用成矿地质理论和综合技术方法,开展寻找矿产资源的工作。矿产普查是在成矿预测的远景区内开展工作,因此普查区域应具有成矿地质条件及其存在含矿标志。矿产普查需要对区域成矿地质条件、区内矿产和物化探异常等找矿标志进行综合研究,总结矿产形成和分布规律,圈出进一步找矿远景地段,指明找矿方向。同时通过对工作区内已知的和新发现的矿点及物化探异常的检查,选择有希望的矿区和矿点,作为矿区评价或勘探的后备基地。

(一)地质任务

1.矿区地质调查

对矿区内地层、岩石、构造、侵入体等基础地质情况进行研究,特别要对与矿产形成和分布有密切关系的地质条件进行深入研究,探讨矿产的成因以及矿产的空间分布。

① 引自《对我国铁矿(特别是富铁矿)战略找矿方向的意见》1977年3月,《辽宁省昭盟北部黄岗式铁(铝)矿区域成矿特征及找矿远景》1977年2月。

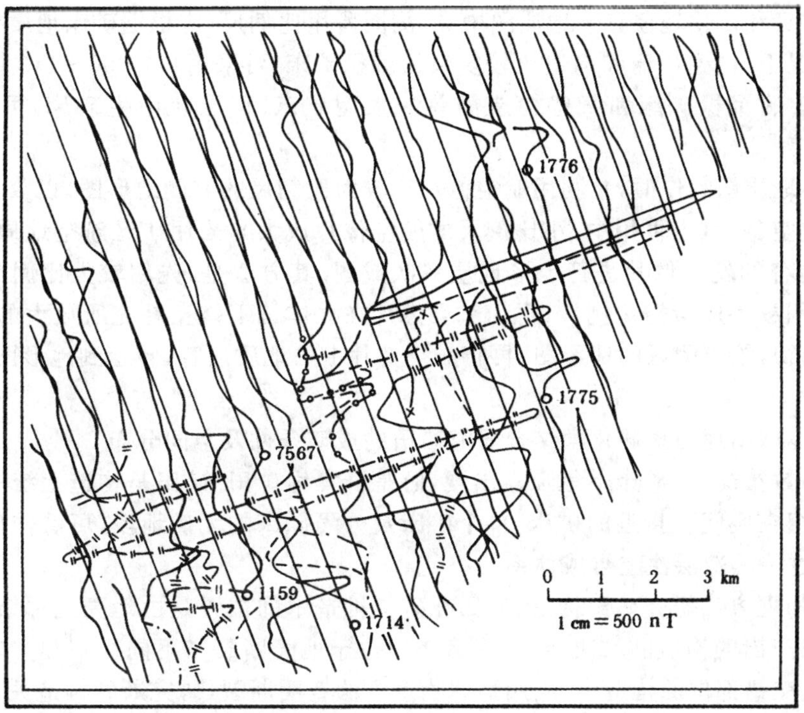

图4-12 辽宁昭盟 M_6航磁异常

矿区地质特征的研究主要是了解矿区内控制成矿的地层、岩石、构造以及围岩蚀变等。对内生矿床应注意构造与有利岩性对矿化的控制作用,尤其要注意接触带和断裂裂隙与矿化的关系。对于围岩蚀变,应注意其蚀变类型、分布范围、蚀变强度,特别要注意围岩蚀变与矿化的空间位置关系。对外生矿床,则应注意含矿岩系的分布特点,矿层是否稳定,底板起伏的一般规律以及构造对矿层的破坏程度等。

2.矿点检查

在地质条件研究基础上,对可能含矿的地段因地制宜地布置重砂测量及物化探等工作,对已知的和新发现的矿点、矿化标志及物化探异常等进行地表观察,再布置更详细的重砂测量、物化探工作,并适量地用槽、井探进行检查,初步查明矿产种类、有用成分含量、矿石物质成分、矿石结构构造、矿体形态、产状及其规模大小等。

矿点检查的初期是踏勘性的,只是解决检查对象是否是矿点,并了解大致情况,从而决定有没有必要对其做进一步的检查工作。这时一般只需少数地质人员亲赴实地进行观察,并了解其周围地质情况。当经过认真工作,证明被检查的对象明显不具工业价值,则只需提出否定的证据和论述,即可结束工作。对于经踏勘确定可能有价值的矿点,则应对其进行正式检查。矿点检查内容有以下三项内容:①通过对矿山露头的仔细观察研究了解矿产性质,包括矿物成分和有用成分含量等;②追索和圈定矿体,初步弄清矿体在地表的分布范围;③当有老硐等旧矿遗址时,尽一切可能仔细了解和研究,因为它们预示着研究区是否有矿和矿体的大致情况。

(二)地质、地球物理与地球化学综合方法进行区域性普查找矿

1.利用航空图片与地质测量制作矿点地形地质图

测图范围不必很大，以包括矿体和控矿的地质条件为准。一般情况下，应尽量把主要矿体或主要矿产露头和矿化现象置于地质图中央。测图所用比例尺，应根据矿床地质构造复杂程度而定。一般情况下，内生矿床和构造比较复杂的沉积矿床，可采用1∶1 000～1∶2 000的比例尺；构造不太复杂的沉积矿床和某些构造简单的大型矿床、似层状内生矿床，可用1∶5 000～1∶10 000的比例尺。

矿点地形地质图制作时，常利用航空像片和较大比例尺的航测地形图。以收集到的接近测图比例尺的航空像片(也可用中、小比例尺的航空像片放大)，采用矿区航空地质填图的方法，将填好地质内容的航空像片进行地形地质一次成图。其方法是，先用较大比例尺的航测地形图，将测区范围放大成所需比例尺，再用航空像片在立体镜下修正补充所放大的地形细节，并补充所需的地物，绘成测区的地形图。再将航空像片上的地质内容，转绘到地形图上，形成地形地质图。

2. 地质、地球物理与地球化学结合研究矿田的成矿条件及空间分布

在绝大多数情况下，矿床不是孤立出现，而是群集为矿田。矿田是构造上统一的局部地壳地段，包含几组在空间上接近的矿床。单个矿床及分隔矿床的无矿地段，可看作矿田的非均质单元，它们在这一构造层次上自成体系。

(1)地球物理方法研究矿田构造。矿田在矿体构造中的位置是由地壳上部结构特点，即由地壳和上地壳产出的构造断块决定的。许多矿田位于地壳断裂与不同级别和方向的区域构造断裂的交接或交错部位的构造中。应用地球物理方法查明断裂，研究断裂构造关系有利于矿田的发现。例如山东物探大队在胶东招掖金矿带上用电阻率联剖装置，扫面400多平方千米，圈出了大小断裂构造17条(图4-13)，通过研究各构造断裂间关系，指出了蚀变岩型金矿成矿的大致范围和赋存空间，为招掖金矿带的发现做出了重要贡献。

(2)地质、地球化学、地球物理和钻探结合构筑矿体立体分布模型。由于矿化作用指示元素原生晕的垂向延伸度很大而且分带性明显，所以利用地球化学资料可以大大提高预测深度。目前已经确定，多组分地球化学原生晕与多种成因类型和成矿建造的矿田和矿床相伴随。这种晕是矿床的外带。其矿物成分和整套指示元素均与矿床类似。因此利用山地工程与钻孔样品进行地球化学测量，结合地质资料可构筑矿床的立体图形(图4-14)，这种矿床立体分布的三维矿体模型，配上各种岩矿石的物理性质，可以构筑矿体的地质-地球物理模型，可促进大比例尺地质填图时有效地利用地球物理方法。根据这个概念，不应把单个矿体而应把矿田作为地质普查工作的研究对象。这种方法可以保证更有把握地预测含矿远景并且借助于现代地质-物探方法发现盲矿，因为在查明具有局部异常物理场的单个矿体之前，必须圈定具有稳定异常物理场的整个矿田。

3. 地质、地球物理、地球化学综合方法研究找矿标志

矿床的最重要的找矿标志有矿产露头、矿产指示元素的地球化学晕、旧矿遗址以及由矿床引起的地球物理异常。通过地质、地球物理与地球化学综合研究可圈定潜在矿产位置，为下一步矿床勘探做准备。

当矿产埋藏比较浅时，通过地表与山地工程的地质测量发现的矿产原生露头与氧化露头，可揭示潜在矿床存在地区。在古代采矿业兴旺发达地区，通过老硐、废石堆、选矿尾砂或炼渣等旧矿遗址的调查研究，探索潜在矿床可能性。在圈定与旧矿遗址有关的潜在矿床时，应在与旧矿遗址处在同一背景的地区，开展地球物理与地球化学测量。根据旧矿床特征分析地球物理与地球化学异常，圈定潜在矿产存在的地区。

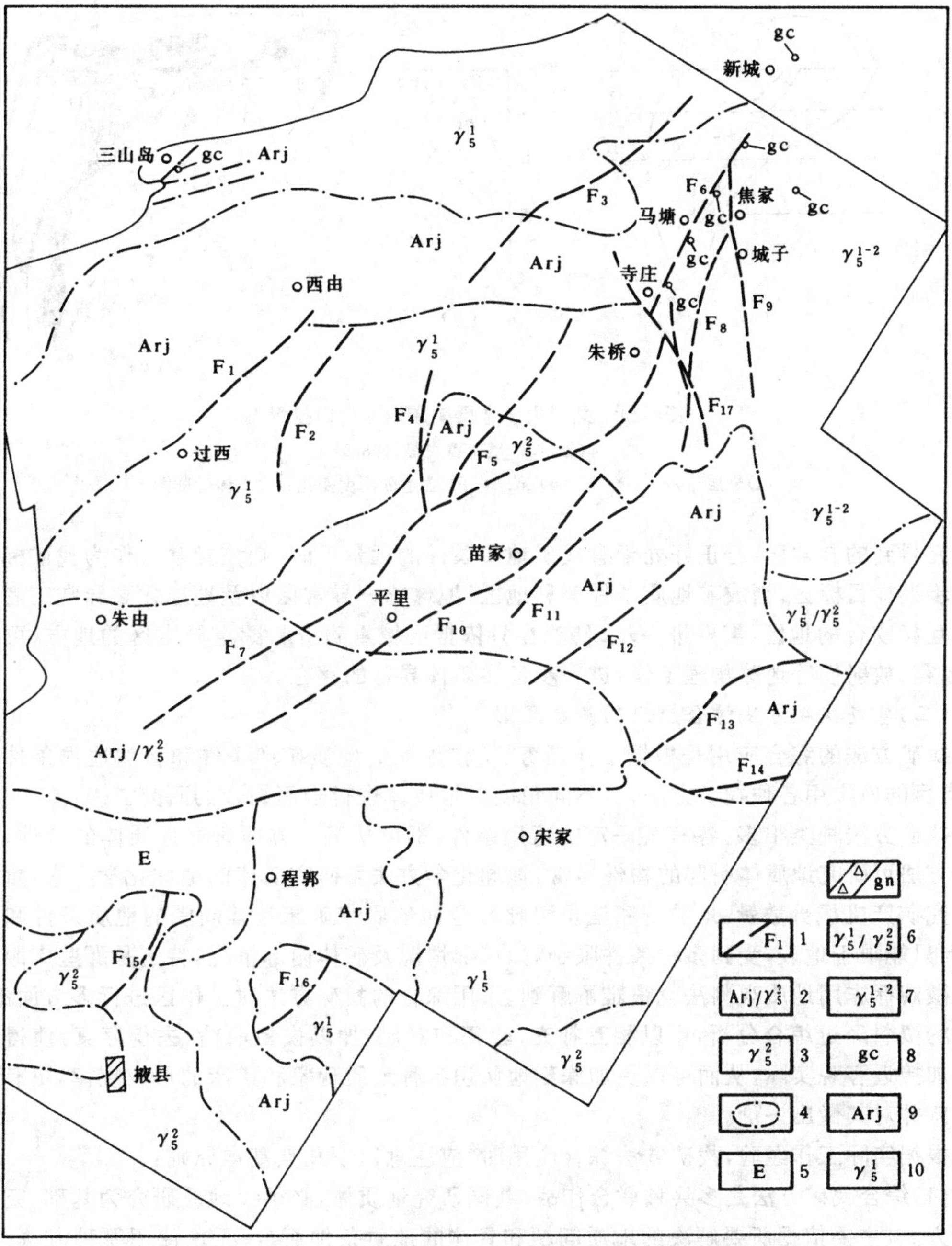

图4-13　胶东焦家地区电阻率联合剖面法推断成果示意图

（据史元盛,《综合物探》,1993）

1—推断断裂破碎带；2—推断花岗闪长岩上覆胶东群；3—推断花岗闪长岩；4—推断岩性界线；5—推断第三系；6—推断花岗闪长岩上覆玲珑花岗岩；7—推断玲珑花岗岩并有花岗闪长岩；8—金矿；9—推断胶东群；10—推断玲珑花岗岩

当矿产埋藏比较深的地区，则可通过仔细研究地球物理与地球化学区域填图成果，寻找与潜在矿床有关的地球物理与地球化学标志异常。我国大部分地区已完成1:20万重力与磁法扫面任务，在某些地区已有1:50 000重力与磁法测量成果。根据上述区域地球物理与地球化学成

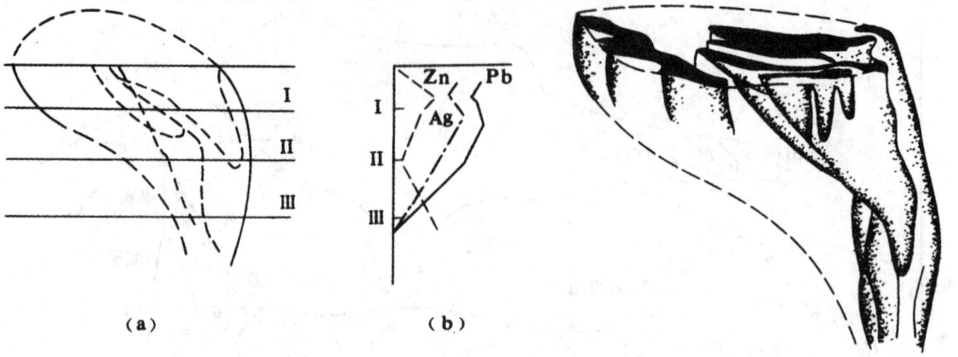

(a)　　(b)　　(c)

图4-14　戈列夫多金属矿床的综合纵投影图

(据 А.Г.塔尔霍夫等,1988)

(a)岩层编号Ⅰ、Ⅱ、Ⅲ;(b)Zn、Ag、Pb含量随深度变化;(c)立体轮廓图

果研究得到的异常区,若正好处于有成矿地质条件的远景区时,则该异常可作为找矿标志纳入进一步勘探目标区。当成矿地质条件有利地区、地球物理异常区以及地球化学异常三者中只有二者互相吻合的地区,需要进一步研究。在只依据区域重磁资料圈定异常区的地方,可开展电法、地震、放射性等地球物理工作,进一步证实矿体异常的存在。

(三)普查找矿方法综合应用的基本原则

找矿方法的综合应用是根据工作任务、工作地区的地质矿产条件和自然地理条件等合理地、有目的地应用各种找矿方法,从不同角度对地质体进行全面综合的研究。

找矿方法种类很多,各有其一定的适用条件,都可从某一方面研究地质体的特性。如地球物理方法可研究地质体引起的物性异常,地球化学方法可研究矿床的地球化学异常,重砂测量是研究矿产机械分散晕。地质观察法虽可比较全面地研究矿床及其周围的地质条件和找矿标志,但只能限于地表,受到多种条件限制,如深部情况及矿体内部情况,特别是那些肉眼不易辨认的微观标志用地质观测法就很难了解到。采用综合的找矿方法对工作区进行多方面的研究,所得的资料经过综合分析,可以相互补充、验证和对比,加以去粗取精,去伪存真,使得地质成果更加接近客观实际,从而可以更加深刻地认识各种地质现象和矿床的形成规律,更有效地发现矿床并对其做出评价。

根据实际工作经验,找矿方法综合应用时,应注意以下几点基本原则:

(1)综合找矿方法是多兵种联合作战,共同研究地质体,必须以地质研究为基础。究竟应用哪种方法,主要依据所要解决的地质问题和具体的地质条件而定;无论使用哪种方法,所得的资料都必须结合地质观察研究的结果和地质理论进行综合分析,才能起到其应有作用。

(2)综合运用找矿方法,绝不意味着在同一地区使用的方法越多越好,而应因地制宜灵活地选择合适的方法。选择找矿方法的因素有以下几个方面:

①地质与矿产因素。包括主矿床地质特征、矿产种类、矿床类型、有用元素赋存状态、矿产的化学性质和物理性质等。例如寻找与基性—超基性岩有关的矿床,可用磁法圈出岩体或矿体(当矿体与岩体之间磁性差异较大时);对于磁性矿石或被磁性围岩包围的非磁性矿体也可用磁法寻找;物理性质和化学性质稳定的矿产,可用重砂测量方法;硫化物多金属矿床,一般可用岩石地球化学测量、土壤地球化学测量、水系沉积物地球化学测量方法,也可用电阻率法、自然

电位法、激发极化法等电法寻找；盐类矿床，则一般宜用重力法、电法、水化学法等。总之，地质矿产因素是影响找矿方法选择的主要因素，而这类因素又是多方面的，在实际工作中应进行具体分析和研究。

②自然因素。地形切割和气候所引起的不同自然景观，对找矿方法的选择有一定影响。如地形切割厉害，高差很大的山区，应用重力法以及某些电法等有一定困难；在沙漠地区使用直流电法会引起供电的困难；由于水少使用重砂测量法也会有困难。

③工作的性质与任务。如区域矿产普查和矿点检查，在方法的使用上不尽一致。矿点检查要求对矿床特征有所了解，使用的方法可能更多些，比如地表要用较多工程进行揭露，地球物理与地球化学测量方法种类要尽量多些，比例尺要大些；而区域普查中面上的工作，一般情况下不使用很多地表揭露工程，地球物理与地球化学测量方法的种类较少，而且比例尺可小一些。

(3)综合找矿方法的运作，必须各种方法紧密配合、协同作战。地质、地球物理、地球化学和探矿工程方法应实行同设计、同施工、同解释、同编写报告。在实行地质、地球物理、地球化学和探矿工程相互配合过程中，地质人员应及时明确提出要解决的地质问题，介绍测区的地质情况，提供必要的地质资料以满足地球物理与地球化学工作人员进行设计、施工和资料解释时对地质的要求。

(四)地质、地球物理、地球化学与探矿工程综合找矿实例

1. 地质、地球物理与探矿工程综合寻找安徽某铁矿实例

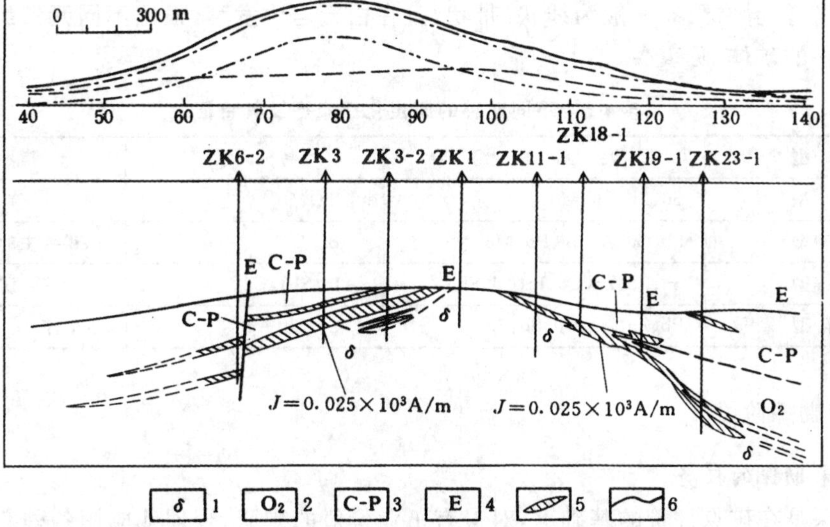

图4-15　某铁矿地质、地球物理与钻探综合调查结果

1—闪长岩；2—奥陶系灰岩；3—石炭二叠系地层；4—第三系地层；5—磁铁矿体；6—ΔZ 曲线

(引自山东冶金地质勘探公司物探二队，1973)

本区铁矿床分布在矿山侵入体北侧的第三系地层中，在此地曾做过磁法和重力测量，均发现了异常，但重、磁异常中心位置并不吻合，布置了三个验证钻孔，见图4-15，两个钻孔布置在重力布伽异常极大值上(ZK1和ZK3)，另一孔布置在磁异常边缘，均未见矿，只见到一些矿化，于是推断异常为火成岩体所引起。但从成矿地质条件来看，是有利于矿体富集的；从岩石磁性

来看，也应是铁矿引起的，便又重新评价这个异常。通过分析，认为重力异常可能是岩体突起引起的，而不是铁矿产生的重力异常。在综合研究的基础上，设计了钻孔重新验证，在穿过327m 第三系砂岩、粉砂岩后见到了22.98m 的磁铁矿，而且是富矿，终于揭露出一个大型的富铁矿床。从钻探结果看，该矿床是沿着背斜北侧倾没端的两侧面分布的，由于顶部被侵蚀掉，过去打钻未能打到矿体，由此可以看出，对一个异常不能凭一、二个钻孔未见矿便轻易否定。

2. 地质、地球物理与地球化学寻找多金属矿床

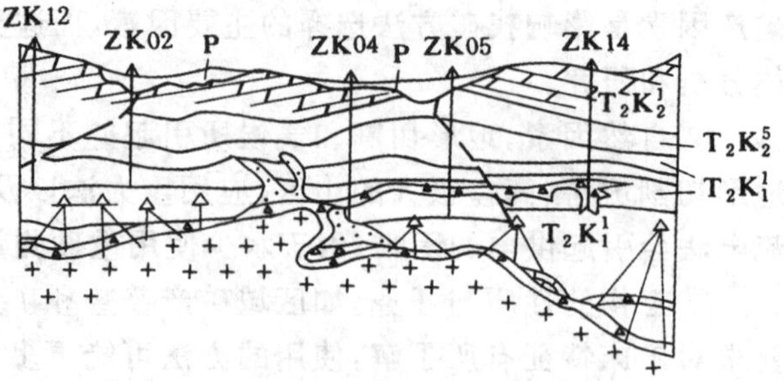

图4-16　云南某多金属矿床的地质模型

(据史元盛,《综合物探》,1993)

1—砂矿床;2—中三叠统碳酸盐岩;3—花岗岩;4—氧化矿;5—矽卡岩硫化矿

燕山期花岗岩侵入在三叠纪灰岩中，在其接触带和凹陷部位形成了致密块状矽卡岩多金属矿。由于矿体埋藏较深，氧化深度也大，见图4-16。在该区使用过磁法和自然电场法，其效果都不佳，于是改用垂向电测深法、联合剖面法和化探方法。根据这些方法可以：①确定隐伏花岗岩形态；②寻找含矿断裂，断裂电阻率为几百至2kΩ·m 之间，与灰岩电阻率相比有3～10倍差异，由电阻率法获得断裂异常500余条且不同程度获得工程证实；③由电法和化探方法圈定矿化范围和寻找盲矿体，经原生晕测量发现断裂中原生晕发育，异常形态一般为线状、带状，且在白云岩中发育，根据不同元素组合的晕型可指示不同矿种的矿体，见表4-6。

表4-6　不同矿种的原生化探晕型及其特征

晕　型	主要元素组合	特征元素	指示矿体
锡　型	Sn、Pb、Cu、Mo	Sn、Mo	锡
锡铜砷型	Sn、Cu、As、Bi、Pb、Mo	Bi、As	以锡为主的综合矿体
锡铅锌型	Sn、Pb、Zn、Cu、In、Cd、Sb	In(Sb)、Cd	锡铅综合矿体
铅 锌 型	Pb、Zn、Ag、Cd、Sb、Sn	Cd、Sb、Ag	铅矿体

三、矿床勘探阶段

(一)矿床勘探的任务

矿床勘探是在矿点评价的基础上，对最有工业价值的矿床，合理地应用各种有效手段和方法，对矿床全面系统地进行勘探和研究，详细查明矿床赋存的地质规律、矿石质量、数量及其空间分布、矿石的加工技术条件和开采技术条件等，最终完成国家下达的矿产储量任务并提交合乎矿山企业建设设计要求的地质勘探报告。简单说，勘探的任务就是查明矿床的质和量及采、选、冶条件，向矿山建设设计提供必需的矿产资源和地质基础资料。

(二)勘探阶段物化探方法的综合应用

1. 物化探方法在矿床勘探阶段的综合应用

(1)结合矿床特点，在某些覆盖较薄的矿体上利用地质、物化探等综合手段，可代替部分地表探矿工程，进行地表矿体圈定。

(2)应用物化探等综合手段与探矿工程密切配合，可研究矿体深部的变化情况。例如在某些条件下可用物化探测定矿体的产状、埋深、延深、规模，指导矿床深部勘探工程布置，提高探矿工程的见矿率与地质效果，可以适当放稀勘探工程间距，节省探矿工程工作量。

(3)利用综合探矿手段，追索圈定深部矿体及寻找盲矿体(指导盲矿体的勘探有某些独到之处，是其他手段无法相比的)。

目前，在勘探阶段物探用得较普遍而效果也较显著的主要是磁法、重力法和电法。化探主要采用土壤测量法与岩石测量法。这些方法常常是综合应用的，往往几种方法在同一地区取得的资料需要互相补充验证。实践证明：物化探方法与探矿工程密切配合，能够加快勘探速度，降低勘探成本，提高勘探质量。

2. 物化探综合方法勘探矿体效果

(1)预测矿体形态，提高设计工程见矿率。TL 山矽卡岩型铜铁矿床，主要盲矿体呈透镜状及不规则状产出。矿体主要由黄铜矿、磁铁矿和黄铜矿、斑铜矿、磁铁矿两种矿石类型组成。在勘探初期，根据重力、磁法及电测深资料，配合个别钻孔，反复推断剖面上的矿体截面形态与产状，结合充电法的资料，初步确定了矿体沿走向的长度(图4-17)。经钻孔揭露证实，原来以综合方法推断的矿体形态、产状和矿体边界是正确的。物探成果为勘探工程设计与布置提供了重要依据，提高了设计钻孔的见矿率，节省了探矿工程的工作量。

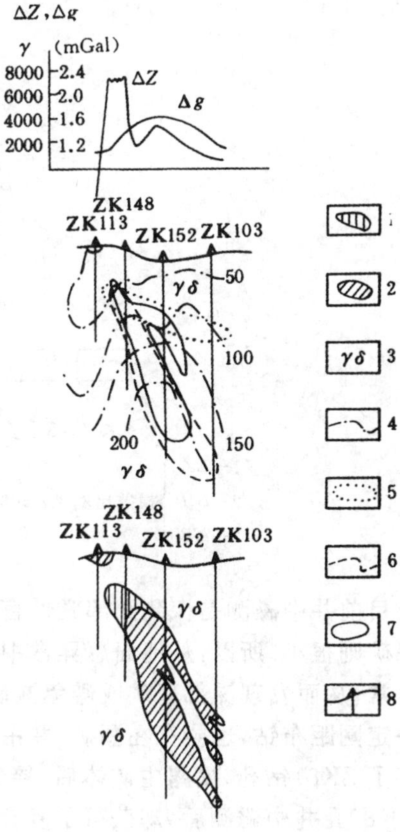

图4-17　TL 山某矿体物探地质综合剖面图

1—含铜矽卡岩；2—铜铁矿；3—花岗闪长岩；4—电测深 ρ_s 等值线；5—第一次推断矿体边界；6—第二次推断矿体边界；7—第三次推断矿体边界；8—钻孔

垂直磁化 $J=0.04\times10^3$A/m

(2)预测矿体边界和中心部位，指导探矿工程布置。一般在矿区评价阶段或勘探初期，当探矿工程间距较稀的情况下，很难准确地确定矿体延伸边界，而利用物探测井方法或化探方法，可以有效地推断矿体尖灭点和矿体中心，指导探矿工程的布置。如安徽某铁矿(图4-18)采用磁测井方法确定矿体边界比地质推断法准确，应该根据 ZK6测井结果，确定钻孔间距，控制矿体边界，而不应按等间距向南布置钻孔，这样可以节省钻探的工作量。因 ZK6所见矿体厚度较大，故地质推断矿体南延较远，又据地表磁异常估算矿体南延也可达200m，但井中磁测表明矿体主要部分在 ZK6钻孔以北，并推算矿体向南延伸小于30～40m。以后在 ZK6钻孔之南120m 处布置 ZK10钻孔验证，证实果然无矿。据 ZK10钻孔测井资料计算，矿体南端尖灭点距 ZK10钻孔94m，与 ZK6钻孔的计算结果十分吻合。

又如江苏 M 山重磁异常区经过化探工作，用专门剖面研究与热液矿化有关元素的分布和其比值特征。从岩石地球化学剖面说明：$(TFe-FeO)/(TiO_2+V_2O_5)$和 TFe/V_2O_5异常反映了矿体的中心部位，为指导探矿工程的布置和矿体的圈定提供了重要依据。

3. 探测深部盲矿与漏矿

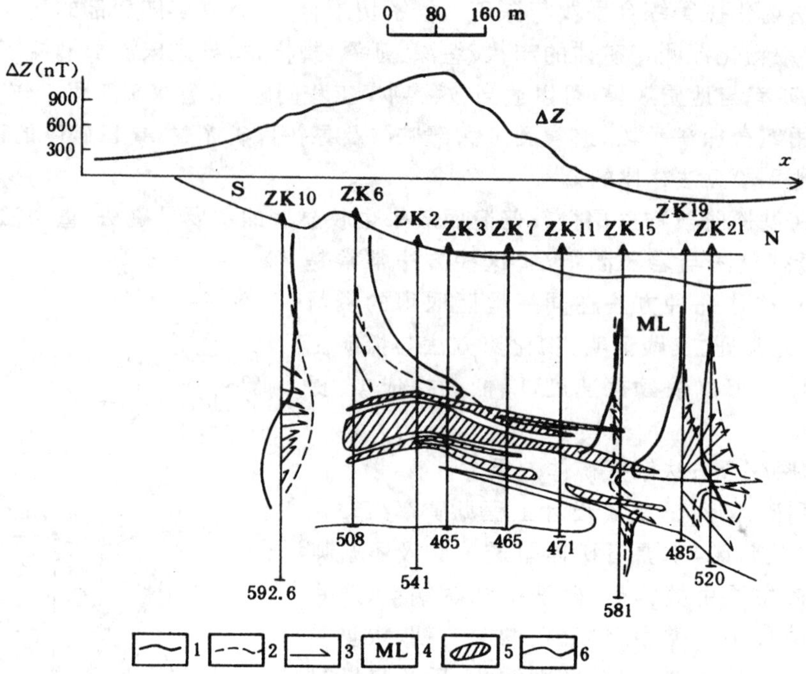

图4-18 安徽某铁矿体物探地质综合剖面图

1—ΔZ
2—ΔH 模数比例尺7 500nT/cm；4—大理岩灰岩；5—磁铁矿体；6—地质界线
3—$\Delta T'$

目前井中磁测是探测深部磁性盲矿体的主要方法之一。由于浅矿在地表引起的异常较大，而深矿则很小。所以，从地面总异常中很难区分出深部异常，磁测井可以深入地下，测出矿体侧旁异常，从而发现深部盲矿或避免漏矿。在勘探初期，对于变化较大的透镜状或囊状矿体，即使按一定网距布钻，也会存在漏矿，井中磁测则可以弥补这一缺陷。如图4-19所示，在地面异常中心打了ZK81钻孔，揭露主矿体后，接着布了ZK85与ZK83钻孔控制矿尾，但均未见矿。然而经过ZK83孔井中磁测后，却获得了复合ΔZ异常，具有“正S形”特征，且梯度很大。ZK85孔测井结果也有同样情况，说明ZK83孔与ZK85孔之间有矿体存在，经ZK85-1孔验证，在350m以下的预定深度打到了厚46m的磁铁矿，将漏掉的矿体找了出来。

4. 研究矿体的产状与延深

当矿体倾斜较陡，地面物探资料反映不清时，采用井中磁测有助于解决矿体产状和延深问题。例如：在甘肃某地磁异常中心经ZK1钻孔揭露，深部见到较厚的富矿。由于勘探初期对矿体产状不清，误认为矿体向南倾斜，于是在ZK1孔南侧打了ZK3、ZK7孔，但均未见到富矿。通过此两孔井中磁测，表明ΔZ曲线全为负值，并随孔深逐渐变小，范围很宽，而$\Delta T_{\perp}$在100m以下全部向南发散。这些特征表明矿头离地表近，矿尾延深较大，推测矿体可延深300m，整个矿体是向北倾斜的。为了证实上述推断，在ZK1北侧布了ZK9孔，于200m深处见到富矿厚40余米，证实此推断是正确的(图4-20)。

5. 圈定矿体边界

M山铁矿体是产于火山岩地区的大型透镜状磁性盲矿体。矿体埋藏深度为一百余米。矿区经地面磁异常验证见矿后，进行了大比例尺面积重力测量、岩心物性测定、井旁垂向电测深、

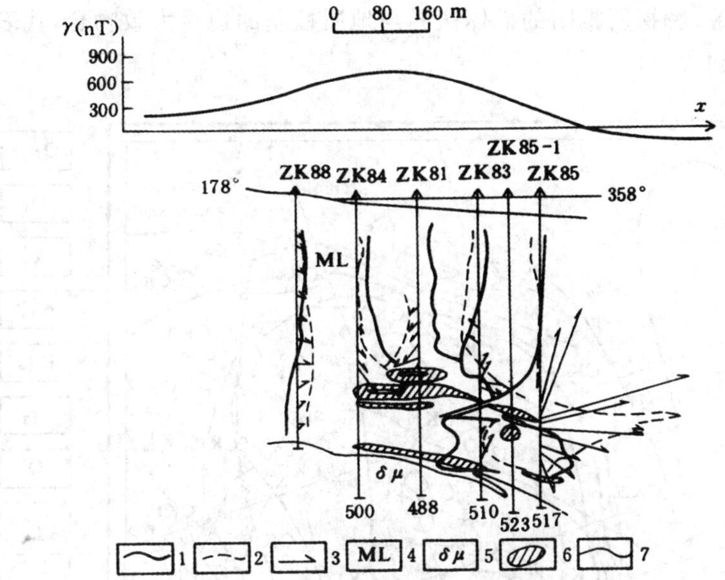

图4-19 某铁矿体物探地质综合剖面图

1--ΔZ；2--ΔH；3--ΔT′ 模数比例尺7 500nT/cm；4—灰岩；5—闪长玢岩；6—磁铁矿体；7—地质界线

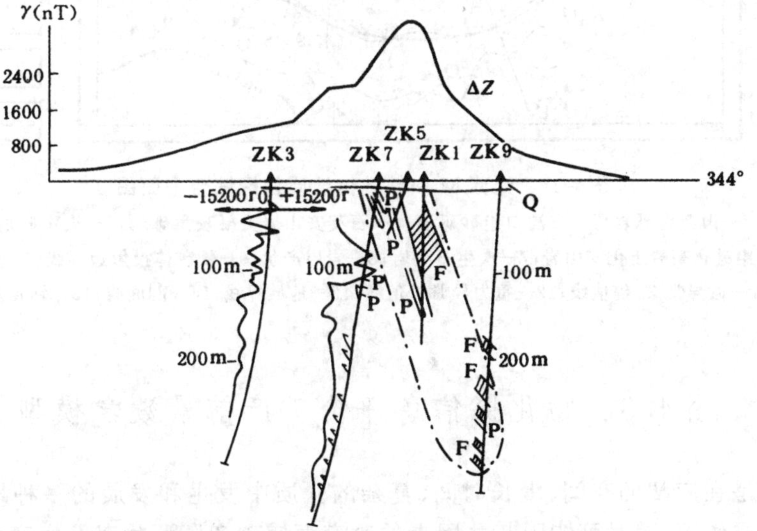

图4-20 甘肃某矿体物探地质综合剖面图

1—ΔZ；2—$\Delta T_{\perp}$；3—推断磁性矿体断面；4—富矿；5—贫矿

精测重磁剖面、定量计算和地球化学剖面等资料的分析对比研究工作，为圈定矿体边界做了必要的准备。

由于矿体的长度、宽度均比其埋藏深度大得多，可以根据重力异常剖面曲线两侧急剧下降处来确定矿体边界位置。物探圈定的矿体边界，经CK7、CK15孔验证，均只见到很薄的矿体，表明已是矿体的边缘。物探所推断的矿体边界与地质控制的边界大致吻合，代表了富矿石水平投影的分布范围(图4-21)。

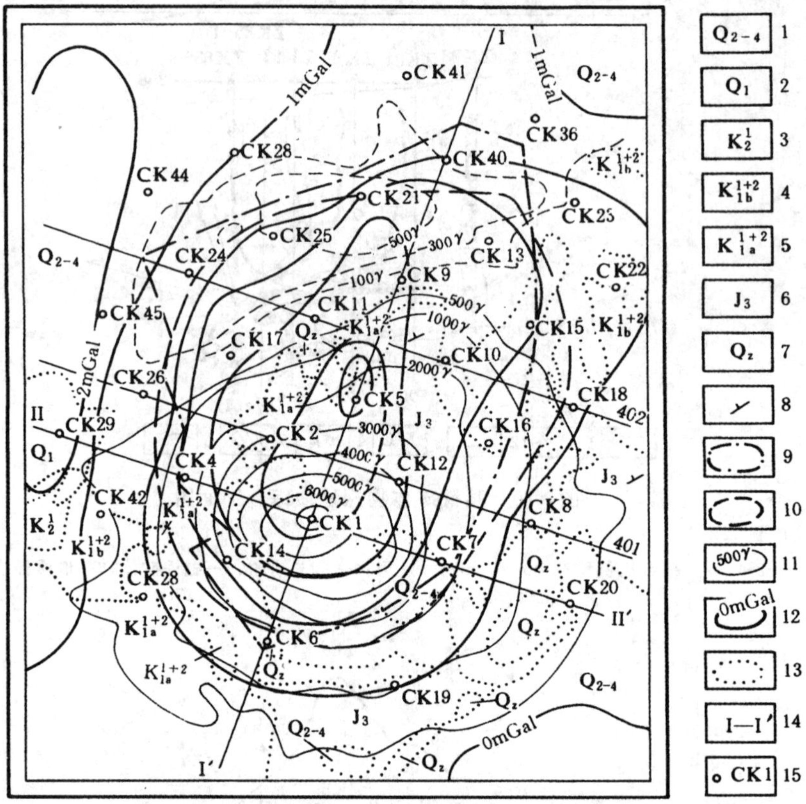

图4-21　江苏M山铁矿体地质物探综合平面图

1—坡冲积层；2—雨花台砾岩层；3—浦口组砂砾岩；4—石英安山岩夹凝灰角砾岩；5—火山碎屑岩夹黑云母安山岩；6—龙王山组硅化高岭土化安山岩；7—次生石英岩；8—岩层产状；9—铁矿体投影边界线；10—物探推定矿体边界；11—磁异常 Z_a 等值线；12—重力异常等值线；13—地质界线；14—剖面线；15—钻孔及其编号

§4.3　物化探信息评价矿产前景数学模型

矿产资源是在广阔的空间、漫长时间、复杂的介质中发生和发展的多种地质作用的产物，各种地质因素或作用，随时可能因某些因素的改变而使矿产资源状态发生变化。因此根据地质异常来描述矿产的形成时间、赋存空间、富集程度及规模大小存在一定程度的不确定性。

一般来说，矿产形成后又经历了种种地质变化，原有的成矿迹象被改造，甚至被消除掉，因此人们在矿床研究时依据的只能是成矿作用的最终产物。鉴于观测局限性，难以搞清控矿地质因素的综合作用机理，容易导致对矿床认识的片面性，很难用精确数学模型对矿床进行描述。

目前应用物化探综合信息评价矿产前景的常见数学模型有：概率模型、模糊模型、灰色模型与神经网络模型四种，下面结合实例对上述后三个模型加以描述。

一、模糊数学模型进行成矿远景预测

矿床是个复杂地质体，需要众多的参数加以描述，在实际矿体调查中，无法对全部参数进行调查，所得的调查结果也包含着各种误差，由这类调查结果所做的成矿判断是模糊的，适用于模糊数学模型进行成矿预测。

(一)方法原理

矿产预测是以类比原则为基础，它的理论依据是：类似的地质环境应该产出类似的矿产资源。所谓"定量类比"是指类比对象或类比项目的定量化或类比标准的定量化。

模糊数学识别方法(这里指综合评判法、模糊模式识别直接法和间接法)在预测应用中，都是通过已知与未知的对比来达到目的。即在已知区建立矿产资源与特征之间模糊对应关系的评价模型。外推到未知区特征标志格局相似的评价区，对评价区的资源做出估计。很明显，这个过程完全满足一般矿产预测的原则基础，因此，用于预测目的的模糊数学识别就是一种"定量类比"。

由于模糊识别方法的实质是一种类比，所以，尽管它与确定型和随机型预测方法在数学模型的类型上有很大不同，但当它们用于矿产预测时，都能统一在类比原则上，可以说，这是三种预测子系统最根本的共同点。由于这一点，模糊预测方法在实际应用中可能碰到的一些基本问题(如已知模型建立问题等)与其他预测方法的类似或一样。使模糊预测方法可以借助其他预测方法中的一些基本的思想和手段，并取得相似的预测结果。为此，在某种意义上讲，模糊预测方法也是其他预测方法的扩展或补充。

(二)预测过程

现以综合评判法为例，给出预测步骤框图。其中隶属函数分布类型、隶属函数中的指数 K 和广义权 A 的选择具有一定的灵活性，也是利用人脑经验的窗口(即人机结合窗口)，它们分别有各自相应的选择原则和方法，如图4-22所示。求解框中的"◯"是模糊运算符号。

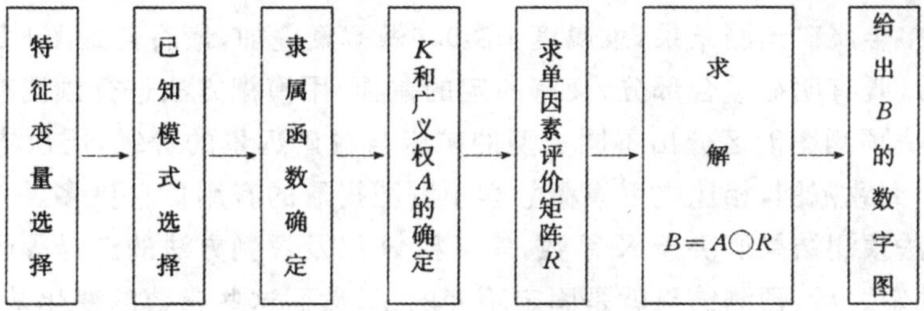

图4-22　预测步骤框图

(三)应用实例

为了对模糊数学方法的有效性做出较客观的评价，在1∶20万的某一图幅内，采用2×2(km^2)方格网进行了钨、锡矿的预测试验。

通过对该图幅内地质、物化探成果的详细分析，选择了13种特征变量和四种钨、锡矿已知模式，具体情况见表4-7。

由于四种已知模式直接从表读取，误差较大，并且都属钨、锡多金属矿类，特征比较接近，其分布对已知模式准确度不能要求太高，但同时又应有较高的分辨率，故以选择正态分布隶属函数 $\mu_{ij} = e^{-K_{ij}}(x_i - a_{ij})$ 为宜。此外，确定广义权 A 采用经验法和相关系数法；K 的确定采用隶属原则控制点法。

表4-7　某图幅内地质、物化探成果分析表

特征变量 已知模式	Cu	Zn	Sn	Pb	W	Mo	Be	As	F	$\bar{X}_{\Delta T}$	$\sigma_{\Delta T}$	$X_{\Delta g}$	$\sigma_{\Delta g}$
Ⅰ	25	250	100	300	250	800	50	420	3 664	107	16	70	2
Ⅱ	180	200	30	450	50	—	—	200	—	125	20	68.5	3.6
Ⅲ	25	—	30	120	800	800	30	100	3 500	50	27	69	1.3
Ⅳ	180	200	50	400	500	400	10	420	3 664	50	43	66.5	1.8

其预测过程如图4-23所示。

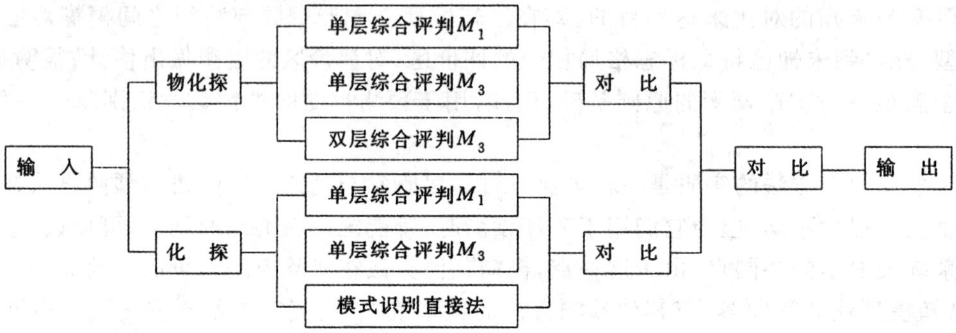

图4-23　预测过程图

前人曾对该图幅内各种类型的多金属矿做了大量物化探异常研究工作，得出1:20万图幅的钨、锡矿地球化学找矿远景区推断图见图4-24(a)，地球物理、地球化学找矿远景图见图4-24(b)。

在这次试验中，经过对比分析，选择预测效果较好的综合评判M_3算法作为代表。该图幅内四种类型钨、锡多金属矿预测结果，隶属度$\mu \geqslant 0.6$做截集叠加，最后得到图4-24(c)。

从对比来看，既有明显重合部分，又有一定的差异。用模糊方法进行预测有以下优点：

(1)模糊方法预测图能区分出不同类型的矿床与成矿远景的等级，层次丰富，而前人所划远景区只是一个大致范围，相比之下模糊数学预测图提取的有用信息更多。

(2)模糊方法预测结果取决于K系数，广义权A以及评判方法的选择等因素，一旦这些参数和评判方法选定之后，预测结果就是固定不变的了，然而这些参数的变化基本上对分辨率与层次多少有影响。前人的预测，由于各人的观点不同而使预测结果相差很大。

(3)模糊方法预测图是通过与典型矿床对比得出的对每个待测单元的评价，其工作较全面，也较细微，这一点是前人工作不易做到的。

总之，只要适当选择参数，在矿产预测工作中引进模糊数学方法就具有可行性和实用性。

二、金矿灰色关联分析预测法

金矿的形成和分布可视为多种控矿地质因素综合作用、相互关联、发展变化的灰色系统。应用综合物探信息，建立综合关联度预测模型，在招掖蚀变岩型金矿的4个已知金矿上做了预测检验，并预测了5个金矿床。所得结果表明，关联度异常的展布与金矿床的位置相对应，其幅值与金矿床规模位置相关联，灰色关联分析法在矿床预测上有广泛应用前景。

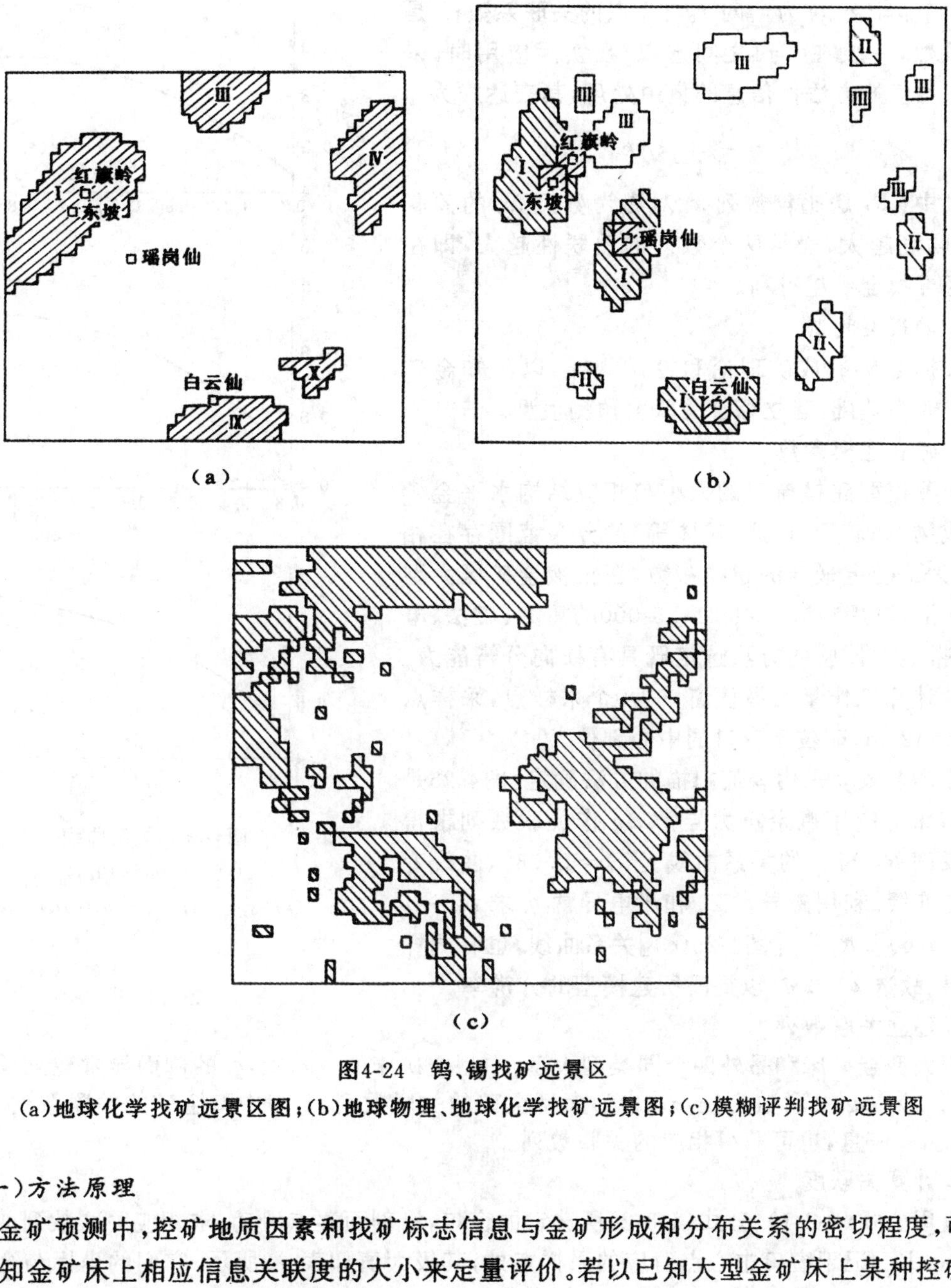

图4-24　钨、锡找矿远景区

(a)地球化学找矿远景区图;(b)地球物理、地球化学找矿远景图;(c)模糊评判找矿远景图

(一)方法原理

在金矿预测中,控矿地质因素和找矿标志信息与金矿形成和分布关系的密切程度,可用它们与已知金矿床上相应信息关联度的大小来定量评价。若以已知大型金矿床上某种控矿地质因素和找矿标志信息为参考数列,数列长度为 n,记为 x_0。

$$x_0 = [x_0(1), x_0(2), x_0(3), \cdots, x_0(n)]$$

以研究区同种信息为比较数列,数列长度为 m,记为 $x_i(i=1,2,\cdots,m)$

$$x_i[x_i(1), x_2(2), x_3(3), \cdots, x_m(m)]$$

可以用下述关系式表示各比较数列与参考数列的关联性

$$\xi_i(k) = \frac{\min\limits_i \min\limits_k |x_0(k) - x_i(k)| + \rho \max\limits_i \max\limits_k |x_0(k) - x_i(k)|}{|x_0(k) - x_i(k)| + \rho \max\limits_i \max\limits_k |x_0(k) - x_i(k)|} \tag{4-1}$$

$$k = 1, 2, \cdots, n$$

式中：$\xi_i(k)$ 称为 x_i 对 x_0 在 k 点的关联系数；ρ 是分辨系数，一般在0与1之间选取。在实际应用时，采用求平均值的方法作信息的集中处理，其表达式为

$$R_i = \frac{1}{n}\sum_{k=1}^{n}\xi_i(k) \tag{4-2}$$

式中：R_i 是比较数列 x_i 对参考数列 x_0 的关联度。关联度越大，表示两个数列的关联性越大，即在该地区寻找金矿越有利。

（二）模型构制

根据金矿的成矿理论和控矿规律，以已知金矿床的研究为基础，建立综合关联度预测模型。

1. 确立建模参数

预测模型建模窗口的大小与相应结构水平金矿的形成物（如矿田、矿床、矿体等）的分布范围存在相关性。为了确定最佳的建模参数，在招掖金矿区大型金矿床上，应用1∶50 000和1∶25 000的重力、磁法、电法资料，通过试验的方法选定既具有横向分辨能力，又减少计算工作量的最佳窗口为9个采样点，采样点距 $\Delta x=125\text{m}$，矿位于窗口的中心部位。

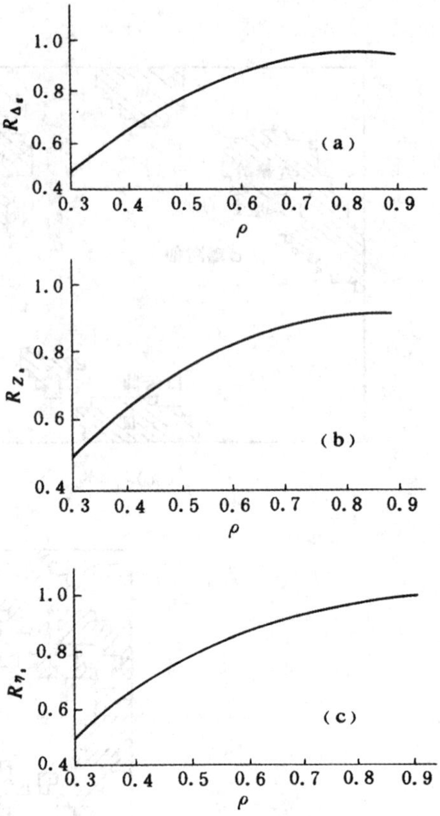

图4-25　关系曲线

（据徐忠祥等，1994）

(a)$R_{\Delta g}\sim\rho$；(b)$R_{Z_a}\sim\rho$；(c)$R_{\eta_s}\sim\rho$

分辨系数 ρ 采用 ρ 值扫描的方法确定。图4-25是在金矿床上应用剩余重力异常 Δg 作关联数列求得的关联度 $R_{\Delta g}$ 与 ρ 的关系曲线。当 $\rho=0.7$ 时，曲线变化由陡变缓。利用磁异常 Z_a 和激电异常 η_s 求 $R_{Z_a}-\rho$ [图4-25(b)]、$R_{\eta_s}-\rho$ [图4-25(c)]关系曲线，也有同样的结果。故选 $\rho=0.7$，以提高所建模型的分辨率。

2. 建立关联数列

用大型金矿床和另外四个同类型大型、中型金矿床的 Δg，Z_a，η_s 的剖面异常建立关联数列表。表4-8为 Δg 关联数列表，x_0，x_1 为大型金矿的关联数列，x_2 为中型金矿的关联数列。利用采集的 Z_a，η_s 信息，也可获得相应的关联数列。

3. 计算关联度

应用公式(4-3-1)、公式(4-3-2)所选定的窗口，沿剖面逐点滑动，求相应关联数列的关联度 $R_{\Delta g}$，R_{Z_a}，R_{η_s}，记于窗口中心点对应的采样点处，其极大值如表4-9所示。它们的坐标与金矿的位置相对应。

4. 构造预测模型

若以 R_x 表示综合地球物理信息关联度，则可用下式

$$R_x = R_{\Delta g} + R_{Z_a} + R_{\eta_s} \tag{4-3}$$

进行计算，并用同类型不同规模金矿床关联度极大值的平均值，建立综合地球物理信息关联度预测模型，如表4-10所示。$R_{\Sigma\max}$ 的坐标指示预测的金矿床的位置，$R_{\Sigma\max}>2.60$ 为大型金矿，$R_{\Sigma\max}=2.40\sim2.60$ 为中型金矿。

（三）金矿预测

依据建立的综合地球物理模型，可以按照下述方法进行金矿灰色预测。

表4-8 Δg 关联数列表

数列名称	1	2	3	4	5	6	7	8	9
x_0	0.84	0.82	0.70	0.40	0.30	0.20	−0.20	−0.40	−0.45
x_1	0.72	0.71	0.60	0.30	0.16	0.01	−0.08	−0.12	−0.16
x_2	0.87	0.74	0.41	0.27	0.18	0.16	0.13	0.10	0.06

表4-9 $\Delta g, Z_a, \eta_s$ 关联度极大值

关联度极大值	$x_0 \sim x_1$	$x_0 \sim x_2$
$R_{\Delta g\max}$	0.88	0.81
$R_{Z_a\max}$	0.82	0.74
$R_{\eta_s\max}$	0.95	0.92

（据徐忠祥等，1994）

表4-10 关联度预测模型

关联度极大值	大型金矿	中型金矿
$R_{\Delta g\max}$	>0.86	0.75～0.85
$R_{Z_a\max}$	>0.80	0.75～0.80
$R_{\eta_s\max}$	>0.95	0.90～0.95
$R_{\Sigma\max}$	>2.60	2.40～2.60

(1)确定扫描网度。在招掖金矿区1∶5万平面图上，垂直控矿断裂，采集 $\Delta g, Z_a, \eta_s$ 信息，采样点距 $\Delta x = 125\text{m}$，线距 $\Delta l = 500\text{m}$。

(2)关联度扫描。以预测模型信息为参考数列系，研究区信息为比较数列系，应用公式(4-1)与式(4-2)求各点的 $\Delta g, Z_a, \eta_s$ 关联度。

(3)计算综合关联度。求各点的综合关联度 $R_{p\Sigma}$ 的表达式为

$$R_{p\Sigma} = \sum_{i=1}^{M} R_{pi} = R_{p\Delta g} + R_{pZ_a} + R_{p\eta_s} \tag{4-4}$$

式中：p 为综合关联度计算点；M 为综合关联度维数，在本次预测中 $M = 3$。

图4-26显示存在两个大型金矿综合关联度异常，其 $R_{\Sigma\max} > 2.60$。

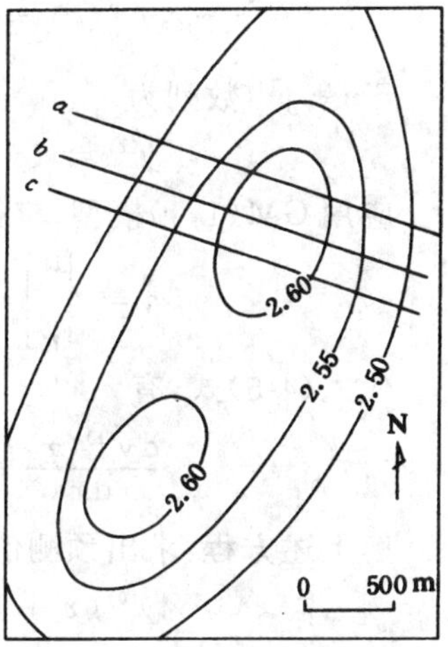

图4-26 综合关联度等值线图

(4)矿床定位预测。若用 $y^{(1)}(x)$ 表示综合关联度的一次累加生成（记为1-AGO），它是坐标 x 的函数，则矿床位置的确定，可以采用GM(1,1)预测模型。其微分方程为

$$\frac{\mathrm{d}y^{(1)}(x)}{\mathrm{d}x} + \hat{a}y^{(1)}(x) = u \tag{4-5}$$

式中：$\hat{a}$ 为系数向量，$\hat{a} = [a, u]^{\mathrm{T}}$，它可用最小二乘法求解，其表达式为

$$\hat{a} = (B^{\mathrm{T}}B)^{-1}B^{\mathrm{T}}Y_N$$

式中：B 为累加矩阵

$$B = \begin{bmatrix} -\frac{1}{2}[y^{(1)}(1) + y^{(1)}(2)] & 1 \\ -\frac{1}{2}[y^{(1)}(2) + y^{(1)}(3)] & 1 \\ \vdots & \vdots \\ -\frac{1}{2}[y^{(1)}(N-1) + y^{(1)}(N)] & 1 \end{bmatrix}$$

Y_N 为常数向量

$$Y_N = [y^{(0)}(2), y^{(0)}(3), \cdots, y^{(0)}(N)]^{\mathrm{T}}$$

将 $\hat{a}$ 代入(4-5)式，求得

$$y^{(1)}(x) = (y^{(1)}(0) - \frac{u}{a})\mathrm{e}^{-ax} + \frac{u}{a}$$

若令 $y^{(1)}(0) = y^{(0)}(1)$，则

$$y^{(1)}(x+1) = (y^{(0)}(1) - \frac{u}{a})\mathrm{e}^{-ax} + \frac{u}{a} \tag{4-6}$$

再求导，便得到

$$y^{(0)}(x+1) = -a(y^{(0)}(1) - \frac{u}{a})\mathrm{e}^{-ax} \tag{4-7}$$

利用(4-6)式可以预测金矿的位置，图4-26中的 a,b,c 是布置的金矿定位预测剖面，若沿剖面 b，取得综合关联度数列

$$y^{(0)} = [y^{(0)}(1), y^{(0)}(2), \cdots, y^{(0)}(5)] = (2.46, 2.48, 2.51, 2.55, 2.61)$$

它的1-AGO 按下式计算

$$y^{(1)}(k) = \sum_{m=1}^{k} y^{(0)}(m)$$

于是，$y^{(1)}$数列为

$$y^{(1)} = [y^{(1)}(1), y^{(1)}(2), \cdots, y^{(1)}(5)] = (2.46, 4.94, 7.45, 10.00, 12.61)$$

应用 GM(1,1)模型，求得

$$\hat{a} = \begin{bmatrix} a \\ u \end{bmatrix} = \begin{bmatrix} -0.0178 \\ 2.4138 \end{bmatrix}$$

代入(4-5)式，有

$$\frac{\mathrm{d}y^{(1)}(x)}{\mathrm{d}x} - 0.0178 y^{(1)}(x) = 2.4138 \tag{4-8}$$

解上述方程，求出预测值表达式为

$$y^{(0)}(x+1) = 2.4576\mathrm{e}^{0.0178x}$$

令 $x = 5$，$y^{(0)}(6) = 2.69$。它是 a,b,c 三条剖面求出的最大预测值，其坐标确定为预测金矿的位置。

应用上述方法预测的部分金矿如图4-27所示。在图4-27(a)中，A_1，A_2为已知大型金矿，其位置与本方法推断的位置相符。该处综合关联度极大值 $R_{\Sigma\max}$大于2.60，按构制的综合关联度预测模型，预测 A_1，A_2为大型金矿，亦与已知金矿的规模相吻合。图4-27(b)中，B_1，B_2为预测的大型金矿，其综合关联度极大值 $R_{\Delta\max}$大于2.60。图4-27(c)中，C_1为预测的中型金矿，其综合关联度极大值在2.40～2.60之间。从图4-27可以看出，关联度异常区具有明显的地质特征：①它们位于胶东群发育区，该地层金的丰度值高，是金矿的矿源层；②它们位于玲珑花岗岩与胶东群的接触带上，多次岩浆侵入活动为成矿物质的聚集创造了条件；③它们位于断裂构造的交汇区，有利于矿液的运移富集定位成矿。这反映了关联度异常区是多种控矿地质因素综合作用成矿的有利部位。

应用所建模型预测了5个金矿床，其中大型的3个，中型的2个，表明该方法具有矿床定量预测的功能。

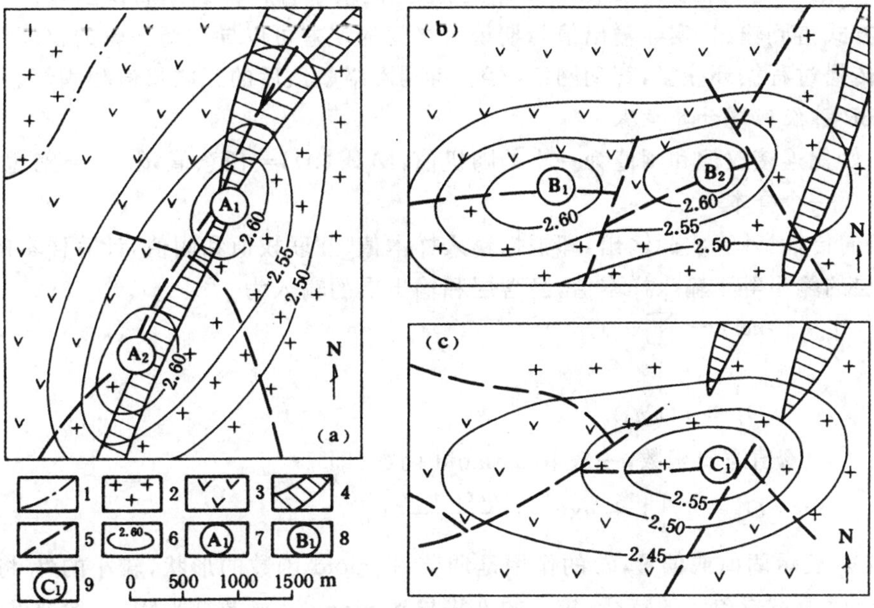

图4-27 金矿预测图

(据徐忠祥等,1994)

1—地层岩体界线;2—玲珑花岗岩;3—胶东群;4—蚀变岩碎裂带;5—推断断裂;6—综合关联度等值线;7—已知大型金矿及编号;8—预测大型金矿及编号;9—预测中型金矿及编号

四、人工神经网络方法

(一)方法原理

人工神经网络是由大量的类似人脑神经元的简单处理单元广泛地相互连接而成的复杂的网络系统。理论与实践表明,在信息处理方面,神经网络方法比传统模式识别方法更具有优势。人工神经元是神经网络的基本处理单元,其接收的信息为 $x_1, x_2, \cdots, x_n$,而 w_{ij} 表示第 i 个神经元到第 j 个神经元的连接强度或称权重。神经元的输入是接收信息 $X = (x_1, x_2, \cdots, x_n)$ 与权重 $W = \{w_{ij}\}$ 的点积,将输入与设定的某一阈值作比较,再经过某种形式的神经元激活函数 f 的作用,便得到该神经元的输出 O_i。常见的激活函数为 Sigmoid 型。人工神经元的输入与输出的关系为

$$y = f\Big(\sum_{i=1}^{n} w_i x_i - \theta\Big) \tag{4-9}$$

式中:x_i 为第 i 个输入元素,即 n 维输入矢量 X 的第 i 个分量;w_i 为第 i 个输入与处理单元间的互联权重;θ 为处理单元的内部阈值;y 为处理单元的输出。

常用的人工神经网络是 BP 网络,它由输入层、隐含层和输出层三部分组成。BP 算法是一种有监督的模式识别方法,包括学习和识别两部分,其中学习过程又可分为正向传播和反向传播两部分。正向传播开始时,对所有的连接权值置随机数作为初值,选取模式集的任一模式作为输入,转向隐含层处理,并在输出层得到该模式对应的输出值。每一层神经元状态只影响下一层神经元状态。此时,输出值一般与期望值存在较大的误差,需要通过误差反向传递过程,计算模式的各层神经元权值的变化量 $\Delta w_{ij}^{(p)}$。这个过程不断重复,直至完成对该模式集所有模式

的计算，产生这一轮训练值的变化量 Δw_{ij}，在修正网络中各种神经元的权值后，网络重新按照正向传播方式得到输出。实际输出值与期望值之间的误差可以导致新一轮的权值修正。正向传播与反向传播过程循环往复，直到网络收敛，得到网络收敛后的互联权值和阈值。

（二）BP 神经网络计算步骤

（1）初始化连接权值和阈值为一小的随机值，即 $W(0)=$ 任意值，$\theta(0)=$ 任意值。

（2）输入一个样本 X 。

（3）正向传播，计算实际输出，即根据输入样本值、互联权值和阈值，计算样本的实际输出，其中输入层的输出等于输入样本值，隐含层和输出层的输入为

$$net_j = \sum w_{ij} O_i \tag{4-10}$$

输出为

$$O_j = f(net_j) \tag{4-11}$$

式中：f 为阈值逻辑函数，一般取 Sigmoid 函数，即

$$O_j = 1/\left(1+\exp\left(-\frac{net_j+\theta_j}{\theta_0}\right)\right) \tag{4-12}$$

式中：θ_j 表示阈值或偏置；θ_0 的作用是调节 Sigmoid 函数的形状，较小的 θ_0 将使 Sigmoid 函数逼近于阈值逻辑单元的特征，较大的 θ_0将导致 Sigmoid 函数变平缓，一般取 $\theta_0=1$。

（4）计算实际输出与理想输出的误差

$$E_p = \frac{1}{2}\sum_k (t_{pk} - O_{pk})^2 \tag{4-13}$$

式中：t_{pk}为理想输出；O_{pk}为实际输出；p 为样本号；k 为输出节点号。

（5）误差反向传播，修改权值

$$\Delta w_{ji}^{(p)} = \eta \delta_{pj} O_{pi} \tag{4-14}$$

式中：

$$\delta_{pj} = O_{pj}(1-O_{pj})\sum_k \delta_{pk} w_{kj} \quad \text{（隐含层）} \tag{4-15}$$

$$\delta_{pk} = (t_{pk}-O_{pk})O_{pk}(1-O_{pk}) \quad \text{（输出层）} \tag{4-16}$$

（6）判断收敛，若误差小于给定值，则结束，否则转向步骤（2）。

（三）塔北雅克拉地区 BP 神经网络预测

以塔北雅克拉地区沙4井为已知样本，取氧化还原电位 ET，放射性元素 Rn、Th、Tc、U、K 和地震反射 T_s° 构造面等7个特征为识别的依据。T_s° 构造面反映了局部构造的起伏变化，其局部隆起部位应是油气运移和富集的有利部位，它可以作为判断含油气性的诸种因素之一。在该地区还投入高精度重磁、土壤微磁、频谱激电等多种方法，一些参数未入选为判别的特征参数，是因为某些参数是相关的，如经提取后的剩余异常就与地震 T_s° 构造面相关，有些参数如频谱激电则只做了两条剖面，未覆盖全区，不便使用。在使用神经网络方法判别之前，还采用 K-L 变换（Karhaem-Loeve）来分析和提取特征。

沙4井位于测区西南部5线25点，是区内唯一已知井，该井在5 390.6m 深的侏罗系地层获得40.6m 厚的油气层，在5 482m 深的震旦系地层中获58m 厚的油气层。取沙4井周围9个点即4～6线的23～25点作为已知油气的训练样本，由于区内没有未见油的钻井，只好根据地质资料分析，选取14～16线的55～57点作为非油气的训练样本。BP 网络学习迭代17 174次，总误差为0.000 1。学习效果相当满意。以学习后的网络进行识别，得出结果如图4-28所示。

由图4-28可见，由预测值大于0.9可得五个大封闭圈远景区，其中测区南部①号远景区对

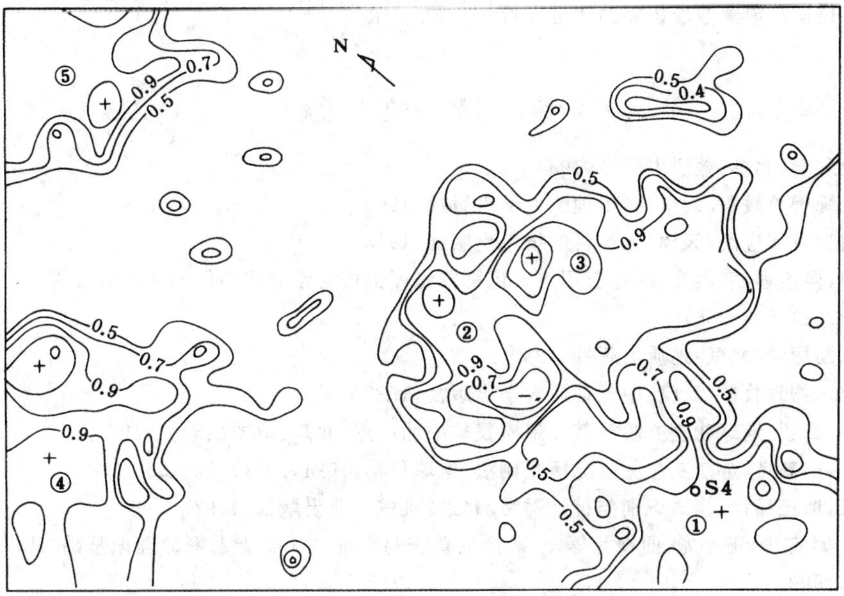

图4-28　塔北雅克拉地区 BP 神经网络聚类结果

（据刘天佑等，1997）

应着已知油井沙4井；②，③号油气远景区位于地震勘探所查明的托库1，2号构造，该两个构造位于沙雅隆起的东段，其西段即为1984年见的高产油气流的沙参2井，应是含油气性好的远景区；④，⑤号远景区位于大涝坝构造，是雅哈油田的组成部分。

思　考　题

1. 矿床成因类型对地球物理找矿的指导意义是什么？
2. 举例说明地球物理综合方法勘察含铜砂岩矿床应用效果。
3. 说明与侵入岩体分异有关的矿床中地球物理方法的作用？
4. 试述原生金刚石矿床的地质与地球物理特征。
5. 地球物理方法可解决铬矿床研究中的哪些主要问题？
6. 调查矽卡岩矿时地球物理方法的主要任务是什么？
7. 普查细脉型矿床时地球物理解决哪些问题？
8. 普查斑岩铜矿地球物理方法及其解决的问题。
9. 哪些地质条件决定固体矿产成矿远景？
10. 可作为成矿远景区的含矿性标志有哪些？
11. 遥感图像解释地质构造的优越性有哪些？
12. 重磁异常的哪些特征可作为地质构造的判别依据？
13. 试述确定各类岩浆岩体的物探方法。
14. 明显有工业价值的成矿区须具备什么样的基本条件？
15. 区域普查阶段矿点检查内容是什么？
16. 地球物理方法研究矿田构造内容是什么？
17. 普查找矿方法综合应用的基本原则是什么？

18. 物化探方法综合勘探矿体有哪些优点？

19. 四种评价矿产前景数学模型的优劣评价。

参 考 文 献

陈华慧. 遥感地质学. 北京：地质出版社，1984

邓聚龙. 灰色系统理论教程. 武汉：华中理工大学出版社，1990

贺仲雄. 模糊数学及其应用. 天津：天津科学技术出版社，1983

刘天佑，师学明，侯连喜，袁洪光. 综合应用模式识别方法评价塔北雅克拉地区圈闭的含油性. 石油地球物理勘探，1997，32(1)：556～564

冉崇英等. 找矿勘探学. 北京：地质出版社，1980

史元盛. 金矿地球物理找矿. 武汉：中国地质大学出版社，1989

吴功建，林清媛，高锐. 地球物理方法及其在地质找矿中的应用. 北京：地质出版社，1988

徐忠祥，吴国平，周新良. 金矿灰色关联分析预测法. 地球科学，1994，19(1)：87～93

殷勤业，杨崇凯，谈正编译. 模式识别与神经网络. 北京：机械工业出版社，1992

А. Б. 卡日丹著，袁宝华，王小龙，曲梅兰等译. 矿产的普查与勘探——普查勘探的理论基础. 武汉：中国地质大学出版社，1990

А. Г. 塔尔霍夫等著，曹玉等译. 地球物理方法的综合应用. 北京：地质出版社，1988

第五章　可燃性矿产勘察中的综合地球物理方法

可燃性矿产主要指油、气和煤，这些矿产的勘探和解释通常是以整个盆地为目标进行的。资料解释是任何决策过程的主要依据，也是勘探成败的关键。采用多种方法进行综合勘探，利用多种信息进行相互验证，则是降低风险，提高勘探效率和效益的有效手段。综合地球物理勘探和解释的任务是了解沉积盆地的结构，盆地的充填模式及盆地的演化史，预测盆地内各个远景区带中的各种可能的圈闭，对盆地的及各种圈闭的含油气远景进行综合评价，为钻探或初探井的部署提供决策依据。它是以整个探区或盆地为对象的综合勘探程序的一种解释系统工程。

本章介绍可燃性矿产综合地球物理勘探的基本流程，勘探早期阶段的物化探综合勘探方法，盆地结构及充填模式研究的综合地球物理方法，评价生油前景、构造油气田及油气储集类型的综合地球物理勘探和解释。

§5.1　综合勘探和解释的基本流程

以整个盆地为目标的综合地质解释，由对应于不同勘探阶段的若干综合解释基本流程或子流程组成。图 5-1 示出了以盆地为目标的综合勘探和解释的流程图，这些子流程相辅相成，

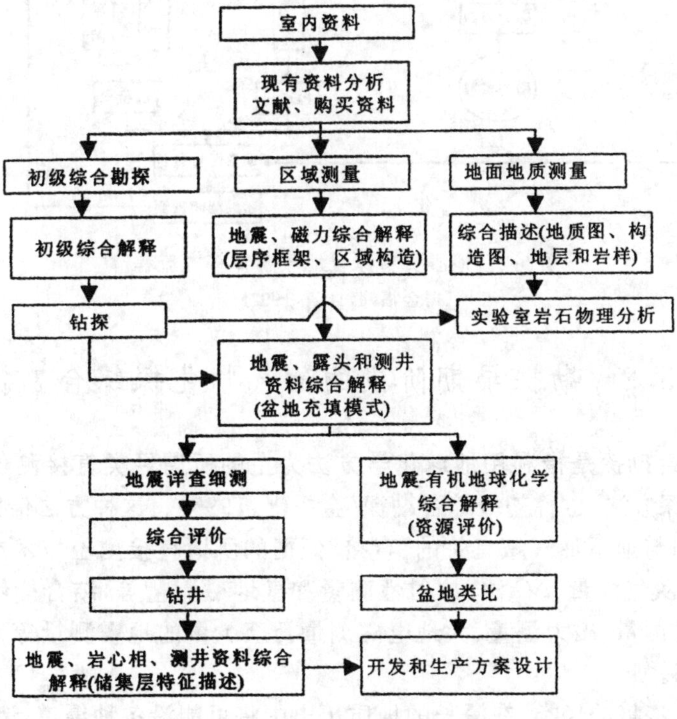

图 5-1　以盆地为目标的综合勘探和解释流程示意图

(据金福锦，1995)

构成一个完整的体系，且各自均具有独立可操作性，因此它们又都适用于任何一个勘探项目的相应过程。概括地讲，综合解释的基本流程主要有：①用于直接找油气的物化探综合解释流程；②用于研究盆地结构的地震、重磁力综合解释流程；③用于盆地充填模式分析的地震地层分析流程；④用于资源评价的地球物理和地球化学综合解释流程；⑤用于评价构造油气田地球物理解释流程；⑥评价油气储集类型的综合地球物理解释流程。所有这些流程的组合和部分组合，均可用于综合评价和勘探决策。图 5-2 示出了含油气地区地震资料综合地质解释基本流程。

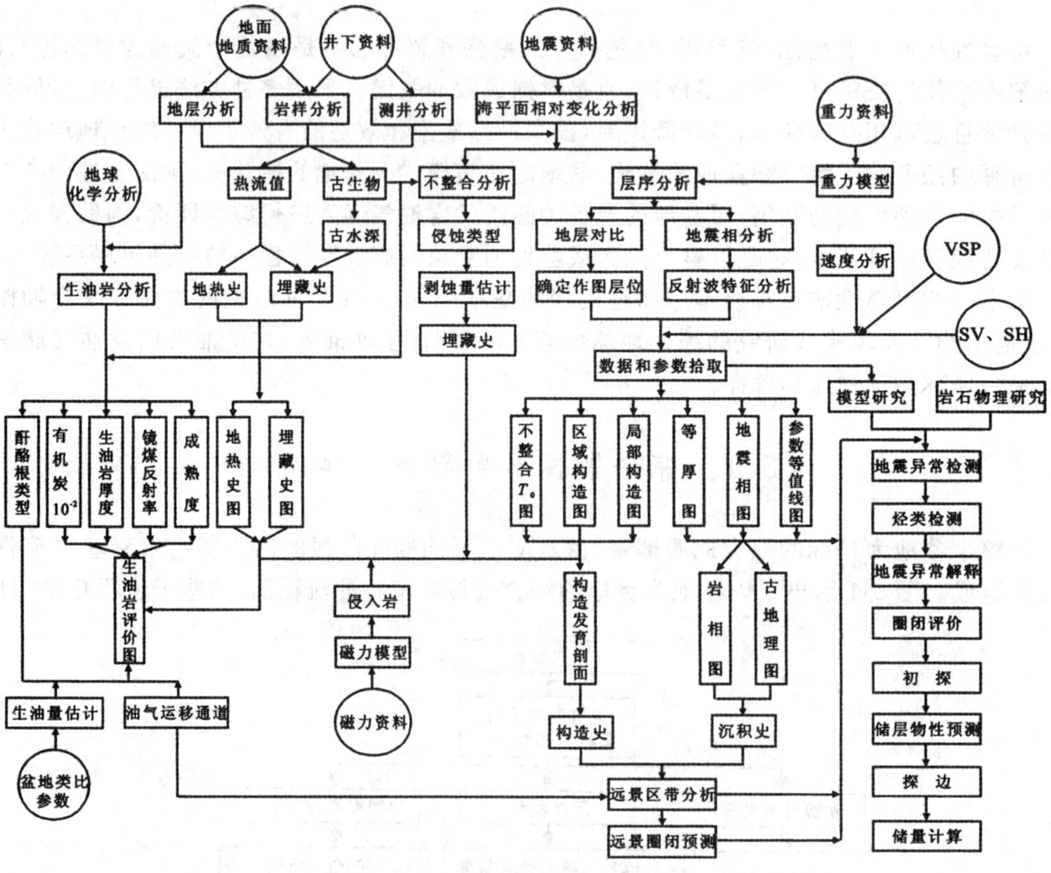

图 5-2　地震资料综合地质解释基本流程

（据金福锦，1987，1992）

§5.2　勘探早期阶段的油气物化探综合勘探

油气物化探综合勘探是指利用地球化学方法为主的所谓烃类直接测位技术(DLT)直接找油找气的一种勘探方法，也称初级综合勘探(金福锦，1995)。这种方法借助于一套优化的互补手段，即能够检测与地下油气藏有关的“直接”证据的所谓直接测位技术或者氧化还原鉴定技术(RIT)，诸如土壤气测量、ΔC 法、放射性测量和微地磁测量等，结合能够确定潜在圈闭的测深手段，诸如重力测量、磁力测量、大地电磁测量乃至少量的地震测量等来直接检测有利的目标，从而指导钻探。

众所周知，地下富集的烃类，在漫长的地质历史中将可能沿各种渠道，诸如断裂、微裂隙等持续向上垂直运移或者渗泄和逸散。这样，它们就会在所经过的地层或近地表沉积物中引起这

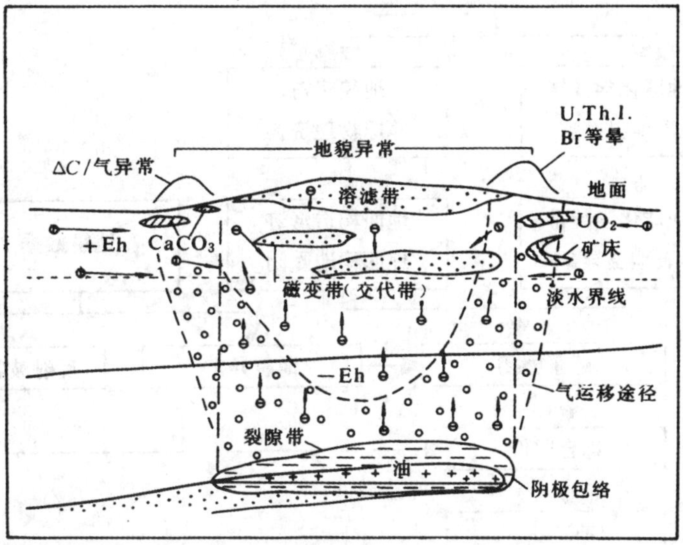

图 5-3 与地下油气藏有关的各种近地表异常示意图

(据金福锦,1992)

样或那样的物理化学变化或者产生这样或那样的异常(图 5-3)。这种现象称为"烟筒效应",即指油气当中烃类向上渗漏激发的"地球化学场"在其上半空间范围内产生的地球物理、地球化学与矿物学特征变异(刘庆生等,1997)。例如,逸散的烃类气体在地下油气藏上方表层沉积物或土壤中的富集,会改变土壤气的组分,形成所谓的气晕;渗泄到近地表沉积物中的碳氢化合物的氧化,则会使土壤中 $CaCO_3(\Delta C)$增加,产生所谓的 ΔC 异常;土壤氧化所致的向下淋滤作用在某些地区有时能引起地表色调、植被的改变以及矿物变异作用等等,所有这些无疑均能直接指示地下油气藏的存在。

初级综合勘探通常以廉价的非地震方法为主,其中一类用于检测"直接"证据,另一类用于确定储集层位和圈闭。相应的综合解释基本流程示于图 5-4。包括的基本步骤如下:

(1)烃类直接标志或油气"直接证据"的分析和图解,包括表现为晕环形式的各种异常以及其他异常,诸如放射性、微地磁、微量元素、色斑等的分析和作图。关键在于获得正确的背景值和异常幅度,然后与已知油气田上的相应异常作比较,以确定直接证据的可靠性。

(2)储集层位置和潜在圈闭的圈定和描述。在露头区,主要借助于地貌学,利用陆地卫星图像、航空照片和有关的文献资料描述地面构造形迹和泄流模式,以确定明显的和潜在的构造圈闭;在覆盖区,则需利用重磁资料和其他地球物理资料检测地下构造,或者借助于少量的地震资料检测对应于地表异常的地层—岩性圈闭。

(3)综合评价。包括直接证据和圈闭的可靠性分析,远景圈闭的评价,并提出优先钻探的顺序,建议初探井位。在有条件的情况下,还应预测潜在的油田规模,最终为钻探决策提供依据。

远景圈闭的评价通常依据勘探手段和数据本身的可靠性评定。表 5-1 列出了某一勘探区采用八种勘探手段,圈出两类远景圈闭。一类圈闭由土壤气、土壤放射性、大地电磁、遥感的异常确定;另一类由重磁、电法、地貌学确定。表中"×"表示有异常,"—"表示无异常。

根据有无异常来评价,远景圈闭 Ⅰ 的置信程度可简单记为 4/8 或 0.5;同样,远景圈闭 Ⅱ 的置信度亦为 4/8 或 0.5,也即,它们的成功几率是相同的。然而,如果考虑到方法本身的可靠

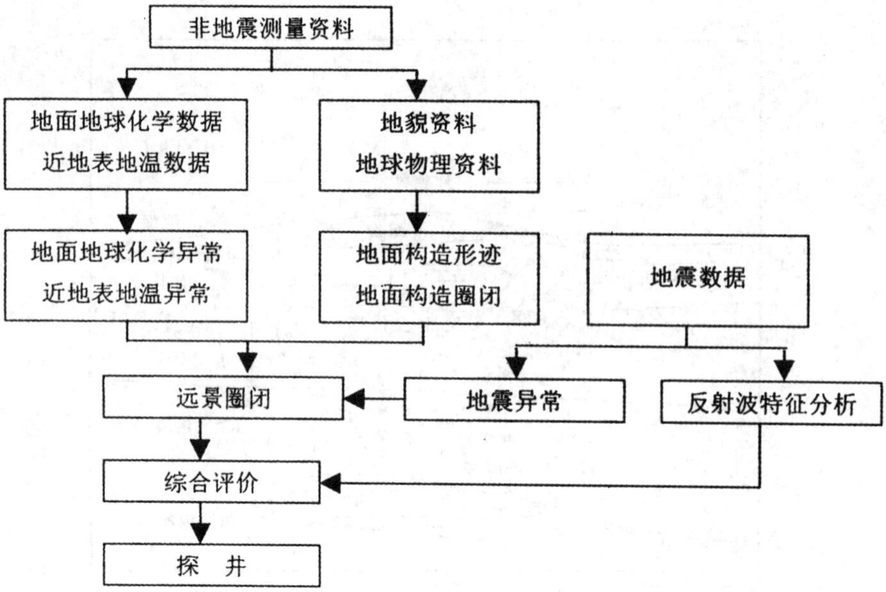

图 5-4　初级综合解释的基本流程

(据金福锦,1995)

表 5-1　某区初级综合勘探揭示的异常一览表

远景圈闭	土壤气测量	土壤放射性	大地电磁	遥感	重力测量	磁力测量	电法	地貌学(泄流模式)
Ⅰ	×	×	—	—	×	×	—	—
Ⅱ	×	—	×	×	—	—	—	×

性(即精确测位标志的相对置信度认为 1,本表中指土壤放射性方法,一般测位标志记为 0.5),那么上述远景圈闭的相对置信度则分别为:$P_{\text{I}} = [(3\times0.5)+(1\times1)]/4 = 2.5/4 = 0.512\,5$,$P_{\text{II}} = (4\times0.5)/4 = 2/4 = 0.5$。这就是说,远景圈闭Ⅰ的成功几率要稍大于远景圈闭Ⅱ。如果再考虑后一类方法的可靠性,则远景圈闭Ⅰ的成功几率要远胜于远景圈闭Ⅱ,这样,我们就可能排出优先钻探的顺序。

迄今,初级综合勘探的成功实例已不胜枚举。例如,位于新墨西哥州的多拉西南远景圈闭,其最初是由包括页岩归一化放射性测量、土壤气测量和大地电磁以及大地电流测量的一个初级综合勘探程序发现的(图 5-5)。发现井主要是依据页岩归一化放射性测量结合大地电磁测量部署的,地震勘探工作是在获得油气两年之后才进行的,总工作量仅 24km(剖面)。

图 5-6 是近地表化探和地震资料综合解释的又一个成功实例。化探测线与地震测线重合,根据地化异常和地震剖面上的信息确定了储集层范围。在第 121 号炮点附近的钻探结果证明了产油砂层的存在。在第 135 号炮点附近有另一个地化异常存在,其异常强度和第 121 号炮点附近的异常不相上下,然而在地震剖面上却无圈闭显示。提高地震剖面的偏移质量之后,如图 5-6(b)所示,在 129～142 号炮点之间始见一明显的砂岩透镜体。后来在 135 号炮点附近的钻探证实了该储集层的存在。

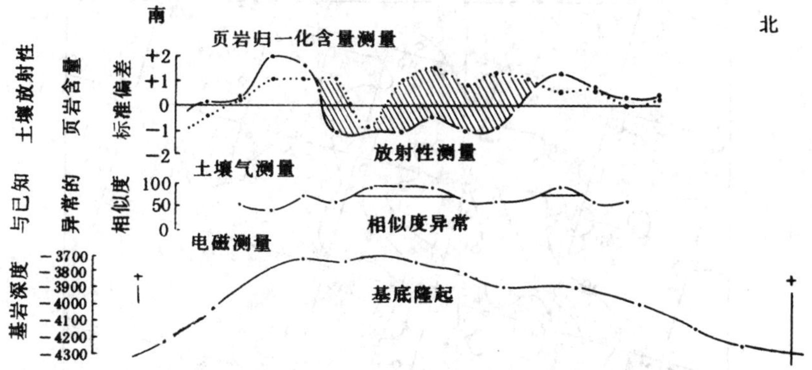

图 5-5　美国多拉西部油田的勘探实例

（据金福锦，1995）

方法包括：放射性测量、页岩归一化含量测量、土壤气测量和电磁测深

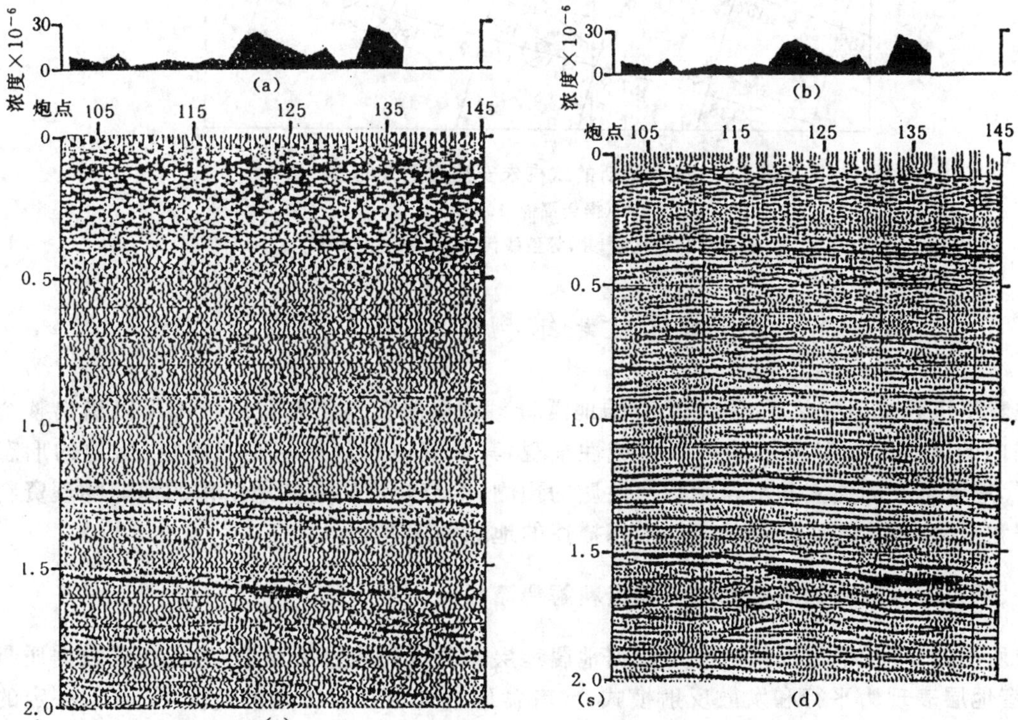

图 5-6　得克萨斯 D 区某油田化探和地震综合解释实例

(a)、(b)土壤气测量；(c)、(d)重新处理前后的叠偏剖面

该实例说明综合地震和地化资料可提出地震剖面需要进一步精细研究的区域。地震资料的精细处理，能提供确认深部储集层存在的地震勘探方面的证据。其他成功的例子还有得克萨斯的欧稠朱安油田，该油田进行 ΔC、化探（包括碳同位素、微量元素），所得结果表明 ΔC 晕与地化晕均与油田范围基本一致。图 5-7 为该油田上方 ΔC 晕。

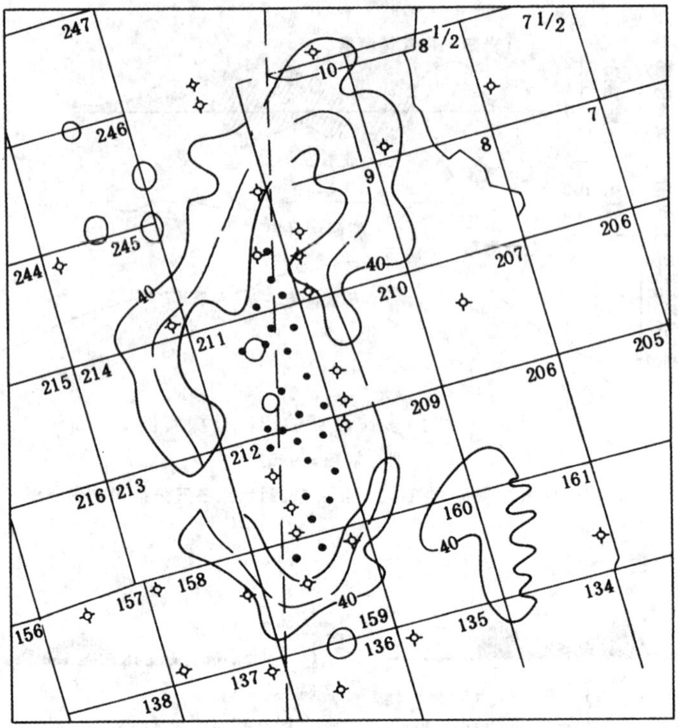

图 5-7　得克萨斯的欧稠朱安油田上方的 ΔC 晕

（据金福锦，1995）

注：黑圆点为生产井，等值线代表 ΔC 浓度为 40%

§5.3　研究盆地结构的地球物理方法

在着手沉积史研究之前，利用已有的地震资料和重磁资料研究盆地结构可以给出整个盆地范围内的沉积背景和环境的一个区域性景观，其研究内容包括基底的确定、盆地的形态描述、年代地层格架的建立和基岩结构及性质的预测。本节介绍研究盆地结构的地球物理资料解释流程和步骤，讨论基底确定及盆地形态描述的地球物理方法。

一、研究盆地结构的综合地球物理资料解释流程

众所周知，年代地层框架一般可依据地震地层学分析的途径来建立。但在地震数据质量较差、大套地层表现为平行和发散反射模式，或者盆地结构相对较复杂的情况下，若无一定的地下地质控制，地层的划分和对比往往无法直观地进行，尤其在勘探早期阶段，这种情况甚多。区域性地震测网与航空重、磁测量资料的综合分析，则能使我们获得整个探区或盆地的框架控制以及大套地层和岩性分布的粗略预测，这种综合解释的基本流程如图 5-8 所示。基本步骤主要包括：

(1)依据重磁资料的分析，初步确定基底层位，了解整个盆地的基本轮廓；

(2)分析地震剖面上的大套反射层序的基本特征，依据速度、连续性、振幅和频率等，并结合有限的地质资料，将所研究地震剖面上的大套反射层系粗分为若干层序；

(3)拾取对应测线上的重磁力剖面（无同一测网资料的情况下可分别通过内插拾取）；

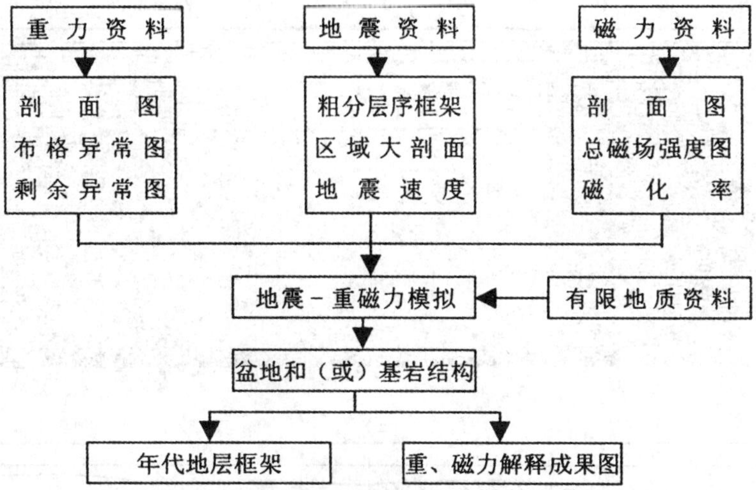

图 5-8　盆地结构确定的地球物理综合解释基本流程

（据金福锦，1995）

(4)参照地震粗分的层序框架提出初始的重磁力模型。深度和厚度参数由地震分析获得，岩石密度或磁化率参数参照有限的地质资料凭经验赋予；

(5)分别进行重、磁力模型模拟。通过不断的修正和反复，直到模拟结果与实测重、磁资料一致或(误差)达到可接受的程度为止。这样就得到了粗略的盆地结构剖面(图 5-9 和图 5-10)。图 5-9 的模型，无疑提供了地震层序的基本框架，这样，就有可能利用海进—海退旋回性层序的概念以及沉积体系的概念大致描述各个层序内的地层模式或岩相和沉积环境，具体方法在后续章节中将要介绍。图 5-10 的模型则给出了有关基岩结构以及孤立侵入岩体的信息。

二、确定基底的地球物理方法

从地震勘探的角度来说，基底泛指下伏于探区内可识别的最古老沉积岩层序之下的岩系，这种基底可能是变质程度不同的更古老的沉积岩系，也可能是古老的火成岩系。沉积盆地的基底通常可以依据地震资料、重磁力资料来加以识别和确定。

(一)地震识别和反射层位的确定

通常盆地内发育的沉积岩系与下伏基底呈不整合接触，且以构造型角度不整合和非整合更常见。由于基底的反射特征往往与上覆沉积层序的有所不同，人们可以在地震剖面上直观地区别它们。如图 5-11 所示。基底的反射杂乱，基本上是不连续的，很容易与上覆反射层系区分开。而基底顶面反射的层位则可利用地震剖面上的上超终端确定[图 5-11(a)和图 5-11(b)]。

(二)重磁力模型判别

在地震资料质量不高，难以在地震剖面直观识别的情况下，一般可借助于重力模型或磁力模型来确定基底位置。图 5-12(a)中初始模型是依据地震剖面粗略确定的，各层的密度参数可依据经验人为给出。模拟的重力剖面如图 5-10(b)的圆点线表示，实测重力资料取自莫比尔公司在同一测网上所采集的重力数据，在图上由实线表示。图 5-12(b)为修改模型后再次进行模拟计算的结果，模拟结果与实测结果基本吻合，该图表明，盆地主体部分的基底位于第 4 层底之下。图 5-9(c)是重磁力模拟确定基底的另一个实例。

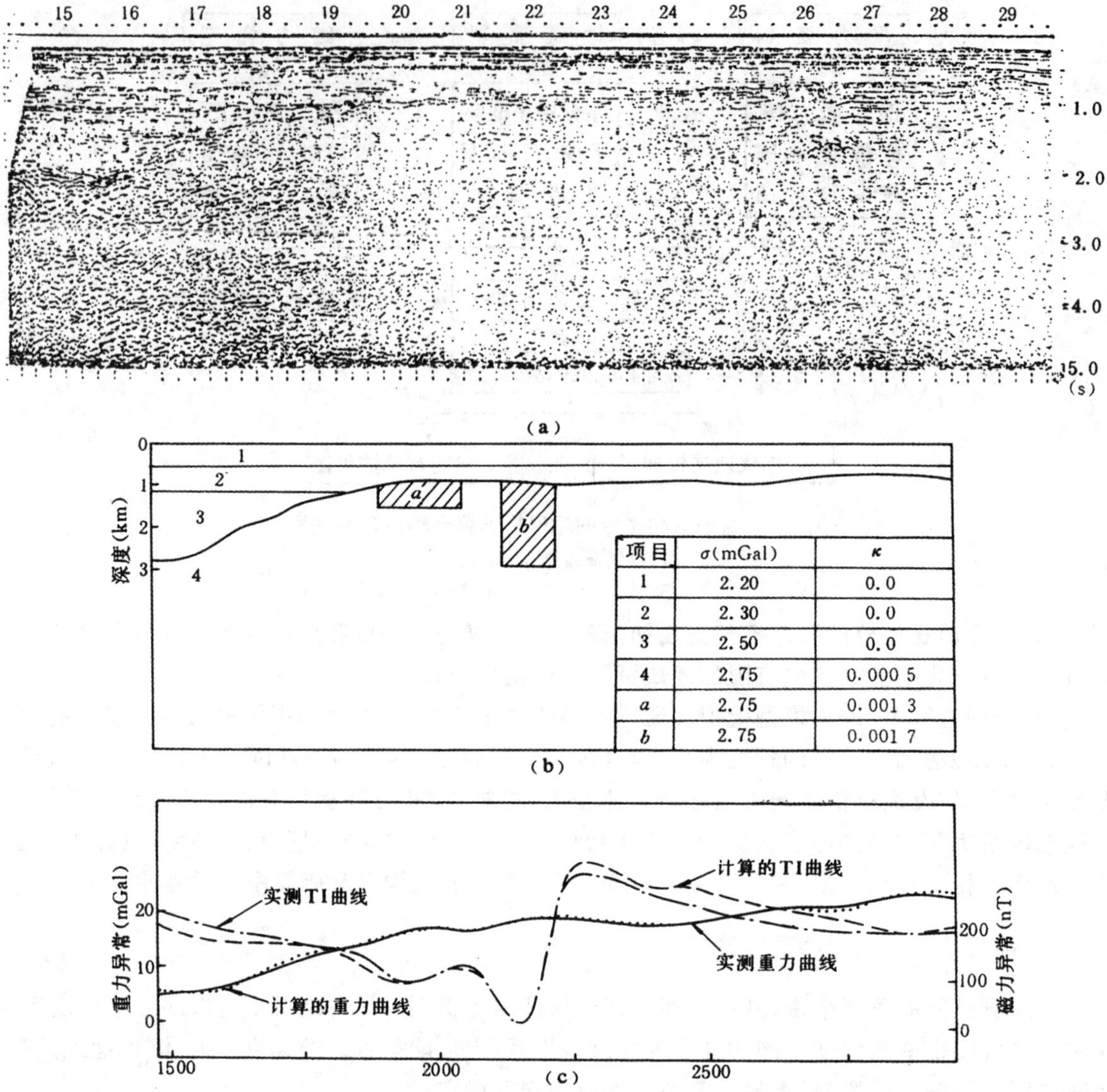

图 5-9　盆地结构和地层框架的地震、重、磁力模拟实例

(据金福锦,1995)

(a)地震剖面;(b)深度剖面;(c)重磁异常曲线

三、确定盆地形态的地球物理方法

(一)地震描述

基底层位确定后,地震资料便能直观地给出盆地的现今轮廓。如图 5-13(a)所示,T_G 界面的起伏即代表该盆地的现今二维形态。根据一般的地质概念,除了古地形影响和前积作用外,地层的原始沉积状态一般都是水平平行的。因此,可以借助于一般的沉积概念通过拉平基底与其上第一个不整合层序界面之间的具有代表性的某一反射层来恢复古盆地的大致轮廓[图 5-13(b)]。这个过程在沉积学中叫平衡剖面。注意,这里未作任何校正,基准线是以上界面 T_1 上下地层呈整合处的最大沉积厚度为控制沿拉平层向上平移做出的。因此,这种平衡剖面只能反

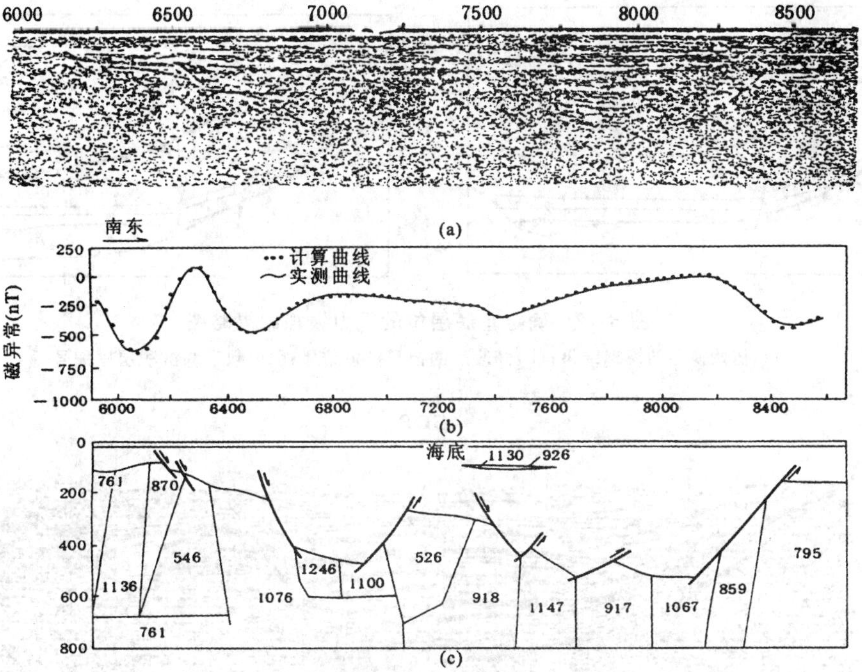

图 5-10 地震-磁力模拟解释实例

(据金福锦,1992)

(a)地震剖面;(b)实测磁异常曲线;(c)深度剖面

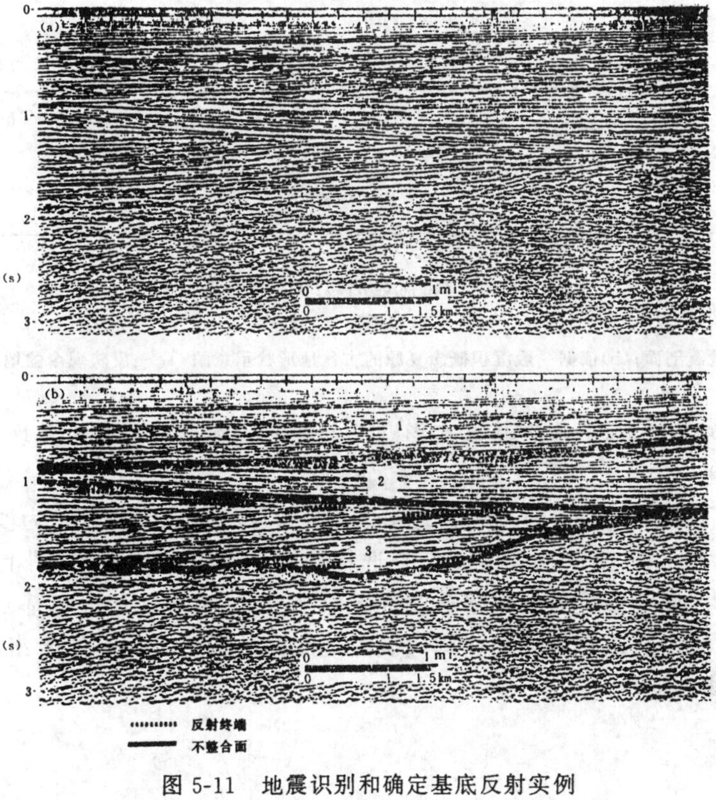

图 5-11 地震识别和确定基底反射实例

(a)未解释剖面;(b)解释剖面;图中 1,2,3 分别为沉积层序编号

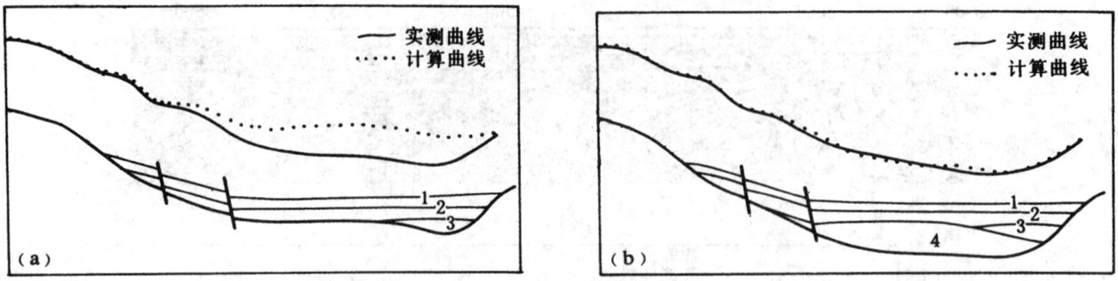

图 5-12　确定基底层位的重力模拟结果略图

(a)初始模型的模拟结果;(b)修改后的模型模拟结果;图中数字为沉积层序编号

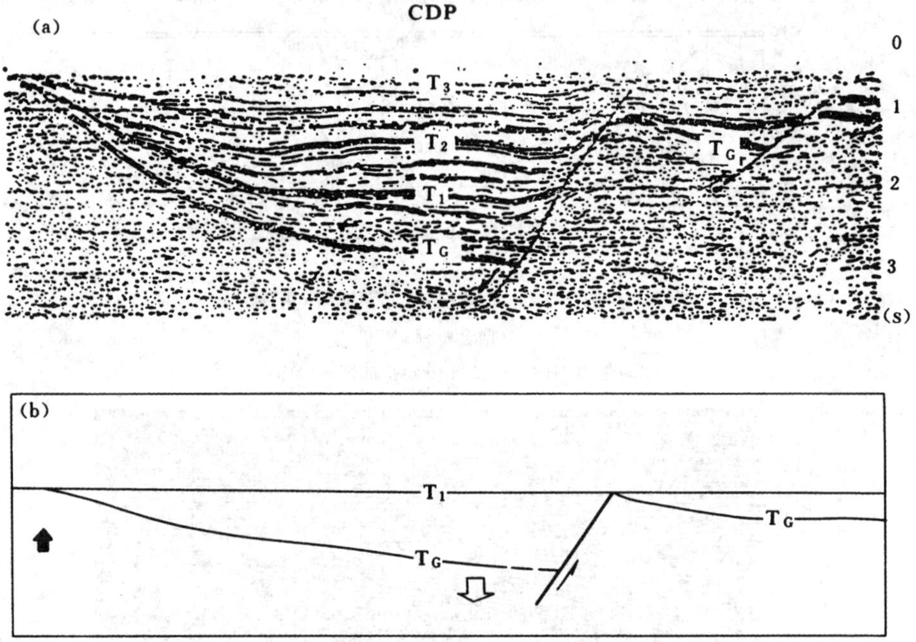

图 5-13　盆地形态的地震描述

(据金福锦,1987)

(a)地震剖面;(b)依据一般沉积概念复原的古盆地形状示意图;T_G—反映现今盆地形状

映盆地底面的相对起伏,而不代表其真实形态。盆地的实际形态需要由其埋藏史来描述。

(二)重力描述

图 5-14 给出了应用重力资料描述盆地形态的一个实例。图 5-14(a)为沙特阿拉伯某地的布格重力异常图,图 5-14(b)中的 A,B,C 是选择作图用的重力剖面图,图上的区域构造重力场是人为平滑的,区域基底重力场是根据实际经验平滑的(本地区地表有基岩出露),将区域基底重力场拉平,区域构造重力场的起伏则代表盆地底面的形态。在基岩未出露情况下,则可以以基准线作参照物近似。

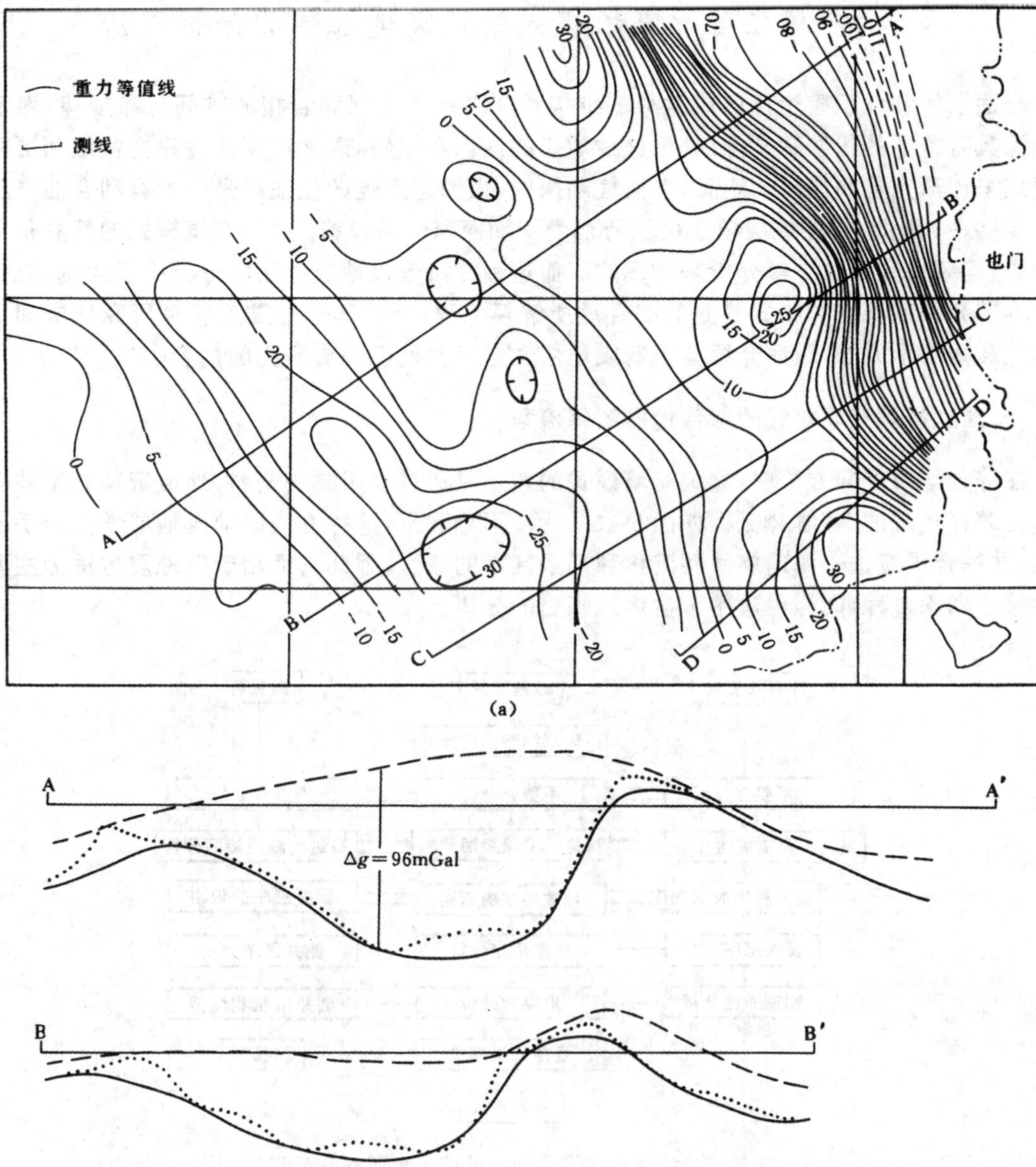

(a)

(b)

图 5-14　重力资料描述盆地形态的实例

(据金福锦,1987)

(a)布格重力图;(b)重力剖面

§5.4 建立盆地充填模式的地震地层学的分析方法

全面了解和认识整个探区或盆地的结构及其内部的地层和岩相的空间分布规律，对于油气勘探具有重要的指导意义，而关于这种规律的认识和理解，通常需要通过建立盆地和层序充填模式来逐渐完善和加深。然而，在油气勘探中，人们感兴趣的往往只是包含有利含油气层段的特定层序。因此，层序地层模式也就特别受到勘探家们的青睐。盆地充填模式的建立是通过沉积史、埋藏史和侵蚀史等分析来实现的。而这种方法是以地震地层学分析手段为基础的。

本节介绍盆地充填模式建立的综合地质解释流程，介绍基于地震资料来研究地层和沉积相的地震地层学方法，最后介绍基于地震地层学进行盆地沉积史研究的内容。

一、建立盆地充填模式的综合地质解释流程

在综合地质解释方法中，盆地充填模式的建立是通过利用露头资料、地震资料和钻井资料的综合解释实现的，其解释流程如图 5-15 所示。不难看出，这种方法以地震地层学分析手段为基础，并综合了海进—海退旋回性沉积和远景区带的概念。因此它适用于以地震方法为主要手段的整个勘探过程，同样也适用于盆地沉积史的分析。

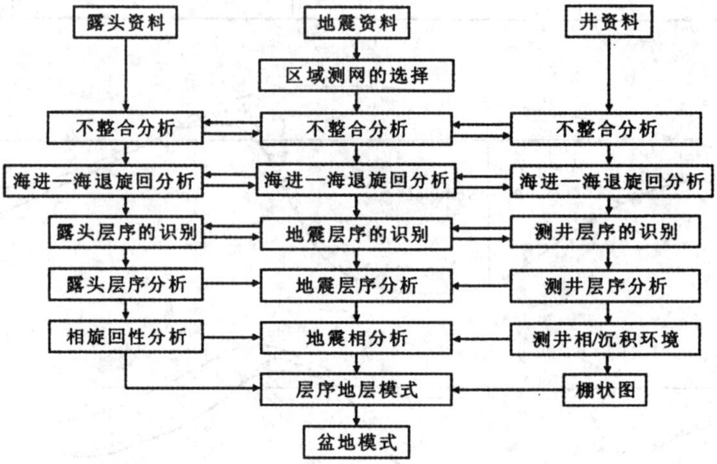

图 5-15　盆地充填模式建立的综合地质解释流程

（据金福锦，1995）

二、地震反射资料的地震地层解释

地震地层学是一门利用地震资料来研究地层和沉积相的学科，主要内容是依据常规地震剖面上反射波组产状及外形、振幅、连续性等肉眼可定性识别的特征，划分不同类型的地震相，进而研究地层宏观特征，包括地层层序及其分布、沉积相或沉积体系类型与展布和预测有利油气聚集带等。

（一）地震层序分析

划分地层是一切地质研究的基础，同样，划分地震层序是地震地层学研究的基础。

1. 沉积层序与地震层序

沉积层序是指一个地层单元，它由一套整一的、连续的、成因上有联系的地层组成，其顶底

是以不整合或与之可对比的整合面为界。地震层序是指能在地震剖面上识别出的沉积层序，也即沉积层序在地震剖面上的反映。

2. 层序的年代地层学意义

一个沉积层序是层序顶底界均为整合面处的一定地质时期内沉积而成的，这一地质时期称为层序的年龄。因此，层序具有年代地层意义，同样地震层序也具年代含义。如图 5-16(a)有 25 个地层单元。A,B 两个界面由不整合面过渡为与之可对比的整合面，A,B 之间的全部地层构成一个沉积层序。图 5-16(b)是图 5-16(a)的年代地层剖面，从地层单元 11 到地层单元 19 之间的地质时期间隔，即该层序的年龄。编制与地震剖面相应的同一地区的年代地层图[图 5-16(b)]可有效地了解盆地内所有层序的充填历史。

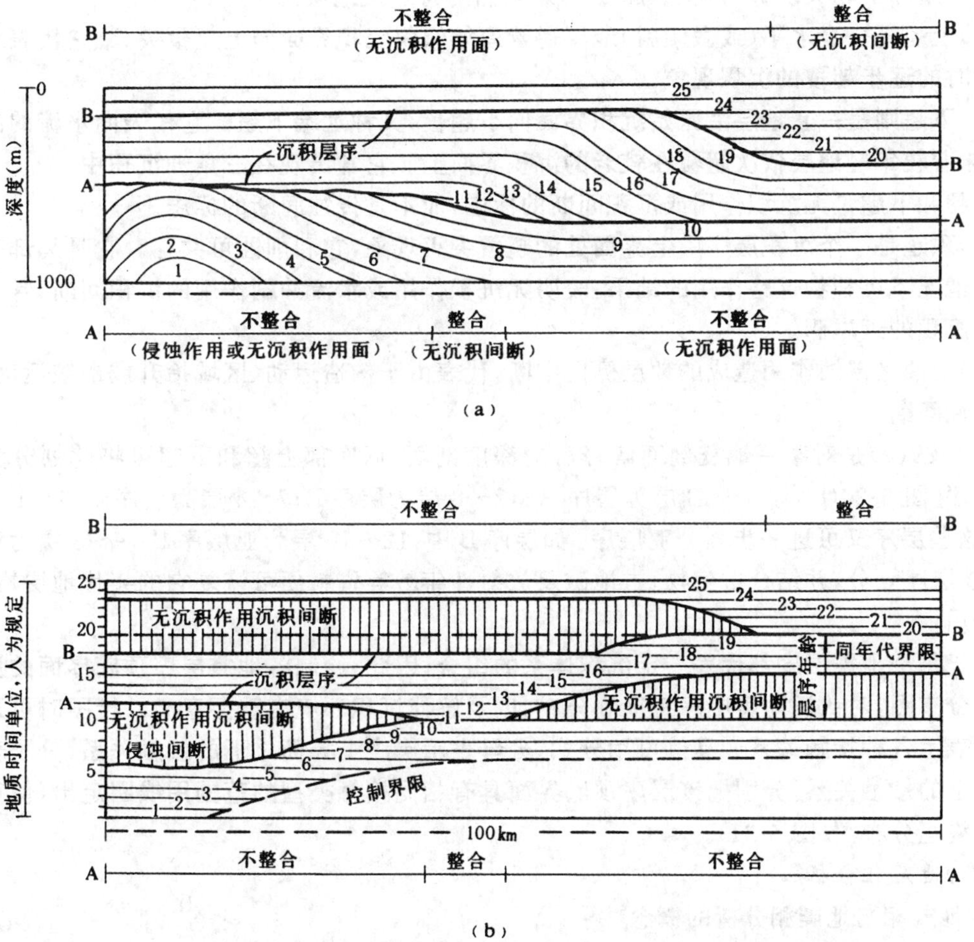

图 5-16 地震层序示意图

（据陆基孟，1996）

3. 地震层序的划分

层序之间的接触关系有两大类，一类是整合或整一，指上下地层之间没有明显的沉积间断或侵蚀作用，是连续沉积的；另一类是不整合或不协调，指上下地层间存在明显沉积间断，甚至有构造运动造成的侵蚀作用。不整合又分为平行不整合和角度不整合(图5-17)。角度不整合指较老的岩层与年轻岩层相比,老岩层具有不同角度的倾角(一般较陡)。它表明在年轻岩层覆盖之前,较老的岩层已遭受褶曲和削蚀而形成沉积间断的最明显的标志。不整合指层状岩层覆盖在花岗岩或变质岩之上。假整合不整合面上、下的岩层互相平行,且这种不整合是区域性的。局部不整合指不整合面上、下两侧的岩层是互相平行,但这种不整合仅局部出现或是显著的。各类地层不整合的地震反射特征如图5-18所示(陆基孟,1996)。

利用地震剖面来划分层序主要依据反射终端特征来确定不整合面的位置,找出剖面中两个相邻的不整合面,分别追踪到整合处,则在两个不整合面之间的地层就是一个完整的沉积层序。

在地震地层学中,把不整合分为削蚀、顶超、上超和下超四种接触关系(徐怀大等译,1980),上超和下超又统称为底超(图5-19),它们的特点及地质意义是:

(1)上超是一套水平(或微倾斜)地层逆着原始倾斜沉积界面向上超覆尖灭。它代表水域不断扩大时的逐步超覆的沉积现象。

(2)下超则是一套地层沿原始沉积界面向下超覆,又称远端下超。它代表向水流的前积作用,意味着较年轻地层依次超覆在较老的沉积界面上。它常出现在三角洲沉积中。

上超和下超是无沉积作用或沉积间断的标志,而不是侵蚀间断的标志。

(3)顶超是一个沉积层序中上界面处的超覆尖灭现象,它和削蚀可共存。它是局部基准面太低的情况下沉积物过路作用的结果,表明无沉积作用或水流冲刷作用的沉积间断,常出现在三角洲沉积的近岸侧。

(4)削蚀是侵蚀作用造成的地层侧向中断,代表由于构造运动(区域抬升或褶皱运动)造成的剥蚀性间断。

图5-20(a)是对某一地震剖面解释后的深度剖面,据底部上超和下超可将此划分为四个地震层序[图5-20(b)],17～13层为层序A;12～8层为层序B;7～4层为层序C;3～1层为层序D。这些层序又可进一步划分亚层序。如层序B中,12～10层为亚层序B_1,9～8层为亚层序B_2。据该层序划分,并结合古生物、古地磁及放射性年龄等资料便可恢复它的年代地层格架[图5-20(b)]。

由于每个地震层序都代表一定沉积体系的组合,因此,绘制各地震层序顶底界面的反射终止平面分布图,对认识地震层序特征和分布,以及解释沉积环境有重要意义。绘图时可采用编码方式表示各种接触关系。具体可用分式,分母表示层序上界面之下的接触关系,分子表示下界面之上的接触关系。分别把该层序顶底界面具有相同接触类型的范围用线圈定出,便得到两张反射终止分布图(图5-21)。

(二)地震相分析

1. 地震相与地震相分析的概念

地震相是由特定地震反射参数所限定的三维空间中的地震反射单元,它是特定沉积相或地质体的地震响应。它是地震层序或亚层序的次级单元,一个层序或亚层序中可包括若干种地震相。

地震相分析是根据一系列地震反射参数确定地震相类型,并解释这些地震相所代表的沉积相和沉积环境。

2. 地震相参数

地震相参数是识别地震相的标志。在区域地震相分析中,最常用的标志包括内部反射结

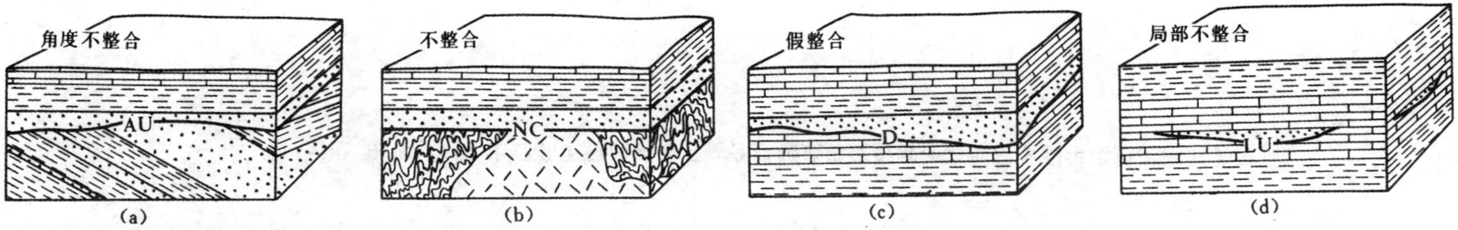

图 5-17 地层接触关系示意图

(据陆基孟,1996)

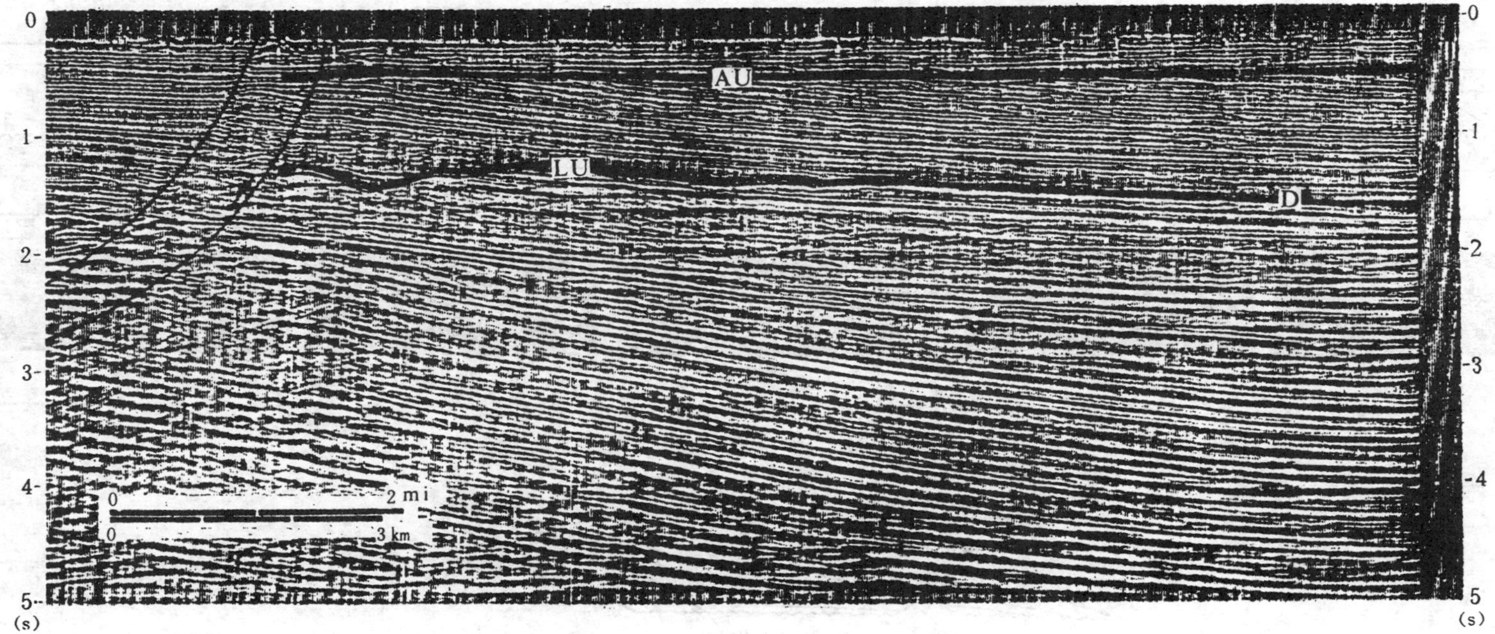

图 5-18 三种不整合类型的一段地震剖面

(据陆基孟,1996)

AU—角度不整合;D—平行不整合;LU—局部不整合

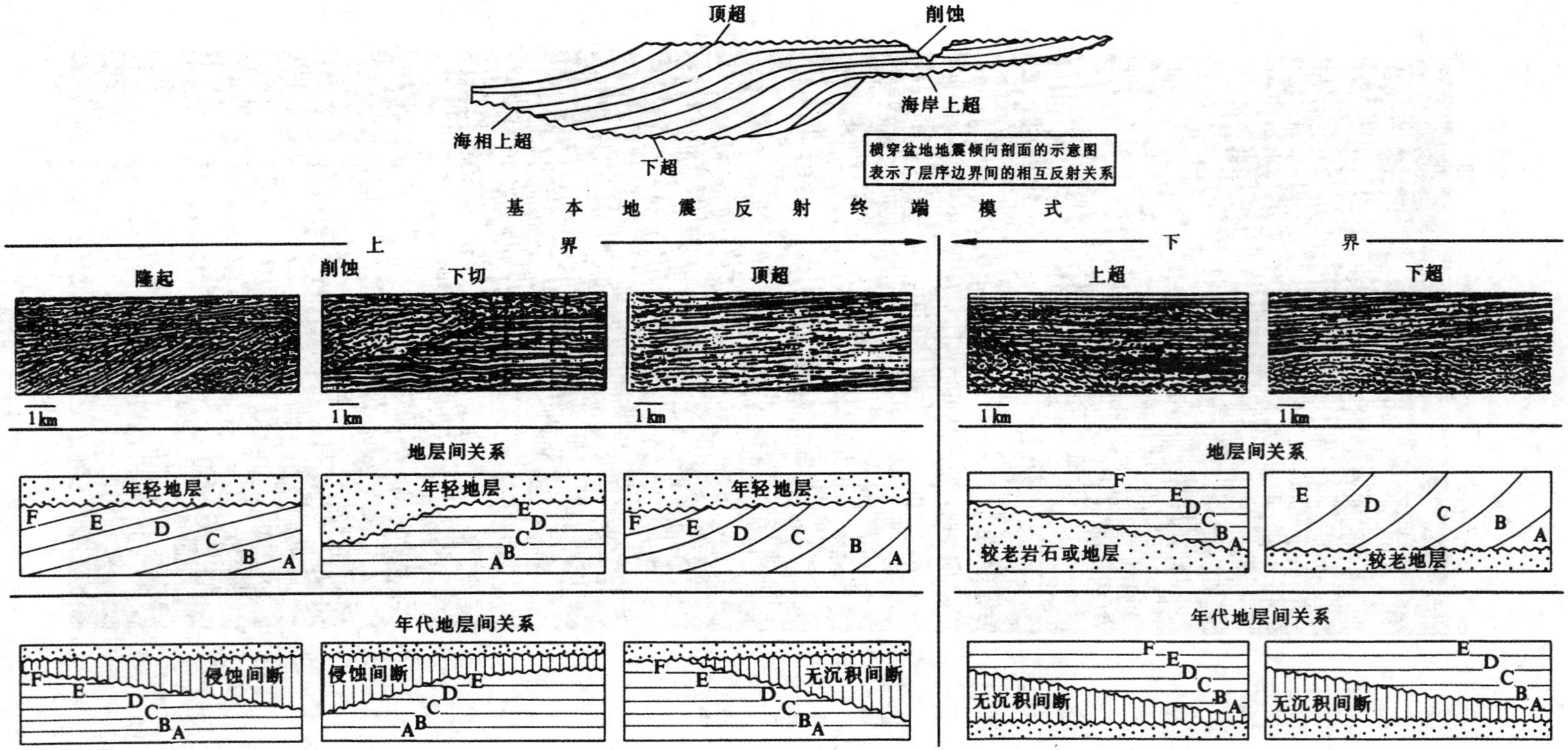

图 5-19 削蚀、顶超、上超和下超的四种不整合接触地震反射特征与地层学和年代地层学的关系

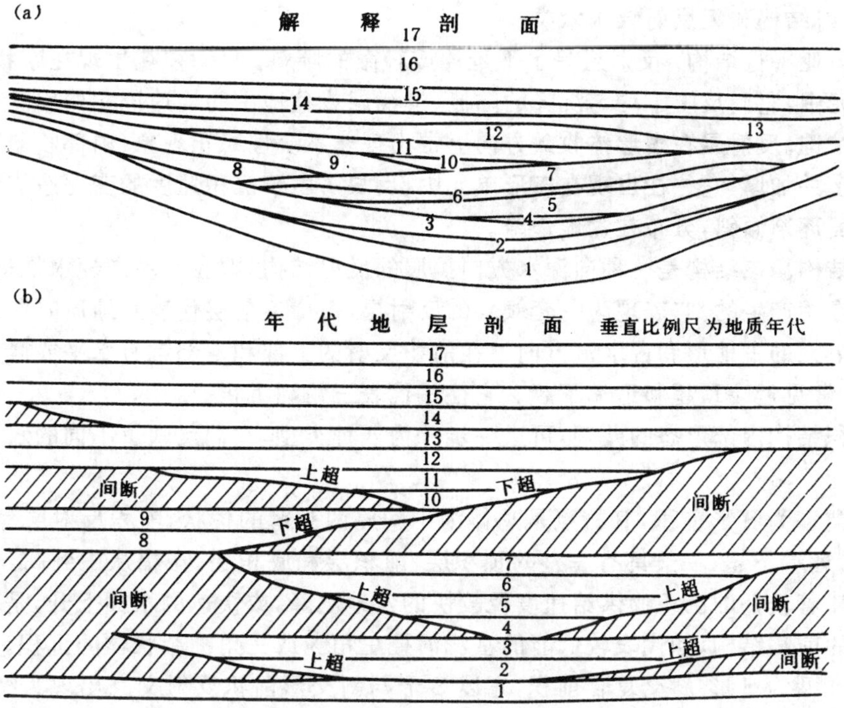

图 5-20 根据地震反射建立地震层序和恢复地层格架

(据陆基孟,1996)

构、外部几何形态、连续性、振幅、频率、层速度等。这些地震相参数的一般地质解释如表 5-2 所示。

表 5-2 地震相参数和地质解释

地震相参数	地质解释
内部反射结构	总的岩层模式、物源方向沉积过程、侵蚀作用、古地理及流体界面
外部形态	总的沉积过程、物理方向、沉积背景
反射连续性	地层连续性、沉积过程
反射振幅	地层岩性、地层厚度、地层结构、流体成分
反射频率	地层厚度、流体成分
层速度	岩性、孔隙度、流体成分

(1)内部反射结构。反射结构是指地震剖面上层序内反射同相轴本身的延伸情况及同相轴之间的相互关系。它是揭示总体地震相模式或沉积体系最可靠的地震相参数。根据内部反射结构的形态划分为平行与亚平行反射结构、发散反射结构、前积反射结构、乱岗状反射

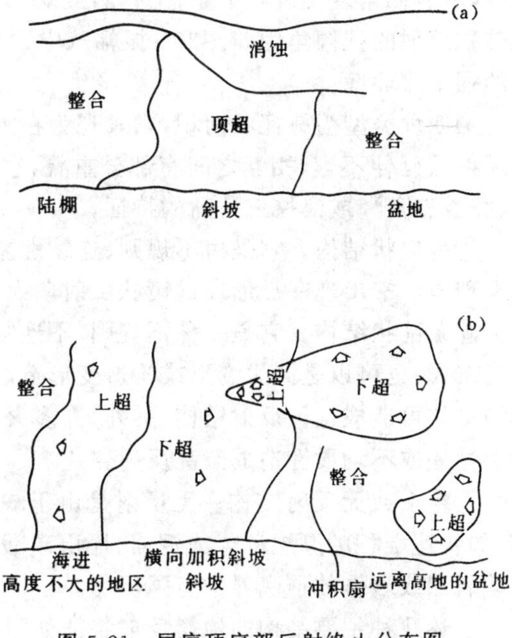

图 5-21 层序顶底部反射终止分布图

(a)层序顶部;(b)层序底部

结构、杂乱反射结构和无反射结构六类。

①平行与亚平行结构。反射层呈水平延伸或轻微的倾斜。它们往往出现在席状、席状披盖及充填型单元中，它们反映了均匀沉降的陆棚、滨浅湖或盆地中的均速沉积作用。

②发散结构。反射层在楔形体收敛方向上常出现非系统性终止现象(内部收敛)，向发散方向反射层增多并加厚。它往往出现在楔形单元中，反映了由于沉积速度的变化造成的不均衡沉积或沉积界面逐渐倾斜，分布在盆地边缘。

③前积结构。该结构是一种向深水方向扩展的反射结构，即在水流向深水推进时，由斜坡地形的前积作用产生的。它表现为一套倾斜的反射层，每个反射层代表某地质时期的等时界面并指示前积单元的古地形和古水流方向。在前积反射的上部和下部常有水平或微倾斜的顶积层和底积层，常见近端顶超和远端下超。它往往代表三角洲沉积。

根据前积结构内部形态的差别，可进一步分为四种类型，它们反映了不同的水动力和物源供给条件。

第一种类型为S形前积，其特点是总体为中间厚两头薄的梭状，前积反射层呈S形，近端整一或顶超，远端下超，一般具有完整的顶积层、前积层和底积层，振幅从中到高，连续性从中到好。它意味着较低的沉积物供给速度及较快的盆地沉降，或快速的水面上升，是一种代表较低水流能量的前积结构，如代表较低能的富泥河控三角洲或三角洲朵状体间沉积。

第二种类型为S形-斜交复合前积，它以S形与斜交形前积反射交互出现为特征，顶积层常不发育，底积层发育，振幅从中到高，连续性好。它是由物源供给充足的高能沉积作用与物源供给减少的低能沉积作用或水流过路冲刷作用周期性交替造成的。该种前积结构代表的水流能量高于S形，但低于斜交形。

第三种类型为斜交形前积，包括切线斜交和平行斜交两种。切线斜交无顶积层，只保留底积层，具有低角度切线状下超；平行斜交既无顶积层，又无底积层，具有高角度下超。两种斜交形前积反射的视倾角为5°～20°，振幅从中到高，连续性从中到好。它们都代表沉积物供给速度快的强水流环境。

第四种类型为叠瓦状前积，它表现为在上下平行反射之间的一系列叠瓦状倾斜反射，这些斜反射层延伸不远，相互之间有部分重叠，它代表斜坡区浅水环境中的强水流进积作用，是河流、缓坡三角洲或浪控三角洲的特征。

④乱岗状结构。它是由不规则、连续性差的反射段组成，常有非系统性反射终止和同相轴分叉现象。常出现在丘形或透镜状反射单元中。它代表分散性弱水流沉积。

⑤杂乱状结构。它是一种不规则、不连续反射。它可以是高能不稳定环境的沉积作用，如浊流沉积；也可以是同生变形或构造变形造成。滑塌、浊流、泥石流、河道及峡谷充填、大断裂及褶皱等均可造成这种反射结构。另外，许多火成岩体、盐丘、泥丘、礁等地质体，也可由于其内部成层性差或不均质性造成杂乱反射。

⑥空白或无反射结构。无反射是由于缺乏反射界面造成的，这表明地层或地质体是均质体，如快速堆积的厚层砂岩或泥岩、厚层碳酸盐岩、盐丘、泥丘、礁、火成岩体等可造成无反射。这些岩层或岩体的顶底界常有强反射。

上述几种主要结构的地震反射特征如图5-22所示。

(2)外部几何形态。外部几何形态指具有某种反射结构地震相单元在三维空间内的分布状况。外形可以提供有关沉积体的几何形态、水动力、物源及古地理背景等方面的信息。外形可进一步分为席状、席状披盖、楔形、滩状、透镜状、丘状、充填型等(图5-23)。外形与内部反射结

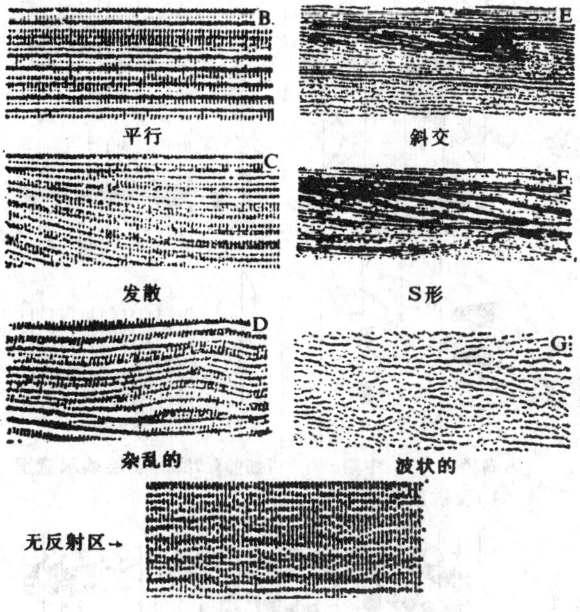

图 5-22　内部反射结构

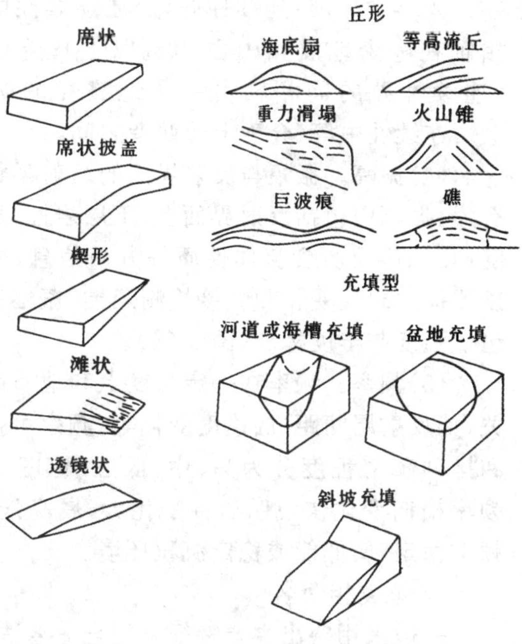

图 5-23　地震相单元外形

构往往有相关关系。

①席状。席状是最常见的外形之一，常具平行结构，也可是发散结构。席状的特点是反射单元的上下界面平行或近平行，厚度相对稳定。一般出现在均匀、稳定的较深水沉积区，如深湖、陆棚、陆坡及深海盆地。

②席状披盖。它的特点是反射单元的上下界面是平行的，但整体呈弯曲状披盖在下伏不整合沉积表面上，内部结构也常由平行反射组成。它反映了静水环境中的均一垂向加积，一般沉积厚度不大。礁体、水下古隆起等古地貌单元之上常出现席状披盖。

③楔形。楔形常具发散结构。主要特点是在倾向上其厚度向一个方向逐渐增厚，向相反方向减薄，在走向上则是席状的。楔形往往出现在滨浅湖、陆棚、陆坡及海底扇等环境中。

④滩状。它是楔形的变种，一般出现在斜坡区或水下隆起边缘。

⑤透镜状。它的主要特点是呈中部厚两侧薄的双凸形。常具有S形前积或乱岗结构。河道充填，沿岸砂坝、小型礁等可形成透镜状反射。

⑥丘形。丘形与透镜状的区别是具有平底，它的顶部突起，周围反射常从两侧向上超覆。丘形反射常出现在海(湖)底扇、扇三角洲、礁、火山锥、盐丘、泥丘等沉积环境或岩体中。

⑦充填型。它又称凹地充填，指低洼凹地中充填沉积物形成的各种反射。按沉积环境可分为河道或峡谷充填、盆地充填、斜坡充填。

(3)连续性。反射连续性与地层本身的连续性有关，它主要反映了不同沉积条件下地层的连续程度及沉积条件。一般反射连续性好表明岩层连续性好，反映沉积条件稳定的较低能环境；反之，连续性差代表较高能的不稳定沉积环境。衡量连续性的标准包括长度标准和丰度标准(图 5-24)。

①长度标准：连续性好(同相轴连续长度大于 600m)；同相轴连续性中等(同相轴长度接近 300m)；连续性差(同相轴长度小于 200m)。

②丰度标准：连续性好(上述连续性好的同相轴在一个地震相中占 70%以上)；连续性差(连续性差的同相轴占一个地震相的 70%以上)；连续性中等(介于上述两者之间)。

(4)振幅。振幅与反射界面的反射系数直接有关。振幅中包括反射界面上、下层岩性，岩层厚度，孔隙度及所含流体性质等方面信息，可用来预测横向岩性变化和直接检测烃类。振幅的标准包括强度与丰度标准(图 5-24)。

(5)频率。频率在一定程度上和地质因素有关，如反射层间距、层速度变化等。频率可按波形和排列疏密程度分为高、中、低三级(图 5-24)。频率横向变化快说明岩性变化大，属高能环境；频率稳定，属低能或稳定沉积环境。

3. 地震相命名

一般采用突出主要特征的复合命名法。在地震相参数中，反射结构和外形最为可靠，其次为连续性和振幅，频率可靠性最差。因此，在地震相命名时，应以结构和外形为主，辅以连续性、振幅、频率等。原则如下：

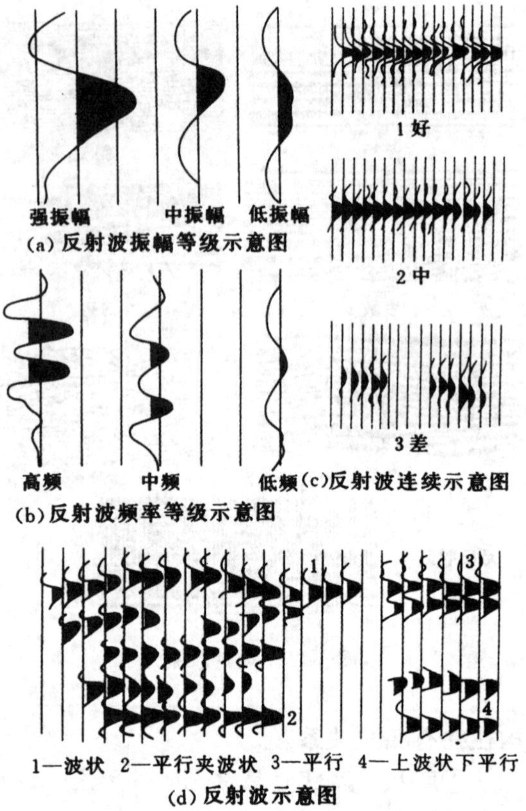

图 5-24 振幅、连续性、频率及波形特征

(1)分布较局限，具特殊反射结构或外形的地震相，可单独用结构或外形命名，如充填相、丘状相、前积相等。也可以将连续性、振幅等作为修饰词放在前面，如高振幅中连续前积相。

(2)分布面积较广，外形为席状，反射结构为平行亚平行时，可主要用连续性和振幅命名，如高振幅高连续地震相。

4. 地震相图的编制

在地震剖面上一般先分析地震相的几何参数，识别各地震相所处的不同沉积环境，弄清各时期沉积物的来源方向。然后分析地震相的物理参数，找出反射特征横向变化规律，把各种地震相的具体界线在地震剖面上划出来。

划分出地震相单元的地震剖面，还要进行平面分析对比，并把它投到测线平面图上，相邻测线地震相单元经测线闭合后，就可以把相同的地震相单元在平面上连接起来，编制出一张地震相平面图(图 5-25)。

5. 地震相的地质解释

地震相的地质解释就是把地震相转为沉积相，恢复其古地理面貌。转相时应遵循以下原则：

(1)充分利用已有的钻井、测井、古生物资料，尤其是岩心分析资料，同地质相分析和测井相分析相互配合和印证；

(2)首先解释具有特殊反射结构和外形的地震相，它们往往代表盆地中的骨架沉积相，如前积地震相、丘形地震相等；

(3)可先对有井区或过井剖面进行分析，确定地震相所代表的沉积相；

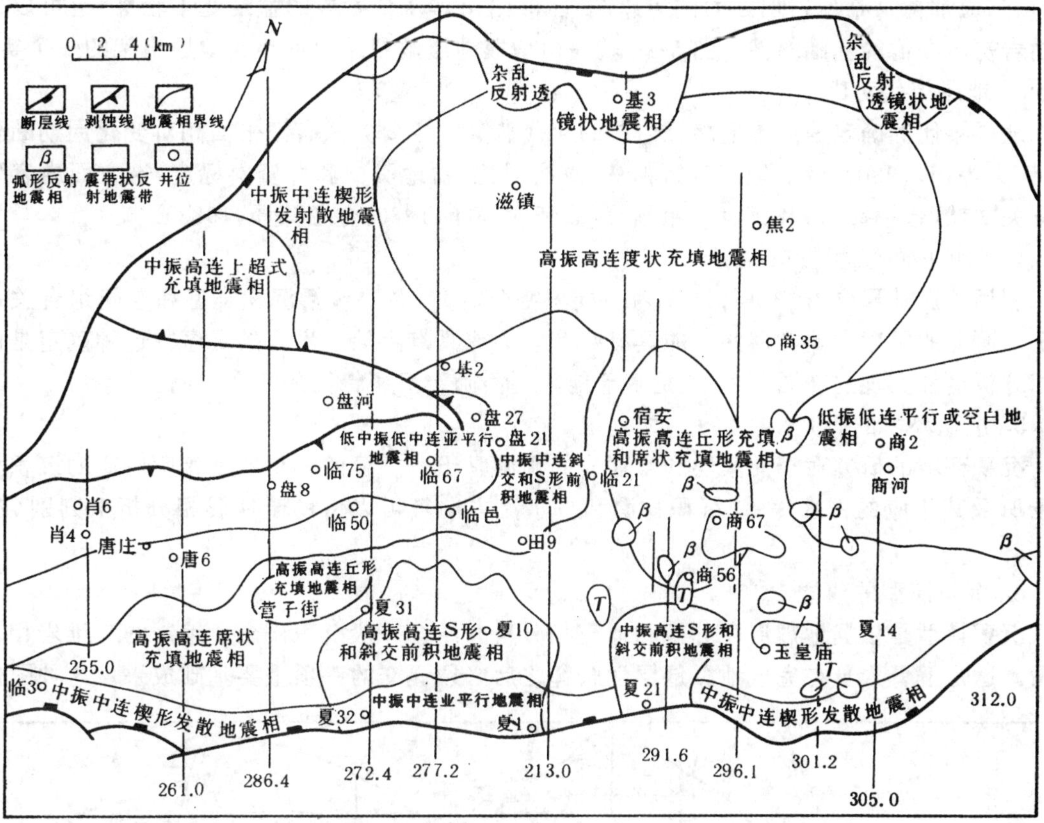

图 5-25 惠民凹陷西部沙三中地震相图

（据陆基孟，1996）

(4)考虑各地震相的古地理位置(可结合地层等厚图)及各地震相的组合关系，以沉积相共生组合和沉积体系理论为指导，恢复盆地内沉积体系类型及展布。图 5-26 是与图 5-25 相对应的沉积相图。

三、盆地沉积史研究的主要内容

盆地沉积史研究的主要手段是地震地层学方法。就地震解释而言，沉积史的研究实质上是判断地震反射的地层学意义。其主要内容包括层序的识别和划分、地层年代对比、层序内的沉积特征判别、沉积环境分析和沉积模型的建立。

1. 层序的识别和划分

前节已述，层序的识别和划分是依据不整合实现的。通常包括依据地震反射终端代表各种类型不整合面的地震层序的识别和划分；依据常规的测井资料(SP 测井)以及井下地质解释进行的测井层序的识别和划分；依据出露地层的产状和生物化石进行的露头层序的识别和划分三种途径。

2. 地震层序的空间分布

地震层序的二维形态可由地震剖面地震地层解释直接给出。在未做地质解释(沉积相或沉积类型判断)之前，标出的界面性质(整合及不整合)以及沿界面各部分的反射终端类型的二维形态本身就给出了有关该层序的总的沉积特征以及侵蚀特性的一般知识。地层层序的三维空间形态(通常指某某反射层之间的等厚图)能够给出其发育阶段的盆地基本轮廓,也可以作为生油岩初步评价的基础图件。图 5-20 就是由地震地层解释绘出的年代地层格架的一个实例。

3. 地层年代对比

地层年代的确定是赋予地震反射层的年代意义。主要方法有海平面相对变化周期断代法(徐怀大等译,1980)、区域地层表近似法、露头对比、盆地类比和井资料标定,这方面内容可参阅有关文献(金福锦,1987;C.E. 佩顿编,徐怀大等译,1980;金福锦译,1983)。

4. 层序内的沉积特征确定

利用地震地层学方法进行层序内的沉积特征研究,主要包括沉积类型和空间组合关系的确定。研究的层序主要指那些可能具有生产能力或具有生储油潜力的层序。这种确定是由地震相分析途径实现的。图 5-26 就是基于地震剖面确定沉积特征的一个实例。

5. 沉积环境的研究

沉积环境的研究对于储集层和生油岩的预测是十分重要的。与地震相所对应的沉积相发育场所及其相应的古水深带、沉积物源和古水流方向等可以借助于地震相分析来判别(图 5-26)。

6. 沉积模型的建立

沉积模型是依据地震层序分析和地震相分析并结合一般沉积概念所编制的三维岩相古地理图。这是解释人员在完成地震地层学解释之后必须提交的一项重要基础成果。这种图件能

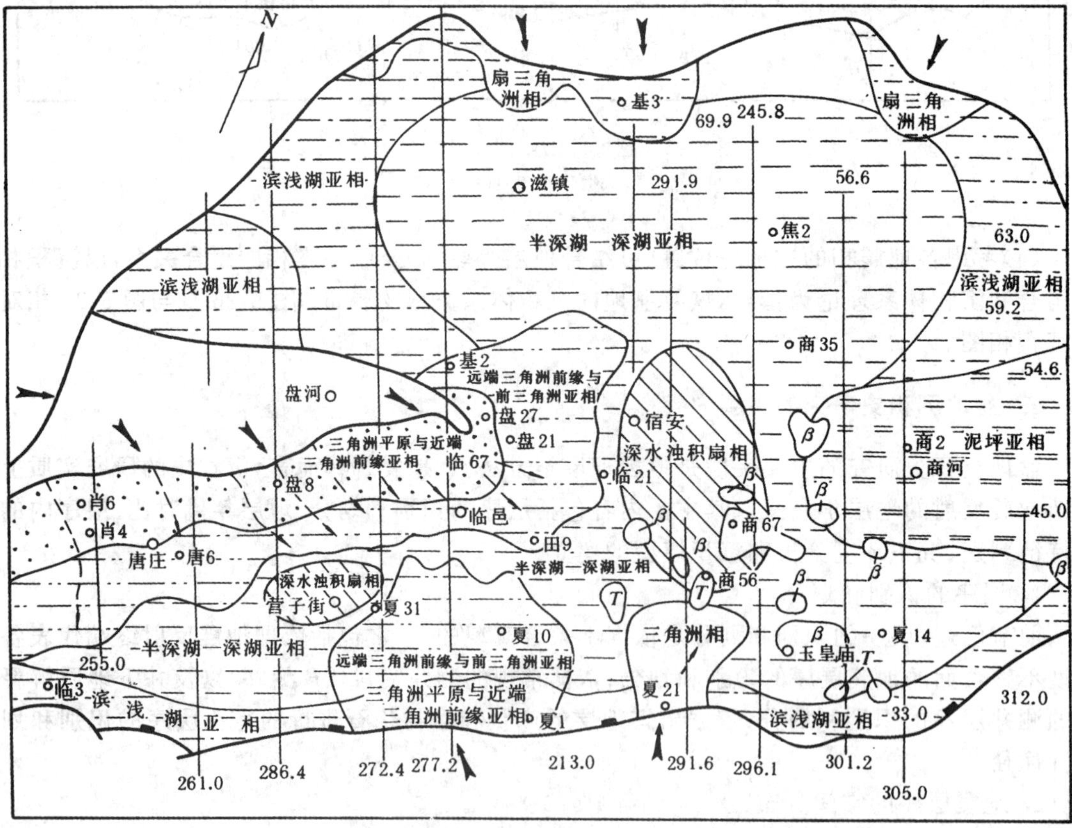

图 5-26 惠民凹陷西部沙三中沉积相图

(据陆基孟,1996)

反映盆地内不同岩相的典型沉积过程及其相应的沉积环境。它不仅为地震资料的精细解释(岩性解释)提供了基本控制,而且为地层类型的远景圈闭预测和综合评价提供了地质依据。

§5.5 评价生油前景的地震和有机地球化学方法

一个盆地的含油气远景主要取决于盆地内生油条件的好坏,或者说取决于生油岩的数量和质量。对一个新区来说,早期地震资料与有机地球化学资料的综合,有可能使我们了解盆地中沉积岩的生烃潜力,并预测最有利的生油区和可能的主要运移方向。结合资源量的估计就能使我们对各个远景区带做出比较客观的评价,从而更合理地指导进一步的勘探和钻探。

地震、有机地球化学综合解释流程如图5-27所示。这种解释方法包括下列几个主要步骤:

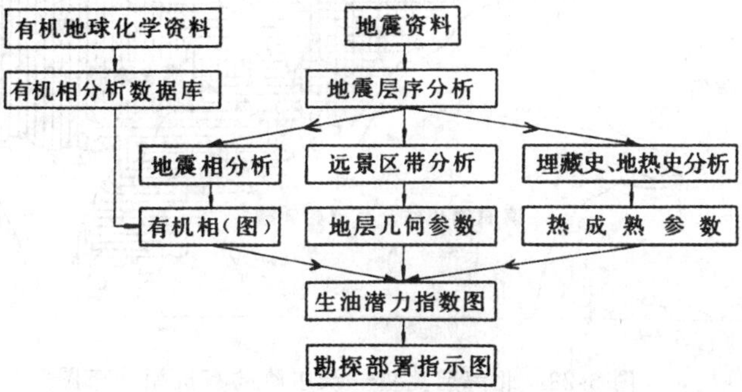

图5-27 地震、有机地球化学综合解释流程

(据金福锦,1995)

(1)有机地球化学数据的搜集整理。有关的资料,诸如有机炭含量、干酪根类型、氢氧指数等,主要取自实际岩样(井中采集的岩样或边缘露头岩样)的实验室分析结果。全部数据包括对应的岩样采集位置、层位或深度、岩性等资料,并且初步整理建库。

(2)有机相带分析。在一定数量控制的情况下,可利用现有的有机地球化学资料直接做出特定层段的有机相带分布图(图5-28)。这里的所谓有机相是指具有定性反映生烃能力的一种类似于岩相或生物相的沉积实体。根据潜在生烃能力,有机相可分为四种类型:Ⅰ类,主偏油相,对应于典型的高度还原环境(极度缺氧),沉积物具纹理,且无底栖动物群,有机炭含量高,可达30%左右;Ⅱ类,偏油相,典型的绝氧环境,沉积物部分呈页状、含少量底栖动物,有机炭含量介于1%~10%之间;Ⅲ类,偏气相,典型的弱氧环境,沉积物中含丰富的底栖动物,可有扰动构造,有机炭含量一般为1%~5%,有时高达20%;Ⅳ类,无油源相,对应于沉积速率较低的通风海洋(或湖泊)环境,有强烈的扰动构造,有机炭含量为0.2%~3%。显而易见,按照上述特征,根据对应层段的地震解释(岩相和沉积环境)就可能划分出该层段的有机相带。利用这种有机相图结合成熟度指数(图5-29)就能够定性地指示生油环境的基本轮廓。

(3)由地震地层解释和控制井岩性的描述提取研究层段(可以是一个层序,也可以是一个远景区带)的几何参数,包括潜在生油岩的厚度和面积(或等厚图)。对于碎屑岩层序,可由该层序等厚图扣除对应的砂岩百分比获得。

(4)由控制井岩样的实验室分析结果中提取相应层段的有机炭含量,并折算成潜在生油岩或有效生油岩的平均含量,最后做出该层段的平均有机炭含量平面分布图,与步骤(1)综合,则

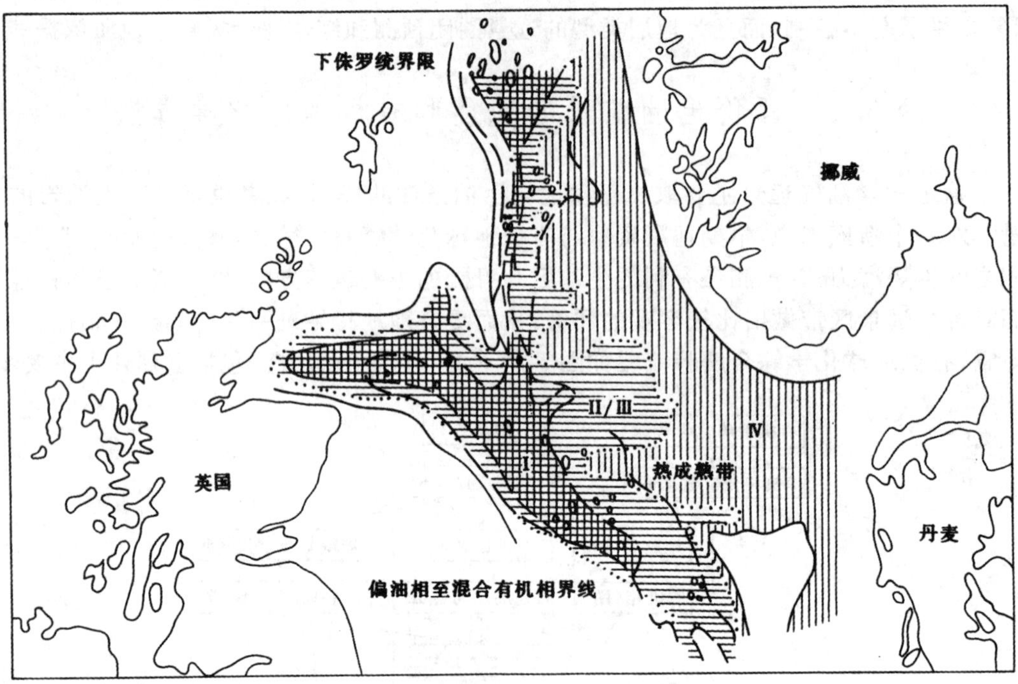

图 5-28　北海启莫里—沃尔阶的有机相分布图

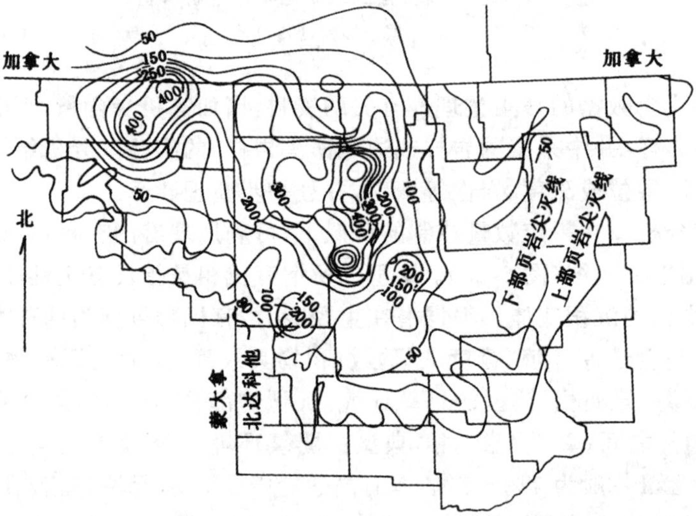

图 5-29　生烃潜力指数示意图，箭头表示运移方向

（据金福锦，1995）

可计算出该层段的丰度（有效生油岩厚度×平均有机炭含量）图。

（5）由埋藏史和地热史分析结果提取热成熟指标，如镜煤反射率等，并按照所研究层段内烃类生成和保存的相对数量规定油和气的热成熟换算系数或成熟度因子。最后，根据所研究层段内各个热成熟带的厚度和成熟度因子求出该层段的平均成熟度因子，并用平面图显示。

（6）综合丰度图和成熟度因子图，计算所选择控制点处研究层段生烃潜力指数（丰度与成熟度因子的乘积),并编制生烃潜力指数图(图 5-29)。

(7)最后将已知产油气圈闭(油气田)和预测的远景圈闭标在生烃潜力指数图上,并用符号标出最有利的生油区(生烃潜力指数高值区),主要的油气运移方向(由最有利生油区指向最大油田方向)和次要的运移方向(见图 5-29),这样就能直观地展示预测的远景圈闭含油气的可能性。结合下一步的远景圈闭评价,则可标出优先勘探和钻探的远景圈闭顺序。

§5.6 评价油气田构造的地球物理方法

地下地质构造的地球物理场响应与地下构造形态并非是一一对应的关系,在简单的地质构造情况下可以大致对应,而当构造复杂时,则面貌全非。因此对地质学家来说,切忌将地球物理场直接用来作地下构造的简单推断,应该用地球物理场分析的观点来作地质构造解释。本节首先简述石油地质构造分析,然后以地震勘探资料解释为主,分析地质构造的地震波场响应特点,最后结合实例,阐明综合地球物理解释方法。

一、石油地质构造分析简述

(一)构造样式

构造地质条件的分析和研究在石油勘探全过程中至关重要,地质构造不仅直接控制油气聚集,而且对沉积相带和生、储油层的空间分布也有着深刻的影响。石油地质学家通过长期实践研究,早就认识到地球上众多的含油气盆地及盆地内不同级次、不同规模的构造、油气聚集带和油气圈闭,虽然形态、结构和聚油特点千差万别,但是它们都不是孤立的,相互之间往往有成因联系,空间尺度有规律可循。因而在构造地质研究中,研究某个具体构造时,它必定同某一组有着一系列共同特点和规律的构造组合在一起,它们的几何形态、平面展布、排列及应力机制上相互有着密切联系,形成特定的构造组合,即所谓构造样式(structural styles)。构造样式的概念是 T. P. Harding 和 J. D. Lowell(1979)提出来的,认为变形条件相似的地区,其构造组合也类似。因此构造样式就是同一时期构造变形或同一应力作用下所产生的构造总和。

(二)构造样式分类

过去地质学家对构造样式的分类有各种方案,随板块构造理论的深入研究,成功地把地壳的形变过程和岩石圈板块运动联系起来,形成了一个全球性的统一概念。随着地震及地质资料的增多,分类也渐趋于更科学。这里介绍的是 T. P. Harding 及 J. D. Lowell 的分类方案(1979年),它的特点是将板块构造的分析与油气勘探紧密结合,明确提出了各种构造样式在板块构造中主要发育部位以及鉴别准则,并讨论了影响构造样式形态和产状变化的因素。

该分类方案强调基底是否卷入,即沉积盖层的变形是否受基底构造的控制。据此,将构造分为基底卷入型和盖层滑脱型两大类。在此基础上,又根据形变的力学性质和应力传递方式进一步细分为八种基本构造样式,见表 5-3(王燮培等,1990)。

基底卷入构造样式包括:扭性断层组合、压性断块和基底逆冲、张性断块和翘曲(warps)。

盖层滑脱构造样式包括:滑脱逆冲-褶皱组合、滑脱正断层(包括“生长断层”)、盐底辟构造和泥底辟构造等。

上述例举的构造样式其地质示意剖面及常见的油气圈闭关系示于图 5-30。

这些构造样式具有典型性,而实际地质情况要复杂得多,Harding 等认为,一个地区的构造样式经常由于当地岩层的变化,诸如岩石的可塑性、原始结构等方面的差异,所经历的构造

表 5-3

构造样式	扭动构造组合	压性断块和逆冲断层	张性断块	翘曲、拱起、穹窿、坳陷
		基底卷入型构造		
主要变形力	力偶	挤压和隆起	拉张和隆起	隆起
运动方式的主要表现	区域性和亚区域性板块的走向滑动	断块、断片、逆冲片汇聚式高—低角度的倾向滑动	断块和断片离散型高—低角度的倾向滑动	孤立的构造单元的差异运动
关键性的构造要素	*雁列褶皱 近于对称，或伴有逆断层或逆掩断层 *具同向、反向和P剪切 *雁列式和其他形式的正断层 *穿透型扭动构造 *花状(和半花状)构造，并具有和扭动带平行发育的上冲断层	前陆区： *不对称断块 ——天窗式构造 ——断阶 *高—低隆起上的披覆构造 *楔形正断层 *逆断层 *重力隆起 *逆冲叠复 弧后区： *旋转扇形构造，多相圈闭，劈理弧前区：洋壳的逆冲片	*不对称断块 ——天窗式构造 ——断阶 ——掀斜式地垒和半地堑 *中等幅度—低幅度隆起上的披覆构造 *断层裂隙	没有大型断裂的平缓褶曲
主要的构造带 区域性的 局部的	平行带状 与断层斜交的雁列褶皱	侧列式和锯齿状构造	锯齿状和侧列式构造	孤立型构造
主要的石油圈闭	雁列褶皱 下降盘圈闭	不对称断块	掀斜断块	拱起、穹窿
				板块构
主要的板块构造部位	转换边缘	汇聚型边缘 ——前陆区 ——造山带核部 ——海沟内侧斜坡和外侧高起部位	离散型边缘 板内裂谷	板内
次要的板块构造部位	汇聚型边缘： ——纵断层 ——前陆区共轭剪切 离散型边缘： ——扩张中心横错 ——大陆边缘横断		汇聚型边缘： ——岛弧地块 ——弧后扩张边缘盆地 ——海沟朝大洋一侧 ——前陆盆地的稳定翼 转换边缘： ——具离散分量的 ——扭动盆地的稳定翼	

(据王燮培等，1990)

构造样式分类表

盖层滑脱构造			
逆冲-褶皱组合	正断层组合	盐构造	泥岩构造
挤　　压	拉　　张	密度差异负荷	密度差异负荷
沉积层逆冲片、断片近水平-高角度汇聚型倾向滑动	沉积岩席、楔状体和沉积朵叶近水平-高角度离散型倾向滑动	塑性蒸发岩垂直、水平流动使沉积盖层上拱和(或)被刺穿	塑性泥岩垂向流动使沉积盖层上拱和(或)被刺穿
*犁式叠瓦状逆冲断层 ——褶皱逆冲断层 ——逆冲断层 *不对称的同心褶皱 *小型—大型犁式正断层 *小型逆断层	*犁式正断层 ——反向断层 *断层下降盘的滚动背斜 *地层厚度增大	*盐 *枕 *脊 *丘 *墙 *残留高地岩层 *盐排出地区之上地层下弯 *边缘向斜 *龟背构造断层 *放射状 *同心状	*流动 *泥丘和泥火山(有气体逸出) *不规律断块
凸凹波形带(ShaliantReen-trant) 侧列式	弯曲状,分叉型, 合并型	孤立的构造 (与盆地边界平行的盐脊、盐墙)	孤立的构造
逆冲断层上盘 前缘不对称褶皱	滚动背斜	盐核背斜 盐体边缘上掀的地层	泥核褶皱

造　环　境

汇聚型边缘 ——弧后区 ——海沟朝陆一侧	被动边缘 ——三角洲	离散型边缘板内 ——发育不完全的裂谷系	被动边缘 ——三角洲
具有汇聚分量的转换边缘	汇聚型边缘海沟朝陆一侧		转换边缘

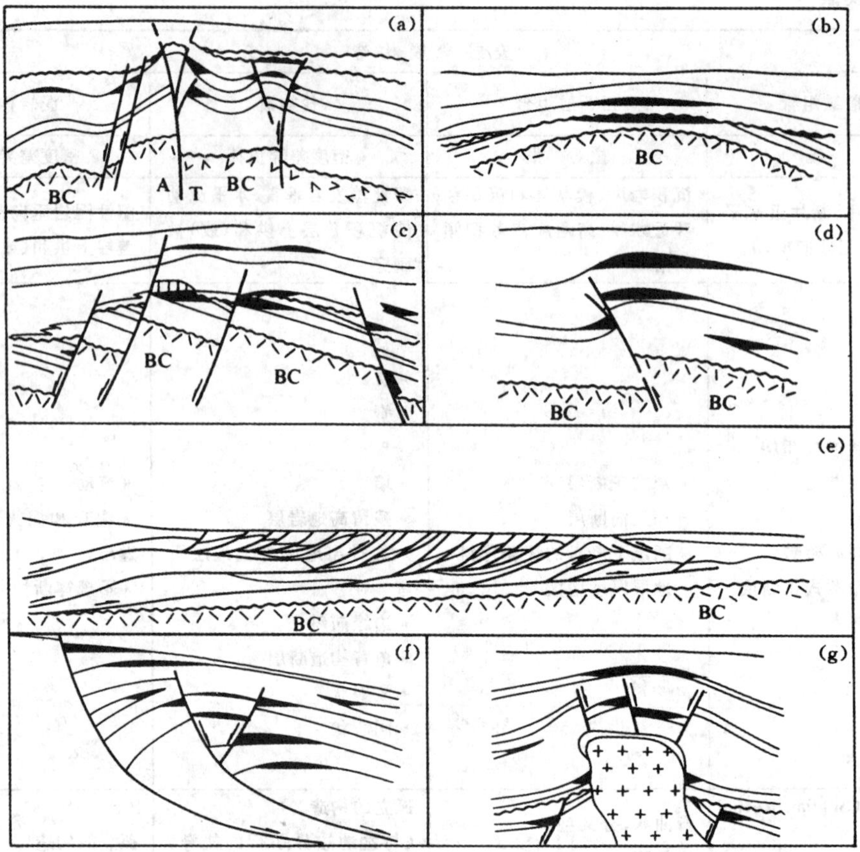

图 5-30　沉积盆地中与构造样式伴生的最常见的油气圈闭(以黑色表示)示意图

(王燮培等,1990)

(a)扭性断层;(b)隆起、穹隆;(c)张性断块;(d)压性断块;(e)逆冲-褶皱;(f)滑脱型正断层;(g)盐岩构造;BC—基底

事件,包括强度、延续时间和期次的不同而使构造样式复杂化,成为基本构造样式的过渡型或几种典型构造样式的混合型。此外,自然界不少构造样式是相互叠加的。例如滑脱型逆冲断层最终可沿倾向伸进基底成为基底卷入的逆冲断层,在某些地方沿走向与压性断块重合等等。但是构造样式还是可能被鉴别的,其基本准则是根据局部(地震)构造平面图和(地震)剖面图形态,以及这些构造的平面展布特征,特别是沿走向排列上的重大差异,诸如雁式排列、网格状排列、侧列式排列等等。各类构造样式的典型地震剖面图在文献(A. W. Bally,1983;J. D. Lowell,1985)中可以看到,因教材篇幅限制,不能一一引用,读者有兴趣可以参阅。综观这些剖面不难发现,解释了的地震剖面和原始地震剖面存在着不少差异,特别是细节方面。从地震波场分析的角度来看,由于地震成像原因,地震波场并非是地下复杂构造样式一一对应的响应。此外,地震波动是由地面激发,向下传播经反射后返回至地面接收的,因而深部地层的波场必然受浅部覆盖介质的控制,使深部地震波场复杂化。因而利用地震剖面做构造样式分析时,必须从上述地震波场分析的角度来讨论问题。

二、构造解释内容简介

常规的构造解释,包括构造层系的划分,构造形迹的定性定量描述以及成因分析。图 5-31

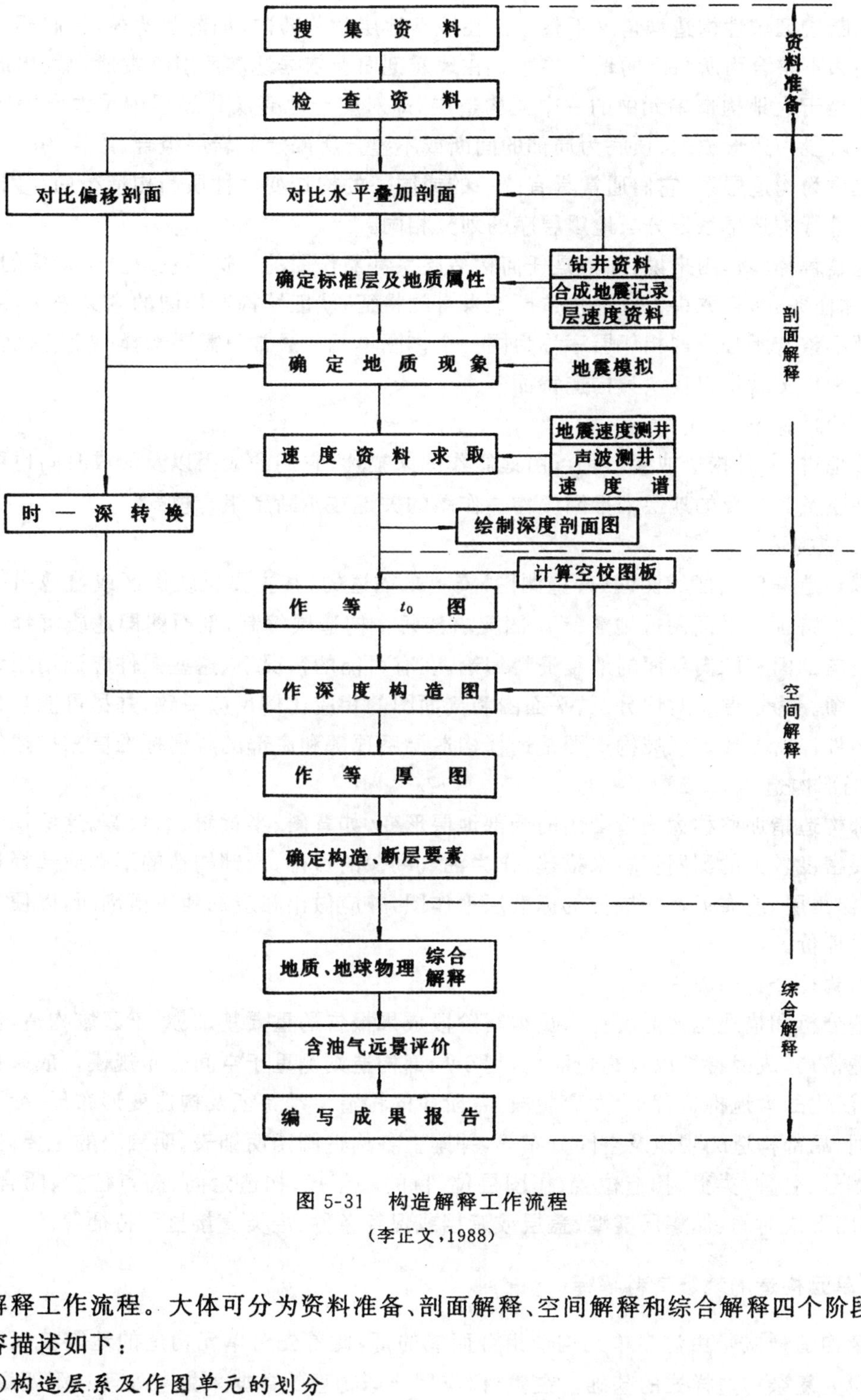

图 5-31 构造解释工作流程

（李正文，1988）

为构造解释工作流程。大体可分为资料准备、剖面解释、空间解释和综合解释四个阶段。主要解释内容描述如下：

（一）构造层系及作图单元的划分

构造层系，在大地构造学的范畴内，是指一定的大地构造单元中于某一特定的构造阶段内形成的一套岩层组合体系。其建造特征和构造形迹通常反映其在该构造发育阶段（构造幕）的大地构造性质和类型。在时间上，其代表地壳演化过程中的某一特定阶段或构造幕；在空间上则反映某一特定构造运动所波及的范围。不同构造层系之间的分界面一般代表重大的或明显的地质间断或区域性构造型角度不整合。在地震地层学范畴内，如前节所述，它们相当于一个顶底界面为不整合面所限定的地震层序。在地震剖面上依据地震反射终端所识别出的地震层序一般相当于大地构造单元中的一个亚构造层，即对应于地壳演化过程中重大发展阶段内的某一较小阶段中所形成的，顶底为局部的间断或不整合所限定的岩层组合。这样的一套岩层组合体系也称为构造层系，它们通常具有统一的或同一的构造变动性质和构造布局。因此，在地震剖面上进行构造层系划分与地震层序的划分相同。

就地震解释和作图来说，并不是任何构造层系都需作图的。这不仅取决于勘探的目标（目的层系）和任务，而且取决于这种构造层系自身的特征。就区域构造作图的意义来说，由局部间断或局部不整合所分隔的相邻层序称为同一个作图单元。通常只需要选择一个有代表性的所谓标准层来作图就足以反映其构造特征。

（二）构造作图

一般地讲，各种构造或变形都可由地震作图来描述，它们的成因以及形成时间也可以依据变形的性质及其波及的地层来推断。构造作图的关键在于断层组合模式。

1. 区域构造

区域构造是依据区域测网（普查测网）资料来描述的，其主要反映探区或盆地内部的构造格局和变形特征。平面图或地震等 t_0 图要求按每个构造层编制，剖面图即地质解释横剖面一般选择走向剖面和倾向剖面的地震资料编绘。在有可能的情况下，这些图件应选用压缩的地震剖面来作图。为了便于对比分析，平面图和剖面图的相应比例尺应一致，并尽可能与相应测网的各种图件保持一致。区域构造图是选择构造层系顶部和底部的所谓标准层来描述的。

2. 局部构造

局部构造指那些称为构造圈闭的局部地层形变，如背斜、半背斜、断块等。这些局部的变形特征需要密度较大的测网资料来描述。作为油气勘探的目标，局部构造的形态应选择目的层位（预测的储集层）或靠近目的层位的标准层来作图，并应做出相应的地质横剖面，以便于构造圈闭的远景评价。

（三）构造分析和描述

构造分析和描述是构造解释人员编写阶段成果报告的重要基础。对于区域构造，侧重于盆地的构造格局，成因特征以及构造演化，对于局部构造则侧重于空间分布规模。成果报告应包括：盆地演化的大地构造背景、发育阶段、各阶段的构造运动特征及构造变形布局、变形机理及形成时间，局部构造的规模及空间分布等，并附上各构造圈闭明细表。明细表的主要内容包括：圈闭的编号、名称、类型、构造位置、作图层位、目的层年代、构造走向、高点位置、闭合面积、闭合度、圈闭形成时间、储集层类型、盖层或遮挡或保存条件、烃类直接显示特征等。

三、单元构造的地震资料解释

复杂构造样式是由许多单元构造组合而成的，因此首先对单元构造的地震波场特征进行分析是研究复杂构造样式的基础。在教材《应用地球物理的数据采集与处理》（第四章）已对地震剖面上特殊小波的特征进行了详细的描述。这里从地质单元构造的角度描述其地震响应特征。地质上的单元构造大致可分背斜（小凸起）、向斜（小凹陷）、断层、尖灭等。它们的地震响应分述如下：

（一）背斜（或小凸起）

背斜或小凸起，从地震勘探角度来说其几何形态均为凸曲界面。当曲界面的曲率半径 ρ 大于埋藏深度 h 时，形似背斜构造，反之，若 $\rho < h$，则似小凸起。鉴于水平叠加时间剖面是自激自收成像剖面，对于大曲率半径的平缓背斜构造来说，它的自激自收射线同剖面上的铅垂线方向偏离得不太远（背斜顶部则完全重合），故在地面上各观测点上观测到的同相轴形态比实际背斜构造形态略偏宽，基本上保持一致[如图 5-32(a)所示]。当背斜的曲率半径变小，达到 $\rho < h$ 的条件，则从几何形态来说，背斜变成小凸起，其两翼倾角变陡，在该两翼上每一点的自激自收射线远远偏移铅垂线，它们在地面上有很大的出射角，因此，地下一个小凸起，在地面上观察到的地震波场却形似很宽背斜的同相轴。如图 5-32(b)所示。显然，两翼倾角越陡，埋藏越深，则地面观察到的同相轴越宽，如图 5-32(c)所示。

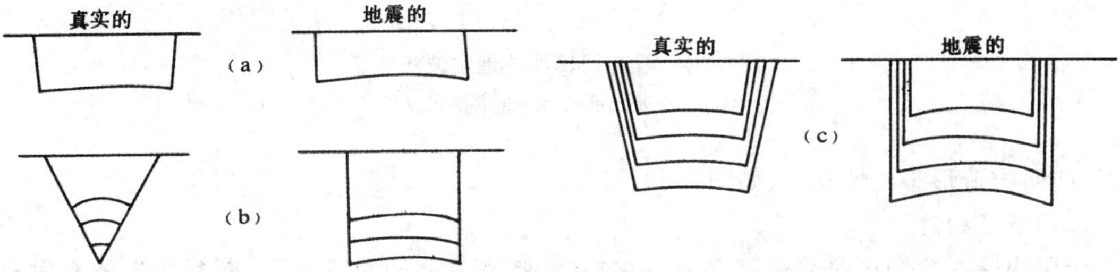

图 5-32　背斜及小凸起在时间剖面上的形态

由于背斜顶部的射线是偏离铅垂线向两边发散，从能量的角度来说，背斜顶部波场的能量是发散的。

（二）向斜（或小凹陷）

向斜或小凹陷的几何形态都是凹曲界面，但是它们在地震波场的同相轴形态上有很大的差别。向斜的曲率半径 ρ 一般大于该向斜的埋深 h，故在地面观察到的同相轴形态同地下向斜形态大致一样，都是向上弯曲的形状，如图 5-33(a)所示。但是当向斜的曲率半径 ρ 变小，满足 $\rho \ll h$ 时，则向斜的几何形态变成一个小凹陷。此时，凹陷两侧的自激自收射线都向凹陷中心聚焦，产生地下聚焦效率（Buried focus effect），形成所谓的回转波，如图 5-33(b)

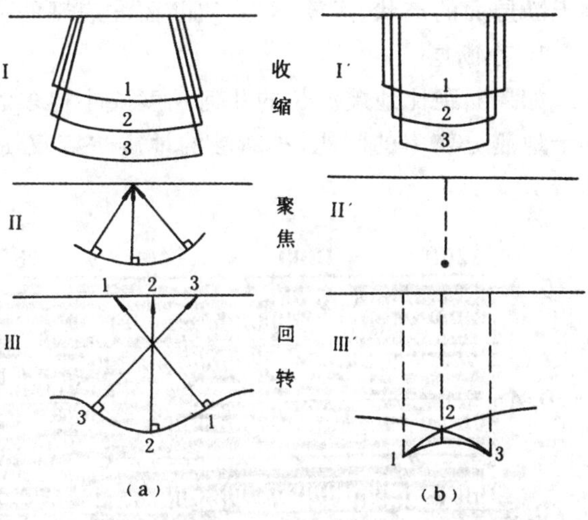

图 5-33　向斜及小凹陷在时间剖面上的形态

所示。回转波的顶端正是凹陷中心的射线自激自收时间，从图上看具有最短路程的最小时间，而两侧的射线则向相反方向出射，即凹陷左侧的地震信息向回转中心的右侧出射，因此左侧的地质信息在右侧观测到，而右侧的信息则在左侧观察到，构成所谓的同相轴回转，由于凹陷两侧波的自激自收射线路程均长于凹陷中心的路程，故其波至时间亦大，因此回转波的同相轴形态是一个以凹陷中心为顶部的似背斜同相轴，它同凹陷的形态正好相反。从能量的角度来说，射线都向凹陷中心聚焦，故回转波具有较强的能量。回转波在经过偏移处理后，这个“背斜”消

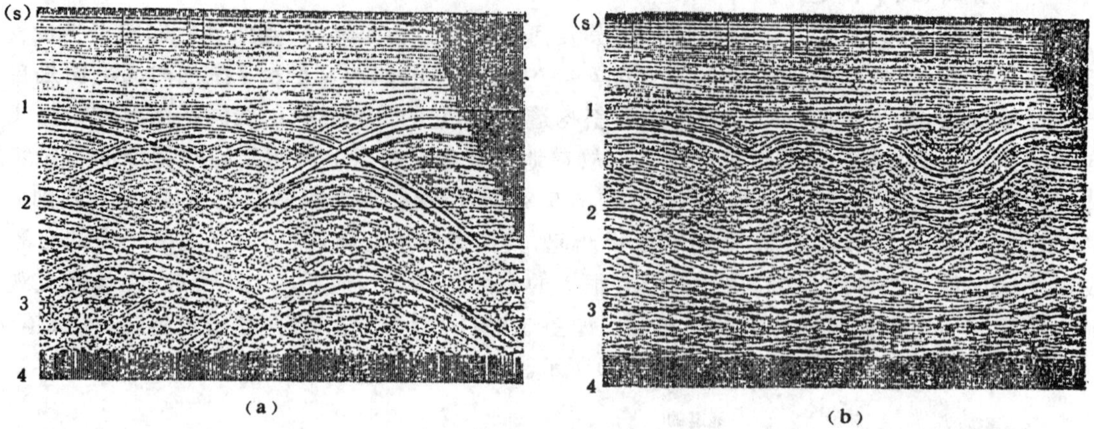

图 5-34 具有回转波的地震波场特征

(a)水平叠加剖面;(b)偏移后的剖面

失了,向斜构造形态也恢复了(如图 5-34 所示)。

(三)断层构造

断层构造在含油区是普遍存在的一种构造,特别是我国东部油区,断裂构造体系发育,纵横交错,使地震时间剖面变得异常复杂。从地震勘探的角度来说,断层面两边的岩性如果有差异的话,则断层面本身亦是一个物性界面,它也会产生地震响应的同相轴,称之为断面波。不过由于断层面的产状、规模不一,故断面波表现的形式亦不一。

1. 小断层

如果断距比地震波长的几何尺度要小得多时,这种断层在地震勘探中相对地称为小断层。由于地震分辨率的问题,小断层的地震响应仅使同相轴断开或扭曲,没有断面波反射,如图 5-35 所示。

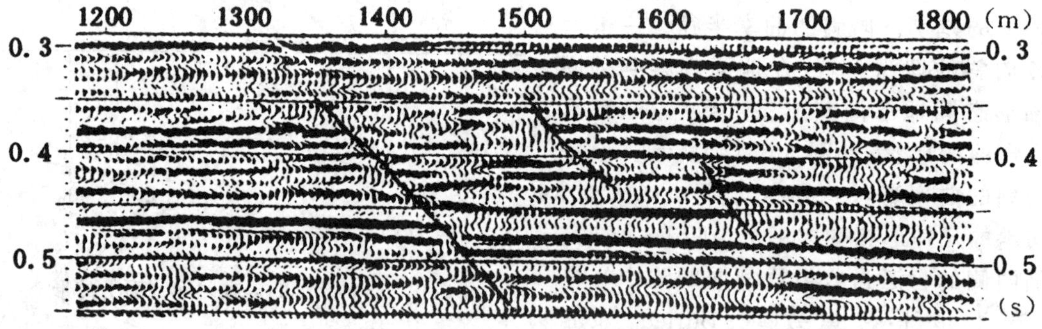

图 5-35 小断层在时间剖面上的特征

2. 大断层

当断距的几何尺度大于地震波长时,这种断层在地震勘探中称为大断层。大断层的断层面已经不受地震分辨率的限制,它的响应可以在地震时间剖面上显示。根据断层的性质、产状有如下特征:

(1)高倾角的断面波的同相轴可以同断层倾角下倾方向的地层同相轴相交,如图 5-36 所

图 5-36 高倾角断面波在时间剖面上的特征

示，这种现象常见于高倾角的正断层。断面波的强弱，则决定于断面倾角的大小，倾角越陡，能量越弱，这是由于断面陡，射线在地面的出射角大，受方向因子的影响，接收的能量只是射线在铅垂方向的分量，出射角越大，分量越小，故能量越弱，有时甚至难以识别。如果断层面两边的岩性变化剧烈，则断面波的能量亦不是均一的。

(2)断层的断点是岩性的突变点，将产生双曲线形状的绕射波，尤其是断点以外的半支绕射波有时可以表现得特别明显，如图 5-37 所示。绕射波的双曲线顶端是确定断点的可靠标志。

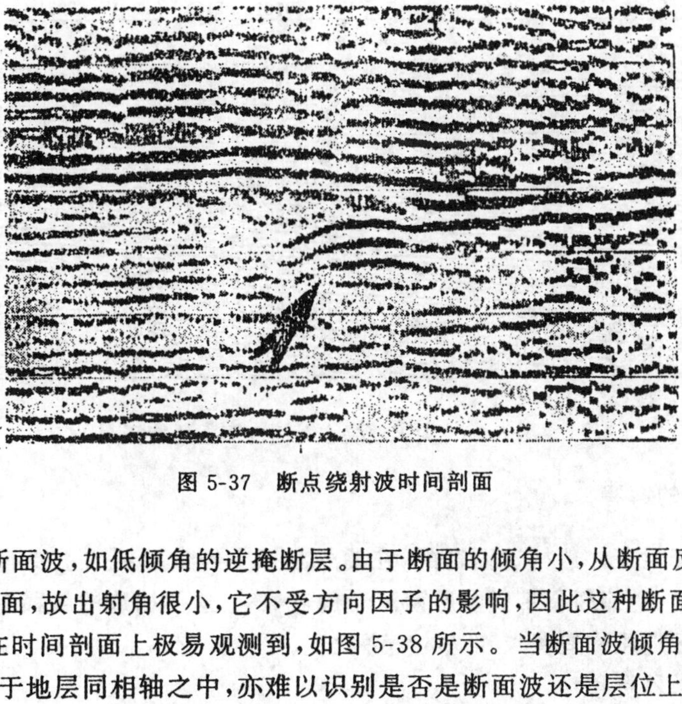

图 5-37 断点绕射波时间剖面

(3)低倾角的断面波，如低倾角的逆掩断层。由于断面的倾角小，从断面反射回地面的射线几乎垂直投射至地面，故出射角很小，它不受方向因子的影响，因此这种断面波几乎同地层有同等级次的能量，在时间剖面上极易观测到，如图 5-38 所示。当断面波倾角很小时，断面波的同相轴有时则平卧于地层同相轴之中，亦难以识别是否是断面波还是层位上的反射波。

(四)尖灭地层结构

岩层厚度逐渐变薄直到缺失，形成的楔形地质体称为尖灭。尖灭可分为岩性尖灭、不整合尖灭、超复和退复尖灭及断层尖灭等。尖灭可以形成地层圈闭油气藏。在时间剖面上表现为上

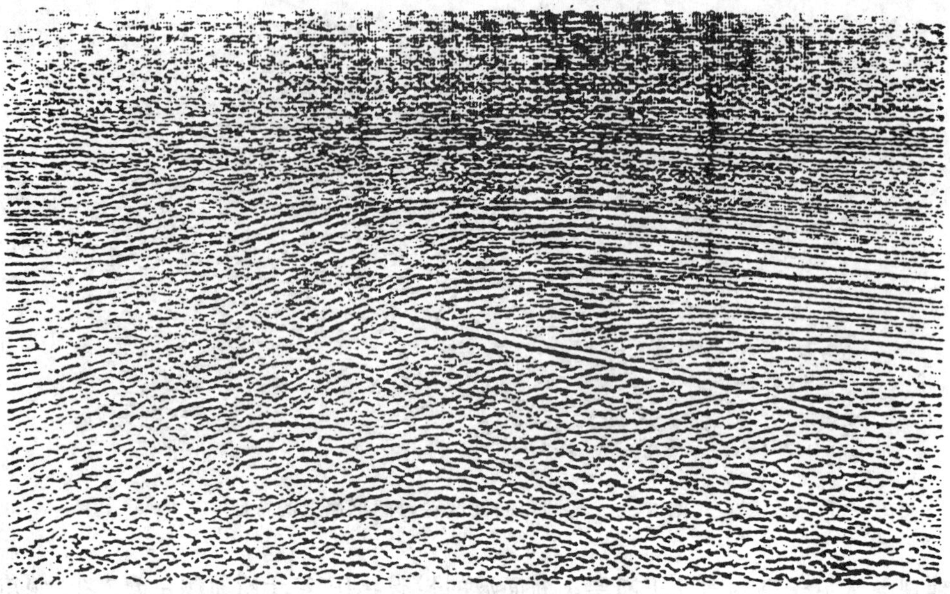

图 5-38　逆掩低倾角断面波的时间剖面

下两组波的同相轴逐渐靠拢，两波之间的反射相位逐渐减少，直到消失，最后两波合拢，出现尖灭点，如图 5-39 中的 41～61 点之间，在 0.4～0.5s 附近出现尖灭点。有时，尖灭点可形成绕射波。

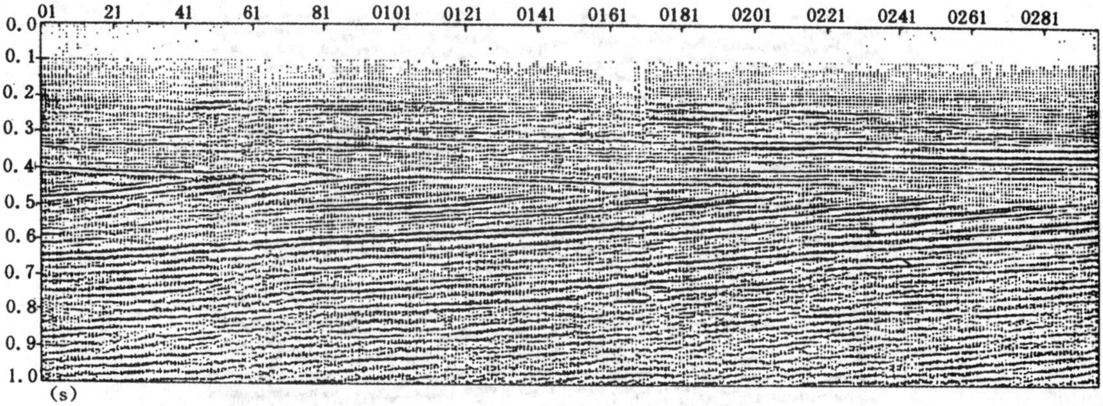

图 5-39　尖灭地层在时间剖面上的特征

四、复杂构造的解释

复杂构造是相对于一般构造而言的，在油气勘探中经常遇到的主要有复杂断块或受断裂严重破坏的断背斜、逆掩断裂带以及所谓流动构造等等。这类构造的解释主要依赖于解释人员的经验和对研究区地质构造背景知识的熟悉程度。

（一）复杂断裂的解释

1. 复杂断块的地震解释

正确地描述复杂断层的组合模式以及断背斜的具体形态对于油田早期开发，尤其是海上油田的早期开发具有举足轻重的意义。目前，最有效、最经济的手段是进行三维地震测量，因为三维显示可以直接给出断层的组合模式，而且允许构造作图。通常复杂断块构造的解释和作图是十分困难的。如图 5-40 所示的这类构造，作图的关键在于层位对比和断层模式的确定。不过，在有少数井控制的情况下，尤其是早期开发阶段，类似这样的复杂构造的解释精度可以通过以下方法来加以改善。

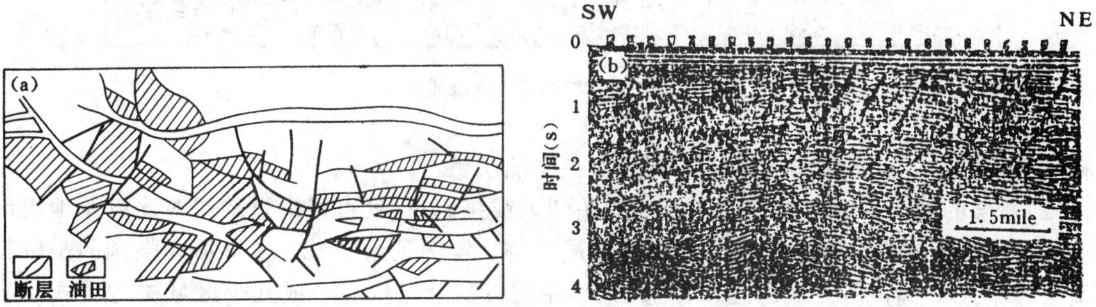

图 5-40　复杂断块构造实例

(a)东-辛油田构造略图；(b)穿过某油田的一地震剖面

(1 mile≈1 609m)

(1)构造成因分析。任何一个局部构造都包含其所在区域背景的构造特征，因此，通过对区域构造类型、性质和布局等的成因分析，就能获得有关影响局部构造发育的区域构造背景的知识，诸如应力场和作用力的大致方向等。这样，就有可能依据构造地质学的一般概念提出控制局部构造发育的区域构造格架，作为判别断层模式的地质依据。

(2)比例物理模拟分析。所谓物理模拟，是用一些已知参数的介质，做成一定几何形态的模型来模拟地下地质结构，采用超声波模拟地震波，专用换能器模拟震源和检波器，将野外地震勘探过程在实验室内重现，得到理论地震记录的方法、技术。因此，在有条件的情况下，可借助于比例物理模拟分析来获得局部构造变形的特征和格局，并借以作为地震解释的地质控制。这种物理模型的材料、应力场(包括作用力的大小和方向)一般是通过上述构造成因分析获得的。

(3)断层的定性定量分析。一般地讲，除了活动性或继承性断裂以及同生断裂外，一条断层的基本特征无论是沿断面的走向还是沿其倾向，都是有一定规律的。因此，通过对相交或相邻地震剖面所确定的断点或断层(迹线)的细致分析，尤其是断层两侧对应层位的位移量，就可能改善作图层位上各断点的对比连接。再加上上述区域构造背景的控制，就能使断层模式的解释精度获得改善。

2. 逆掩断裂带的地震解释

逆掩断裂带的地震解释关键在于地层对比和断层形迹的确定。一般地讲，在沿有一定数量的井控制的情况下，这种解释是十分困难的。对于这类复杂构造的勘探和解释大致可通过下列步骤来实现。

(1)已知地质资料的研究。在着手逆掩断裂带的地震解释之前，详细研究有关探区的已知地质资料(如地面地质和井下地质资料)是十分重要的。通过对地面地质资料的分析和描述，可以获得有关研究区的区域构造知识，诸如逆断层的性质(仰冲型还是俯冲型，即逆掩体为外来地块还是原地岩)、形成时间、断层面的产状以及地面形迹等，实例如图 5-41。而井下地质资料的分析则能提供与断层有关的地下信息，例如断层(迹)的隐伏位置、上下盘的地层年代和岩性、滑离作用面的所在层位等等。所有这些，不仅有助于地震资料的解释，地震剖面上断层形迹的确定，尤其是下倾端的延伸(仰冲型的滑离面一般平行层面)，而且也有助于预测逆掩断层之

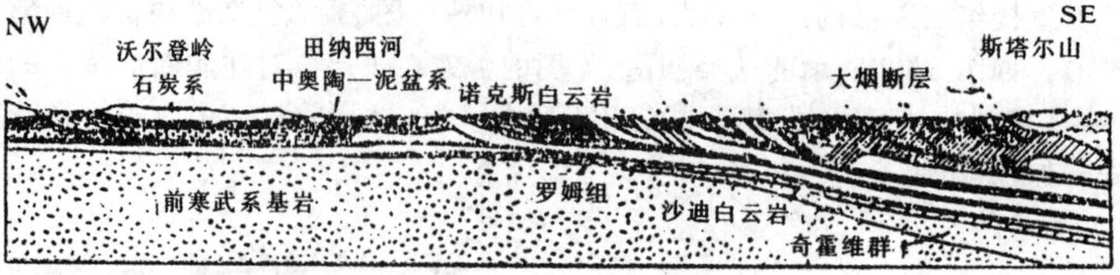

图 5-41　阿伯拉契中南段的地质横剖面

下有无远景区带或远景圈闭或断层下是否存在含油层系。

(2)断层的地震解释。在获得了上述有关知识或控制后,就可以通过地层对比以及地震剖面上的断层标志来确定断层的位置和描述断层形迹。实例见图 5-42。这里需要强调的是解释人员必须事先掌握该研究区的区域构造知识,并在头脑里保持一个或几个区域构造模式。当然,最终的解释结论尚待钻井证实和修改。

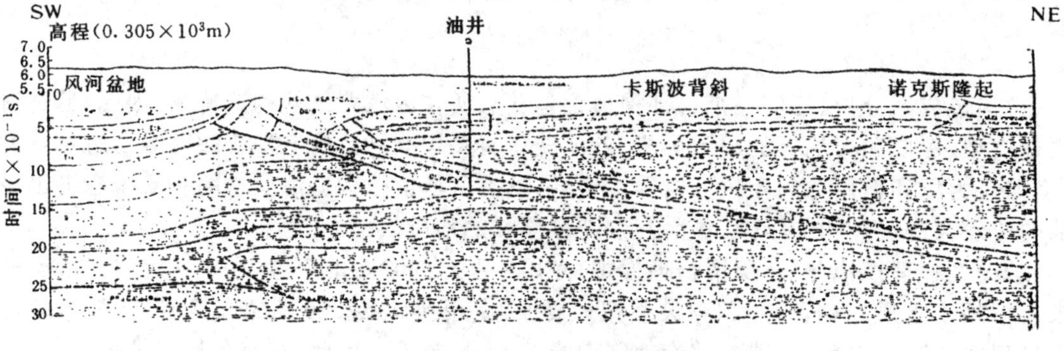

图 5-42　卡斯波逆掩断裂带的地震解释剖面

3. 断裂的重磁异常解释(王一新等,1995)

利用重磁异常的梯度带、线性异常、异常的错断与突变、不同特征场分界线、串珠状异常带分布等特征,可大致推断断裂的展布。但是,由于每个地区地质及地球物理条件的差异,上述这些异常标志并非都具备。为此,应用重磁资料的不同处理方法,突出断裂信息。如利用相关分析和不同方向的水平方向导数,可以突出异常的梯度,更直观地反映不同方向的断裂。图 5-43 至图 5-45 为对某测区重力资料进行不同方法及不同方向导数处理后的一个实例。分析这些图,可以确定断裂 7 条,其中北西向断裂 4 条(由西向东编号为 F_1,F_2,F_3,F_4),北东向断裂 3 条(由北向南编号为 F_5,F_6,F_7),详见图 5-46 所示。

(1)F_1 断裂:在重力及重力垂向二次导数水平 45°方向导数异常上为一明显的极值带。该带东侧在垂向二次导数异常上表现为高、低相间重力异常,异常幅度为 0.4～0.6mGal,异常总走向为北西向,而两侧异常宽缓幅度为 0.2～0.6mGal,异常走向变化。磁力 ΔT 异常上为高磁异常,由南向北磁力异常减弱。该断裂具有由深层到浅层断距逐渐减少的特点。

(2)F_2 断裂:该断裂为测区内一条主要断裂,断裂在各种 45°方向导数异常上为明显的极值带,在布格重力异常上为梯度带(见图 5-47)。该断裂两侧重力场有明显的差异,为两种不同的地质单元。在磁力 ΔT 异常上为一系列磁力正异常,呈北西向排列。

(3)F_3 断裂:该断裂位于 F_2 断裂之东,在垂向二次导数异常上为负异常分布区(图 5-48

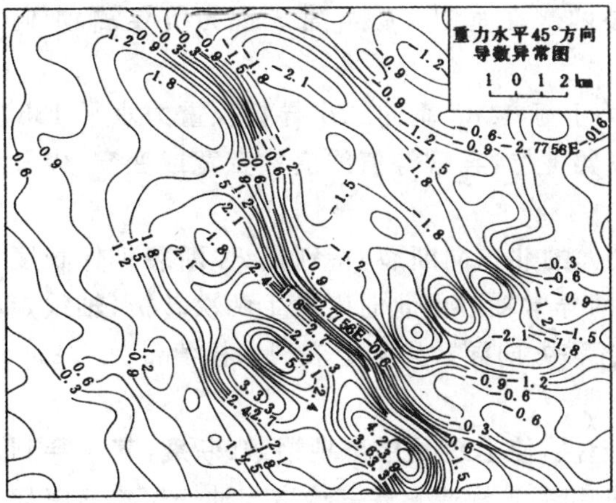

图 5-43　重力水平 45°方向导数图

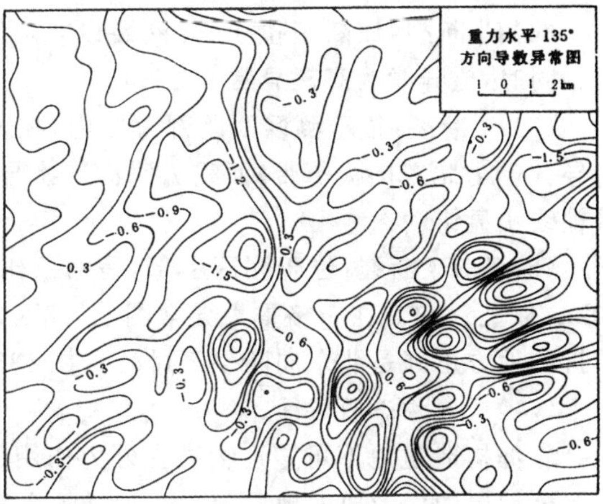

图 5-44　重力水平 135°方向导数图

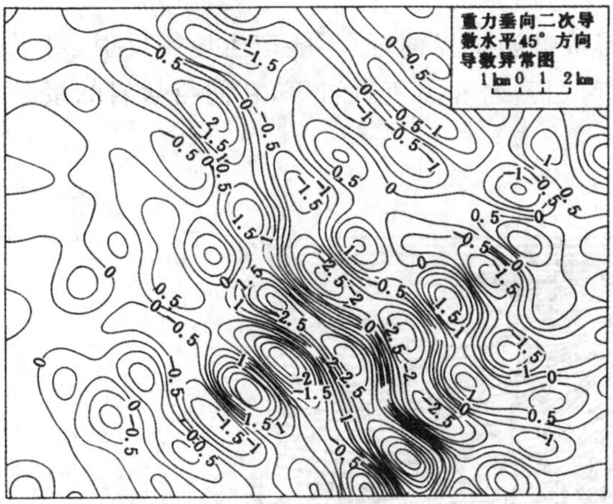

图 5-45　重力垂向二次导数水平 45°方向导数图

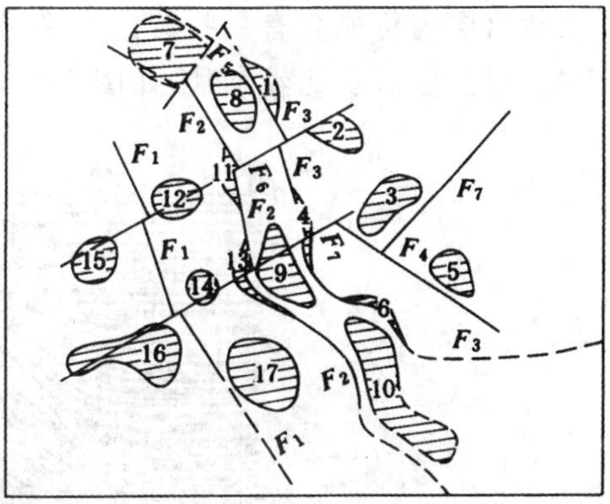

图 5-46　某测区断裂及局部构造预测图

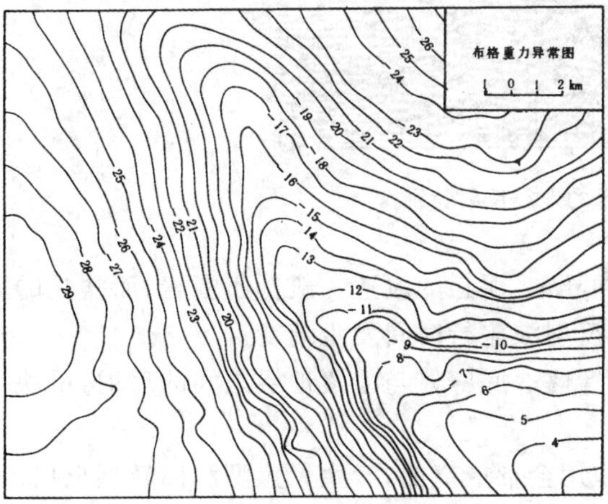

图 5-47　某测区布格重力异常图

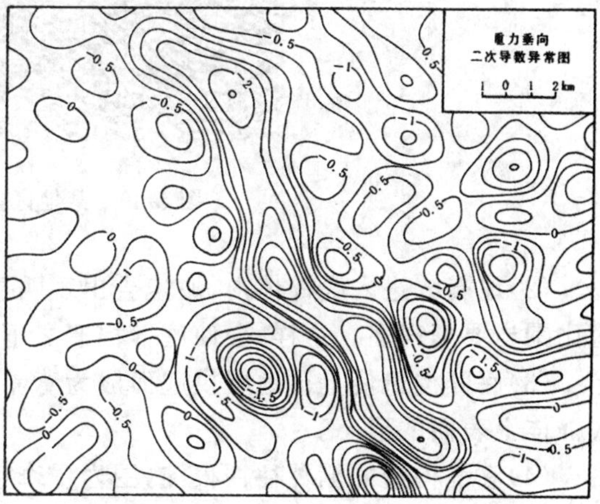

图 5-48　重力垂向二次导数异常图

所示),异常走向不一,该断裂附近磁力 ΔT 异常为高磁异常,走向北西。

(4)F_4 断裂:该断裂位于 F_3 断裂以东,断裂两侧在垂向导数异常表现为负异常,走向北西。同时,磁异常为高磁异常。

(5)F_5 断裂:位于测区西北部海区内,在重力上延 1km、垂向二次导数及重力水平 135°方向导数上为北东向极值带,而重力垂向二次导数异常上,异常等值线突然变宽或变窄,以及异常轴线明显错动。

(6)F_6,F_7 断裂:位于测区中部,是两条比较大的北东向断裂,特别是 F_7 断裂延伸长度约 20km 以上。它们在布格重力异常图上,北西向的异常轴线由北向南发生两次转折,轴线走向转折的地方正好是北东向断裂经过处。在 135°各种方向导数异常上表现为极值带。

(二)底辟构造的解释

底辟构造是地下可塑性物质在外力作用下上拱,使上覆地层出现褶皱、断裂,甚至穿刺进入上覆地层中而形成的地质现象。常见的有盐丘和泥丘构造。底辟构造与油气聚集有密切关系,它可使上覆地层出现隆起,也可以和围岩之间形成地层圈闭油气藏。

底辟构造的地震特征和识别标志如下:

(1)泥岩底辟体内几乎没有物性差异,不能形成波阻抗界面,故不能产生地震反射。对于盐丘,在盐岩层内可能会有一些其他岩层,如硬石膏、白云岩和黑色页岩等,它们与盐岩的接触面会产生反射,但表现比较杂乱,如图 5-49 所示。

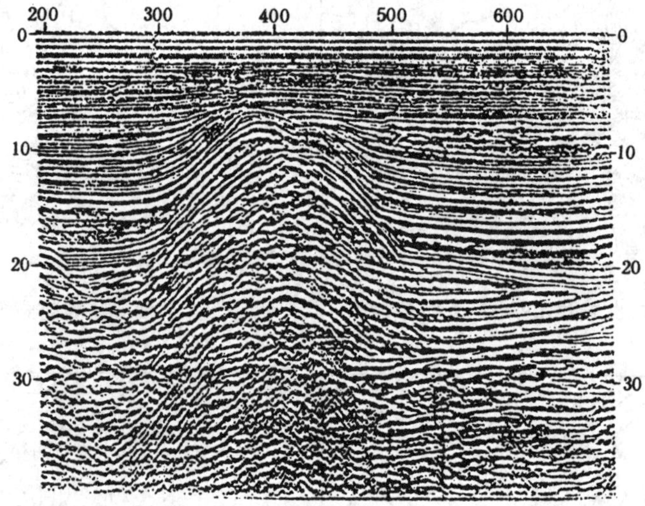

图 5-49 某地区盐丘的地震反射特征

(2)地震波进入底辟体内,波速会出现明显的异常:泥丘的波速一般低于围岩;而盐丘的波速比围岩要高得多。这样,会使底辟构造之下的反射波旅行时间发生畸变。

(3)底辟构造使上覆地层拱起而成为背斜或穹窿。底辟体与上覆地层之间的反射,反映了底辟体上表面的形态。

(4)底辟构造的侧翼往往很陡,围岩受牵引作用会形成挠曲,产生聚焦型和回转型反射。

(三)火成岩的解释

在含油气盆地中所遇到的火成岩体也不外乎两种类型,即侵入岩体和喷发岩体。由于火成岩的物性与沉积岩绝然不同,因此它们往往具有特殊的地震响应。同时,因其具有磁性,故重磁力资料可以用来与地震解释进行对比分析。

1. 火成岩的地震解释

火成岩的地震反射特征多种多样，其中最主要的包括板状、弧形、蘑菇状和宝塔状，它们代表不同的火成岩层(体)。

板状地震相由数量不等(一般1～3个)的同相轴组成，表现为平坦的强反射(图5-50)，向两侧反射突然中断或逐渐减弱。它是火成岩地震解释中一种最常见的地震相，是由层状火成岩(厚度较大的单层火成岩或多个薄层火成岩)形成的强反射层，代表与沉积岩互层的层状喷发岩，最常见的是层状玄武岩。

弧形地震相多与玄武岩有关，表现为由2～3个相位组成的弧形反射，两侧基本对称，弧形波下伏层常由于屏蔽作用而呈空白或杂乱反射。与绕射波的区别是弧形波的能量向两侧不随时间衰减，且两侧同等发育。一般为强振幅，但当玄武岩疏松多孔时，可呈弱弧形反射。

蘑菇状地震相往往代表火山锥的反射，顶界连续强反射，呈丘形可见披覆或超覆反射；底界面明显且平直或无明显底界；两侧地层反射突然中断，内部反射杂乱或空白反射(图5-51)。

图5-50　火成岩体反映的层状地震波场特征

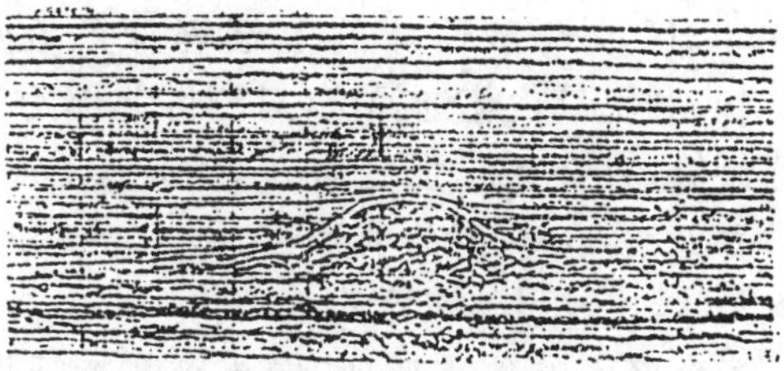

图5-51　火成岩体反映的蘑菇状地震波场特征

宝塔状地震相由若干个纵向叠置的弧形反射组成，与周围水平反射形成大角度相交，顶部反射明显，下伏层常由于屏蔽作用而为杂乱或无反射(如图5-52所示)。

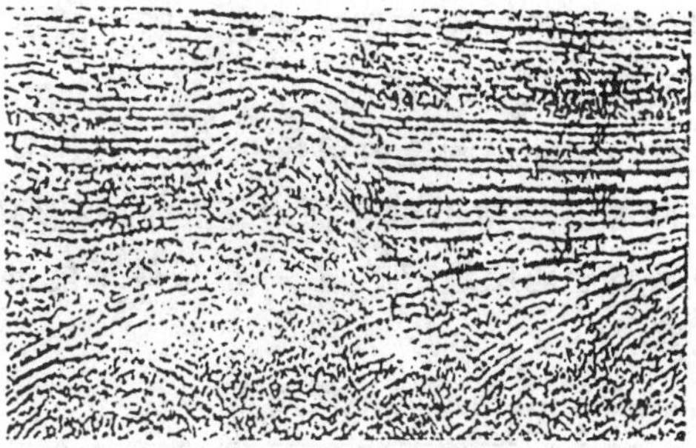

图5-52　火成岩反映的宝塔状地震波场特征

2. 火成岩的高精度磁测资料的解释

火成岩通常具有磁性，图5-53与图5-54是高精度磁测方法在江苏富民油田的一个应用实例。该油田是火成岩圈闭油田，由航磁图可以看出(图5-53)，在大片负磁异常背景上，存在20～30nT的正磁异常，测区范围内仅有一条5nT的等值线通过，是上述高值异常的次一级异常。这些异常初步推断，主要是局部火成岩侵入引起的。

采用高精度磁力仪进行地面磁测，测网为250m×100m，重复检查得到均方误差为1.4nT，是我国目前最高精度一级的磁测工作。

由磁异常平面图(图5-54)可以看出，测区北部是正磁异常区，而南部则是负磁异常区，正磁异常中心在测区北部，磁异常不规则，中心有三个闭合圈，极大值达94nT，以50nT等值线圈定异常范围约4km^2。负磁异常中心在测区中部，异常呈长椭圆形，南北向分布，极小值达－60nT。

使用切线法、特征点法、外奎尔法等反演方法，计算出局部磁性体的上端埋深在1 200～

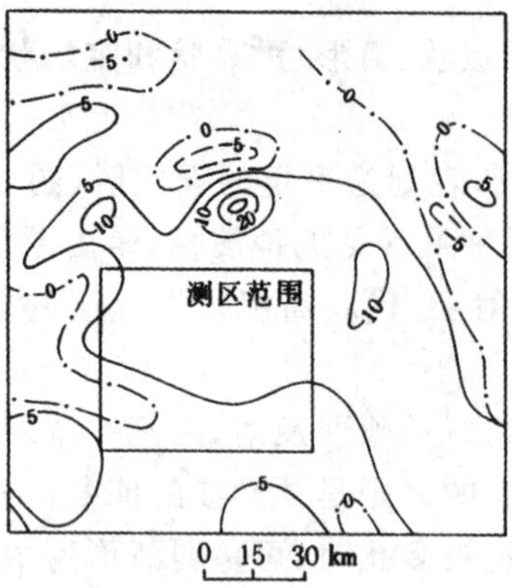

图 5-53 航磁 ΔT 异常与测区布置图

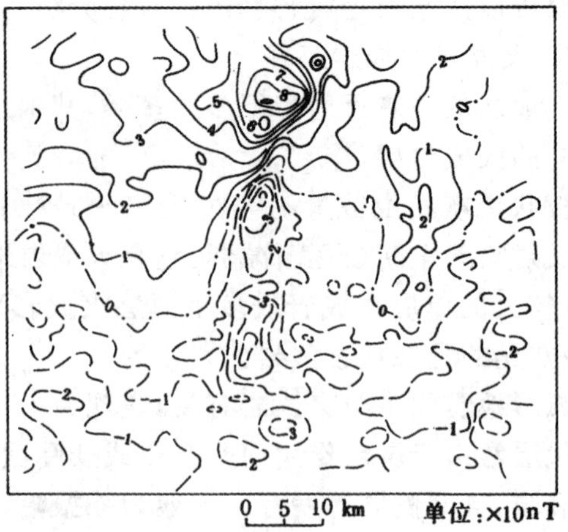

图 5-54 地面测量磁异常平面图

1 400m，区域性磁性体的上端埋深约在 3 000～3 500m。利用最优化选择法，对测区北部的正磁异常进行计算，存在磁化强度为 2 100×10^{-3}A/m，上端埋深为 1 200m，宽度分别为 100m，150m 和 250m 的三条岩脉，才能引起该异常。

综合该区的地质特征、岩石磁性特征以及磁异常特征，推断该区北部正磁异常为埋深 3 000～3 500m的大范围条带状辉绿岩岩脉引起，而测区南侧则分布大范围的多层玄武岩。圈定的辉绿岩体的分布范围如图 5-55 所示。

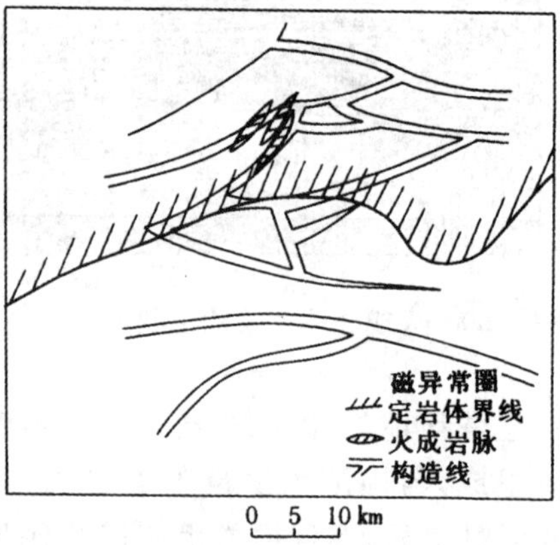

图 5-55 辉绿岩体分布图

(四)古潜山构造的解释

古潜山是指不整合面以下的古地形高，它往往是由碳酸盐地层组成的，在一定条件下能形成圈闭，如我国的华北油田就是以古潜山为主体的油气藏。

1. 古潜山构造的地震解释

古潜山顶面是不整合面，具有不整合面反射波的特点，表现为低频强相位、多相位的波形，并伴有绕射波、断面波、回转波、侧面波等。图 5-56 是古潜山的地震剖面，分析这种地震剖面时，应特别仔细，要弄清各种波的来龙去脉和相互间的关系，并参考叠加偏移剖面来帮助解释。

2. 古潜山的重力勘探

布格重力异常是地表以下直到地壳深处物质分布的综合反映。由于盆地基底岩石和盆地沉积物之间存在较大的密度差异，而且在地壳深处物质相对埋藏较浅，因此，布格重力异常比较清楚地反映盆地基底的起伏情况，这就使重力勘探寻找古潜山有较好的效果。根据布格重力异常，可以了解盆地的基底结构和区域构造形态，并且可以根据区域构造特征进一步了解古潜山的类型以及大致分布区域，对于一些大型古潜山或埋藏浅的古潜山还可以预测它们的位置。

为了将浅部、中部和深部地质因素产生的叠加重力异常分开，可以采用各种分离场方法。其中之一是重力垂向二阶导数，它在消除区域重力背景后能清楚地显示局部异常，对于揭示局部古潜山的存在有较好的分辨能力。

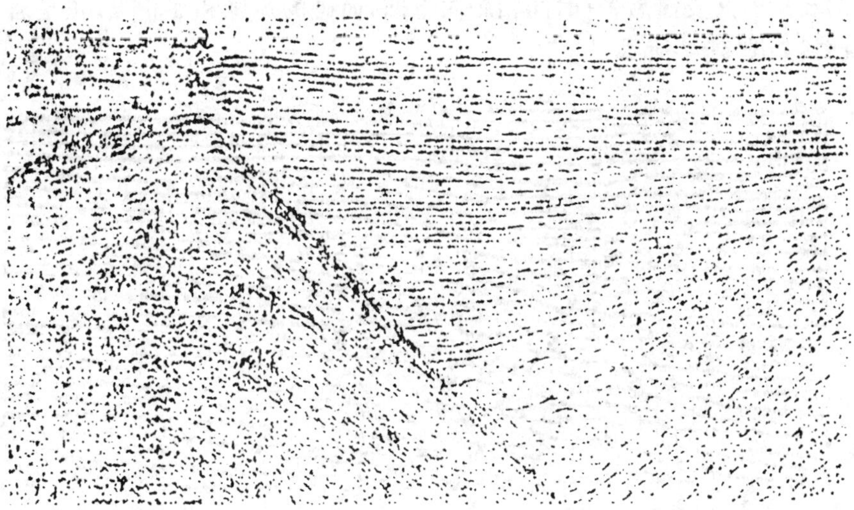

图 5-56　古潜山在水平叠加时间剖面上的特征

当然，在利用重力异常进行古潜山推测解释时，必须考虑古潜山埋藏深度对重力异常、岩性以及测量精度对重力异常的影响。

3．古潜山的磁法勘探

由磁法测量提供的盆地结晶基底岩性、构造和顶面埋深等重要资料，对了解古潜山的类型、形成方式和分布概况有一定的参考价值，所以在古潜山勘探中，磁法勘探也是一种不可缺少的方法。

因为古潜山是和盆地基底活动、起伏有关的一种地质构造，而很多地区盆地的基底活动又与磁性结晶基底的活动有关，或者盆地的基底本身就是磁性结晶基底。所以，由磁异常特征反映的磁性基底特征能大致反映古潜山的一些发育情况。

一般来讲，磁异常和局部构造之间没有直接的对应关系，但古潜山的特殊性为应用磁法勘探提供了一定的地质条件。当古潜山直接由磁性结晶基岩组成，规模较大或埋藏较浅时，在磁异常图上直接反映是完全可能的。若古潜山不是由磁性结晶基底组成，但当它的形成与结晶基底的活动有密切关系，古潜山顶面距磁性结晶基底顶面的距离不是很大的时候，利用磁异常的特征，也可以了解古潜山的概况。当古潜山的形成与基底断裂活动有关时，有些地区可能会沿基底断裂形成火成岩的侵入和喷发，利用火成岩的磁性特征，也可以预测古潜山的存在。

4．古潜山的电法勘探

由于组成古潜山的地层具有较高的电阻率，古潜山上覆盖层电阻率一般较低，特别是在一个由砂泥岩覆盖的碳酸盐岩古潜山地区，它们之间的电阻率差异可达几十倍到几百倍，所以，古潜山顶面往往有一个明显的电性界面，且在大范围内稳定。

综上，综合应用各种地球物理方法可以查明古潜山的形态、埋深、内部构造和分布特征。

（五）礁的地震资料解释

礁是由海底生物群和沉积物堆积在一起而形成的，它是目前海相碳酸盐岩中找油的一种重要油气藏。礁有多种类型，主要是大陆架边缘礁、堤礁、环礁、塔礁和补钉礁等。由于礁是生物堆积而成，有明显的外形，在地震剖面上一般呈隆起状，而礁内因没有层理，故地震反射为杂乱或空白，而在礁的两侧有时出现上超现象。由于礁的地震波速一般要低于围岩碳酸盐岩的速度，故礁底的反射时间要滞后，有时同相轴向下凹，而礁的边缘和终止点，正是岩性尖灭点，可能会出现绕射，如图 5-57 所示。

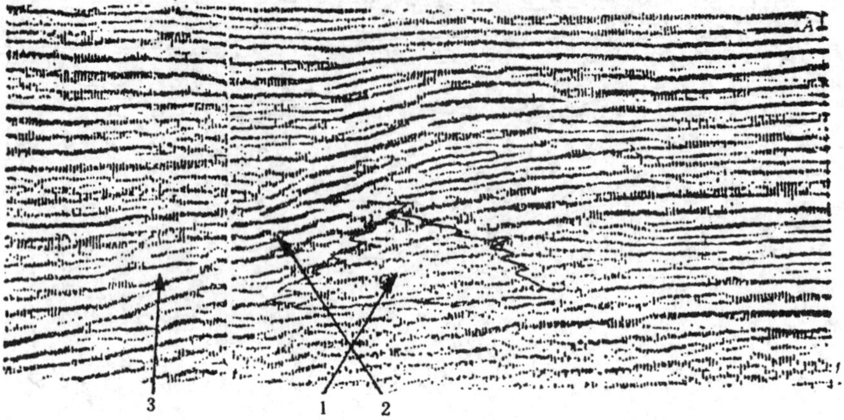

图 5-57　礁及其地震响应特征

1—礁相，上覆有明显的披盖现象；2—礁前的绕射波；3—上超现象

§5.7　评价油气储集类型的综合地球物理方法

油气储集层评价是石油勘探和开发中不可缺少的重要内容，它涉及到低成熟勘探区有利油气聚集区的确定、高成熟勘探区隐蔽和深层油气层的寻找、油气田开发方案的设计和调整以及剩余油气分布的分析等贯穿含油气盆地的油气勘探和开发全过程的研究工作，具有系统的理论性和可操作的实用性。

在含油气盆地的不同勘探阶段，储层评价具有各自的研究对象、内容、方法和技术。在寻找油气田的勘探早期，是以整个盆地为油气勘探对象，以“定凹选带”为目标的储层评价。此时的区域储层评价主要依据钻探井和地震资料，考虑已有的邻区和露头区的研究成果，研究盆地地质结构，确定盆地类型，建立地质分层系统和地震层序划分方案，进行单井沉积相和区域地震地层学及层序地层学研究，分析沉积体系类型以及时空分布，明确生储盖组合系统，进行区域储层的综合评价。在发现了工业性油气流后，则进行以区带为油气勘探对象的区域储层评价，以重点勘探地区和层段为主要研究对象，详细研究储层成因类型，建立储层沉积模式，分析储层成岩作用和孔隙类型以及影响储层物性的多种控制因素，应用先进的地震处理技术开展储层横向预测，为寻找油气高产富集区、提高油气勘探效益提供可靠基础资料，为部署探井和评价井提供有利靶区。当勘探程度较高时，油气勘探主要是寻找复杂的隐蔽油气藏和深层油气层，此时应充分综合利用地质、测井、地震以及室内分析化验资料，进行小层段大比例尺岩相古地理工业制图，利用三维地震资料或高分辨率地震资料进行储层横向预测，详细阐明隐蔽性储集体的分布，有利油气聚集的相带和孔隙发育带，以明确隐蔽油气藏的勘探方向。本节主要介绍评价油气储集体的行之有效的方法和技术。

一、油气储集类型

沉积学工作者对全球的沉积类型划分有某些一致的意见（林壬子等，1995），大的类型方面有海相沉积型，如滨海、浅海、半深海、深海、海底火山喷发沉积等等；陆相沉积型，如残积、坡积、洪积、河流、湖泊、沼泽、冰川、大陆火山喷发沉积等;海陆过渡型,如泻湖、三角洲等等。沉积体系是由沉积体组成的,沉积砂体是沉积体系的骨架,又是形成储集体的基本单元。不同的沉积环境中形成的砂体及含砂体地层层序,具有不同的砂体连续性和连通性,具有不同的骨架建筑结构方式。Weber 和 Geuns(1989)据此又将碎屑沉积环境下的储层划分为三类,即以孤立透镜状砂体为主的迷宫式,以连续性席状、板状砂体为主的千层饼式和处于二者之间的积木式。不同环境形成不同类型的储层,如表 5-4 所示。

表 5-4　碎屑沉积环境的三种基本储层类型

	陆　相	海　岸　相	海　相
千层饼状	席状洪积物、湖泊席状砂、风成砂丘	障壁坝、海岸砂脊沉积物、海侵砂	浅海席状砂、滨外砂坝、外扇浊积岩
拼合状	辫状河沉积物、点砂坝、混合湖泊/冲积	组合相复合体如:潮道冲填的障壁坝、高 N/G 比的河道、冲积/河口坝	风暴砂透镜体、中扇浊积岩
迷宫状	低 N/G 比的冰水沉积物、低曲折度河道冲填物	低曲折度分流河道冲填物	上扇浊积岩、滑塌岩、低 N/G 比的风暴沉积物

在我国东部陆相断陷盆地,经过几年的工作,已经总结出从湖岸到深湖区可以识别洪积锥、冲积扇、河道、扇三角洲、三角洲、生物滩灰岩、浅湖水进砂岩体、水下堤岛沉积、浊积扇、盐膏沉积 10 种储集体系的沉积模式(吴奇之,1987)。

二、利用地震相分析识别各种成因类型的储集体

不同成因类型的储集体的几何形态及其内部结构是不相同的,在地震分辨率高的前提下,可利用地震相分析来识别不同成因类型的储集体,本节讨论常见的储集体的地震反射特征。

(一)冲积扇

冲积扇一般发育于盆地形成的初期或盆地衰退期,沿山麓呈裙带状或朵状分布。它是一种近源堆积,以间歇性洪水沉积为主。常分布在断陷盆地陡岩一侧,剖面形态呈楔形或透镜状。冲积扇可划分扇根、扇中和扇端三个亚相带,其中扇根以泥石流沉积为主,成层性差,地震剖面上为无反射或杂乱短反射特征;扇中以漫流和河床充填沉积为主,分选好,由大套砂泥岩互层组成,地震反射连续性中等到好,振幅中到强,反射结构为平行、亚平行;扇端以漫流形成的薄砂泥岩互层为主,表现为高频、中到低振幅,连续性中到低的反射。总体看,在平行沉积走向的地震剖面上,冲积扇响应为厚层状杂乱楔状反射,在垂直沉积走向的地震剖面上,冲积扇响应为厚层顶凸底平的丘形杂乱反射(图 5-58)。

(二)河道沉积

河道沉积是沉积相对稳定的一种河流沉积,当地震反射剖面垂直河流流向时,可显示清晰的河道充填地震反射,即在下凹的同相轴上充填水平的或倾斜的短的同相轴,其四周为反映河漫滩沉积的连续性较好的席状反射。河道砂体泛指充填在古河道中的砂体,包括河床充填砂体、点砂坝和心滩砂体。规模较大的河道砂体常在地震剖面上形成不同于相邻反射的充填形地震相,顶平底凹或顶凸底凹的透镜状。如图 5-59 为河道充填砂体的充填反射特征。内部杂乱或无反射,或为上超式充填反射,有时见下伏层"上拉"现象。

(三)三角洲

三角洲定义为"在水体(海洋或湖泊)中主要由河流作用沉积的陆上与水下相连接的沉积

体”。三角洲沉积体系是最重要的油气聚集单元之一。如图 5-60 为拉福奇型三角洲的典型地震响应，在地震剖面上，具近水平的顶积层和底积层，中间为斜交前积反射，前积反射的最下部常有小块杂乱扰动区，可能与滑塌和浊流作用有关，左侧有侵蚀性河道充填反射，显示三角洲分流河道的存在。拉福奇型三角洲的平面形态有两种，即朵叶状和鸟足状，因此，又可分为朵叶状和鸟足状三角洲两个亚类。图 5-61 是冀中坳陷晋县凹陷沙四段—孔店组斜交前积相，代表了一种朵状三角洲，左侧可见到河道充填现象。它具有典型的三层结构，即顶积层、前积层和底积层。

(四)扇三角洲

扇三角洲是进入稳静水体中的冲积扇，同时又是一种特殊的三角洲，它可进一步划分为扇三角洲平原、扇三角洲前缘和前扇三角洲三个相带。其中，扇三

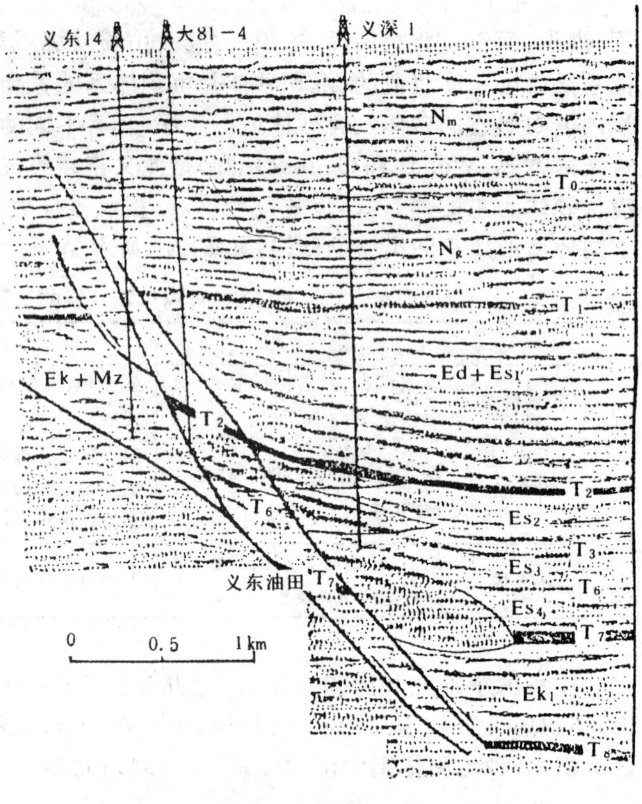

图 5-58　济阳凹陷义东地区冲积扇地震反射

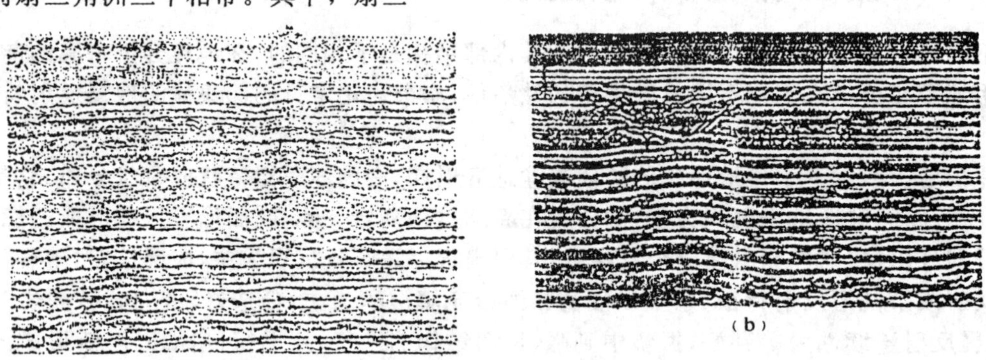

(a)　(b)

图 5-59　河道充填砂体的充填反射

(a)内部杂乱无反射；(b)下伏层同相轴“上拉”

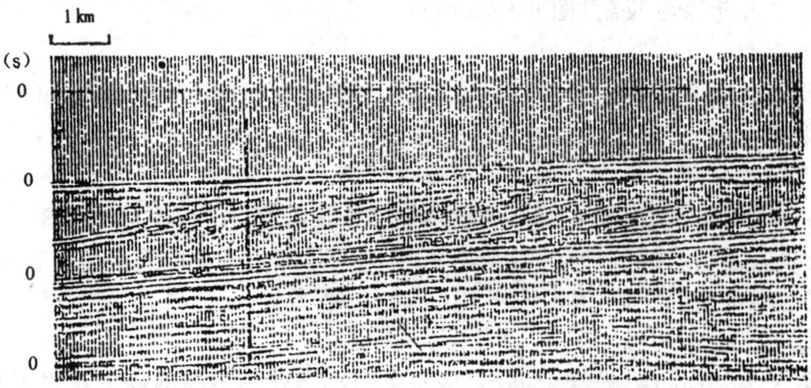

图 5-60　拉福奇型三角洲的典型地震响应

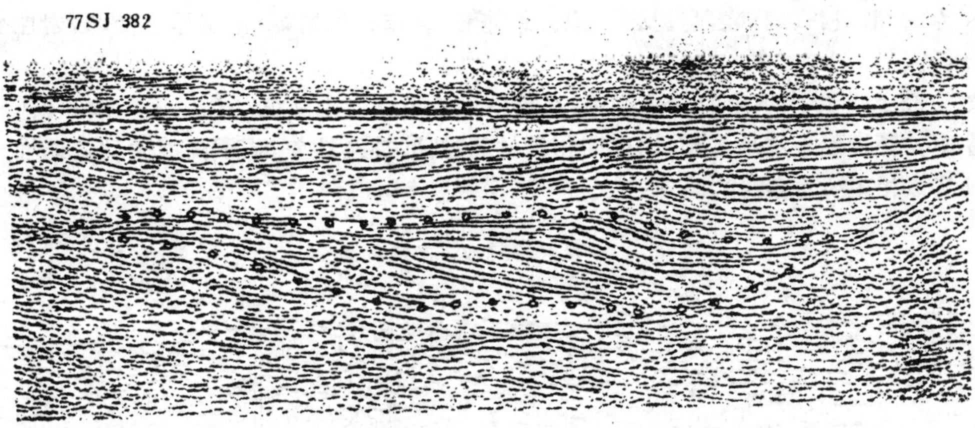

图 5-61　冀中坳陷朵叶状三角洲的地震反射特征

角洲平原具有冲积扇的沉积特征，扇三角洲前缘和前扇三角洲又具备正常三角洲的沉积特征，因此，在平行水流流向的地震剖面上具有楔状杂乱或发散型反射结构，但从根部向前扇三角洲方向，地震反射振幅为中到强振幅，同相轴由中等到连续反射，略显斜交前积反射结构。在垂直水流方向的地震剖面上，扇三角洲对应于丘形反射结构，图 5-62 为扇三角洲反射实例。

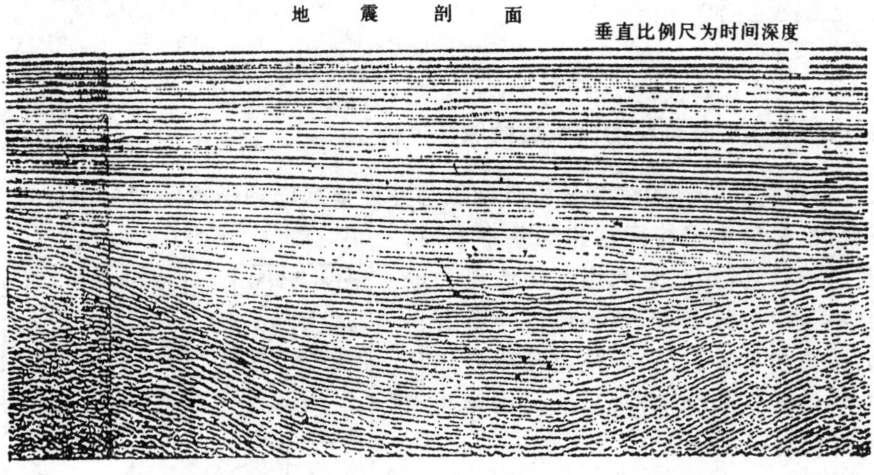

图 5-62　辽河西部凹陷某扇三角洲倾向的地震反射

（五）近岸水下扇

近岸水下扇是我国东部第三纪断陷湖盆中发育的一种特殊类型沉积体系。这种近岸水下扇不同于扇三角洲，它主要由密度流沉积物组成，整个沉积全部位于水下，不发育陆上冲积平原沉积。近岸水下扇分布在近源的湖盆陡岸侧，平面上呈扇形或朵状，自湖岸向湖心依次为扇根（内扇）、扇中（中扇）和扇端（外扇）。剖面形态呈楔形或透镜状。

扇根是近岸水下扇主河道发育区，主河道由水上延伸到水下，当山洪暴发时，洪水携带大量混杂碎屑物质经短距离搬运后通过主河道进入湖水中，主河道中以块状和递变层理砂、砾岩为主。扇中发育水下网状水道及水道间沉积，水道中仍以块状或递变层理砂砾岩为主，但粒度变细，水道间为粉砂岩和泥岩沉积，扇端位于水下网状水道出口处或前方，以低密度浊流或悬浮沉积为主，形成粉、细砂岩与泥岩沉积。总体看，自扇根到扇端，地层厚度变薄，岩性变细，砂泥比降低。

图 5-63 为近岸水下扇的一个实例，在冀中坳陷束鹿凹陷陡坡区孔店组—沙四段（T_4～T_6）亚层序中发育楔形杂乱地震相，内部同相轴倾斜扭曲，连续性差，显示高能搬动快速堆积特征。钻井证实该相主要由角砾岩组成。

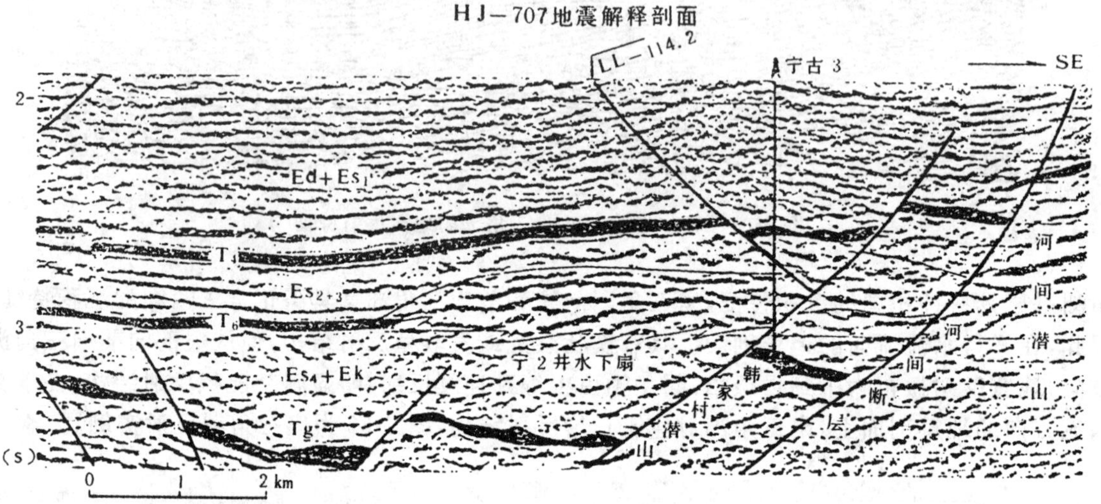

图 5-63　近岸水下扇地震反射

三、地震、岩心和测井资料的储集层的综合评价

地震、岩心和测井资料的综合分析是勘探与开发地球物理学或油藏地球物理学的主要研究方法，或者说，是储集层特征描述的基本手段。所谓储集层特征描述，也就是利用连续测量的地震数据结合不连续的井资料，包括地下地质资料以及由它们导出的有关参数，外推或预测已知井周围储集层特性的空间分布特征，从而指导油气开发生产和滚动勘探。

（一）综合评价基本流程

储集层描述的基本任务在于定性或定量地估计所研究储集层的几何参数、岩石参数和孔隙流体参数。利用这三类数据进行储集层评价的方法有很多种。图 5-64 概括了这种综合分析的流程。需要指出的是，地震数据、测井数据和岩心资料三者的垂直分辨尺度大不相同。因此，在数据准备阶段一般要对各类数据进行预处理。一方面，从地震采集入手，尽可能提高地震数据本身的垂直分辨率；另一方面，对井资料进行同质聚类，适当降低测井资料的垂直分辨率，以使两者的分辨率尽可能趋近，从而改善标定和预测效果。

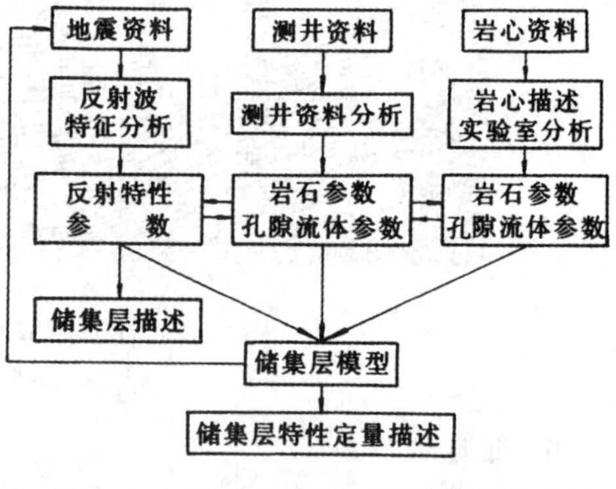

图 5-64　地震、测井和岩心资料综合解释基本流程
（据金福锦，1995）

（二）储集体的模式识别技术

模式识别是利用钻井所揭示的储集层的已知特征，如含油气性能、厚度、孔隙率等与其地

震响应特性参数，如振幅、频率、波形、相位和层速度等参数之间的对应关系判别远离井处对应地震反射的地质意义的一种定量分析方法。这一分析方法的关键在于通过大量的统计分析建立两类不同信息之间的对应关系即判别模式。由于地震响应的多解性、数值范围的重叠性，因此，多参数判别模式较单参数判别模式更具有确定性。通常该分析方法要借助于计算机辅助解释系统来实现。在这种方法中，用作标定的已知模式的地质意义，诸如储集层的含油气性能、厚度、孔隙率等储集体参数，可以是实际已知的（地质统计确定的），也可以是模拟已知的（即参照邻区或类比盆地中已知储集层所进行的模型研究确认的），或者是人工神经网络学习的。模式识别流程如图 5-65 所示，其主要分析步骤如下（顾汉明，1997）：

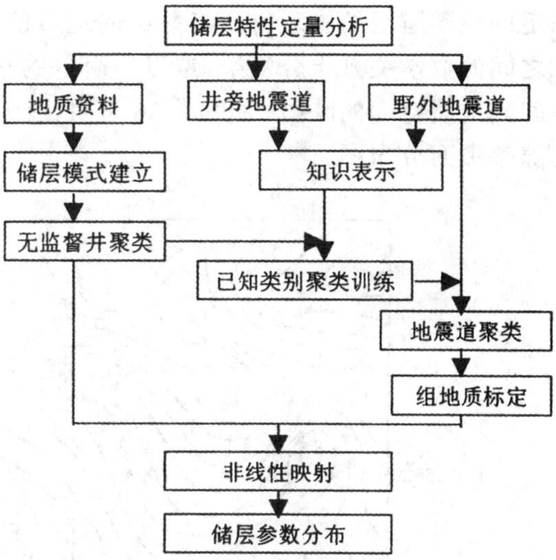

图 5-65　储层模式识别流程框图

1. 储集层模式建立

储集层模式是由钻井和测井资料所提供的储层参数构成的多维特征样本。对某一所要分析的层段，提取总体反映储层特征的地质参数。这些参数包括该层段对应的岩相、平均孔隙度、渗透率、储层有效厚度、砂泥岩百分比等，它们构成地质空间域描述的多维储层特征向量。

2. 储集层模式聚类

不同岩相有不同的储层模式，由众多井对应层段提取的同一储层类别对应的储层模式在一定程度上应该是相似的，其属性值在多维地质空间也应相互靠近。为了表示每一类储层的总体模式，可以采用自组织 SOM 网络特征映射的（顾汉明，1997）无监督学习实现模式聚类，找出最能合理解释井组间差异的类别数及相应井组储层总模式。

3. 井旁地震道聚类训练

在储层段对应的时窗内，提取井旁地震道（也称模型道）的地震属性，诸如主振幅、主频率、平均功率谱加权频率、自相关函数极小值对应的延迟时间、有效吸收系数等多个特征。每一道在多维空间里均用一点表示，其坐标位置由这些特征值确定。每个特征值都从某一侧面反映储层特性，相同储层特性对应的地震道特征具有相似性。因此，依据井旁地震道所在的由井聚类得到的井组对地震道进行聚类训练，以选定合适的聚类分析参数，如时窗长度、特征值个数。不同的分析参数可得到不同的聚类，只有合适的分析参数的分类结果才能保证模型道在地震时空域中的分组与在地质空间域中的分组相同或相似。

4. 野外地震道聚类及地质标定

对野外地震道及模型道采用选定的分析参数进行特征提取，并用所确定的特征因子个数对地震道进行聚类，利用地震道组中的模型道对应井组所在的储层类别进行标定，赋予地震道组的地质意义。

5. 地震道组属性值到地质空间储层特性的映射

储层的岩相、砂泥岩百分比含量、孔隙度及孔隙内充填物直接影响到地震波速度；砂泥岩互层结构及厚度变化影响地震波波形和频谱特征;而岩石孔隙流体饱和度影响岩石的吸收系数,后者与地震波的衰减有关。因此,地震道的物理特征蕴含着丰富的地质信息。由聚类分析所确定的地震道组的物理特征与井组的地质信息存在着某一映射关系。通常地震特征与地质信息之间的数学关系十分复杂,难以用简单的解析函数表示。利用人工神经网络能够实现由地震空间到地质空间的映射。如图 5-66 是对某测区的三维地震资料采用上述方法获得的储层平均孔隙率平面分布图。

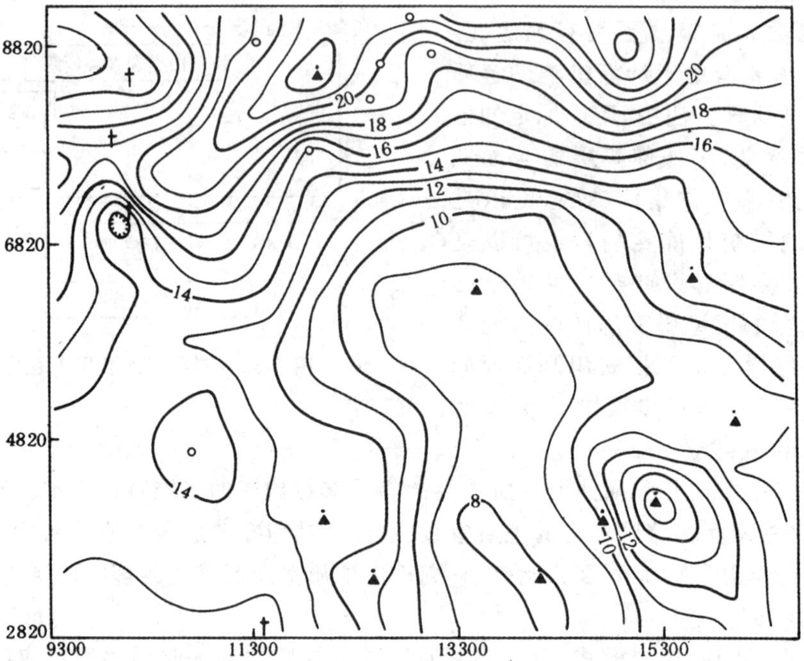

图 5-66　某测区储层平均孔隙率平面分布图

(图中十、▲、○分别表示由聚类分析得到的三类井组)

(三)地震多参数岩性的约束反演(黄绪德,1992)

1. 基本思想

(1)由于测井资料具有较高的垂向分辨率(较宽的频带),而地面地震具有较好的横向连续性,将两者结合起来以得到既有较高的垂向分辨率,又有较好的横向连续性的反演剖面。也就是通过约束反演,将地震限带扩展为宽带,相当于进行高频及低频补偿或恢复。

(2)将测井参数转换为岩性参数,即由测井曲线求得泥质、砂质骨架及孔隙率百分比,绘出这几种参数的柱状图,然后转变为横向变化,即将地震剖面转换为这几种参数剖面。

(3)将测井反演、宽带约束反演及岩性反演三者结合起来,将地震剖面转换为各种参数剖面及岩性剖面,以判断岩性及油气层位。

2. 流程框图

(1)测井反演是利用各种测井曲线转换为泥质百分比、孔隙率(百分比)及砂质骨架百分比柱状图。

(2)宽带约束反演是用声测井与井旁地震道综合得初始声阻抗模型剖面,进而合成记录剖面,将该记录与原始地震剖面比较,根据它们之间的差值修改初始声阻抗模型剖面,重复合成

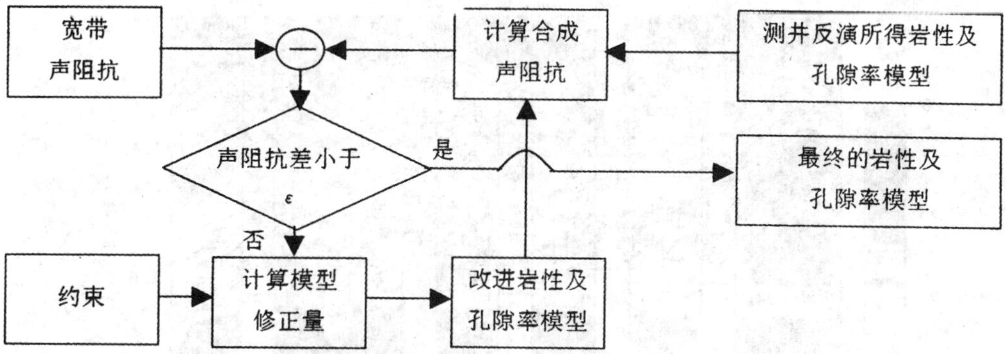

图 5-67　多参数岩性约束反演流程框图

记录，再根据它们的差值反复修改初始声阻抗，以此反复迭代，直到误差小于某一阀值为止。

(3)将测井反演结果计算的合成声阻抗与宽带约束反演结果比较求得波阻抗差，利用约束反演公式求得模型修正量，改进岩性及孔隙率模型，重复合成声阻抗，计算波阻抗差，再进行模型修正，以此反复迭代，直到两声波阻抗差小于某一阀值为止。

3. 应用实例

图 5-68(a)为原始叠加地震剖面，图 5-68(b)为叠偏后的地震剖面，图 5-69 及图 5-70 为岩性约束反演后的砂岩体积百分比及孔隙率剖面。

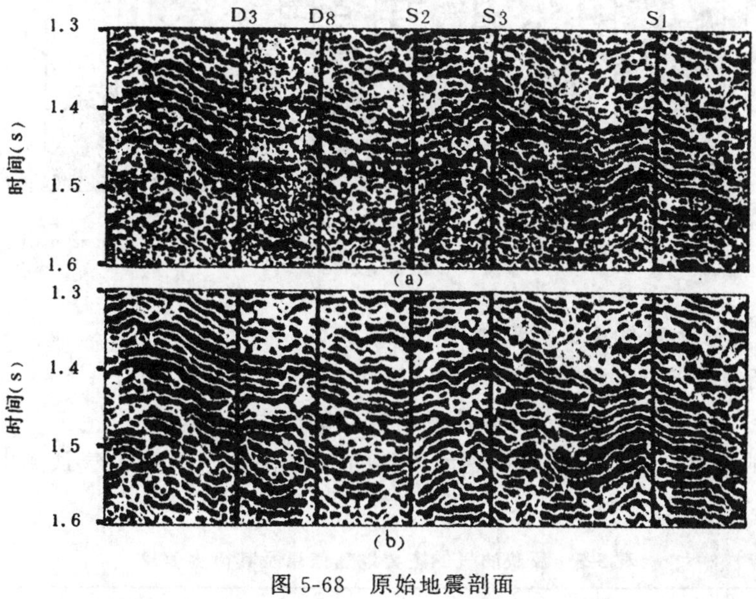

图 5-68　原始地震剖面

四、利用地震信息进行油气预测

油气预测主要是建立在提取地震波各种信息的基础上，立足于研究地震信息的纵向与横向的相对变化。信息的相对变化是建立在地震波传播的物理机制和岩石的弹性、粘弹性以及地层的结构特征之上的。本节介绍一些反映油气的地震信息可能表现的特征，同时，介绍地震波振幅信息在油气预测的成功实例。

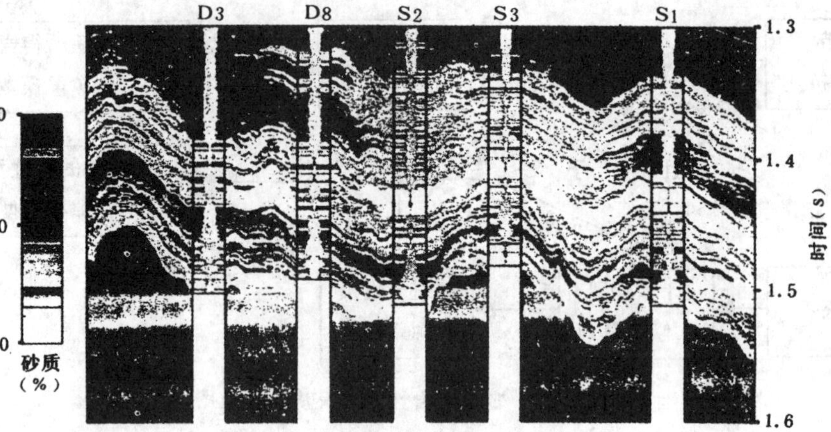

图 5-69 砂岩体积百分比剖面

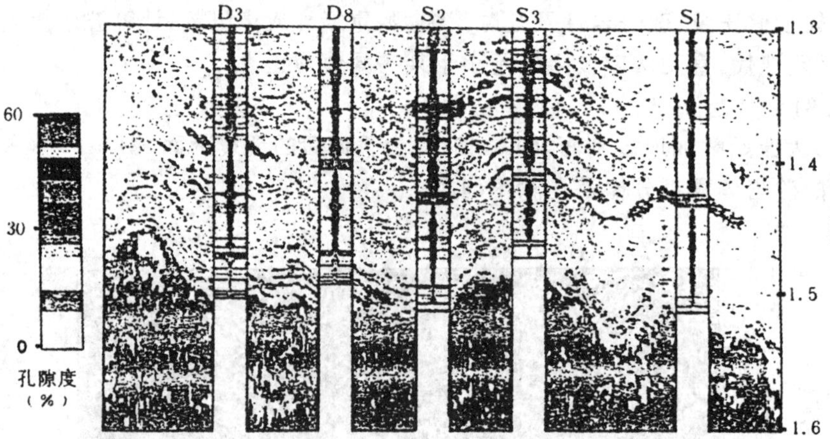

图 5-70 孔隙率剖面

(一)反映油气的地震信息及其特征

1. 反映油气信息的六大地震信息

表 5-5 列出了反映油气的六大地震信息与它们的衍生信息。

(1)振幅。地震反射波的振幅是地震动力学的主要特征之一，在油气预测中也是极其重要的信息。

表 5-5 反映油气的主要地震信息及其衍生信息

振幅	频率	速度	吸收衰减	波形	时间
振动能量 有限频带能量 反射强度 低频带通能量 特定谱值 低频带通能量百分比 低频谱值比 邻层反射振幅比 频谱比 纵横波振幅比	主频 平均频率 瞬时频率 频宽 第一极值频率	均方根速度 平均速度 层速度 波阻抗 瞬时速度 相对瞬时速度 纵横波速度比	相对吸收系数 吸收系数 有效吸收系数 品质因素	剩余波形 波宽 瞬时相位 视极性	层间旅行时 构造因子、构造曲率 地层圈闭因子

当地层厚度大于1/4地震波波长时，可用振幅信息定性划分岩性和预测油气；当地质条件有利时，也可用振幅变化圈定油气边界；当地层厚度等于或者小于1/4地震波波长时，可利用振幅进行地层厚度的定量估计，这对确定薄储集层的油气储量具有现实意义。经过相对保持振幅处理的地震剖面上，在通过油气藏处，反射波通常以“亮点”或者“暗点”的形式在剖面上表现出来，这就是所谓的“亮点”技术。

利用反射振幅可以提取与它有关的多种信息，这些信息虽然不相互独立，但能从不同的侧面反映出油气状况。例如，振动能量、有限频带能量、瞬时振幅信息，当油气藏为“亮点”型时，上述三项信息表现的异常值应为正高值；若油气藏为“暗点”型，三项信息为低值。

(2)速度。地震波传播速度不仅是地震波的运动学的主要特征之一，而且在油气预测中也是极重要的信息，它是研究地层、岩性及油气的基础。

通常认为，地震波速度横向相对变化达到5%～30%时，就可确认速度存在异常。如果速度变化达30%，那么可认为速度存在重大异常。若速度的变化只有5%左右，应更加仔细地分析产生的原因。通常均方根速度、平均速度、层速度经过油气藏带时出现降低现象，速度异常表现为负异常。瞬时速度是研究薄层的好方法，因为瞬时速度的变化是由岩性引起的。当信噪比较高时，含油气的薄层的瞬时速度理应有变化。

(3)频率。频率的横向变化，无疑是指示油气可能存在的另一重要信息。在频率信息研究中，浅层油气藏带会更直接些，因为中、浅层反射波主频通常在20～50Hz。当地震波通过较厚的含油气层时，主频向低频方向移动，并且移动较大。据统计资料得知，穿过砂岩油气藏的地震波主频可降到12～14Hz左右，两者频差明显。应用频率信息研究含油气薄层具有较大潜力，它对强、弱反射波均具有鉴别能力，不同类型、不同厚度的薄层在频谱上具有各自的特点。

(4)波形。波形包括波的振幅、频率、相位极性等多种因素。当地震波通过含油气的岩层时，势必引起波形的变化。这是由于岩层富含流体时所产生的层间反射增多，相长或相消干涉增强或削弱。

相位和波形的复合特征是研究地震波干涉的重要因素，尤其是对薄储集层来说显得十分重要，如薄层砂岩、薄层石灰岩，利用波形的干涉特性，定性地将它们鉴别出来是具有一定意义的。

(5)吸收衰减。地震波的吸收衰减信息是直接从地震记录上的振幅信息变换来的，论其重要性，并不亚于振幅。因为它具有反映岩性、油气的较高灵敏度，并且其灵敏度要远远超过振幅、频率和速度等信息相对横向变化的灵敏度。吸收衰减信息的变化范围高达100倍，这是其他信息无可比拟的。吸收衰减信息在油气富集带处表现为正异常。

(6)时间因子。无论是寻找构造圈闭还是寻找地层圈闭，都与反射波的旅行时间有关。例如，层间旅行时Δt变大、变小、甚至变为零，都反映出可能有的油气储集层的变化情况。如果我们把所提取的动力学信息与时间因子的变化所反映的构造(断层、挠曲、尖灭和超覆等地质现象)结合起来，就能够较准确地预测油气。随着地震勘探精度的提高，勘探小幅度构造仍是今后勘探工作的重要任务之一，那么时间信息仍是重要标志。

2.通过油气富集带的地震信息的异常特征

当地下某一岩层聚集油气时，气、液、岩石的接触使得地质特征变得复杂起来，同时，气、液的存在所产生的岩石性质的物理不均匀性，会使弹性介质转化为粘弹性介质，当地震波通过这样的介质时，就表现出地震波场的异常，使得地震波的特征参数，如波的传播速度、波的振幅、频率及相位等均发生明显的变化。反过来，我们可根据地震波的这些信息所产生的变化用来预测、判断地下油气的情况。用于油气预测的地震波动力学和运动学信息异常特征如下：

①反射波振幅横向发生变化，增强或减弱。

②反射波频率发生变化，降低或升高。

③反射波吸收衰减增加。

④反射波速度降低。

⑤反射波波形变得复杂，多呈复波形式。

⑥反射波相位发生变化，出现偶极相位，极性反转。

⑦气、油、水接触边界发生绕射现象。

⑧出现气、油、水接触面的"平点"反射波。

⑨反射波内传播的时间增长，同相轴存在下弯状态。

⑩异常反射波经常与异常地质体部位相吻合。

上述⑤～⑨项，在常规地震剖面上，只要有足够的信噪比(据经验，信噪比至少不小于4)，在进行定性解释时，就有可能观察到这些异常现象，由此初步确定油气的存在。

(二)利用地震振幅信息进行油气预测

1. 亮点技术

亮点是指在地震反射剖面上，由于地下油气藏的存在所引起的地震反射振幅相对增强的"点"，因为在剖面图底片上这组强反射透明发白(在剖面图上是黑的)而与其上、下、左、右的反射相比，更显其明亮，因此叫亮点。亮点技术是以地震波振幅随地层含油气而变化为物理基础的。

图 5-71 是一张典型的合成"亮点"记录所对应的气剖面图，其记录有以下特征：

(1)记录的外形像一只"眼睛"或像一个"透镜体"。

(2)突出的强振幅。假设储集层为砂岩，盖层为页岩，当砂岩含有油气时，它的密度和速度一般比水和盖层小得多，而形成强波阻抗界面，反射系数可高达 0.2～0.3，产生强振幅的反射。

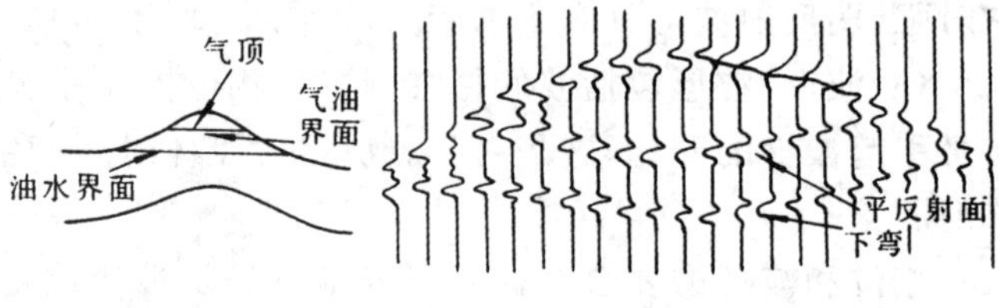

图 5-71　合成亮点记录特征

(3)偶极相位特征。因为含气砂岩顶、底面反射系数分别为负值及正值，与它对应的反射波极性一正一负，相位相差 180°，构成偶极相位的特征。

(4)同相轴下弯(速度下降)。由于含气砂岩与含水砂岩或含油砂岩相比，波速明显低，因而使来自含气砂岩下面的反射的均方根速度、特别是含气砂岩的层速度将显著降低。因此地震波通过含气砂岩所需的旅行时间将增大，使含气砂岩下各反射层同相轴在地震时间剖面上，产生向下凹陷的现象。

(5)油水界面的反射微弱(吸收衰减)。由于含气砂岩较含水砂岩或含油砂岩具有较大的吸收系数，地震波通过含气砂岩时，其振幅由于强烈的吸收作用而发生明显的衰减，因而使通过含气砂岩从它下面的界面反射回来的反射波振幅比两边通过含水砂岩或含油砂岩的反射波振幅要小。另一方面因为含气砂岩对地震波高频成分的吸收比较强烈，使得从下面的界面上来通过含气砂岩比通过两边含水砂岩或含油砂岩的反射波频率要低。

图 5-72 是某油气区一条 12 次覆盖的地震剖面，该剖面已经进行了相对振幅处理，在剖面

1.3s 处，可看到明显的强振幅。

亮点技术主要用于找气，特别是海上找气，效果较好。由于不仅仅是含气地层出现较强的振幅，火成岩、砾岩层、坚硬的粉砂岩、石灰岩及褐煤层等也会出现强反射振幅，形成假亮点。因此，必须综合分析，提高亮点解释的正确性，利用 AVO 技术（后文讨论）识别真假亮点。

图 5-72 亮点剖面实例

2. 瞬时振幅信息的应用

瞬时振幅是“三瞬”参数的一种，它是通过对地震记录道进行复数道分析提取得到的。瞬时振幅也称为反射强度、振幅包络，它和相对保持振幅处理后的“亮点”有相似作用。但是，它要比“亮点”剖面明显。

瞬时振幅反映了地震波能量的瞬时变化情况，它与地震波相位无关，可用来推断与岩性有关的地质体。例如，不整合面，局部断层、薄层、油气富集带等。对于厚层含油气带，由于不同的地质条件，在瞬时振幅剖面上，可能反映为“亮点”。

(1)直接判断含油气带的应用实例。图 5-73(a)为一常规地震叠偏剖面，根据常规解释、推

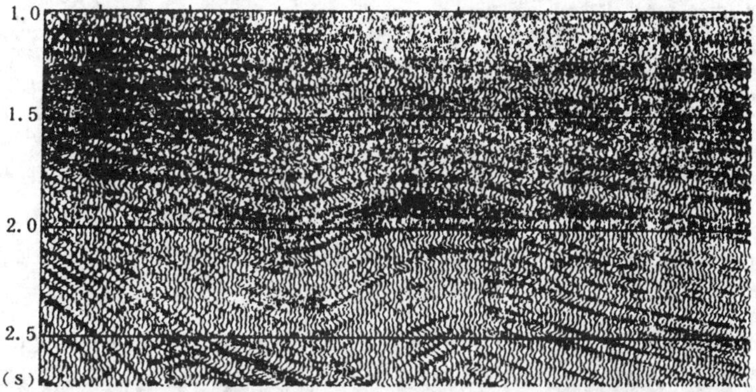

(a)

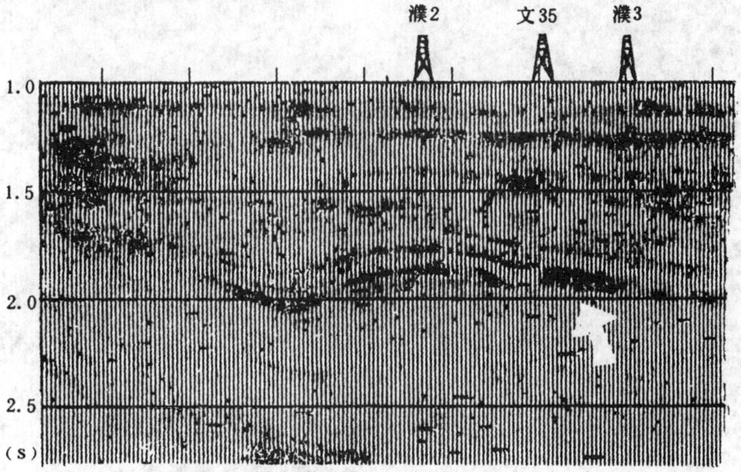

(b)

图 5-73 直接判断含油气带的应用实例

(据刘企英，1994)

(a)叠偏剖面；(b)瞬时振幅剖面

断，都会认为在2.0s附近的构造顶部提供钻井井位，钻到油气的可能性最大。理由似乎是很充分的：构造完整，构造顶部反射又具有变平特征，似乎也具有“亮点”特征，据此，勘探的决策者决定打濮2井，结果落空。图5-73(b)为该测线对应的瞬时振幅剖面。该剖面令人惊叹，在构造右翼处的瞬时振幅(见箭头指示处)和其他部位振幅相比明显不同，表现最强。经文35井和濮3井证实，这组强振幅是沙河街组二段发育的一套块状砂岩，含油气，砂岩油层最大厚度达60m，油层上部有一个气顶。

(2)间接判断含油气带的应用实例。间接判断含油气带主要是利用瞬时振幅信息预测岩性和特殊地质体，例如，河道砂体、砂岩透镜体、三角洲沉积、湖泊沉积、生物礁块等。它们在地震剖面上虽然有一定特征，但是往往不显著，它们在平面上往往各自有一定的分布规律。因此，除总结它们的纵向特点外，重要的是要统计其平面上的分布规律，适当结合沉积模式，对照各种沉积模式，进行岩性的分析，最终得出与油气有关的判断。

图5-74和图5-75显示了利用瞬时振幅信息对小型浊积砂体储集层预测的一个实例。在

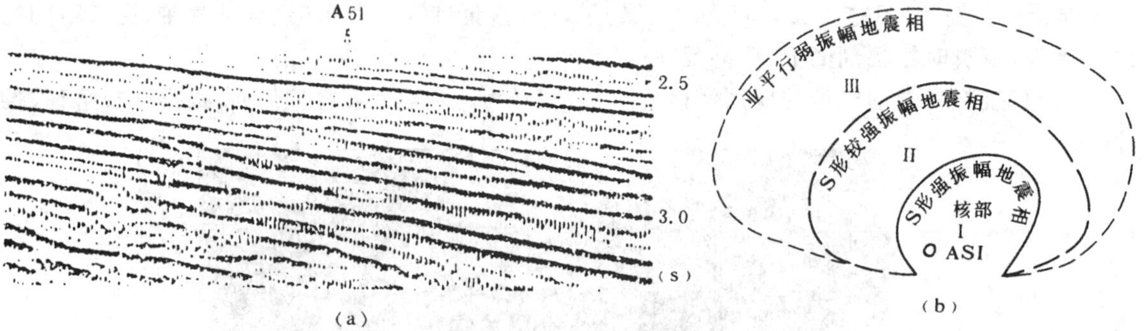

图5-74　对小型浊积砂体储集层的预测

(a)小型浊积砂体呈前积反射特征；(b)浊积砂体地震相分布

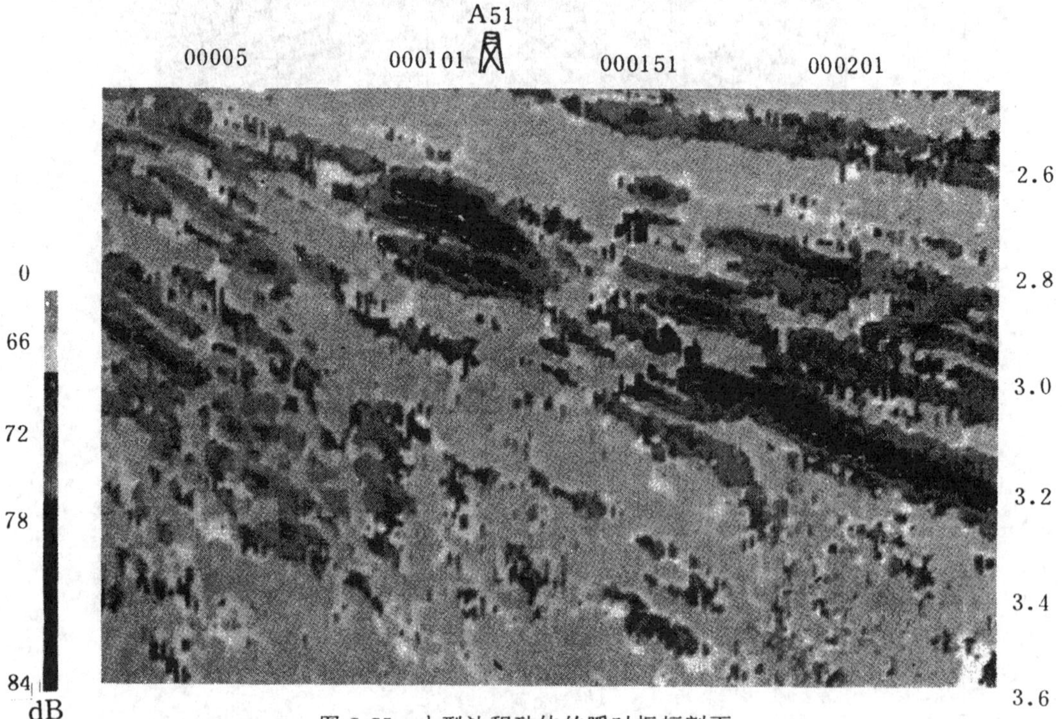

图5-75　小型浊积砂体的瞬时振幅剖面

普通地震剖面上小型浊积砂体呈前积反射特征，如图 5-74(a)所示，在瞬时振幅剖面上表现为强振幅包络，如图 5-75 所示。从两种剖面比较，瞬时振幅剖面反映的浊积砂体是相当清楚的。图 5-74(b)示出了该小型浊积体展布在平面图上的扇形形态特征，其核部呈 S 形强振幅地震相，外围呈亚平行弱振幅地震相。

3. AVO 技术

AVO(Amplitude Versus Offset)技术是继亮点技术之后又一项利用振幅信息研究岩性，检测油气的重要技术，近几年发展迅速，国内外都有取得很多成功的实例。

所谓 AVO 技术，就是利用 CDP 道集资料，分析反射波振幅随炮检距（也即入射角）的变化规律，估算界面的弹性参数、分辨岩性及孔隙充填物，进一步推断地层的岩性和含油气情况，直接寻找有用矿藏的一种方法。

AVO 技术的理论基础是 Zeoppritz 方程及其简化的公式(K. Z. Aki 等，1980)，AVO 资料的分析解释主要集中在识别真、假亮点，估求弹性参数，进而分辨岩性和预测气藏等几个方面(姚姚等，1991)。

(1)亮点识别。前文指出，“亮点”可能是存在油气的标志，这种亮点称为“真亮点”，但有些亮点并不是油气聚集造成的，一些非含气的高速或低速层（如灰岩、火成岩或煤等）也会造成强振幅异常，在剖面上成为“亮点”，这些亮点称为“假亮点”。识别真假亮点具有十分重要的意义。

含气砂岩的泊松比很低，造成 AVO 正异常，即振幅随炮检距的增大而变强。其他一些高速或低速岩层没有这种特性，如煤、石灰岩、白云岩等的泊松比都相当高，不会出现 AVO 正异常。利用 AVO 来判别亮点真假可以用在出现明显地震亮点的勘探区，减小勘探风险，节约费用。

图 5-76 取自国外某大气田上的 24 次叠加地震剖面。砂岩储集层在 2 042.16m 深处，对

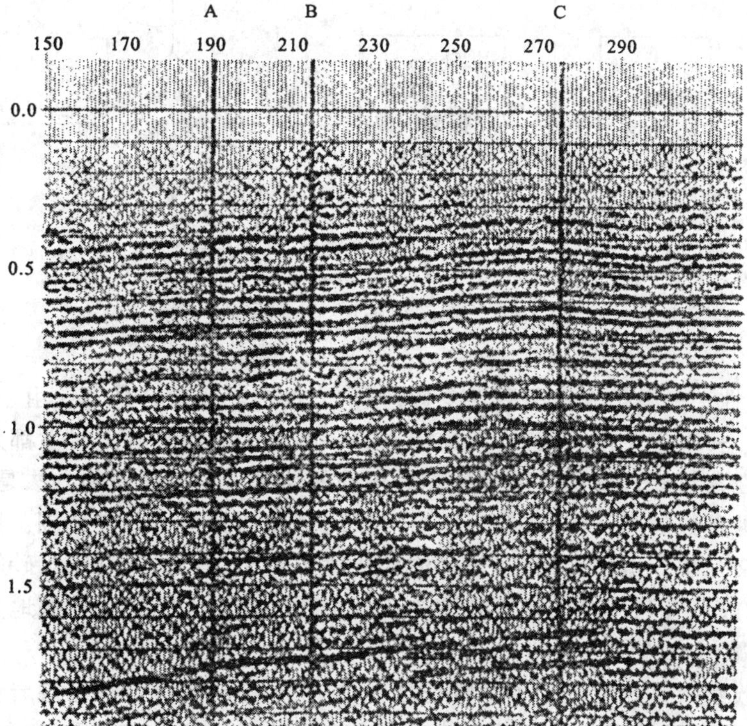

图 5-76 国外某大气田上 24 次叠加地震剖面

应的强振幅在 1.75s。储集层为白垩纪深海扇沉积，具有 2.895 6m 的净产层。A、B 为已知气井，它们的 CMP 道集如图 5-77 中的 A、B 所示，具有振幅随炮检距增加而明显增强的特征。C 位置处的 CMP 道集上(图 5-77 中的 C)的振幅随炮检距的增加而减少，表明 C 附近无气。

(2)弹性参数的估求。采用正演模拟和广义反演求解技术，由 AVO 资料中估求出弹性参数(主要是泊松比或纵横波速度比)是 AVO 资料解释的重要内容。其基本原理是根据解释结果设计模型，应用某一正演方法计算该模型上包含炮检距因素的合成记录道集或剖面，分别定量提取合成记录上及实际记录上振幅随炮检距变化量并进行比较，修改模型参数反复进行计算、比较，直至达到数据拟合精度为止，此时的模型参数即为要求的弹性参数。一种比较简单而常用的方法是利用 Shuey 近似式进行计算、比较(Shuey,1985)。其流程图如图 5-78 所示。

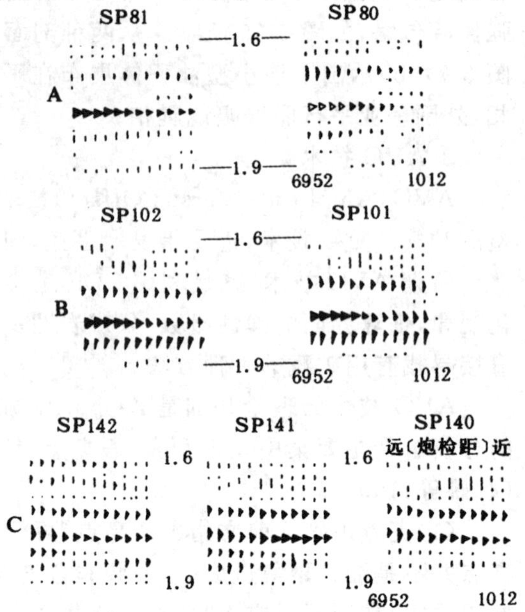

图 5-77　A、B、C 位置处的道集记录

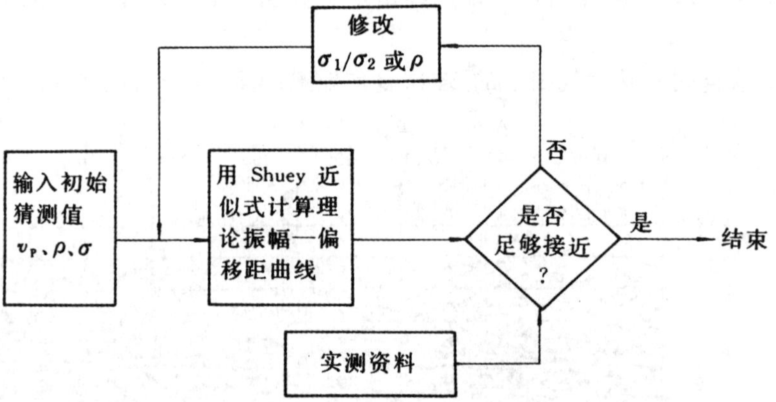

图 5-78　AVO 岩性正、反演拟合流程图

(3)分辨岩性。一旦估求出了弹性参数，分辨岩性也就比较容易了。由于岩性与弹性参数并不是简单的一一对应关系。因此，单纯依靠哪一种弹性参数来确定岩性都是很不可靠的，只有利用多种弹性参数综合分析才能得到较为正确的结果。一个简便的方法是根据估求出的弹性参数给出几种参数的交互图，在交互图上可以清楚地划分岩性分类范围。图 5-79 是泊松比和纵波速度的交互图。由图可知，灰岩的泊松比比页岩小，但又与干砂、水砂等相等，只是纵波速度显著增大。故只有利用纵波速度和泊松比两个弹性参数才能较有把握地分辨出碳酸盐岩。

4. 吸收衰减信息的应用

地层的吸收参数是地震波动力学特征之一，它能更加灵敏地反映储层岩性的横向变化。在生产实际中，通常利用地震波的有效衰减系数来表征地震波的吸收性质，它包括地下介质的非弹性吸收和地震波在不均匀体及薄层介质上的散射。根据地震波的吸收性质与岩相、孔隙度、含油气情况等的关系，可以预测岩性、砂泥岩平面分布，还有可能用来直接预测油气的存在。关于地震波能量吸收机制，目前主要有下列两种基本理论：

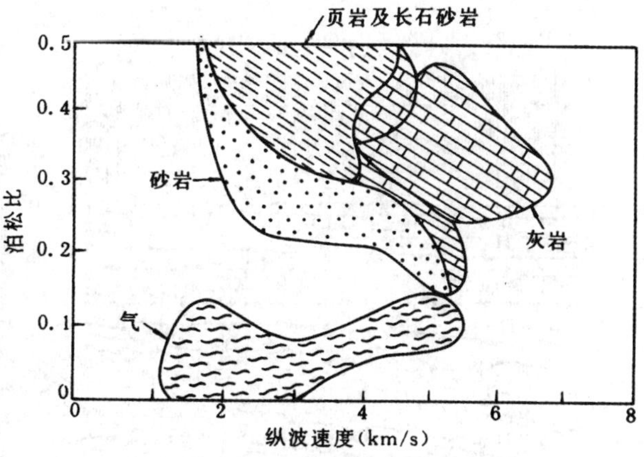

图 5-79　泊松比和纵波速度交互图

①弹性后效理论。该理论认为，物体在外力的持续作用下，其内部结构发生变化，在外力消失后，该物体不能完全恢复其原状，存在着一定的剩余应变，它的存在消耗了部分弹性能量而使地震波振幅发生衰减。

②内摩擦理论。该理论认为，介质中质点在振动过程中发生相互间的摩擦作用，使部分机械能转化为热能而消耗，使地震波发生衰减。

在对吸收介质中地震波反演问题求解时，需要定义一个简化的吸收地震模型。在吸收系数 α 和频率 f 呈线性关系的情况下，α 与 f 以及体波速度 V 之间存在如下关系

$$\alpha=\frac{f\delta}{V}$$

δ 为吸收率，是一个只取决于岩石物理性质的常数，也表示地震波振幅在一个波长距离上的无量纲衰减量。通常用有效吸收系数 α_e 来表征岩石的吸收衰减特性，且有

$$\alpha_e=\alpha f$$

它与岩石密度、体积模量以及切变模量有关，不同的岩性有不同的 α_e 值。若用品质因子 Q 来定义在一个波长范围内地震波能量的相对变化，则有

$$\frac{1}{Q}=\frac{1}{2\pi}\frac{\Delta E}{E}=\frac{\delta}{\pi}=\frac{V\alpha_e}{\pi}$$

利用反射波法地震资料具体计算地层吸收参数时，由于吸收层是未知的，即无法知道吸收层的顶、底界面，也不可能在记录上准确地确定吸收层的反射时间间隔，因此，在计算中只能相对某个反射时间间隔，确定其有效吸收率。随着反射时间间隔的增加，有效吸收率可能趋于一个稳定值，称之为平均吸收率，记为 δ_0，它只与介质性质有关。

图 5-80 为渤海湾的一条地震剖面及其有效衰减吸收系数剖面(刘企英，1994)。图中从 CDP395 至 CDP490 位于 2.0～2.1s 处的 H_5～H_6 地层，有效衰减吸收系数明显增大，这种现象已被位于 CDP426 和 CDP482 的两口井中的沙一段白云岩所含油气证实。对于 H_3～H_4 层，有效衰减吸收系数普遍偏大，这主要是由高孔隙度砂岩所致，钻井资料表明，这段地层为上东营组粉砂岩。

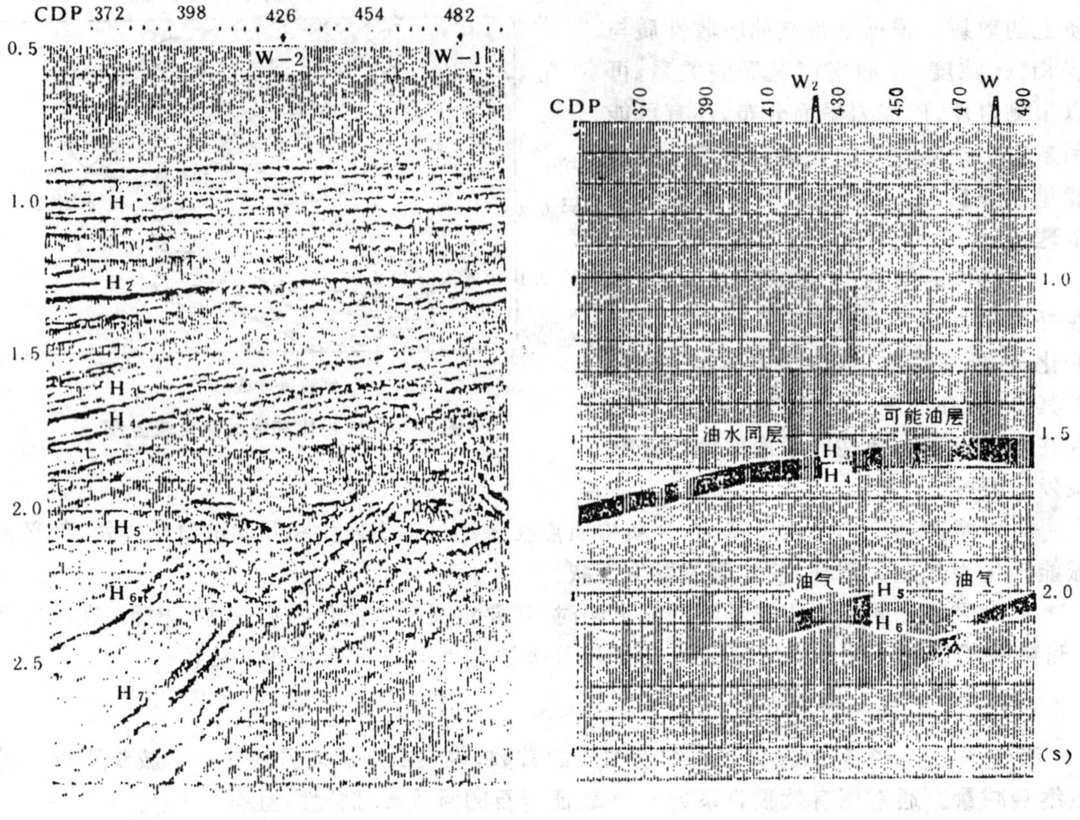

(a)　　　　　　　　　　　　　　　　(b)

图 5-80　渤海湾地震剖面及有效衰减吸收系数剖面

(a)LZ 原始偏移剖面；(b)LZ 有效衰减吸收系数剖面

思　考　题

1. 试分析地震时间剖面和地质剖面的异同点。

2. 第 2 题图为某区平均反射系数随深度变化曲线图图版，根据它们预测该区含油、气层的反射振幅特点。

3. 在地震资料中蕴藏着哪些信息？用地震资料能解决哪些地质问题？

4. 第 4 题图为某地层顶底界面反射波频谱图，试用频谱比法计算该层的有效吸收系数(α_e)。

5. 画出第 5 题图示的地质模型在自激自收剖面上的同相轴形态。

6. 试比较地形图、地质图和地震构造图三者的异同，并说明它们的关系。

7. 已知一个楔形砂岩体夹在页岩中间，如第 7 题图所示，砂岩的波速为 3 000m，页岩的波速为 2 000m，地面上以 10m 间隔布置自激自收点，所选子波为雷克子波，主频为 40Hz，延续时间为 36ms。编制程序完成下列工作：①计算并绘出各自激自收点记录；②做出真厚度与视厚度关系曲线；③做出相对振幅与真厚度曲线。

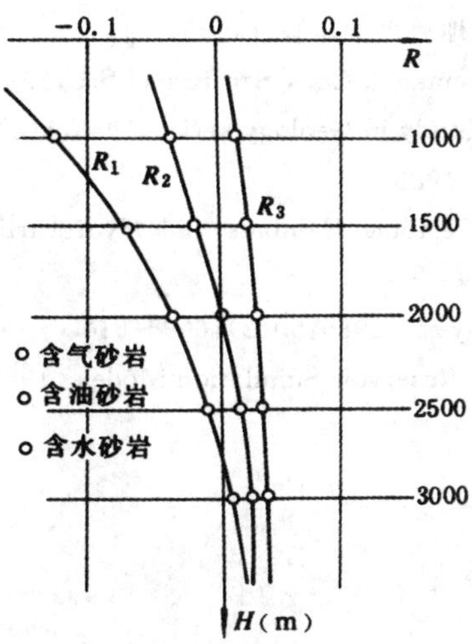

第 2 题图　平均反射系数随深度变化曲线图图版

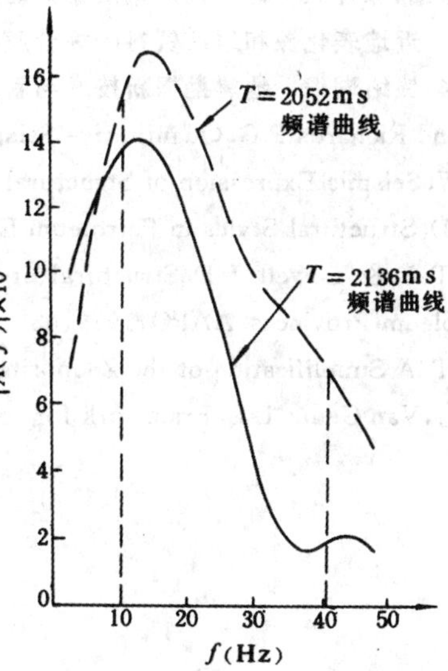

第 4 题图　某地层顶底界面反射波频谱图

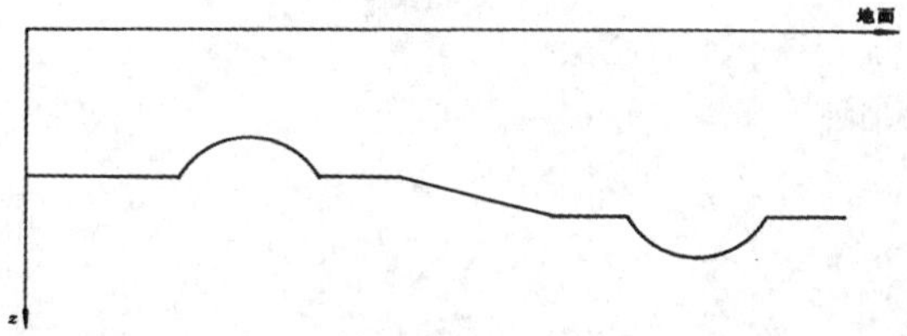

第 5 题图　地质模型示意图

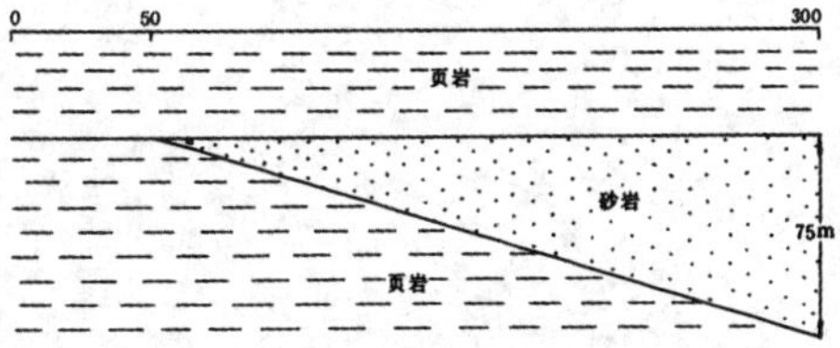

第 7 题图　楔形模型示意图

参　考　文　献

顾汉明．地震特征空间到储层特征空间的非线性映射．石油地球物理勘探，1997，32(1)：111～116

何樵登，熊维纲主编．应用地球物理教程——地震勘探．北京：地质出版社，1991

黄绪德编著．反褶积与地震道反演．北京：石油工业出版社，1992

金福锦译．地震地层解释原理——地震资料的沉积体系和岩相解释．油气勘探译丛，1983，No. 2，3，4，6

金福锦，地震资料解释：现状与展望．石油物探专题情报成果集．石油物探局情报所，1987，(4)：84～148

金福锦．综合解释方法．石油物探专题情报成果集．石油物探局情报所，1992，(6)：30～55

金福锦．解释技术综述．石油物探专题情报成果集．石油物探局情报所，1995，(1)：43～63

陆基孟主编．地震勘探原理．北京：石油工业出版社，1996

刘庆生，程同锦，刘树根．综合磁学、地球化学与矿物学原理评价“烟筒效应”的机理．科学通报，1997(42)，1569～1574

刘企英编著．利用地震信息进行油气预测．北京：石油工业出版社，1994

林壬子，张金亮主编．陆相储层沉积学进展．北京：石油工业出版社，1995

李正文，赵志超编著．地震勘探资料解释．北京：地质出版社，1988

王燮培，费琪等编著．石油勘探构造分析．武汉：中国地质大学出版社，1990

吴奇之．地震资料解释工作的现状与展望．石油地球物理勘探，1987，Vol. 22(4)

王一新，王永林，万明浩，钟慧智编著．石油综合地球物理方法与应用．北京：石油工业出版社，1995

C. E. 佩顿编,徐怀大等译. 地震地层学. 北京:石油工业出版社,1980
许卫平译. 近地表化探和地质资料的综合应用. 国外油气勘探,1990,2(2):47～51
姚姚,詹彬,钱绍瑚编. 地震勘探新技术与新方法. 武汉:中国地质大学出版社,1991
Aki K I and Richards P G. Quantitative Seismology. W H Freeman & Co., San Franci Sco,1980
Bally A W. Seismic Expression of Structural Styles. AAPG, Study in Geology series,1983,1(5)
Lowell J D. Structural Styles in Petroleum Exploration. OGCI,1985
Harding T P & Lowell J D. Structural styles, The Plate Tectonic Habibats and Hydrocarbon Traps in Petroleum Provinces. AAPG,1979,63
Shuey R T. A Simplification of the Zeoppritz equations. Geophysics,1985,50(2):609～614
Weber K J, Van Geuns L C. Framwork for constructing Clastic Reservoir Simulation Models,1989,SPE 19582

第六章　测井地质分析与油气评价

§6.1　储集层的性质

储集层是储藏石油、天然气的岩石，它具有两个条件：一是具有储存石油、天然气的空间，如孔隙、裂缝等；二是孔隙、裂缝等之间必须互相连通，能够形成石油、天然气流动的通道。通常所说的油层、气层、水层都是储集层。储集层可以用它的岩性、储集性、含油性和物理性质，即用四性来说明。测井资料综合解释的主要目的之一，就是通过研究由测井测到的反映岩石各种物理性质的物理参数，间接地了解地层的其他三性，由此可见，四性研究的程度直接反映和决定了测井解决地质问题的程度。

一、储集层的岩性

自然界中储集层的类别主要分为碎屑岩储集层、碳酸盐岩储集层和其他类型储集层。

（一）碎屑岩储集层

碎屑岩储集层包括砂岩、粉砂岩、砾岩等储集层。目前，世界上大约有40%的油气储于这一类储集层，我国现在多数油气田，如大庆油田、胜利油田等，均以这类储集层为主要的储集层。

碎屑岩主要是由各种岩石碎屑、矿物碎屑、胶结物结合而成。最常见的矿物碎屑为石英、长石和云母；岩石碎屑由母岩的类型决定；胶结物有泥质、灰质、硅质和铁质等。碎屑岩的储集性质主要取决于碎屑颗粒的大小，同时还受碎屑的均匀程度、颗粒的磨圆程度以及颗粒之间的胶结物性质及含量的影响。一般来说，分选性愈好，颗粒愈大，孔隙空间充填胶结物愈少，则孔隙空间愈大，连通性愈好。

（二）碳酸岩储集层

在世界油气田中，碳酸盐岩类型占很大比例，目前世界上约有50%的储量及60%的产量属于此类储集层。碳酸岩储集层包括石灰岩、白云岩、生物碎屑灰岩、鲕状灰岩等。碳酸岩一般比较致密，原生孔隙在1%～2%左右，但因其性脆和化学性质不稳定，容易形成各种各样的缝缝洞洞。常见的碳酸岩储集空间主要有三种类型，即孔隙性储集空间、裂缝性储集空间和洞穴型储集空间。

通常所说的孔隙性碳酸岩储集层，是指孔隙较小、分布较均匀、储油物性以及油气水的渗透性、分布、泥浆侵入等特性均与砂岩相似，其测井解释方法与砂岩的解释方法基本相同。

裂缝性储集层主要由构造裂缝和层间裂缝组成。构造裂缝发育的程度与构造的部位和岩性有关，一般在构造轴部及断层带附近最发育，按岩性是白云岩、石灰岩、泥灰岩的次序而依次降低。对于测井解释来说，此种储集层可分为两种情况，一种是裂缝相当发育，岩石相当破碎，以致在通常测井的探测范围内，可以认为裂缝是均匀分布，目前的测井方法和解释方法与孔隙性储集层类似，只要适当地选择解释参数就可获得较好的解释效果。另一种情况是裂缝不大发育，分布很不均匀，而且总孔隙度较低，目前还难以用测井解释方法准确判断油气水层。

洞穴型储集层主要指由溶蚀作用、重结晶作用及其他次生变化形成的比较大的孔洞。这类孔洞形状大小不一，小的几毫米，大的体积可达几千立方米，常沿裂缝及地层倾斜方向分布。洞穴之间可直接连通，或通过微细裂缝连通，这是富集油、气的重要孔隙类型。

（三）其他类型储集层

除上述两种岩石以外的岩石所形成的储集层，如岩浆岩、变质岩、泥岩等均属于这一类储集层。当这些岩石的裂隙、片理和次生孔隙比较发育时，也可成为良好的储集层，但目前它们在世界油田中所占的比例还很小。

二、储集层的储集性和含油性

含油气性是指储集层孔隙中油气的相对数量，储集性是指储集流体的容积以及流体在其中运移的能力。储集性和含油性可通过孔隙度、渗透率、含油气饱和度、储集层的厚度等参数来表征。测井解释的主要任务之一，就是用测井资料确定这些基本参数，并对储集层的储集性和含油、气性给予综合评价。

（一）孔隙度

孔隙度表示单位体积岩石内孔隙体积所占的百分数，是说明储集层储集能力相对大小的基本参数。测井解释中常用的孔隙度概念有总孔隙度、有效孔隙度和缝洞孔隙度。

总孔隙度是指岩石所有孔隙空间的总体，不论这种孔隙的大小、形状和孔隙孔道的截面如何，也不管是否封闭的（不连通的孔隙）都包括在内。有效孔隙则是指那些互相连通的在一般压力条件下，流体可以在其中流动的那部分孔隙（不连通的死孔隙不属于有效孔隙），有效孔隙度就是单位体积中有效孔隙体积所占的百分数。缝洞孔隙是指岩石次生作用造成的缝洞，又称次生孔隙，缝洞孔隙度是指单位体积岩石中有效缝洞体积所占的百分数。

假设 V 表示一块岩石的总体积，V_{ma} 表示这块岩石中固体部分的体积，V_{ϕ} 表示这块岩石中孔隙的体积，则孔隙度定义为

$$\phi=\frac{V_{\phi}}{V}\times 100\%=\frac{V-V_{ma}}{V}\times 100\% \tag{6-1}$$

（二）含油饱和度

岩石的含油气性由岩层的含油、气饱和度定量地描述，其定义为：孔隙中含油或含气部分的体积与整个岩石孔隙体积之比，即

$$S_{油或气}=\frac{V_{油或气}}{V_{孔隙}}\times 100\% \tag{6-2}$$

如果 S_o，S_w，S_g 分别表示含油、水、气饱和度，则有 $S_o+S_w+S_g=1$。一般在油气共存的情况下，测井解释尚不能区分油和气的数量，因此都用含油饱和度来表示，即 $S_o+S_w=1$；只有对纯气层才用含气饱和度，即 $S_g+S_w=1$。目前测井解释的结果分为如下六种情况：

油层：产水小于 5%；

气层：产水小于 5%，完全出气或产气量较大；

油水同层：产水 5%～90%；

含油水层：产水大于 90%，可见到油花；

水层：完全出水，有时把含油水层归入水层；

干层：日产流量小于 1 方，其中油小于 0.5t。

(三)渗透率

渗透率是表征岩石渗透性好坏的物理量,原单位是达西*。储集层孔隙中的流体,在一定压差条件下发生的运移,可按达西公式的经验关系式计算:

$$Q=K\frac{\Delta P\cdot A}{\mu\cdot L} \tag{6-3}$$

式中:Q 是液体流量,cm^3/s;A 为垂直于流体运动方向的岩石横截面积,cm^2;L 为渗滤路径的长度,cm;ΔP 为压力差,Pa;μ 为流动介质的粘度,mPa·s;K 称为渗透率。

实验证明,当只有一种流体通过岩样时,所测得的渗透率与流体性质无关,只与岩石本身结构有关;而当多种流体(如油与气)通过岩样时,对不同流体有不同的渗透率。为了区别这种情况,将渗透率分为绝对渗透率及相对渗透率。

绝对渗透率是在只有一种流体(油或气或水)通过岩石时测得的渗透率,其大小只与岩石的孔隙结构有关。有效渗透率是当有两种或两种以上的流体通过岩石时,对其中某一种流体测得的渗透率。有效渗透率除与岩石孔隙结构有关外,还与油气水和岩石的相互作用及流体性质以及流体的相对含量有关。相对渗透率是有效渗透率与绝对渗透率的比值。

在多相液体同时存在时,相对渗透率用来衡量某种流体通过岩石的难易程度。图 6-1 是油—水,气—水和气—油两相流动情况下的相对渗透率。

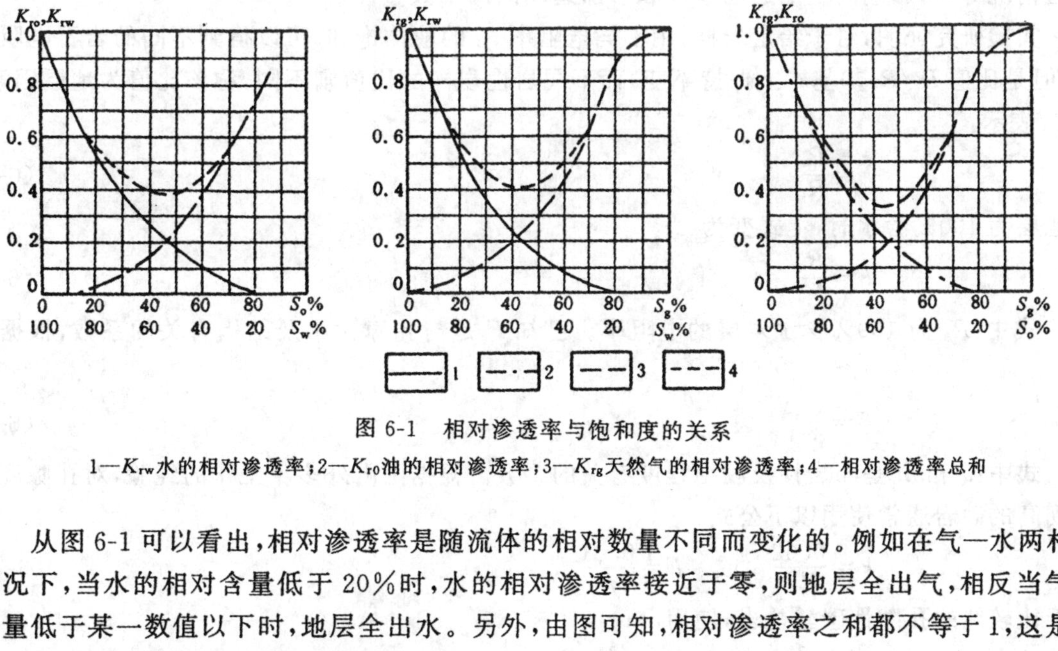

图 6-1 相对渗透率与饱和度的关系

1—K_{rw}水的相对渗透率;2—K_{ro}油的相对渗透率;3—K_{rg}天然气的相对渗透率;4—相对渗透率总和

从图 6-1 可以看出,相对渗透率是随流体的相对数量不同而变化的。例如在气—水两相的情况下,当水的相对含量低于 20%时,水的相对渗透率接近于零,则地层全出气,相反当气的含量低于某一数值以下时,地层全出水。另外,由图可知,相对渗透率之和都不等于 1,这是由于不同流体之间相互阻碍流动的结果。

三、储集层的岩性、储集性、含油性与各种物理性质的关系

(一)岩性与各物理性质的关系

各种地球物理测井方法是以岩矿的物理性质差异为基础,所以,可利用测井曲线值来确定岩性,而岩性变化主要是指岩石中矿物成分的变化,因此可根据测井曲线值求出各种矿物组成

---

* 渗透率的单位用 m^2 或 cm^2 表示,1 达西$=9.87\times10^{-13}m^2$。

的相对含量。例如，当岩石由三种矿物组成时，可根据三种孔隙度测井，如声波、中子、密度测井列出三个联立方程和物质平衡方程(第四个方程)，解这个方程组便可以求出三种矿物和孔隙度四个未知量，这四个方程可以写成：

$$\begin{cases}\rho_b=\phi\rho_f+V_1\rho_1+V_2\rho_2+V_3\rho_3\\ \Phi_N=\phi\Phi_{Nf}+V_1\Phi_{N1}+V_2\Phi_{N2}+V_3\Phi_{N3}\\ \Delta t=\phi\Delta t_f+V_1\Delta t_1+V_2\Delta t_2+V_3\Delta t_3\\ 1=\phi+V_1+V_2+V_3\end{cases} \tag{6-4}$$

式中：$\rho_b,\Phi_N,\Delta t$ 分别为密度、中子孔隙度和声波时差测井曲线值；$\rho_f,\Phi_{Nf},\Delta t_f$ 分别为孔隙中流体的密度、中子孔隙度和声波时差；$\rho_1,\rho_2,\rho_3,\Phi_{N1},\Phi_{N2},\Phi_{N3},\Delta t_1,\Delta t_2,\Delta t_3$ 分别为三种矿物的骨架密度、中子孔隙度和声波时差；V_1，V_2，V_3 分别为三种矿物的相对体积。关于确定 ϕ,V_1,V_2,V_3 的具体方法以后再述。

(二)孔隙度与各种物理性质的关系

1. 孔隙度与电阻率的关系

岩石电阻率与岩石的孔隙度和孔隙结构有关。这是因为，岩石孔隙度的大小决定着岩石所含地层流体的多少，而岩石孔隙的结构(包括孔道截面积的大小、孔道的弯曲程度以及孔道的连通情况等)则影响离子的运动速度和参加运动的离子数量。

实验研究证明，对于给定岩样，用不同电阻率 R_f 的液体饱和，可以得到不同的岩石电阻率 R_t，但是比值 R_t/R_f 却基本上保持不变，而不同岩性岩样的比值则不同，称该比值为地层因素，用 F 表示：

$$F=\frac{R_t}{R_f} \tag{6-5}$$

当地层为100%含水时，上式变为：

$$F=\frac{R_0}{R_w} \tag{6-6}$$

式中：R_0 为100%含水岩层的电阻率。已知 F 是与孔隙大小及结构有关的系数，根据实验：

$$F=\frac{a}{\phi^m} \tag{6-7}$$

式中：a 和 m 是与岩性及胶结程度有关的系数。根据国内外多年工作的经验，对孔隙度从中到高的砂岩通常使用以下公式

$$F=\frac{0.62}{\phi^{2.15}} \quad 或 \quad F=\frac{0.81}{\phi^2} \tag{6-7$'$}$$

对于比较纯的孔隙性碳酸盐岩，使用

$$F=\frac{1}{\phi^2} \quad 或 \quad F=\frac{1}{\phi^m} \tag{6-8}$$

式中：$m=1.87+\dfrac{0.019}{\phi}$，若 $\phi>10$，取 $m=2.1$。当计算的 $m>4.0$ 时，取 $m=4.0$。当碳酸盐岩的裂缝比较发育时，(6-8)式中的 m 取1.12～1.30。

2. 饱和度与电阻率的关系

在具有均匀粒间孔隙的纯地层中，经过大量的实验研究的测井解释的生产实验，发现有以下经验关系：

$$I=\frac{R_t}{R_0}=\frac{b}{S_w^n}=\frac{b}{(1-S_o)^n} \tag{6-9}$$

式中：S_o，S_w 分别为含油、含水饱和度；n 称为饱和度指数，原则上对不同地区的不同岩层应该用实验方法确定，如果没有这方面的资料，一般可以取作 2；b 是反映地层岩性特征的参数，根据地区的情况确定，一般可近似取为 1。

由式(6-9)和式(6-6)以及式(6-7)得：

$$S_w=\sqrt[n]{\frac{FR_w}{R_t}}=\sqrt[n]{\frac{R_w a}{R_t \phi^m}} \tag{6-10}$$

含泥质地层的电阻率和含油饱和度的关系是一个复杂的问题，不同研究人员以不同的模型得出许多经验关系式，例如，对泥质和砂呈现薄交互层的地层，关系式为：

$$\frac{1}{R_t}=\frac{\phi^2 S_w^2}{aR_w(1-V_{lam})}+\frac{V_{lam}}{R_{sh}} \tag{6-11}$$

式中：V_{lam}为单位体积中层状泥质的含量，R_{sh}为泥质的电阻率。当泥质呈分散状分布时，关系式为：

$$\frac{1}{R_t}=\frac{\phi_{im}^2 S_{im}}{a}\left(\frac{q}{R_{dis}}+\frac{S_{im}-q}{R_w}\right) \tag{6-12}$$

式中：ϕ_{im}是骨架孔隙度，它包括流体和分散泥质所占的整个空间；S_{im}为骨架孔隙中被地层水和分散泥质混合物所占的相对体积；q 为分散泥质在孔隙中所占的部分，于是含水饱和度可以写成 $S_w=(S_{im}-q)/(1-q)$；R_{dis}为分散泥质的电阻率。

3. 渗透率与电阻率、孔隙度的关系

渗透率和各种物理参数之间，到目前为止还没有找到直接的关系，而是通过渗透率与束缚水饱和度的关系，再利用能够确定束缚水含量的方法间接找出渗透率与这些参数的关系。

(1)渗透率与电阻率的关系。

根据实验资料知道，渗透率有如下关系式：

$$K=\frac{\phi^3}{fT^2S^2} \tag{6-13}$$

式中：f 是与孔隙管道截面形状有关的参数，等于 2～3；T 为孔隙管道曲率；S 为岩石比面。由上式可知，岩石比面越大(岩石颗粒越细)，孔隙管道曲率就越大，因而渗透率则越小。另外，在过渡带以上的油层中，地层的电阻率主要取决于束缚水饱和度，而束缚水饱和度又与岩石比面有关。比面愈大，束缚水饱和度越大，则渗透率愈低，而束缚水饱和度愈大，电阻率就愈小，这就是电阻率求渗透率的依据。

(2)渗透率与孔隙度、束缚水饱和度的关系。

目前国内外广泛应用孔隙度 ϕ 和束缚水饱和度 S_{wi}统计它们与渗透率的关系，所建立的经验方程一般具有如下形式：

$$K=\left(C\frac{\phi^x}{S_{wi}}\right)^y \tag{6-14}$$

式中：C，x，y 为地区经验系数。例如对于中等比重的油层，渗透率为：

$$K^{1/2}=250\,\frac{\phi^3}{S_{wi}} \tag{6-15}$$

而对于气层，渗透率为：

$$K^{1/2}=79\,\frac{\phi^3}{S_{wi}} \tag{6-16}$$

而目前常用的解释方程是：

$$K^{1/2}=100\,\frac{\phi^{2.25}}{S_{wi}} \tag{6-17}$$

以上经验方程只适用于中等孔隙度(ϕ=15%~25%)的纯净、固结的砂岩地层。

(3)孔隙度、粒度中值与渗透率的关系。

根据我国八个油田4 573块岩心的实测数据,经多元回归分析,得如下解释方程:

$$\lg K=D_1+1.7\lg M_d+7.1\lg\phi \tag{6-18}$$

式中:D_1为经验系数,主要与砂岩地层的压实程度有关,一般随压实程度的增加而呈规律性的增大;M_d为粒度中值。

§6.2 确定岩性和孔隙度

利用测井资料确定岩性是测井解释非常重要的内容之一。它不仅为地质研究提供有用的资料,而且是提高测井综合解释水平的要求。例如确定孔隙度时,先必须对岩性做出判断,而在岩性判断的同时,常常也可求得孔隙度,因此确定岩性和孔隙度时,常常是结合起来研究。在进行岩性和孔隙度的定量分析时,解释地层内除含有一定性质的流体之外,其岩性成分可能出现以下几种较为常见的情况:只有一种矿物的纯地层(不含泥质);单矿物加泥质;两种矿物组成的纯地层;双矿物加泥质(泥质双矿物);三种矿物的纯地层;三矿物加泥质(泥质三矿物)。本节只讨论纯(不含泥质)地层的情况,关于含泥质地层将在以后作为专门问题讨论。

一、含水纯地层

含水纯地层的等效体积模型如图6-2,图中V_{ma}、V_ϕ分别为岩石骨架部分和孔隙部分的体积;L_{ma}、L_ϕ分别为岩石骨架部分和孔隙部分的长度;V、L分别为总体积和总长度,满足$L=L_{ma}+L_\phi$;$V=V_{ma}+V_\phi$。利用声波、密度、中子测井可列出如下方程:

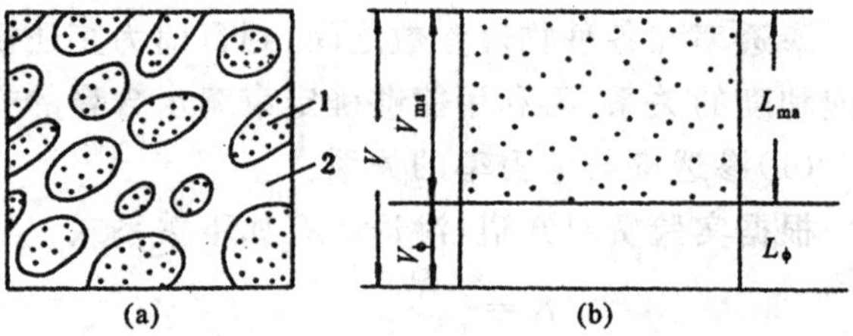

图6-2 含水纯地层的等效体积模型

$$\Delta t=(1-\phi)\Delta t_{ma}+\phi\Delta t_f \tag{6-19}$$

$$\rho_b=(1-\phi)\rho_{ma}+\phi\rho_f \tag{6-20}$$

$$CNL=(1-\phi)\Phi_{Nma}+\phi\Phi_{Nf} \tag{6-21}$$

式中:Δt,Δt_{ma},Δt_f分别为声波时差测井值、骨架部分和孔隙流体的声波时差;ρ_b,ρ_{ma},ρ_f分别为密度测井值、骨架部分和孔隙流体部分的密度值;CNL,Φ_{Nma},Φ_{Nf}分别为中子孔隙度测井值、骨架部分和流体部分的中子孔隙度。根据公式(6-19)、式(6-20)、式(6-21)可分别求出孔隙度:

$$\phi=\frac{\Delta t-\Delta t_{ma}}{\Delta t_f-\Delta t_{ma}} \tag{6-22}$$

$$\phi=\frac{\rho_b-\rho_{ma}}{\rho_f-\rho_{ma}} \tag{6-23}$$

$$\phi=\frac{CNL-\Phi_{Nma}}{\Phi_{Nf}-\Phi_{Nma}} \tag{6-24}$$

表6-1列出了声波、密度和中子孔隙度的骨架参数和流体参数。

需要指出的是公式(6-22)只适用于压实的均匀粒间孔隙岩。对于未压实的岩石,由于岩石未压实,使矿物颗粒之间不以紧密接触,使声波传播过程中多次折射,声波旅行时间增大,时差值与相同孔隙度的固结岩石相比有所增大,即公式(6-22)求得的孔隙度偏大,因此需压实校正：

$$\phi=\frac{\Delta t-\Delta t_{ma}}{\Delta t_f-\Delta t_{ma}}\cdot\frac{1}{C_p} \tag{6-25}$$

式中：C_p 为压实校正系数，可通过如下方法求得：

$$\frac{1}{C_p}=\frac{(\Delta t_{sh})_m}{\Delta t_{sh}} \tag{6-26}$$

$$C_p=1.68-0.000\,2H \tag{6-27}$$

式(6-26)中 Δt_{sh}、$(\Delta t_{sh})_m$ 分别为未压实目的层附近泥岩层、压实良好的泥岩层的声波时差，公式(6-26)求压实校正系数的理由是未压实岩石邻近的泥岩也将是未压实的。公式(6-27)是胜利油田得出的经验关系式。利用以上两个公式求得的 C_p 必须大于等于 1。

表 6-1 常见岩石骨架和流体的测井响应值

岩石骨架	Δt_{ma}		ρ_{ma}	$(\phi_{NSP})_{ma}$	$(\phi_{CNL})_{ma}$
	μs/m	μs/0.305m	(g/cm³)		
砂　岩	182	55.5	2.65	−0.035	−0.05
石灰岩	156	47.5	2.71	0.00	0.00
白云岩 ①ϕ=5.5%～30%	142	43.5	2.87	0.035	0.085
白云岩 ②ϕ=1.5%～5.5%	142	43.5	2.87	0.02	0.065
白云岩 ③ϕ=0～1.5%	142	43.5	2.87	0.005	0.04
硬石膏	161	50.0	2.98	−0.005	−0.002
石　膏	171	52.0	2.35	0.49	
岩　盐	220	67.0	2.03	0.04	−0.01

流　体	Δt_f		ρ_f	$(\Phi_N)_f$
淡　水	620	189	1.0	1
盐　水	608	185	1.1	
石　油	757～985	238	0.7	$\rho_{油}+0.3$
甲　烷	442	134.7	0.3	$2.25\rho_{气}$

另外需要说明的是，将式(6-19)、式(6-20)、式(6-21)中的$(1-\phi)$改写为 V'_{ma}（V'_{ma}为骨架部分的相对体积）后，可通过其中两个方程联立求解 V'_{ma}和 ϕ。

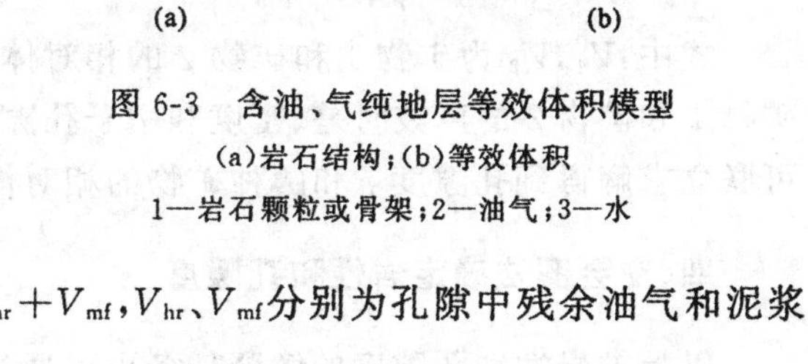

(a)　　(b)

图 6-3 含油、气纯地层等效体积模型

(a)岩石结构；(b)等效体积

1—岩石颗粒或骨架；2—油气；3—水

二、含油气纯地层

含油气纯地层的等效体积模型如图 6-3，图中 V_h 和 V_w 分别为孔隙中油和地层水的体积，并满足 $V_\phi=V_h+V_w$。由于声波测井的探测深度较浅，对于有泥浆侵入的地层，通常只能探测到冲洗带部分，因此，此时孔隙中的油为残余油气，而孔隙中的水为泥浆滤液，即 $V_\phi=V_{hr}+V_{mf}$，V_{hr}、V_{mf}分别为孔隙中残余油气和泥浆滤液的体积。利用声波测井可列出方程：

$$V\Delta t=V_{ma}\Delta t_{ma}+V_{mf}\Delta t_{mf}+V_{hr}\Delta t_{hr} \tag{6-28}$$

式中：Δt_{mf}，Δt_{hr}分别为泥浆滤液和油的声波时差。将式的两边同除以 V 得：

$$\Delta t=\frac{V-V_{\phi}}{V}\Delta t_{ma}+\frac{V_{mf}}{V}\Delta t_{mf}+\frac{V_{hr}}{V}\Delta t_{hr}$$

$$=(1-\phi)\Delta t_{ma}+\frac{V_{\phi}}{V}\cdot\frac{V_{mf}}{V_{\phi}}\Delta t_{mf}+\frac{V_{\phi}}{V}\cdot\frac{V_{hr}}{V_{\phi}}\Delta t_{hr}$$

$$=(1-\phi)\Delta t_{ma}+\frac{V_{mf}}{V_{\phi}}\phi\Delta t_{mf}+\frac{V_{hr}}{V_{\phi}}\phi\Delta t_{hr} \tag{6-29}$$

由于冲洗带泥浆滤波饱和度为 $S_{x0}=\frac{V_{mf}}{V_{\phi}}$；冲洗带内的残余油、气饱和度为 $S_{hr}=\frac{V_{hr}}{V_{\phi}}$，因此公式(6-29)变为：

$$\Delta t=(1-\phi)\Delta t_{ma}+\phi(1-S_{hr})\Delta t_{mf}+\phi S_{hr}\Delta t_{hr} \tag{6-30}$$

同理对密度、中子孔隙度测井有方程：

$$\rho_b=(1-\phi)\rho_{ma}+\phi(1-S_{hr})\rho_{mf}+\phi S_{hr}\rho_{hr} \tag{6-31}$$

$$\text{CNL}=(1-\phi)\Phi_{Nma}+\phi(1-S_{hr})\Phi_{Nmf}+\phi S_{hr}\Phi_{Nhr} \tag{6-32}$$

利用式(6-30)、式(6-31)、式(6-32)可分别求得孔隙度：

$$\phi=\frac{\phi_s}{1+S_{hr}\frac{\Delta t_{hr}-\Delta t_{mf}}{\Delta t_{mf}-\Delta t_{ma}}},\qquad \phi_s=\frac{\Delta t-\Delta t_{ma}}{\Delta t_{mf}-\Delta t_{ma}} \tag{6-33}$$

$$\phi=\frac{\phi_D}{1+S_{hr}\frac{\rho_{mf}-\rho_{hr}}{\rho_{ma}-\rho_{mf}}},\qquad \phi_D=\frac{\rho_{ma}-\rho_b}{\rho_{ma}-\rho_{mf}} \tag{6-34}$$

$$\phi=\frac{\phi_N}{1+S_{hr}\frac{\Phi_{Nhr}-\Phi_{Nmf}}{\Phi_{Nmf}-\Phi_{Nma}}},\qquad \phi_N=\frac{\text{CNL}-\Phi_{Nma}}{\Phi_{Nmf}-\Phi_{Nma}} \tag{6-35}$$

式中：ρ_{hr}，Φ_{Nhr}，Δt_{hr}分别为残余油气的密度、中子孔隙度和声波时差；ϕ_s，ϕ_D，ϕ_N 分别为声波测井、密度测井和中子测井视孔隙度。值得注意的是，在油气影响时：①式(6-33)计算的孔隙度偏高(由于测得的 Δt 增大)，岩石欠压实时，还应对 ϕ_s 进行压实较正；②式(6-34)计算的孔隙度偏高(由于测得的 ρ_b 值减小)；③式(6-35)计算的孔隙度偏低(由于测得的 CNL 减小)。

三、纯双矿物岩石

纯双矿物岩石，即岩石由孔隙流体、矿物 1、矿物 2 组成，利用声波、密度和中子孔隙度测井可列出如下方程：

$$\Delta t=\phi\Delta t_f+V_1\Delta t_{ma1}+V_2\Delta t_{ma2} \tag{6-36}$$

$$\rho_b=\phi\rho_f+V_1\rho_{ma1}+V_2\rho_{ma2} \tag{6-37}$$

$$\text{CNL}=\phi\Phi_{Nf}+V_1\Phi_{Nma1}+V_2\Phi_{Nma2} \tag{6-38}$$

$$1=\phi+V_1+V_2 \tag{6-39}$$

式中：V_1，V_2 为矿物 1 和矿物 2 的相对体积；Δt_{ma1}和 Δt_{ma2}，ρ_{ma1}和 ρ_{ma2}，Φ_{Nma1}和 Φ_{Nma2}分别为矿物 1 和矿物 2 的声波时差、密度和中子孔隙度。利用公式(6-36)～(6-39)中的任何三个方程可联立求解得到孔隙度 ϕ 和两种矿物的相对体积 V_1 和 V_2。

四、交会图法确定岩性和孔隙度

以上求岩性和孔隙度的解释任务也可通过测井交会图的方法来实现。测井交会图实质上是测井响应方程的图解形式。测井交会图首先根据一定的测井响应方程建立交会图图版，然后根据解释点落在该图版上的位置来解答，因此交会图图版具有简便、直观的优点。测井交会图的种类较多，以下介绍几种常用的两种孔隙度测井读数的交会图以及求解岩性和孔隙度的一般方法。

(一)岩性-孔隙度交会图

当地层由两种矿物组成时，利用两种孔隙度测井的交会图，即中子-密度交会图、中子-声波交会图和声波-密度交会图，可以求出岩性和孔隙度。下面以最经常使用的中子-密度交会图为例，说明该种交会图的制作方法和求解岩性和孔隙度的方法。

已知饱和含水纯岩石的密度、中子孔隙度响应方程为：

$$\rho_b=\phi\rho_f+(1-\phi)\rho_{ma} \tag{6-40}$$

$$\Phi_N=\phi\Phi_{Nf}+(1-\phi)\Phi_{Nma} \tag{6-41}$$

式中：Φ_N 为中子孔隙度。

将砂岩骨架密度 $\rho_{ma}=2.65$，骨架中子孔隙度 $\Phi_{Nma}=-0.035$ 以及水的密度 $\rho_f=1.0$，中子孔隙度 $\Phi_{Nf}=1$ 代入式(6-40)和式(6-41)得：

$$\rho_b=\phi+(1-\phi)\times 2.65 \tag{6-42}$$

$$\Phi_N=\phi+(1-\phi)\times(-0.035) \tag{6-43}$$

令 $\phi=0,5,15,20,25,30,35,40$ 分别代入式(6-42)和式(6-43)，可分别计算出数据对(Φ_N，ρ_b)，将这些点连接起来得到图 6-4 中的砂岩线。

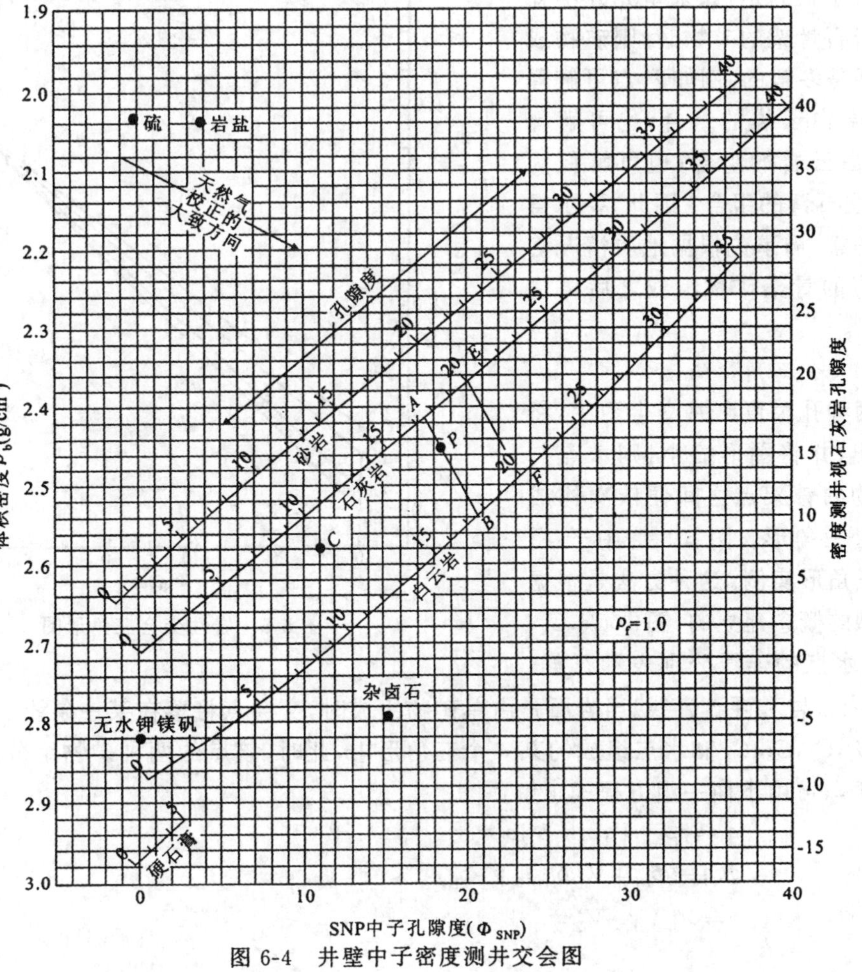

图 6-4 井壁中子密度测井交会图

用同样的绘制方法，可绘出石灰岩线和白云岩线。

用图 6-4 交会图求解岩性和孔隙度的步骤是：

(1)根据解释井段的岩性特征和地质上的可能性，判断解释层的岩性。

如果解释层交会点刚好落在某一岩性线上，则解释层只是由一种矿物组成，并根据交会点在线上所处的具体位置，读出孔隙度值。

如果解释层交会点不是落在某一岩性线上，而是落在某两种岩性线之间，则解释层的岩性为这两种岩性的过渡岩性。例如图中 P 点为石灰岩-白云岩的过渡岩性。

(2)确定解释层的矿物百分含量和孔隙度。

例如图中 P 点，通过 P 点引一条直线 AB(该直线与孔隙度为 20%的连线平行)；读出该解释层的孔隙度为 $\phi=17.6\%$；根据 P 点在 AB 线上的位置，可计算矿物的百分含量为：

方解石的百分含量： $\dfrac{\overline{PB}}{\overline{AB}}=66.7\%$

白云石的百分含量： $\dfrac{\overline{PA}}{\overline{AB}}=\dfrac{\overline{AB}-\overline{PB}}{\overline{AB}}=33\%$

如果组成岩石的矿物是石英和白云岩，也可利用同样的方法求得孔隙度和矿物含量。

(3)根据矿物的百分含量计算过渡岩性的视骨架密度 $(\rho_{ma})_a$。

$$(\rho_{ma})_a=2.71\times0.667+2.87\times0.333=2.76(g/cm^3)$$

值得注意的是，如果事先并不知道组成岩石骨架的矿物时，则矿物成分的解释是多解的。例如 P 点可解释为石灰岩-白云岩的组合；也可解释为砂岩-白云岩的组合；也可解释为石灰岩-硬石膏的组合。因此，要求得正确的解答，需事先根据地质情况确定解释层的骨架矿物组成之后再进行解释。

(二)交会三角形法

在两种孔隙度测井交会图中，将水点绘出，并将图形缩小，则水点与两种矿物的骨架点之间便依次构成多个交会三角形。图 6-5 为中子-密度交会三角形实例。这种方法是根据体积模型的概念建立的，图中 C_1,C_2,C_3,C_4 与水点的连线分别表示石英、方解石、白云岩和硬石膏线。当岩石是由单矿物组成时，交会点将落在某一条线上，如果交会点落在由 C_1,C_2,C_3,C_4 和水点组成的某一个三角形中，此时，该点的两种矿物组分的体积 V_1,V_2 和孔隙度 ϕ，可由下面一组方程式求解：

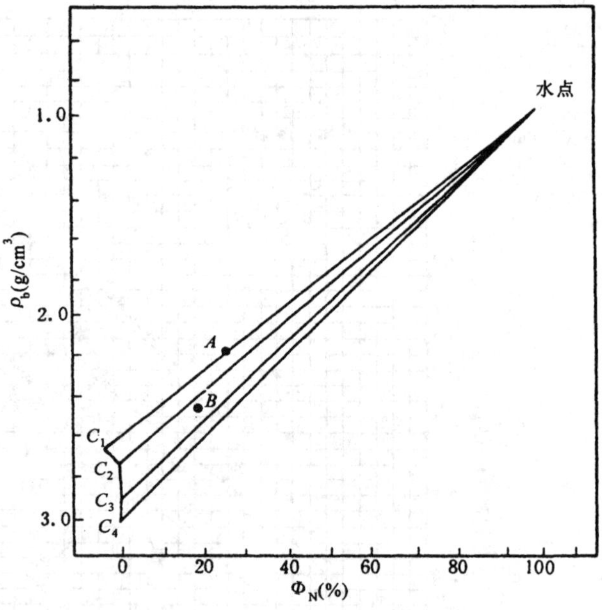

图 6-5 岩性交会三角形图

$$\left.\begin{aligned}\rho_b&=\phi\rho_f+V_1\rho_1+V_2\rho_2\\ \Phi_N&=\phi\Phi_{Nf}+V_1\Phi_{N1}+V_2\Phi_{N2}\\ 1&=\phi+V_1+V_2\end{aligned}\right\}\qquad(6\text{-}44)$$

(三)岩性交会图

岩性交会图是用三种孔隙度测井资料确定岩性和孔隙度的交会图。该类交会图主要的特点是只与岩石的骨架成分有关,而与其孔隙度无关。下面介绍常用的 $M—N$ 交会图和骨架识别图(MID 图)。

1. $M—N$ 交会图

$M—N$ 交会图是利用与岩石孔隙度无关的两个参数 M,N 制作的用以识别骨架成分的一种交会图版。M,N 的定义为:

$$M=\frac{\Delta t_f-\Delta t_{ma}}{\rho_{ma}-\rho_f}\times 0.01 \tag{6-45}$$

$$N=\frac{\Phi_{Nf}-\Phi_{Nma}}{\rho_{ma}-\rho_f} \tag{6-46}$$

式中:M 值之所以乘以 0.01 是为了使 M 值与 N 值的大小相当,以便作图。

根据式(6-45)、式(6-46)的定义可作图 6-6。由图可知,M 和 N 分别表示密度-声波、密度-中子孔隙度交会图上水点(孔隙度 $\phi=100\%$ 的点)与某一单矿物骨架点(孔隙度 $\phi=0\%$ 的点)连线的斜率。并且不同孔隙度的某一单矿物岩石的交会点必然落在该连线上,该线的斜率始终为某一固定值,只有骨架参数改变时,斜率才发生变化,因此斜率(M,N 的值)只与岩石的骨架成分有关,而与其孔隙度无关。

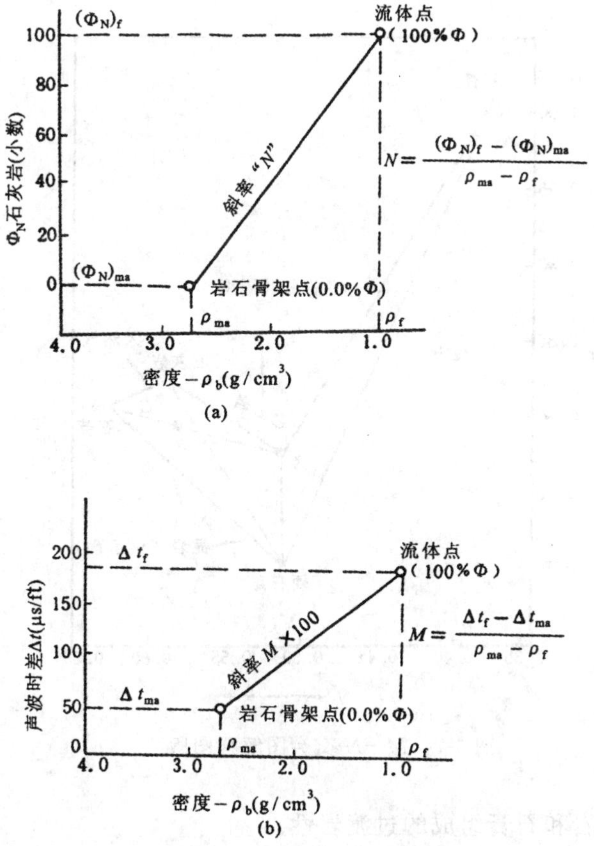

图 6-6　M 和 N 的定义

几种普通岩石的 M,N 值列于表 6-2。将各种岩性的 M,N 值点到 M,N 交会图上,然后作连线得到 $M—N$ 交会图(图 6-7)。

利用图 6-7 交会图版进行岩性解释的方法如下:

将需解释地层测井值计算出的 M,N 值点在 $M—N$ 交会图版上,然后判断岩性。如果交会点与某一矿物点相重合,则说明该地层由一种矿物组成,例如图中的 A 点解释为白云岩;如果交会点落在两种矿物点的连线上,则说明该岩层由两种矿物组成,例如图中的 B 点解释为砂岩与白云岩的过渡岩性;如果点落在由三个矿物点构成的三角形之内时,则说明该岩层是由这三种矿物组成,例如图中 C 点可解释为砂岩、白云岩及石灰岩组成的过渡岩性。

值得注意的是,利用 $M—N$ 交会图判断岩性时,一定要根据地质资料和解释剖面的岩性特征来进行判断,否则产生错误的解释。例如图中 C 点不仅可解释为砂岩、白云岩及石灰岩组成的过渡岩性;而且还可解释为砂岩、石灰岩和硬石膏组成的过渡岩性;还可解释为砂岩、白云

表 6-2　几种常见岩石的 M 和 N 值

泥浆特性 / M和N值 / 岩石	盐水泥浆($\rho_f=1.1$)		淡水泥浆($\rho_f=1$)	
	M	N	M	N
砂岩($v_{ma}=19\ 500\times0.305$m/s)	0.862	0.69	0.835	0.028
石灰岩	0.854	0.621	0.827	0.585
白云岩 $\phi=1.5\%\sim5.5\%$	0.800	0.544	0.778	0.524
硬石膏 $\rho_{ma}=2.98$	0.718	0.532	0.702	0.505
石膏	1.064	0.408	1.015	0.378
岩盐	1.269	1.032	1.160	0.914

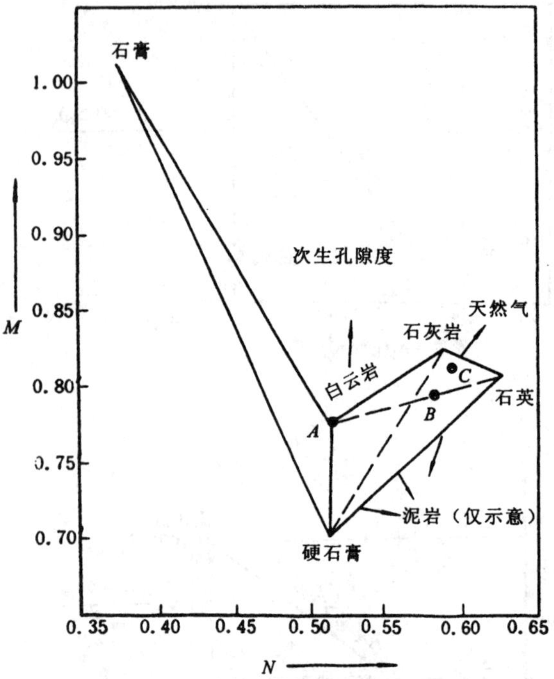

图 6-7　M—N 交会图解释图版

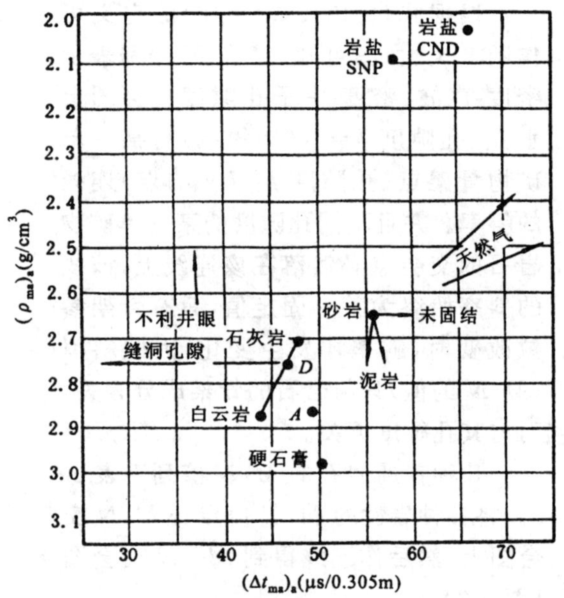

图 6-8　骨架岩性识别图

岩和石膏组成的过渡岩性。

另外，如果存在次生孔隙、泥质或孔隙中含有天然气时，M 和 N 值将与它的实例数值有偏差，以致造成交会点可能落到交会三角形之外。图中用箭头指出了这几种影响因素存在时交会图移动的方向。定量分析岩性时，应该考虑到这些可能的影响。

2. 骨架识别图

骨架识别图又称为MID图，它是根据岩石的视骨架值识别岩性的一种交会图，它以视骨架密度$(\rho_{ma})_a$ 和视骨架时差$(\Delta t_{ma})_a$ 为纵横坐标，$(\rho_{ma})_a$ 和$(\Delta t_{ma})_a$ 反映岩石骨架特征而与孔隙度无关。图 6-8 为岩性骨架识别图，它是将常见岩性骨架参数值点到图上，然后画上不利井眼、天然气趋势、缝洞孔隙等趋势制作而成的。

利用图 6-8 鉴别地层岩性的方法是：首先根据实测的 ρ_b，Φ_N（解释层的测井值）的交会点在

图 6-9 中查得视骨架密度((ρ_{ma})$_a$,再根据实测的 Δt,Φ_N 的交会点在图 6-10 中查得视骨架时差(Δt_{ma})$_a$;然后利用求到的(ρ_{ma})$_a$,(Δt_{ma})$_a$ 在 MID 图上的交会点来鉴别岩性,如果交会点与某一单矿物点重合在一起,则该解释层仅由一种矿物组成;如果交会点落在两种矿物点的连线上,则该解释层由两种矿物组成;如果交会点落在图上相应三个矿物点构成的三角形内,则该解释层由该三种矿物组成。

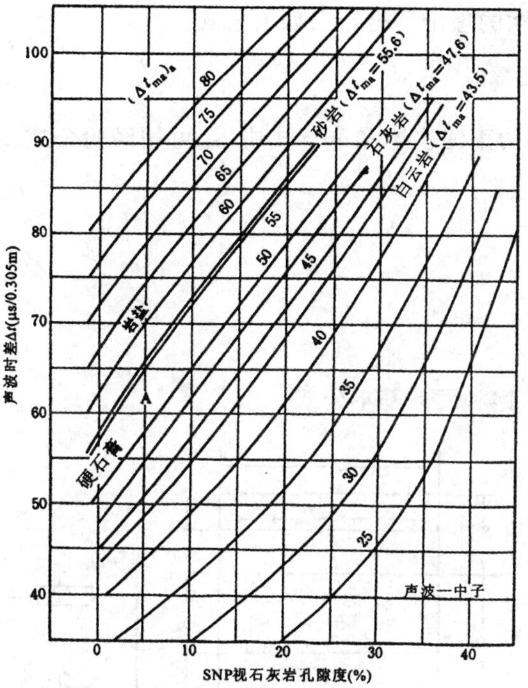

图 6-9 确定(Δt_{ma})$_a$ 的交会图

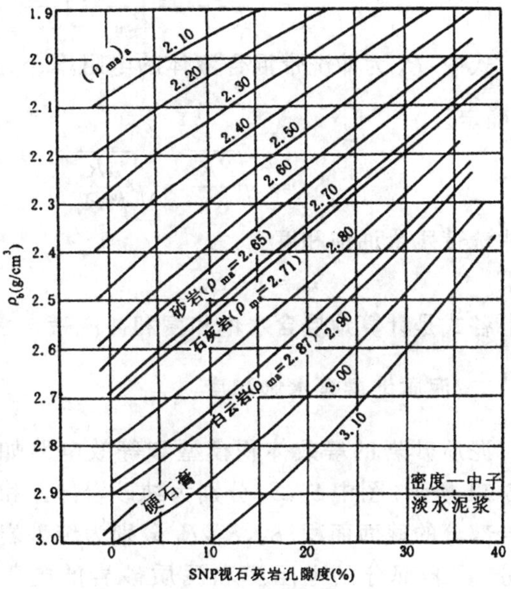

图 6-10 确定(ρ_{ma})$_a$ 的交会图

§6.3 确定含水饱和度

含水饱和度的定义是:$S_w=V_w/V_\phi$,其中 V_w 为地层孔隙中含水体积;V_ϕ为地层的总孔隙体积。而地层含油饱和度的定义是:$S_o=V_o/V_\phi$,其中 V_o 为地层中孔隙中的含油体积。显然地层中既含水又含油时满足 $S_w+S_o=1$,即知道 S_w 便可知道 S_o。

含水(或含油)饱和度是划分油、气、水层的主要标志,是最重要的储层参数,因此利用测井资料确定含水饱和度是测井解释的主要目的之一。目前确定含水饱和度的方法大致分为三类,即利用现有的储层导电模型或建立储层导电模型计算法;快速直观显示方法;数理(统计)方法。

一、纯地层含水饱和度

前面已讲过地层因素 F[式(6-5)~(6-8)]、电阻率指数(或称电阻率增大数)I[式(6-9)]以及计算含水饱和度公式(阿尔奇公式)为(设 $n=2$):

$$S_w=\sqrt{\frac{FR_w}{R_t}}=\sqrt{\frac{aR_w}{\phi^m R_t}} \tag{6-47}$$

同理可求得冲洗带的含水饱和度S_{xo}为：

$$S_{xo}=\sqrt{\frac{FR_{mf}}{R_{xo}}}=\sqrt{\frac{aR_{mf}}{\phi^m R_{xo}}} \tag{6-48}$$

式中：R_{mf}，R_{xo}分别为泥浆滤液电阻率和冲洗带电阻率。公式(6-48)是在假设冲洗带中的原生水几乎完全被泥浆滤液替代的前提下推演出来的，一般情况下，冲洗带主要孔隙中存在泥浆滤液的同时，还存在一定数量的束缚水，使式(6-48)计算得到的S_{xo}产生一定的误差，因此，在解S_{xo}时需对束缚水进行校正。根据电阻并联的理论可推导出如下公式：

$$\frac{1}{R_z}=\left(\frac{S_{wB}}{R_w}+\frac{S_{xo}-S_{wB}}{R_{mf}}\right)\frac{1}{S_{xo}} \tag{6-49}$$

式中：R_z为冲洗带混合液体的电阻率；S_{wB}为束缚水饱和度。式中S_{xo}可用经验公式$S_{xo}=S_w^{\frac{1}{5}}$确定。

$$S_{xo}=\sqrt{\frac{FR_z}{R_{xo}}}=\sqrt{\frac{aR_z}{\phi^m R_{xo}}} \tag{6-50}$$

而冲洗带残余油饱和度S_{or}为：

$$S_{or}=1-S_{xo} \tag{6-51}$$

以上各式是计算地层含水饱和度和冲洗带含水饱和度的基本公式。

二、泥质地层含水饱和度

泥质砂岩的等效体积模型和等效电路如图6-11所示。图中S_2，S_1分别为纯砂岩部分和泥岩部分的截面面积；R_2，R_1，R_t分别为纯砂岩部分、泥岩部分的电阻率和泥质砂岩的电阻率；r_2，r_1，r分别是纯砂岩部分、纯泥岩部分的等效电阻和泥质砂岩的等效电阻，根据电阻的并联理论有：

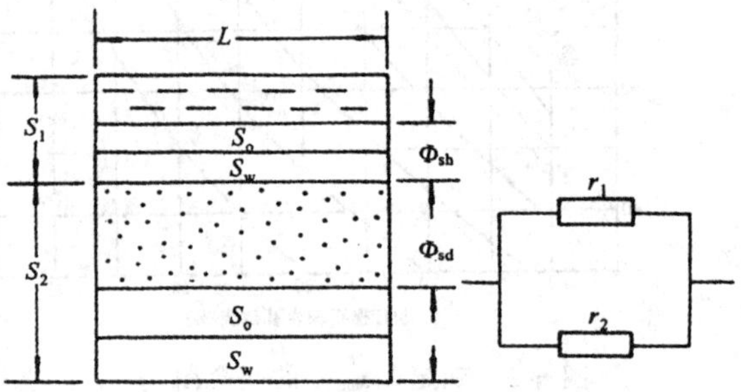

图 6-11　泥质砂岩模型和等效电路

$$\frac{1}{r}=\frac{1}{r_1}+\frac{1}{r_2} \tag{6-52}$$

式中：$r=\frac{1}{R_t\frac{L}{S}}$，$r_1=\frac{1}{R_1\frac{L}{S}}$，$r_2=\frac{1}{R_2\frac{L}{S}}$，其中$L$为模型的长度。

将r，r_1，r_2代入式(6-52)，并进行整理得到：

$$\frac{1}{R_t}=\frac{V_{sh}}{R_1}+\frac{1-V_{sh}}{R_2} \tag{6-53}$$

式中：V_{sh}为泥质体积。式中右边第二项是纯砂岩的电阻率。设纯砂岩的孔隙度为$\phi_{sd}=\frac{V_\phi}{V_2}=\frac{V_\phi/V}{V_2/V}=\frac{\phi}{1-V_{sh}}$，根据地层因素$F$的定义以及与阿尔奇公式的关系，便有：

$$F=\frac{a}{\phi_{sd}^m}=\frac{R_2}{R_w},\frac{R_2}{FR_w}=\frac{1}{S_w^2} \tag{6-54}$$

因此，(6-53)公式的右边第二项可写为：

$$\frac{1-V_{sh}}{R_2}=\frac{(1-V_{sh})S_w^2}{FR_w}=\frac{(1-V_{sh})S_w^n\phi_{sd}^m}{aR_w}=\frac{\phi^m S_w^2}{aR_w(1-V_{sh})^{m-1}} \tag{6-55}$$

公式(6-53)的第一项是泥质的电阻率。因为泥质是细粉砂岩和粘土的混合物，也具有一定的孔隙，孔隙中也有油和水，因此根据纯砂岩的关系式可求出泥质地层的电阻率增大系数 I：

$$I=\frac{R_1}{R_{sh}}=\frac{1}{S_w^n}\approx\frac{1}{S_w}\quad（当 n=1 时）\tag{6-56}$$

上式中 n 取为 1 的原因是泥质含量多的油气层电阻率很低。将(6-55)式、(6-56)式代人(6-53)式，有：

$$\frac{1}{R_t}=\frac{S_w V_{sh}}{R_{sh}}+\frac{\phi^m S_w^2}{aR_w(1-V_{sh})^{m-1}}\tag{6-57}$$

(6-57)式是常用的泥质砂岩的电阻率公式。但上式不适合于计算机的连续处理，尤其是当 $V_{sh}=1$(纯泥岩)时。为了适合于计算机处理，常用下面的公式：

$$\frac{1}{R_t}=\frac{S_w V_{sh}}{R_{sh}}+\frac{\phi^m S_w^2}{aR_w}\tag{6-58}$$

将上式整理得到：

$$S_w=\frac{aR_w}{2\phi^2}\left(\sqrt{\frac{4\phi^2}{aR_w}+\left(\frac{V_{sh}}{R_{sh}}\right)^2}-\frac{V_{sh}}{R_{sh}}\right)\tag{6-59}$$

公式(6-59)就是计算泥质砂岩含水饱和度的常用公式。

三、双水模型法

双水模型是针对含泥质地层提出的一种新的测井解释模型(图 6-12)。双水模型认为：含泥质地层的全部导电能力取决于束缚水和自由水，地层的骨架和干泥质可认为是不导电的。其中束缚水是吸附在粘土颗粒表面的水，自由水是与粘土颗粒表面有一定距离的并能在孔道中自由流动的水。自由水的导电是由于自由水溶液的盐类的离子所产生的，而束缚水的导电能力是由于束缚水中的部分阳离子发生移动所产生的。

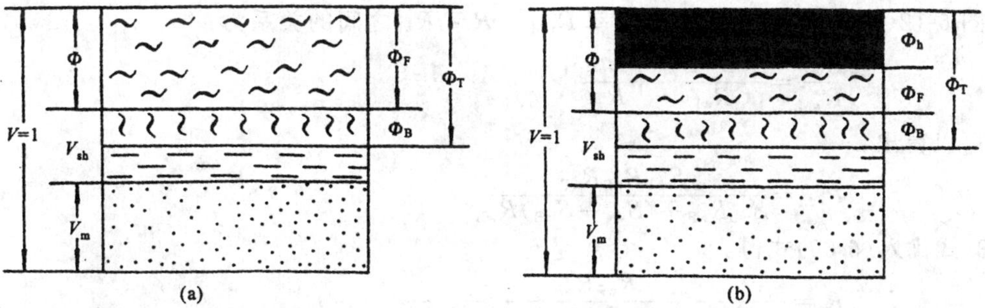

图 6-12　双水模型

(a)水层；(b)油(气)层

(一)泥质砂岩(水层)的电阻率

根据图 6-12(a)，总孔隙度 ϕ_T 等于自由水孔隙度 ϕ_F 与束缚水孔隙度 ϕ_B 之和，即 $\phi_T=\phi_B+\phi_F$；束缚水饱和度 $S_{wB}=\phi_B/\phi_T$；自由水饱和度 $S_{wF}=\phi_F/\phi_T$；总含水饱和度 $S_{wT}=S_{wF}+S_{wB}=\frac{\phi_F+\phi_B}{\phi_T}=1$。

根据双水模型，干泥质和岩石颗粒共同作为泥质砂岩的骨架，则地层因素可写为：

$$F=\frac{R_0}{R_{wM}}=\frac{1}{\phi_T^2}\tag{6-60}$$

式中：R_o，R_{wM}分别为泥质砂岩水层的电阻率和泥质砂岩总孔隙中混合液体的电阻率，即混合液体为束缚水与自由水混合而成的。设R_{wF}，R_{wB}分别为自由水和束缚水的电阻率，则根据束缚水和自由水电阻并联关系有：

$$\frac{1}{R_{wM}}=\frac{1-S_{wB}}{R_{wF}}+\frac{S_{wB}}{R_{wB}} \tag{6-61}$$

由上式可以得出：

$$R_{wM}=\frac{R_{wB}R_{wF}}{R_{wF}S_{wB}+(1-S_{wB})R_{wB}} \tag{6-62}$$

将(6-62)式代入(6-60)式，可得到泥质砂岩水层的电阻率：

$$R_0=\frac{R_{wM}}{\phi_T^2}=\frac{R_{wB}R_{wF}}{\phi_T^2[R_{wF}S_{wB}+(1-S_{wB})R_{wB}]} \tag{6-63}$$

（二）泥质砂岩（油气层）的电阻率

由图6-12(b)可知，泥质砂岩油（气）层的总孔隙度ϕ_T为自由水孔隙度ϕ_F、束缚水孔隙度ϕ_B、含油（气）孔隙度ϕ_H之和，即$\phi_T=\phi_F+\phi_B+\phi_H$。

根据阿尔奇公式

$$\frac{R_t}{R_0}=\frac{1}{S_{wT}^2} \tag{6-64}$$

与公式(6-60)类似

$$F=\frac{R_0}{R_{wN}^*}=\frac{1}{\phi_T^2},\quad R_0=\frac{R_{wN}^*}{\phi_T^2} \tag{6-65}$$

将(6-65)式代入(6-64)式得：

$$R_t=\frac{R_{wN}^*}{\phi_T^2S_{wT}^2} \tag{6-66}$$

式中：R_{wN}^*是泥质砂岩油（气）层总孔隙空间中的混合液体的电阻率。

由图6-12(b)可知，混合液体电阻率R_{wM}^*与R_{wF}，R_{wB}之间的关系为：

$$\frac{S_{wT}}{R_{wM}^*}=\frac{S_{wT}-S_{wB}}{R_{wF}}+\frac{S_{wB}}{R_{wB}} \tag{6-67}$$

由上式可以得出：

$$R_{wM}^*=\frac{S_{wT}R_{wB}R_{wF}}{S_{wB}R_{wF}+(S_{wT}-S_{wB})R_{wB}} \tag{6-68}$$

将(6-68)式代入(6-66)式得：

$$R_t=\frac{R_{wF}R_{wB}}{\phi_T^2[S_{wB}R_{wF}+(S_{wT}-S_{wB})R_{wB}]S_{wT}} \tag{6-69}$$

由公式(6-69)可得S_{wT}为：

$$S_{wT}=\left(\frac{R_{wF}}{\phi_T^2R_t}+y^2\right)^{1/2}+y \tag{6-70}$$

式中：$y=\frac{S_{wB}(R_{wB}-R_{wF})}{2R_{wB}}$。

由式(6-69)计算泥质砂岩含油气地层的电阻率，由式(6-70)计算总含水饱和度。

通常所说的含水饱和度S_w不含有束缚水，可以通过扣除束缚水得到泥质砂岩油（气）层有效孔隙空间内的含水饱和度S_w

$$S_w=\frac{\phi_F}{\phi_F+\phi_H}=\frac{\phi_F}{\phi_T-\phi_B}=\frac{\phi_F/\phi_T}{1-\phi_B/\phi_T}=\frac{S_{wT}-S_{wB}}{1-S_{wB}} \tag{6-71}$$

由(6-71)式可以看出：双水模型求得的含水饱和度S_w是挖掉泥质束缚水饱和度的有效空

间的含水饱和度。为了求得含水饱和度，必须知道 R_{wF}、R_{wB}、ϕ_T 和 S_{wB} 四个未知数。ϕ_T 由 ϕ_N—ϕ_D 交会图求出；S_{wB} 用泥质含量测定值与 S_{wB} 的关系求出；R_{wF} 和 R_{wB} 可根据视地层水公式确定，如果是纯泥岩地层，$R_{wa}=R_{wB}$，如果是纯含水砂岩地层，$R_{wa}=R_{wF}$。

实际解释中，可利用公式(6-63)计算得到 R_0，并绘制曲线，将 R_0 与实测的 R_t 曲线对比，如果 R_0 与 R_t 曲线重合，则解释层为水层或泥岩层，如果 R_0 与 R_t 曲线有幅度差，则说明是油层。

四、双孔隙度法

双孔隙度法就是指地层总孔隙度与含水孔隙度的重叠，利用这两种孔隙度之间的差别来显示地层的含油(气)性。

按含水饱和度的定义，$S_w=\dfrac{V_w}{V_\phi}=\dfrac{V_w/V}{V_\phi/V}=\dfrac{\phi_w}{\phi}$，其中 ϕ、ϕ_w 分别为地层的总孔隙度和含水孔隙度。因为，$S_w=1-S_o$，所以有：

$$\phi S_o=\phi-\phi_w \tag{6-72}$$

式中：S_o 为含油(气)饱和度；ϕS_o 的含义是含油孔隙度。

地层总孔隙度可利用声波时差平均公式求出。含水孔隙度是根据阿尔奇公式求出的，在阿尔奇公式中，令 $n=2,m=2,b=1,S_w=1$ 时，求到的孔隙度为含水孔隙度：

$$\phi_w=\sqrt{\frac{aR_w}{R_t}} \tag{6-73}$$

对于完全含水的纯地层来说，$R_t=R_0$，则有 $\phi_w\approx\phi$；对于含油(气)的纯地层来说，$R_t>R_0$，所以 $\phi>\phi_w$，含油气越多，ϕ_w 越小，ϕ 比 ϕ_w 大得越多，一般以 $S_w=50\%$ 为油水分界线，因此用下述原则来判断油、水层：

当 $S_w\approx100\%$ 时，$\phi\approx\phi_w$，判断为水层；

当 $S_w\leqslant50\%$ 时，$\phi\geqslant2\phi_w$，判断为油气层。

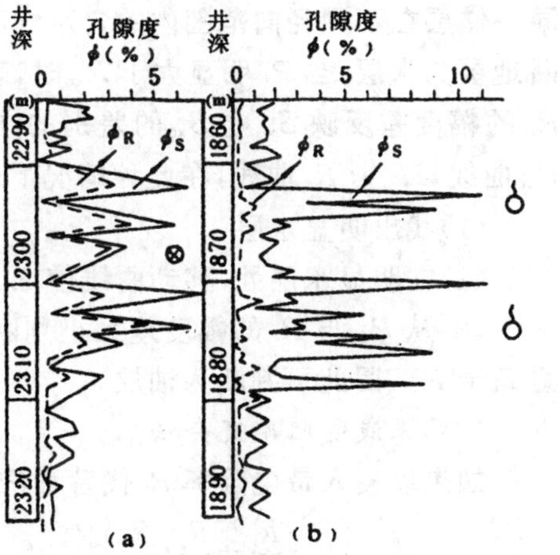

图 6-13　双孔隙度重叠图

图 6-13(a)为某油井的双孔隙度重叠图，图中 ϕ_s，ϕ_R 分别为总孔隙度和含水孔隙度，在深度为 2 295～2 300m 处，$\phi_s\approx\phi_R$，所以划分为水层，试井后产水。图 6-13(b)为某井双孔隙度重叠图，在深度 1 862～1 866m，1 869～1 878m 处因 $\phi_s\geqslant2\phi_w$ 定为气层，试井后产气。

五、径向电阻率比值法

一般情况下，在储集层处有泥浆侵入，由于有泥浆侵入，改变了侵入区岩层的流体性质，使地层电阻率在径向上出现差异，即侵入区电阻率与原状地层(未被泥浆侵入部分的地层)的电阻率不一致，利用电阻率在径向的差异可以研究地层的含油(气)性，这就是径向电阻率法的依据。

前面已多次讲过的阿尔奇公式为：

$$S_w^n=\frac{R_w a}{R_t\phi^m}=\frac{FR_w}{R_t} \tag{6-74}$$

同样也适用于冲洗带，只是将其中的各项换上相应的数值即可：

$$S_{xo}^{n}=\frac{R_{mf}a}{R_{xo}\phi^{m}}=\frac{FR_{mf}}{R_{xo}} \tag{6-75}$$

将(6-74)式与(6-75)式相比，得到：

$$\frac{R_{xo}}{R_t}=\frac{R_{mf}}{R_w}\left(\frac{S_w}{S_{xo}}\right)^n \tag{6-76}$$

(6-76)式是径向电阻率法的基本关系式。该式表明：同一地层、不同径向范围电阻率的差别是由于 R_{mf} 与 R_w 之间的差别以及 R_{xo} 与 R_t 之间的差别引起的。因此，分析径向电阻率的差别可判断储集层的饱和性质。

从公式(6-76)出发，可产生判断储集层饱和性质的 R_{xo}-R_t 曲线重叠法、深浅电阻率交会法、"假自然电位曲线"与实测自然电位曲线重叠法等。

(一)R_{xo}-R_t 曲线重叠法

将(6-76)式两边取对数可得：

$$\lg R_{xo}-\lg R_t=\lg\frac{R_{mf}}{R_w}+n\lg\frac{S_w}{S_{xo}} \tag{6-77}$$

从(6-77)式可看出：当 $R_{mf}\approx R_w$ 时，以对数比例尺记录的 R_{xo} 与 R_t 之间的幅度差，正好是同一储层在不同径向范围内的含水饱和度的差别，此时，当 R_{xo} 与 R_t 重合时，表示 $S_w=S_{xo}$ 可判断地层为水层；当 R_t 明显大于 R_{xo} 时，表示 $S_w<S_{xo}$ 应为油层。而当 R_{mf} 与 R_w 差别较大时，R_{xo} 与 R_t 的幅度差反映 S_w 与 S_{xo} 的差别的同时，还反映了 R_{mf} 与 R_w 的差别，如图 6-14，图中 PL 为 R_{xo} 曲线，IL 为 R_t 曲线，在此种情况下解释的步骤为：

(1)找出明显水层；

(2)在明显水层处，移动曲线使 R_{xo} 与 R_t 曲线重合；

(3)从 R_{xo} 与 R_t 的幅度差大小判断储集层的饱和性质，如图 6-14(b)，图中上一层的 R_t 明显高于 R_{xo}，因此可判断为油层。

(二)深浅电阻率交会法

如果以侵入带电阻率 R_i 代替冲洗带电阻率，则公式(6-76)变为：

$$\frac{R_i}{R_t}=\frac{R_z}{R_w}\left(\frac{S_w}{S_i}\right)^n \tag{6-78}$$

式中：R_z 为侵入带内混合液体电阻率，相当于泥浆滤液与剩余地层水混合液体的电阻率，可按下式计算：

$$\frac{1}{R_z}=\frac{Z}{R_w}+\frac{1-Z}{R_{mf}} \tag{6-79}$$

式中：Z 为剩余水含量，一般 $Z=0.075$。

侵入带的含水饱和度 S_i 介于 S_{xo} 与 S_w 之间，可用经验公式表示为 $S_i=S_w^{1/2}$，因此，公式(6-78)可表示为(令 $n=2$)：

$$\frac{R_i}{R_t}=\frac{R_z}{R_w}S_w \tag{6-80}$$

对上式两边取对数得

$$\lg R_t=\lg R_i+\lg\left(\frac{R_w}{R_z}S_w^{-1}\right) \tag{6-81}$$

通过上式，利用 R_t 与 R_i 在双对数坐标上作图，在已知 $\frac{R_w}{R_t}$ 的比值时可作出代表不同 S_w 的直线(如图 6-15)。如果不知道 $\frac{R_w}{R_z}$，但解释井段有明显水层，可通过纯水层点引 45°斜线作 $S_w=$

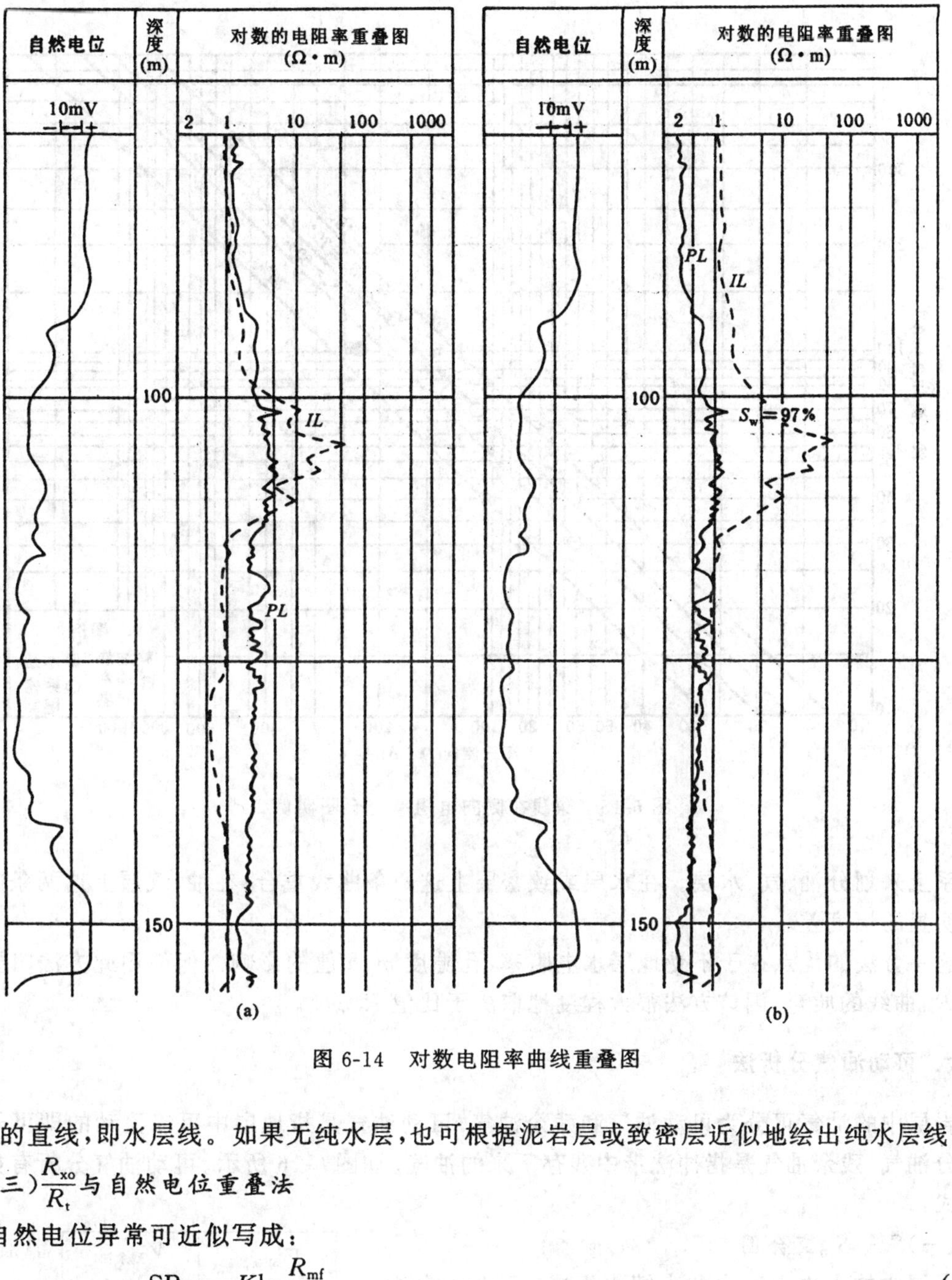

图 6-14　对数电阻率曲线重叠图

100%的直线，即水层线。如果无纯水层，也可根据泥岩层或致密层近似地绘出纯水层线。

(三)$\frac{R_{xo}}{R_t}$与自然电位重叠法

自然电位异常可近似写成：

$$SP=-K\lg\frac{R_{mf}}{R_w} \tag{6-82}$$

将(6-76)式两边取对数得：

$$\lg\frac{R_{xo}}{R_t}=\lg\frac{R_{mf}}{R_w}+n\lg\left(\frac{S_w}{S_{xo}}\right) \tag{6-83}$$

即
$$n\lg\left(\frac{S_w}{S_{xo}}\right)=\lg\frac{R_{xo}}{R_t}-\lg\frac{R_{mf}}{R_w}$$

上式中右边的第一项 $\lg\frac{R_{xo}}{R_t}$可计算出来，设为“计算自然电位曲线”，右边第二项与 SP 有关，即实测自然电位曲线，将“计算”与实测的自然电位曲线重叠绘出，即可从这两条曲线的相

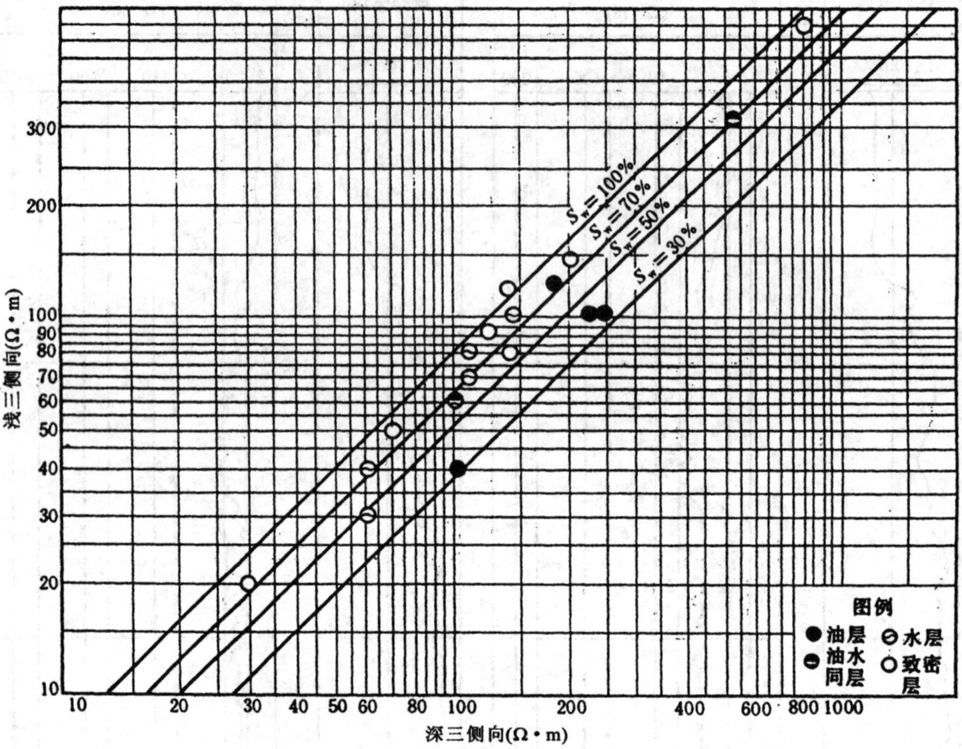

图 6-15　深浅在侧向电阻率交会图实例

互关系上来划分油、气、水层。在水层或致密层上这两条曲线重合；在油、气层上这两条曲线将出现明显的幅度差。

这一方法的优点在于不受地层水电阻率、孔隙度 m，a 值的影响。但使用此方法时要特别留意 R_{xo}曲线的质量，因该方法很大程度地取决于比值 R_{xo}/R_t。

六、可动油气分析法

岩层中的油气可分为可动油气和残余油气，可动油气是指地层中可以流动的即可开采的那部分油气，残余油气是指冲洗带中残存下来的油气。如图 6-16 所示。可动油气分析有如下几种形式：

(一)S_w—S_{wi}交会图

岩层中的水由可动水和束缚水组成，可动水是岩层中能自由流动的水，束缚水是束缚在岩石颗粒表面的水和微毛细管孔隙中的水，按照油(气)水层的概念，有如下判断条件：

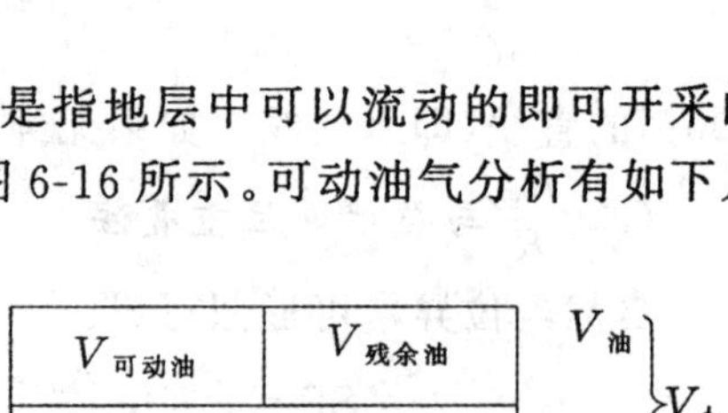

图 6-16　可动油气分析

油层：$S_w=S_{wi}$；$S_{wm}=0$；

油水同层：$S_w>S_{wi}$；$S_{wm}>0$；

水层：$S_w\gg S_{wi}$；$S_{wm}\gg 0$。

以上判断条件中 S_{wi}、S_{wm}分别为束缚水和可动水饱和度。

图 6-17(a)为 S_w—S_{wi}交会原理图,图上可以明显地分成油层区、油水同层区及水层区。图 6-17(b)为我国不同地区四个油田四口井的实际资料绘制的 S_w—S_{wi}交会图。由图可知,油层点基本上分布在 $S_w \approx S_{wi}$附近,尤其值得注意的是,含水饱和度相当高的地层,如 11,19,33~35 层,经试油证实为油层。

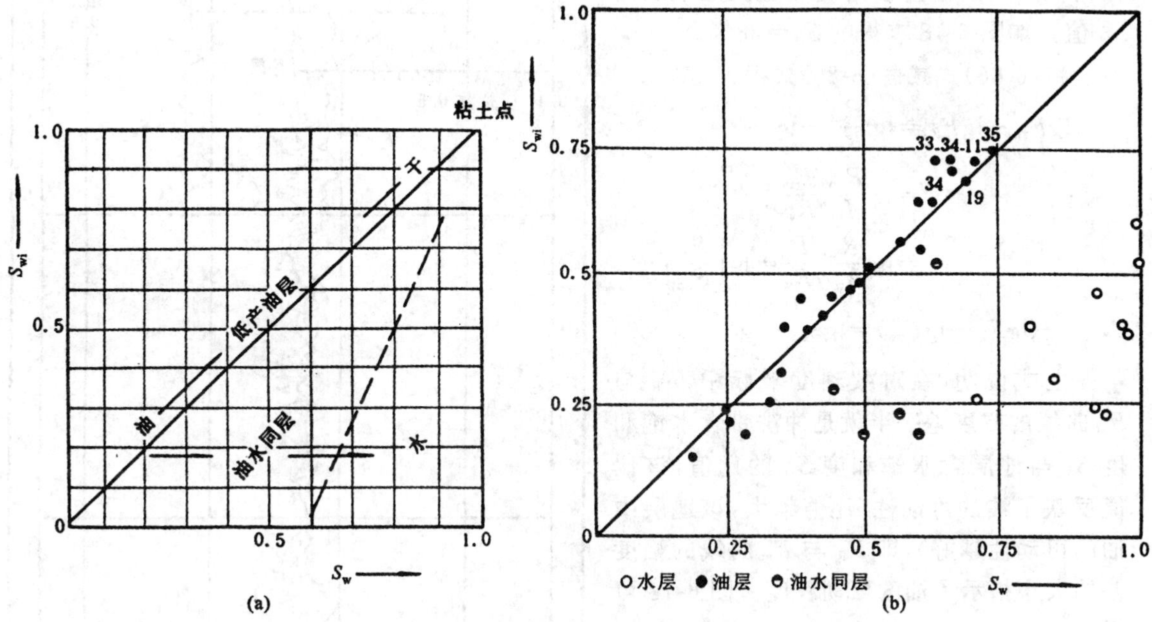

图 6-17　S_w—S_{wi}交会图

(a)S_w—S_{wi}交会原理图;(b)用 S_w—S_{wi}交会图划分油水层实例

值得注意的是:有些储集层的 $S_o > 70\%$仍然有水;而有些储集层 $S_o < 30\%$仍然只产油不产水,尤其是岩石电阻率非常低但仍然产油的低阻油层。这类地层仅用 S_w 作为划分油水层的指标是不够的,要配合 S_{wi}进行解释。以上所述的 S_w—S_{wi}交会图法是解释这类储集层含油性质的有效方法之一。

(二)三条视地层因素曲线重叠法

三条视地层因素重叠又称为 F 可动油图。三种视地层因素是:孔隙度测井资料确定的视地层因素 $F_s = \frac{1}{\phi^m} = \frac{R_0}{R_w}$;深探测电阻率资料确定的视地层因素 $F_R = \frac{R_t}{R_w}$;冲洗带地层电阻率确定的视地层因素 $F_{xo} = \frac{R_{xo}}{R_{mf}}$。分别对这三种视地层因素取对数得:

$$\lg F_s = \lg R_0 - \lg R_w \tag{6-84}$$

$$\lg F_R = \lg R_t - \lg R_w \tag{6-85}$$

$$\lg F_{xo} = \lg R_{xo} - \lg R_{mf} \tag{6-86}$$

用式(6-85)减式(6-84)得

$$\lg F_R - \lg F_s = \lg R_t - \lg R_0 = \lg(R_t/R_0)$$

因为$\frac{R_t}{R_0} = I = \frac{1}{S_w^2}$(当 $n=2$ 时),便有

$$\lg S_w = \frac{1}{2}(\lg F_s - \lg F_R) \tag{6-87}$$

上式说明，在对数刻度坐标中，F_s 与 F_R 曲线之差，就是 2 倍的 S_w。实际读数时，可用一根模数等于 $2L$ 的对数比例尺，把比例尺为 1 的点与 F_R 曲线重合，从 F_s 曲线在比例尺上的位置读出刻度值就是地层的 S_w 值。如图 6-18 求得的 $S_w=28\%$。

将(6-86)式减去(6-85)式得：

$$\lg F_{xo}-\lg F_R=\lg\frac{R_{xo}}{R_{mf}}-\lg\frac{R_t}{R_w}=\lg\frac{R_{xo}/R_{mf}}{R_t/R_w}=\lg\frac{R_{xo}/R_t}{R_{mf}/R_w}=\lg\left(\frac{S_w}{S_{xo}}\right)^2$$

$$\therefore\quad \frac{1}{2}(\lg F_R-\lg F_{xo})=\lg S_{xo}-\lg S_w \quad (6\text{-}88)$$

上式说明，在对数刻度坐标中，F_R 与 F_{xo} 曲线的幅度差一半就是冲洗带含水饱和度 S_{xo} 与地层含水饱和度 S_w 的比值，该比值反映了油的可动性（比值越大，该地层中油的可动性越好），即 F_R 与 F_{xo} 曲线的幅度差的大小指示了油的可动程度。图 6-18 可得 $S_{xo}=70\%$。

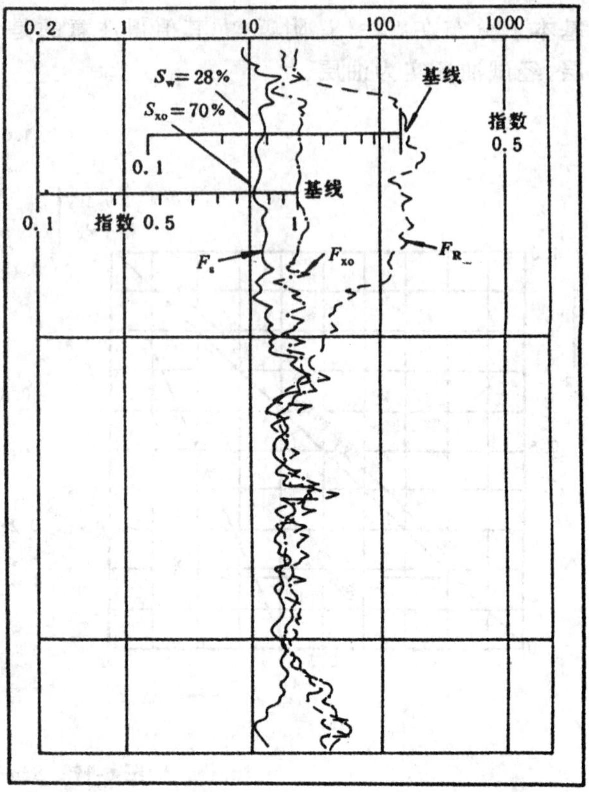

图 6-18　F 可动油图（三条视地层因素曲线图）

（三）三种孔隙度的可动油显示

先看几种孔隙度的定义：总孔隙度 $\phi=\frac{V_\phi}{V}$；含水孔隙度 $\phi_w=\phi S_w$（因为 $S_w=\frac{V_w}{V_\phi}=\frac{V_w/V}{V_\phi/V}=\frac{\phi_w}{\phi}$）；可动油孔隙度 $\phi_{MOS}=\phi S_{MOS}$，S_{MOS}是可动油饱和度（因为 $S_{MOS}=\frac{V_{MOS}}{V_\phi}=\frac{V_{MOS}/V}{V_\phi/V}=\frac{\phi_{MOS}}{\phi}$）；残余油孔隙度 $\phi_{or}=\phi S_{or}$，S_{or}是残余油饱和度（因为 $S_{or}=\frac{V_{or}}{V_\phi}=\frac{V_{or}/V}{V_\phi/V}=\frac{\phi_{or}}{\phi}$）。

要求可动油孔隙度 ϕ_{MOS}必须先求可动油饱和度 S_{MOS}；而要求残余油孔隙度 ϕ_{or}必须先求残余油饱和度 S_{or}。S_{MOS}与 S_{or}之间的关系是：

$$S_o=S_{MOS}+S_{or}=1-S_w \quad (6\text{-}89)$$

残余油是冲洗带残余下来的油，因此，残余油饱和度就是冲洗带含油饱和度 S_{oxo}，即

$$S_{or}=S_{oxo}=1-S_{xo} \quad (6\text{-}90)$$

将(6-90)式代入(6-89)式得：

$$S_{MOS}=1-S_w-S_{or}=1-S_w-(1-S_{xo})=S_{xo}-S_w \quad (6\text{-}91)$$

因此，可动油孔隙度 ϕ_{MOS}为：

$$\phi_{MOS}=\phi S_{MOS}=\phi(S_{xo}-S_w)=\phi S_{xo}-\phi S_w=\phi_{xo}-\phi_w \quad (6\text{-}92)$$

其中 $\phi_{xo}=\phi S_{xo}$称为冲洗带含水孔隙度。而残余油孔隙度 ϕ_{or}为：

$$\phi_{or}=\phi S_{or}=\phi(1-S_{xo})=\phi-\phi S_{xo}=\phi-\phi_{xo} \quad (6\text{-}93)$$

公式(6-93)表明，总孔隙度 ϕ 减去冲洗带含水孔隙度 ϕ_{xo}便是残余油气孔隙度 ϕ_{or}；公式(6-

92)表明，冲洗带含水孔隙度 ϕ_{xo} 减去含水孔隙度 ϕ_w 就是可动油气孔隙度 ϕ_{MOS}。图 6-19 为某井的可动油气图，图中地质特征包括泥质含量、渗透率指数；生产特征包括含水饱和度、残余烃重量和体积；孔隙度和流体体积分析包括三种孔隙度 ϕ_{MOS}、ϕ_{or} 和 ϕ_w；地层体积分析包括粘土、砂岩、孔隙度的相对体积百分含量。其中，残余油气重量的计算公式是

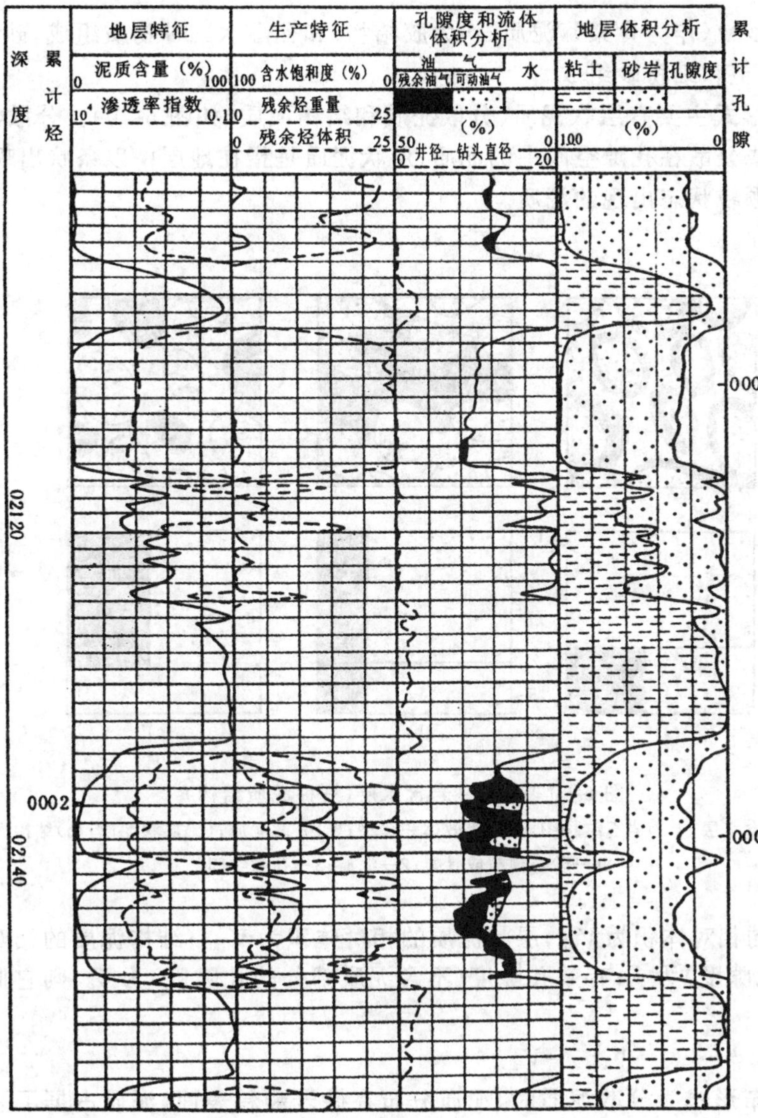

图 6-19　可动油气图（解释成果图）

$$G_{or}=\phi_{or}\rho_0=\phi(1-S_{xo})\rho_0 \tag{6-94}$$

残余油气的体积的计算公式是

$$V_{or}=\phi S_{or}=\phi_{or}=\phi(1-S_{xo}) \tag{6-95}$$

式中：ρ_0 为油的密度。

§6.4 泥质砂岩地层测井分析

一、泥质在地层中的分布形式

泥质砂岩由砂粒(作为骨架),泥质(作为胶结物)和孔隙水三种物质组成。砂粒的成分主要是石英,泥质由粘土和细粉砂组成。

泥质的分布形式主要有层状泥质、分散泥质和结构泥质(如图 6-20)。分散泥质是指分散在砂岩颗粒表面或分散在孔隙空间中的泥质;层状泥质是指在地层中以条状出现的泥质;结构泥质是指那些以颗粒状态出现的泥质。

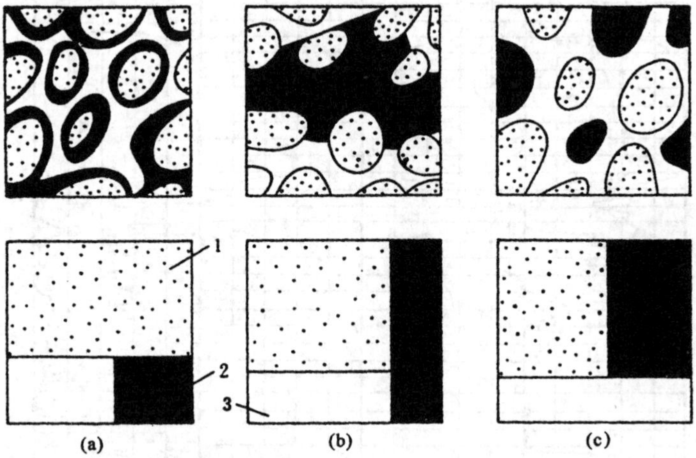

图 6-20　泥质砂岩含水层(三种泥质结构)

泥质砂岩含水层:上为岩石结构图,下为等效体积模型;(a)分散泥质;(b)层状泥质;(c)结构泥质;
1—砂岩颗粒或骨架;2—泥质;3—孔隙空间

设分散泥质的相对体积为 V_{dis};层状泥质的相对体积为 V_{lam};结构泥质的相对体积为 V_{str};砂岩孔隙度(总孔隙度)为 ϕ_z;有效孔隙度(不含泥质部分的孔隙度)为 ϕ。则它们之间的关系为:

$$\phi=\phi_z(1-V_{lam})-V_{dis} \tag{6-96}$$

当泥质的分布形式为分散泥质时,泥质分布在砂岩颗粒表面,泥质占据了总孔隙的一部分,有效孔隙度为 $\phi=\phi_z-V_{dis}$;当泥质的分布形式为层状泥质时,泥质以条带状出现,取代了一部分砂粒和孔隙体积,有效孔隙度为 $\phi=\phi_z(1-V_{lam})$;当泥质的分布形式为结构泥质时,结构泥质取代了部分砂粒,但并不改变粒间孔隙的大小,有效孔隙度为 $\phi=\phi_z$。

当地层中同时存在这三种泥质分布时,地层的泥质相对体积 V_{sh} 为:

$$V_{sh}=V_{dis}+V_{lam}+V_{str} \tag{6-97}$$

二、泥质砂岩地层的测井响应方程

(一)泥质砂岩纯水层的声波、密度、中子测井响应方程

图 6-21 为泥质砂岩水层的等效体积模型,图中 V,V_ϕ,V_{sh},V_{ma}分别为总体积、孔隙部分、泥

质部分和骨架部分的体积。利用声波、密度、中子孔隙度测井可列出如下响应方程：

$$\begin{cases}\Delta t=\phi\Delta t_f+V_{sh}\Delta t_{sh}+V_{ma}\Delta t_{ma} & (6\text{-}98)\\ \rho_b=\phi\rho_f+V_{sh}\rho_{sh}+V_{ma}\rho_{ma} & (6\text{-}99)\\ \mathrm{CNL}=\phi\Phi_{Nf}+V_{sh}\Phi_{Nsh}+V_{ma}\Phi_{Nma} & (6\text{-}100)\\ V=\phi+V_{sh}+V_{ma}=1 & (6\text{-}101)\end{cases}$$

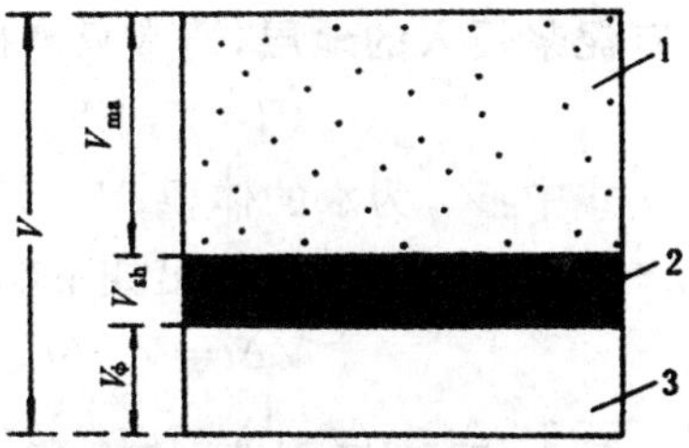

图 6-21 泥质砂岩水层体积模型

1—骨架；2—泥质；3—有效孔隙度

式中：Δt_f，Δt_{sh}，Δt_{ma}，Δt 分别为孔隙流体、泥质、骨架的声波时差以及实测的声波时差；ρ_f，ρ_{sh}，ρ_{ma}，ρ_b 分别为孔隙流体、泥质、骨架的密度以及实测的密度；Φ_{Nf}，Φ_{Nsh}，Φ_{Nma}，CNL 分别为孔隙流体、泥质、骨架的中子孔隙度和实测的中子孔隙度。

由公式(6-98)可推导孔隙度公式为：

$$\phi=\phi_s-V_{sh}\phi_{ssh} \tag{6-102}$$

式中：$\phi_s=\dfrac{\Delta t-\Delta t_{ma}}{\Delta t_f-\Delta t_{ma}}$；$\phi_{ssh}=\dfrac{\Delta t_{sh}-\Delta t_{ma}}{\Delta t_f-\Delta t_{ma}}$；$\phi_s$，$\phi_{ssh}$分别称为声波测井视孔隙度和泥质的声波孔隙度。

对于分散泥质的地层，由于分散泥质是分散地充填或粘结在砂岩孔隙中，它们未受到压实作用，其声速与孔隙中水的声波几乎相等，即 $\Delta t_{sh}\approx\Delta t_f$，此时(6-102)式变为：

$$\phi=\phi_s-V_{sh} \tag{6-103}$$

如果地层未压实，则需进行压实校正，公式(6-103)变为：

$$\phi=\frac{\phi_s}{C_p}-V_{sh} \tag{6-104}$$

对于含层状泥质和结构泥质的地层，由于层状泥质和结构泥质受到压实的影响，并作为孔隙空间以外的岩石骨架的一部分，则可利用(6-102)公式计算，即：

$$\phi=\phi_s-V_{sh(lam+str)}\cdot\phi_{ssh} \tag{6-105}$$

利用公式(6-99)可推导孔隙度公式为：

$$\phi=\phi_D-\phi_{Dsh}V_{sh} \tag{6-106}$$

$$\phi_D=\frac{\rho_{ma}-\rho_b}{\rho_{ma}-\rho_f},\quad \phi_{Dsh}=\frac{\rho_{ma}-\rho_{sh}}{\rho_{ma}-\rho_f}$$

式中：ϕ_D，ϕ_{Dsh}分别为密度测井视孔隙度、泥质的密度测井视孔隙度。值得注意的是：由于通常$(\rho_{ma}-\rho_{sh})$都比较小，当泥质埋深较大时，$\rho_{ma}\approx\rho_{sh}$，便有 $\phi\approx\phi_D$，即密度测井确定的孔隙度就是岩层的有效孔隙度。

利用公式(6-100)可推导孔隙度公式为：

$$\phi=\varphi_N-V_{sh}\cdot\phi_{Nsh} \tag{6-107}$$

$$\phi_N=\frac{\mathrm{CNL}-\Phi_{Nma}}{\Phi_{Nf}-\Phi_{Nma}},\ \phi_{Nsh}=\frac{\Phi_{Nsh}-\Phi_{Nma}}{\Phi_{Nf}-\Phi_{Nma}}$$

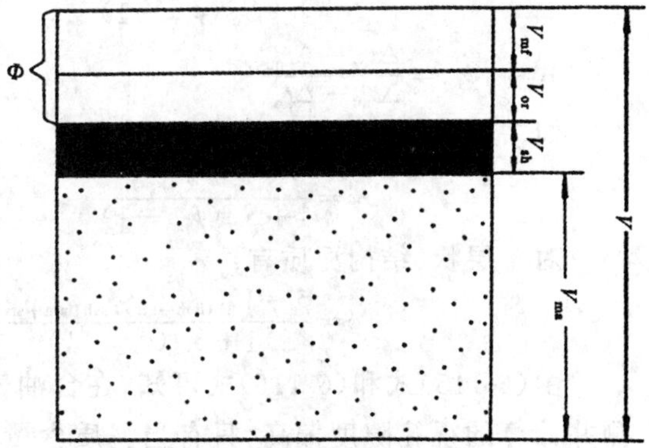

泥质砂岩含油气层

图 6-22 等效体积模型

式中：ϕ_N，ϕ_{Nsh}分别为岩石的中子测井视孔隙度和泥质的中子测井视孔隙度。

另外，可利用公式(6-98)～(6-101)中任意三个方程联立求解未知数 ϕ，V_{sh}和 V_{ma}。

(二)泥质砂岩含油气层的声波、密度、中子测井响应方程

图 6-22 为泥质砂岩含油气地层的等效体积模型，图中 V_{mf}，V_{or}，V_{sh}，V_{ma}，V 分别为泥浆滤

液、油、泥质、骨架部分的体积和总体积。由于声波、密度、中子孔隙度测井的探测深度不大，对于有泥浆侵入的地层，通常只能探测到冲洗带部分，对于这种情况有：

$$V_\phi = V_0 + V_w = V_{or} + V_{mf} \tag{6-108}$$

式中：V_w 为水的体积；V_{or}，V_{mf}分别为孔隙中残余油气和泥浆滤液的体积。

利用声波测井可测出如下响应方程：

$$V\Delta t = V_{ma}\Delta t_{ma} + V_{sh}\Delta t_{sh} + V_{or}\Delta t_{or} + V_{mf}\Delta t_{mf} \tag{6-109}$$

式中：Δt_{ma}，Δt_{sh}，Δt_{or}，Δt_{mf}，Δt 分别为骨架、泥质、残余油、泥浆滤液的声波时差和实测的声波时差。将(6-109)式两边除以 V 得

$$\begin{aligned}\Delta t &= \frac{V_{ma}}{V}\Delta t_{ma} + \frac{V_{sh}}{V}\Delta t_{sh} + \frac{V_{or}}{V}\Delta t_{or} + \frac{V_{mf}}{V}\Delta t_{mf} \\ &= (1 - V_{sh} - \phi)\Delta t_{ma} + V_{sh}\Delta t_{sh} + \frac{V_{or}}{V_\phi}\cdot\frac{V_\phi}{V}\Delta t_{or} + \frac{V_{mf}}{V_\phi}\cdot\frac{V_\phi}{V}\Delta t_{mf}\end{aligned} \tag{6-110}$$

式中：$\frac{V_{or}}{V_\phi}$为冲洗带残余油气饱和度 S_{or}；$\frac{V_{mf}}{V_\phi}$为冲洗带含泥浆滤液饱和度 S_{xo}，并且满足关系式 $S_{or} + S_{xo} = 1$。

于是(6-110)式可改写为：

$$\Delta t = (1 - V_{sh} - \phi)\Delta t_{ma} + V_{sh}\Delta t_{sh} + \phi[S_{or}\Delta t_{or} + (1 - S_{or})\Delta t_{mf}] \tag{6-111}$$

利用密度、中子孔隙度测井，用上述同样的方法可以得到它们的响应方程式为：

$$\rho_b = (1 - V_{sh} - \phi)\rho_{ma} + V_{sh}\rho_{sh} + \phi[S_{or}\rho_{or} + (1 - S_{or})\rho_{mf}] \tag{6-112}$$

$$\text{CNL} = (1 - V_{sh} - \phi)\Phi_{Nma} + V_{sh}\Phi_{Nsh} + \phi[S_{or}\Phi_{Nor} + (1 - S_{or})\Phi_{Nmf}] \tag{6-113}$$

式中：ρ_{ma}，ρ_{sh}，ρ_{or}，ρ_{mf}，ρ_b 分别为骨架、泥质、残余油气、泥浆滤液的密度和实测的密度测井值；Φ_{Nma}，Φ_{Nsh}，Φ_{Nor}，Φ_{Nmf}，CNL 分别为骨架、泥质、残余油气、泥浆滤液的中子孔隙度和实测的中子孔隙度测井值。

利用公式(6-111)可推导孔隙度公式：

$$\phi = \frac{\phi_s - V_{sh}\phi_{ssh}}{1 + S_{or}(\phi_{sor} - 1)} \tag{6-114}$$

式中：$\phi_{sor} = \frac{\Delta t_{or} - \Delta t_{mf}}{\Delta t_{mf} - \Delta t_{ma}}$。

对于分散泥质有：

$$\phi = \frac{\phi_s - V_{sh}}{1 + S_{or}(\phi_{sor} - 1)} \tag{6-115}$$

对于层状、结构泥质有：

$$\phi = \frac{\phi_s - V_{sh(lam+str)}\phi_{ssh(lam+str)}}{1 + S_{or}(\phi_{sor} - 1)} \tag{6-116}$$

由(6-115)式和(6-116)式可知，在含油气的泥质砂岩中，泥质和残余油气的存在均使声波测井计算的视孔隙度偏高，只有当泥质含量 $V_{sh} \to 0$ 以及残余油气饱和度 $S_{or} \to 0$ 时，声波测井视孔隙度才等于地层的真孔隙度。

利用公式(6-112)可推导孔隙度公式：

$$\phi = \frac{\phi_D - V_{sh}\phi_{Dsh}}{1 + S_{or}(\phi_{Dor} - 1)} \tag{6-117}$$

式中：$\phi_{Dor} = \frac{\rho_{mf} - \rho_{or}}{\rho_{ma} - \rho_{mf}}$。

同样，由公式(6-117)可知，泥质和残余油气的存在，将使密度测井视孔隙度偏高，必须进行校正。

利用公式(6-113)可推导孔隙度公式：

$$\phi=\frac{\phi_{N}-V_{sh}\phi_{Nsh}}{1-S_{or}(1-\phi_{Nor})} \tag{6-118}$$

式中：$\phi_{Nor}=\frac{\Phi_{Nmf}-\Phi_{Nor}}{\Phi_{Nmf}-\Phi_{Nma}}$。

（三）泥质砂岩的电阻率响应方程

参见§6.3中的泥质地层含水饱和度部分和双水模型部分。

§6.5 测井资料在油藏描述中的应用

一、油藏描述概述

油藏描述是在单井定量评价的基础上发展起来的一项油气田综合研究与评价技术。它以测井信息为主，并充分运用地震、岩心、录井、钻井、地层测试等资料，综合研究油田的构造、储集层的几何形态、岩相、储集层参数的空间分布、计算油气田储量以及研究油气田在开发过程中其基本参数的变化，从而达到对油气藏进行静态和动态的描述。

静态描述主要包括：对油田地质构造、储集层几何形态、岩相与沉积环境的研究、储集层参数的空间分布和油气地质储量计算等。动态描述主要包括：油气田开发过程中油气藏基本动态参数的变化规律的研究、确定产液剖面和注入剖面等，即对油气藏的静态描述进一步修正和完善。

油藏描述必须以油藏描述数据库软件管理系统（包括数据库管理系统、油藏描述数据库以及相应的数据库管理软件、总控软件、应用软件等）为依托，多个用户共享油藏描述数据库中的各类数据信息进行各种解释和运算，并运用各种绘图技术绘制油田的各种等值图、三维构造图、切片图等，详细地描述油藏。各种解释和计算的中间结果，最终结果以及图示结果又可送入油藏描述数据库，用户可随时调用这些信息进行再解释。

总之，油藏描述技术主要由下列四部分组成：

(1)关键井研究；

(2)单井测井研究；

(3)多井处理研究；

(4)渗透率和单井动态模拟研究。

整个油藏描述研究可以分成两个阶段进行：一是静态的油藏描述阶段（包括上述前三部分的内容）；另一是动态的油藏描述阶段（由上述第四部分组成）。

二、测井资料的标准化处理

（一）单井测井资料的校正与归一化

1. 井斜校正

研究油田的构造和储集体的几何形态，必须知道地层的垂直深度，而油田的储量计算需知道储集层的垂直厚度，因此对斜井（如图6-23中δ较大的井）进行垂直校正是非常必要的。斜井校正就是将斜井测得的测井曲线校正为相应的垂直井中的测井曲线。

如图6-23，将井斜角δ的变化情况划分出若干个井段，每个井段的井斜角的变化率近似为一个常数，并且设最上部的井段为垂直井。便有如下关系：

$$H_1 = H_0 + (h_1 - h_0)\cos\delta_0 \qquad (6\text{-}119)$$

式中：H_0 为参考点的垂直深度(在第 1 个点的上部附近选定参考点)；h_0 为参考点的斜井深度，此时满足 $H_0 = h_0$；H，h_1 分别为第 1 个点的垂直井深度和斜井深度；δ_0 为参考点的井斜角。由于 $\delta_0 \approx 0$，且第 1 个点 A 至参考点的距离很小，因此：

$$H_1 = H_0 + (h_1 - h_0) \qquad (6\text{-}120)$$

下面的计算第 2 个点 B 的垂直深度 H_2。设 A 点至 B 点间的井斜角的变化率为一个常数，即 $\mathrm{d}\delta/\mathrm{d}h$ = 常数，即：

$$\frac{\mathrm{d}\delta}{\mathrm{d}h} = \frac{\delta_2 - \delta_1}{h_2 - h_1} \qquad (6\text{-}121)$$

式中：h_2、δ_2 分别为 B 点的斜井深度和井斜角。由于 $\mathrm{d}h$ 的井段长度很短，可看作一直线线段，故相应于 $\mathrm{d}h$ 的垂直距离 $\mathrm{d}H$ 可表示为：

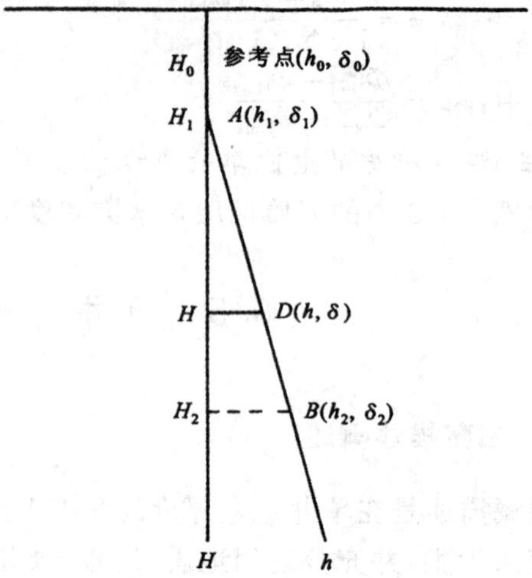

图 6-23　井斜校正

$$\mathrm{d}H = \mathrm{d}h \cdot \cos\delta \qquad (6\text{-}122)$$

因此，A 点至 B 点的相应垂直井段间距为：

$$H_2 - H_1 = \int_{H_1}^{H_2} \mathrm{d}H = \int_{h_1}^{h_2} \cos\delta \cdot \mathrm{d}h$$
$$= \frac{h_2 - h_1}{\delta_2 - \delta_1}(\sin\delta_2 - \sin\delta_1) \qquad (6\text{-}123)$$

已知 H_1 和 H_2，便可计算 H_1 至 H_2 之间任意一直井深度 H 的斜井深度 h(图中 D 点的深度)。因为△ABC 与△ADE 相似，便有

$$\frac{H_2 - H}{H_2 - H_1} = \frac{h_2 - h}{h_2 - h_1} \qquad (6\text{-}124)$$

由上式可得

$$h = A \cdot H + B \qquad (6\text{-}125)$$

式中：$A = \dfrac{h_2 - h_1}{H_2 - H_1}$；$B = h_2 - AH_2$；$H = H_1 + j\Delta H$；$j$ 为第 1 点开始至该采样点的点数；ΔH 为采样间距。

有了斜井深度 h，就可在斜井磁带上依序往下找，找到第一个大于 h 的深度点 h_n，此时 h 点的测井读数 Y_h 便可根据 h_{n-1} 和 h_n 两点的读数 Y_n，Y_{n-1} 由线性内插求得，即

$$Y_h = Y_{n-1} + \frac{Y_n - Y_{n-1}}{\Delta h}(h - h_{n-1}) \qquad (6\text{-}126)$$

式中：Δh 为斜井曲线的采样间距。最后将 Y_h 写到垂直井磁带的相应深度 H 上。

井斜校正的步骤归纳如下：

(1)将斜井划分为井斜角 δ 的变化率为常数的若干井段，如 h_1—h_2，h_2—h_3，h_3—h_4，…。

(2)从第 1 段(h_1—h_2)开始处理，确定 H_1(起始深度)和 H_2(终止深度)。

(3)求出第 1 段中各直井采样点的深度 H，并计算与 H 相对应的 h。

(4)线性插值求 Y_h。

(5)将 Y_h 写到垂直井的相应深度 H 上。

用这种方法，以第1点（A点）开始，对每个采样点数据都进行这样的处理，直到处理完第2点（B点）为止，然后，再用同样的方法处理下一个井段（如h_2—h_3）。此时第2点（B点）作为第2井段的起始点，以此类推，逐个井段进行处理，直到整个斜井都处理完为止。

2. 深度校正

深度校正包括不同曲线间的深度对齐及由于电缆遇卡使测井曲线局部伸长等的处理。

(1)深度对齐。通过两种不同的曲线进行相关分析，找出两曲线之间相关系数或最大的同一层位间的深度差，并以该深度为准，通过移动一条曲线的深度达到曲线间深度对齐的目的。

(2)测井曲线局部深度误差的校正。首先利用相关对比等技术找出被对比曲线与标准曲线上对应的深度等，如果被对比曲线上某一井段（或层段）的长度大于标准曲线上某一井段（层段）的长度，则将被对比曲线进行重新取样（线性插值）即进行压缩；如果被对比曲线上某一井段（或层段）的长度小于标准曲线上某一井段（层段）的长度，则将被对比曲线进行重新取样（同样采取线性插值），即进行扩展。

3. 环境影响校正

环境影响校正主要包括围岩与井眼条件，以及泥浆等方面对测井曲线影响的校正。值得注意的是，不同测井公司研制的测井仪器，在探测原理、井仪器的组合以及几何尺寸、线路设计等方面都有一定的差异，因此他们所提供的环境影响校正图版也必然不完全相同，进行环境校正时应合理地选择校正图版及经验公式。

4. 测井数据的归一化

由于不同井的仪器不同或使用同一仪器而测量结果的误差不同，不同井的测井数据的量纲及物理单位不同等方面的原因，使不同井的测井曲线数据难以（或不可能）进行同一数量级的计算和比较。对测井数据进行归一化处理的目的，概括地说，就是提高测井信息的质量，并使各井的测井数据具有同一质量水平与计算方法。常用的归一化处理方法有：

$$y'_i=\frac{y_i-\min(y_i)}{\max(y_i)-\min(y_i)} \tag{6-127}$$

式中：y'_i与y_i分别为极差正规化处理后和前的测井曲线数据值；i为采样点的序号；$\min(y_i)$和$\max(y_i)$分别为某条测井曲线的极小值和极大值。经上述处理后，y'_i的极差为1，且$0\leqslant y'_i\leqslant 1$，同时消除了量纲的影响。

标准差标准化处理

$$Y'_i=(y_i-\overline{y})/S_1 \tag{6-128}$$

$$S_1=\frac{1}{N-1}\sqrt{\sum_{i=1}^{N}(y_i-\overline{y})^2} \tag{6-129}$$

$$\overline{Y}=\frac{1}{N}\sum_{i=1}^{N}Y_i \tag{6-130}$$

式中：$\overline{y}$为某一测井曲线数据的平均值；N为某一测井曲线数据的个数。

(二)全油田测井数据的标准化

设法消去测井曲线误差的过程通常称为测井曲线的“标准化”或称“质量控制”。全油田测井曲线数据的标准化通常采用趋势分析方法。趋势分析实质上是把一批计算数据的总差异划分为趋势部分的残差部分。趋势部分是大范围地理上的差异，该差异运用标志层的测井数据趋势分析可获得。残差部分则是原始数据相对于趋势值的偏差，对测井曲线数据来说，残余部分则是测井原始数据误差的一种估计。因此，由油井曲线数据拟合出的趋势面可以用来对现有井的测井曲线数据进行标准化，也可以用来预测未钻的井中标志层的测井曲线数据，即在趋势面上对某点的地理坐标进行内插，便可算出该点(井)标志层的测井响应值。

趋势分析是基于多元回归分析理论的一种多元统计方法。趋势分析法有一次、二次、……，多次趋势分析，用得较多的是一次、二次趋势分析。下面以二次趋势分析为例，介绍趋势分析的原理。设 U,X,Y 分别代表某地质特征的观测值和观测点在平面上的坐标位置，即

U	$U_1\ \ U_2\cdots U_i\cdots U_n$
X	$X_1\ \ X_2\cdots X_i\cdots X_n$
Y	$Y_1\ \ Y_2\cdots Y_i\cdots Y_n$

则二次趋势面是一个曲面，其二次方程的一般形式为

$$\hat{U}=a_0+a_1X+a_2Y+a_3X^2+a_4XY+a_5Y^2$$

根据最小二乘法，配一个最佳的二次趋势面，即

$$Q=\sum_{i=1}^{n}(U_i-\hat{U}_i)^2=\sum_{i=1}^{n}[U_i-(a_0+a_1x_i+a_2y_i+a_3x_i^2+a_4x_iy_i+a_5y_i^2)]^2=\text{最小}$$

根据极值条件

$$\frac{\partial Q}{\partial a_i}=0,\quad i=0,1,2,3,4,5$$

整理便可得到如下方程组

$$\begin{cases}L_{11}a_1+L_{12}a_2+\cdots+L_{15}a_5=L_{16}\\L_{21}a_1+L_{22}a_2+\cdots+L_{25}a_5=L_{26}\\\cdots\quad\cdots\quad\cdots\quad\cdots\\L_{51}a_1+L_{52}a_2+\cdots+L_{55}a_5=L_{56}\end{cases}$$

其中

$$L_{ij}=\sum_{t=1}^{n}(X_{it}-\bar{X}_i)(X_{jt}-\bar{X}_j),\qquad i=1,2,\cdots,6\quad;\quad j=1,2,\cdots,6$$

$$\bar{X}_i=\frac{1}{n}\sum_{t=1}^{n}X_{it}\quad,\qquad i=1,2,\cdots,6$$

注意：公式经过了简化，并且 $X_1=X,X_2=Y,X_3=X^2,X_4=XY,X_5=Y^2,X_6=U$。求解以上方程组便可解得 a_0,a_1,a_2,a_3,a_4,a_5，即得到二次趋势面方程。

可以利用二次趋势面方程绘制趋势面图。残差为：

$$U_{\text{残}}=U-\hat{U}$$

利用 $U_{\text{残}}$ 可以绘制残差图。值得注意的是：检验配置的二次趋势面方程是否为观测数据的最佳拟合，一般通过拟合度 C。这里需引入几种离差平方和来说明拟合度。

总的离差平方和 $\quad S_{\text{总}}=\sum_{i=1}^{n}(U_i-\bar{U})^2$

趋势离差平方和 $\quad S_{\text{趋}}=\sum_{i=1}^{n}(\hat{U}_i-\bar{U})^2$

残差的离差平方和 $\quad S_{\text{残}}=\sum_{i=1}^{n}(U_i-\hat{U}_i)^2$

拟合度与它们的关系是

$$C^2 = \frac{S_{趋}}{S_{总}} = 1 - \frac{S_{残}}{S_{总}} = 1 - \frac{\sum (U_i - \hat{U}_i)^2}{\sum (U_i - \bar{U})^2}$$

即
$$C = \sqrt{1 - \frac{\sum (U_i - \hat{U}_i)^2}{\sum (U_i - \bar{U})^2}}$$

当 $C > 0.5$ 时拟合的效果好，否则拟合的效果差。

图 6-24 是一个地区的海相泥岩的趋势分析图。图中的虚线为海相泥岩距海平面的等深度线，实线为各井中海相泥岩声波直方图尖峰(即特征声波时差值)值的等值线。实线、虚线的变化趋势基本一致，说明随泥岩埋藏深度的增加，声波时差降低的变化规律；还可以看到图中有三口井的声波时差出现了异常(85 与 95 等值线之间出现 80；80 与 85 等值线之间出现 86；等值线 75 之下的区域却出现了 77)。可利用该图的趋势规律对这三口井的声波时差值进行校正。值得注意的是：如果出现成批的残余差值偏高，则可能是地层发生局部变化引起的，而不是仪器刻度误差。

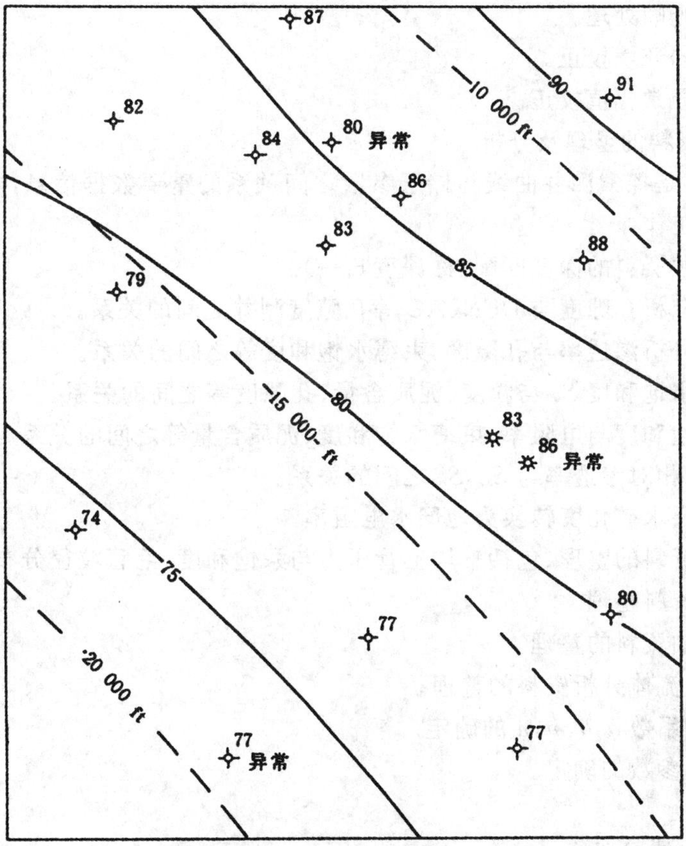

图 6-24　某地区海相泥岩构造等值线(虚线)与声波测井直方图特征尖峰等值线(实线)的趋势图

空心十字圆为井位，井旁的数字为该井标准层的声波时差特征值；1ft＝0.304 8m

三、关键井研究

研究关键井的目的是为油田研究出一种合适的解释模型和一套有效的测井评价方法，以及建立起各种测井参数与地质参数之间的关系，以便对全油田的所有单井进行统一方法的曲线刻度及标准化，统一方法的测井评价，获得全油田油藏的基本参数。

（一）关键井应具备的条件

（1）位于构造有利部位的垂直井，且具有良好的钻井质量。

（2）具有良好的测井条件（井眼条件、泥浆条件等）。

（3）取心资料、录井资料完整，地质情况清楚。

（4）具有良好的地层对比条件以及地质验证条件。

（5）具有齐全的（即全套的）数字测井信息，包括地层倾角测井、裸眼井测井、地层测试（包括电缆式地层测试）、生产测井及 VSP 等信息。

（二）关键井研究的基本内容

1. 测井资料编辑校正

为了消除井眼环境等非地层因素对测井曲线的影响，在测井资料处理解释之前，首先要对测井曲线进行各种编辑校正，主要包括如下校正：

（1）测井深度自动编辑校正。

（2）测井曲线光顺处理。

（3）测井曲线的环境校正。

（4）测井曲线异常幅值校正。

2. 岩心分析资料的整理及分析

岩心分析资料是探索测井曲线与储层参数之间关系的重要数据信息，岩心分析资料的整理，一般需做如下工作：

（1）岩心与测井资料的深度匹配（称深度归一）。

（2）探讨岩心分析孔隙度与 DEN、AC 等孔隙度测井之间的关系。

（3）探讨岩心分析渗透率与孔隙度、束缚水饱和度等之间的关系。

（4）探讨束缚水饱和度 S_{wi} 与粒度、泥质含量、孔隙度等之间的关系。

（5）探讨含水饱和度与电阻率、束缚水饱和度、泥质含量等之间的关系。

（6）探讨油、水相对渗透率与 S_w，S_{wi} 之间的关系。

（7）将分析地层水矿化度转换为地层水电阻率。

（8）毛管压力资料的整理（包括平均毛管压力与汞饱和度、毛管粒径分布等）。

（9）地层压力资料整理。

（10）油、气试油资料的整理。

（11）油、气、水流体分析资料的整理。

（12）地区检验系数 a，b，m，n 的确定。

（13）地层骨架参数的确定。

（14）其他。

3. 解释模型与储层评价

解释模型的确定是关键井研究的主要任务，解释模型的确定必须根据所研究地区油、气、水层的测井曲线特征以及储层物性特征等进行分析和研究，选择合适的或建立合适的解释模型。目前储层的类型主要包括：泥质砂岩储层、碳酸盐岩储层、泥岩储层、火成岩储层等。不同地层的同类型储层又有不同的特点和性质，例如有的油田泥质砂岩含的地层水是淡水（低矿化度），而有的油田泥质砂岩储层含的地层水是盐水（高矿化度地层水）等等。因此选择合适的或建立合适的解释模型是一个技术难题。

当选择或建立合适的解释模型后，利用解释模型对储层进行评价，其评价的主要内容为确定如下重要的储层参数：

(1)各种孔隙度(包括有效孔隙度、微孔隙度等)。

(2)含水、含油饱和度。

(3)泥质含量。

(4)渗透率。

(5)束缚水饱和度。

(6)可动油、残余油饱和度。

(7)地层岩性成分相对含量。

(8)油、水相对渗透率。

(9)含水率。

(10)粒度中值。

(11)其他。

四、多井处理研究

多井储层描述是在关键井研究的基础上，从钻井、岩心、测试等大量的实践出发，充分而有效地应用多种测井信息，对储层参数进行计算与研究，为储层的总体评价、产能预测、寻找油气富集区分布规律，提供更为科学的依据。储层多井描述的内容非常丰富，主要包括如下内容：

(一)单井分层及多井地层对比

单井分层是指利用计算机对测井曲线自动分层，现有的计算机分层方法大致分为统计分层法和非统计分层法两大类。统计分层法主要利用方差、判别分析和聚类分析等统计分析理论，对测井曲线离散数值进行处理，从而达到分层的目的。非统计分层法则是利用活度函数、信号分析、中值滤波等非统计数学模型、模式识别和人工智能技术进行地层划分的方法。

地层对比是由地质工作者建立关于测井曲线、地质资料处理的数学理论和分析方法，实现地层的计算机自动对比。常用的地层对比法有相关函数法、功率谱分析法、灰色关联度法等。相关函数对比法可在时间域、空间域或频率域中实现，其基本出发点就是根据测井曲线形态的相似性确定标准曲线段在对比曲线段中的相应层段。功率谱分析对比法通过对功率进行插值得到等间距的功率谱，用该功率谱逼近原始序列的功率谱达到地层对比的目的。灰色关联度分析对比法基于灰色理论的灰色关联度分析，灰色关联度依据空间理论的数学基础，按照规范性、偶对称性、整体性和接近性的四条原则，确定参数数列(母序列)和若干比较数列(子序列)之间的关联系数和关联度。

(二)沉积相环境分析

在鉴定沉积环境中，岩石的粒度、分选性、泥质含量、垂向沉积序列、砂体的形态及其分布等，都是重要的成因标志，其中尤以前三项更为重要。通常利用自然电位、视电阻率和自然伽马测井曲线进行沉积环境分析，其原因是这三条测井曲线与粒度、分选性、泥质含量密切有关。在地层水、钻孔条件、测量技术条件基本相同的情况下，按砾岩—粗砂岩—中砂岩—细砂岩—粉砂岩—泥岩的顺序，具有：①泥质含量逆增；②分选性变差；③岩性变细；④视电阻率逆减、自然电位异常幅值逆减、自然伽马逆增的特点。由于粗粒沉积物是高能环境的产物，而细粒沉积物是低能环境的产物，因此视电阻率、自然电位、自然伽马能清楚地反映出沉积能量的变化，能用于分析沉积环境。另外，随着计算机和计算技术在测井中日益广泛的应用，地层倾角测井资料正起着越来越重要的作用，地层倾角测井资料可为沉积环境提供更详细且重要的依据，地层倾角测井资料可详细地确定钻孔剖面上各层的倾角和倾向，可研究地下地质构造，并可研究层理构造，可了解沉积物搬运方向和古水流方向，预测砂体的延伸方向和加厚方向等。

(三)绘制储层参数二、三维分布图及构造分析图

充分利用计算机绘图软件，绘制各种图件(二、三维)，其主要图件为：

(1)构造、测线、井位图。

(2)古水流方向和砂体等厚图。

(3)砂体栅状图。

(4)砂体三维分布图。

(5)孔、渗、饱等值线图。

(6)砂体分布预测图。

(7)油层分布(剖面)预测图。

(8)合成地震记录联井剖面。

(9)地层对比图。

(10)测井相剖面。

(11)其他。

五、单井动态模拟

单井动态模拟又称为油井模型，它是根据稳态和非稳态渗透理论，采用能描述油层中液体运动规律的数学方程，来计算测井的产量、压力等动态参数，并将其与实测资料进行比较，通过调整油层参数，使两者有较好的匹配。进行单井模拟的目的，在于提出一种解释原则，并用它来检查油井内各种流体流动的动态参数是否相互一致，这些参数是：

(1)油井投产后的压力降。

(2)重复式地层测试器等方法测得的流量剖面、流动压力及采油单元和整个井的流入动态特性 IPR。

(3)试井时所测量的完井后的瞬态井底压力响应值、压力恢复曲线及各子层间通过井眼的窜流等。

上述目的的实现，主要是通过调整每个生产层的渗透率与表皮系数等参数，使单井模拟预测的油井流量剖面、压力降和压力复杂响应与实测值达到匹配，一旦获得了较好的匹配关系，便获得了经过改善的、可靠的、一致的油层动态描述结果。这种动态描述不仅综合了裸眼井测井、岩心分析、重复式地层测试器、试井、生产测井等所有可以利用的资料，而且使这些不同类型的测量数据之间相互协调，同时还充分利用了油井动态方面的信息。

思考题

1. 什么叫储集层？有几类储集层？评价储集层好坏的主要参数有哪些？

2. 什么叫油层、气层、水层、油水层和含油水层？

3. 总孔隙度、有效孔隙度是如何定义的？

4. 绝对渗透率、相对渗透率是如何定义的？

5. 渗透率主要与哪些参数有关？

6. 何谓地层因素？其大小决定于什么？是否与含油饱和度有关？

7. 简述利用单一孔隙度测井方法(DEN 或 Δt 或 CNL)确定纯地层(不含油气)孔隙的方法。

8. 利用 Δt 测井确定地层孔隙度时，为什么要进行压实校正？如何校正？

9. 简述利用 P_b、Φ_N(CNL)制作岩性—孔隙度交会图的方法，并说明利用实际的测井值如何确定 ϕ 和矿物含量。

10. 什么是交会三角形法？该方法有何用途？

11. 什么是含水饱和度、含油饱和度、含气饱和度？它们三者之间有何关系？

12. 什么是双水模型？模型中 R_{WF}、R_{WB}如何求取？

13. 什么是束缚水饱和度？

14. 双水模型中 R_0 与 R_t 有何区别？R_{WM}与 R_{WM}^*有何区别？

15. 为什么 ϕ 与 ϕ_w 重叠后可区分油、水层？ϕ_w 的含义？

16. 什么是径向电阻率比值法？它包括哪几种重叠法？每种重叠法能区分油、水层的实质是什么？

17. 什么是可动油气和残余油气？

18. F_S，F_R，F_{xo}三者的含义及区别？为什么三者重叠后可指示油的可动程度？

19. $1-S_w$，$S_{xo}-S_w$，$\phi_{xo}-\phi_w$ 分别代表什么？为什么？

20. 为什么有些储集层的 $S_o<30\%$仍然只产油不产水，而有些储集层的 $S_o>70\%$仍然有水？

21. 泥质的概念是什么？泥质有哪几种分布形式？它们对孔隙度的影响分别是什么？

22. 试写出泥质砂岩地层(不含油气)的中子、密度、声波时差测井响应方程。

23. 以声波时差测井为例，推导泥质砂岩地层(分含油气与不含油气两种情况)计算孔隙度的公式。

24. 什么是油藏描述？油藏描述要利用哪些资料？油藏描述主要进行哪些研究工作？油藏描述的目的是什么？

25. 进行油藏描述研究时，为什么要对测井资料进行标准化处理？标准化处理包括哪些内容？

26. 什么是关键井研究？关键井研究应具备哪些条件？关键井研究包括哪些内容？

27. 什么是多井研究？它包括哪些内容？

28. 储层评价确定哪些储层参数？

29. 多井研究后利用计算机可绘制哪些二、三维成果图？

30. 为什么说利用视电阻率、自然电位、自然伽玛测井可对沉积环境进行分析？

31. 什么是油藏描述研究的单井动态模拟？单井动态模拟主要确定哪些动态参数？

参 考 文 献

丁次乾主编．矿场地球物理．东营：石油大学出版社，1991

杜奉屏主编．油矿地球物理测井．北京：地质出版社，1984

李舟波主编．钻井地球物理勘探．北京：地质出版社，1986

欧阳键，曾文冲编著．测井地层分析与油气评价(上、下册)．北京：石油工业出版社，1981

欧阳键著．石油测井解释与油层描述．北京：石油工业出版社，1994

雍世和，张超漠主编．测井数据处理与综合解释．北京：石油工业出版社，1996

曾文冲编著．油气藏储集层测井评价技术．北京：石油工业出版社，1991

周远田编．地球物理测井教程．武汉：中国地质大学出版社，1999

张守谦，李占诚编．石油地球物理测井．北京：石油工业出版社，1981

Claviev C, Coates G and Dumanoiv J. The Theoretical and Experinental Bases for the "Dual Water" Model for Interpretation of Shaly Sands. Society of Petroleum Engineers Journal, 1984, 24(2): 153～169

Paul F. Worthington, *et al*. The Evolution of Shale-Sand Concepts in Reservoir Evaluation. The Log Analyst, 1985, 26(1): 23～40.

Roberto Aguilev. Extensions of Pickett Plots for the Analysis of Shaly Formation by Well Logs. The Log Analyst, 1990, 31(5): 304～313

Robert Desbrandes. Encyclopedia of Well Logging. Paris: Gulf Publishing Company, 1985.

第七章　地球物理在工程地质探测与工程质量检测中的作用

应用地球物理手段来解决岩土工程地质的工程检测问题是近年来地球物理学发展的一个新的前沿领域。80年代以来，随着我国大规模经济建设和国土整治的迫切需要，工程物探获得了迅速发展。先后引进和开发了一系列用于工程地质调查的新方法新技术，研制了一批先进设备，开发了软件，培训了人才。到目前为止，无论就项目的地质效果还是方法技术水平，工程物探都发展到了一个新阶段。此外，工程物探作为一种重要的测试和监测手段，也得到了工程界的普遍关注。在这些领域，相当一部分物探分支方法已经超出了经典的地球物理范围。就世界范围来说，由于城市化进程的加快，这种情况仍有不断扩大的趋势。也可以说，正是这些不断被开拓的新领域给工程物探注入了强大的生命力。

然而，由于工程物探的研究内容和应用领域的特殊性，它也始终面临着严峻的挑战。工程物探在工程勘察等领域的地位和作用，与目前能源和金属矿物探的技术发展水平相比还有一定的差距，缩小这一差距也还需要付出相当大的努力。也可以说，工程物探是一门针对性很强的应用技术，也是一门受多种因素制约的综合学科。从这种角度来看，它的发展既有很大难度，也有较大潜力。

§7.1　工程探测与检测中的地球物理方法

一、工程地质研究对象与任务

人类工程活动与地质环境间的相互关系，首先表现为地质环境对工程活动的制约作用。地球上现有的工程建筑物，都建造于地壳表层一定的地质环境中。地质环境包括地壳表层以及深部的地质条件，它们以一定的作用方式影响工程建筑物。例如，地球内部构造活动导致的强烈地震，顷刻间可使较大地域内的各种建筑物和人类生命财产遭受毁灭性的损失；地壳表面的软弱土体不适应于某些工业与民用建筑物荷载的要求，需进行专门的地基处理；地质时期内形成的岩溶洞穴因严重渗漏，造成水库和水电站不能正常发挥效益，甚至完全丧失功能；大规模的崩塌、滑坡，因难以治理而使铁路改线；等等。各种制约作用，归结起来是从安全、经济和正常使用三个方面影响工程建筑物的。因此，工程地质必须要很好地研究建筑场址的地质环境，尤其是对工程建筑物有严重制约作用的地质作用和现象一定要进行详细、深入的研究。

人类的各种工程活动，又会反馈作用于地质环境，使自然地质条件发生变化，影响建筑物的稳定和正常使用，甚至威胁到人类的生活和生存环境。例如，滨海城市大量抽汲地下水所引起的地面沉降，造成海水入侵、市政交通设施破坏和丧失效用、地下水质恶化等；大型水库的兴建，使河流上、下游大范围内水文和水文地质条件发生变化，引起库岸再造、库周浸没、库区淤积、诱发地震等问题，甚至使生态环境恶化。工程地质应充分预计到一项工程的兴建，尤其是重大工程兴建对地质环境的影响，以便采取相应的对策。

由此可见，人类的工程活动与地质环境之间，处于既相互联系，又相互制约的矛盾之中。研究地质环境与人类工程活动之间的关系，促使两者之间的矛盾转化和解决，就成了工程地质学的基本任务。

工程地质学为工程建设服务，是通过工程地质勘察来实现的。勘察所取得的各项地质资料和数据，提供给规划、设计、施工和使用部门使用。具体地说，工程地质勘察的主要任务是：

(1)阐明建筑地区的工程地质条件，并指出对建筑物有利的和不利的因素。

(2)论证建筑物所存在的工程地质问题，进行定性和定量的评价，做出确切结论。

(3)选择地质条件优良的建筑场地，并根据场地工程地质条件对建筑物配置提出建议。

(4)研究工程建筑物兴建后对地质环境的影响，预测其发展演化趋势，提出利用和保护地质环境的对策和措施。

(5)根据所选定地点的工程地质条件和存在的工程地质问题，提出有关建筑物类型、规模、结构和施工方法的合理建议，以及保证建筑物正常施工和使用所应注意的地质要求。

(6)对工程质量进行检测，为改善工程质量的措施方案提供工程缺陷分析依据。

岩土工程在建筑过程中和建筑完成后的岩土工程质量检测，也是工程地质的重要研究内容之一。岩土工程检测是指利用室内(或现场)试验、原位测试、现场(原型)观测、工程物探、实体试验、工程测量、水文观测、水文地质试验或专用检测手段等中的一种或几种技术方法，对建筑物本身或单一构件、岩土体或地基基础、边坡、滑坡等的变形、环境岩土工程问题或岩土工程施工进行检测，对岩土工程治理的质量效果以及岩土工程事故进行检验检测等各种有关试验检测工作的总称。

二、工程物探解决工程地质问题的特点

工程物探是通过大地自然物理场和人工物理场对土层、岩体表面或内部的电阻率、波速、场强、振动大小、频率和阻尼变化、放射性测量强度和物质含量的变化等进行分析、评价，从而得出岩土在结构、构造、裂隙、含水量、密度、抗压强度、抗剪强度和放射性(γ、α 等)强度等特征，进行解决各种岩土工程问题提供依据的一种勘探方法。由于物探方法都是在自然状态，岩土的各种物理力学指标均未受到破坏情况下进行的，因此是岩土工程的一种较好的原位测试方法。由于物探方法简单、快速、成本低、易大面积施测，因此在岩土工程勘测与监测中得到广泛应用。

应用地球物理方法多种多样，其要解决的工程地质与工程检测任务内容各异，因此正确、合理地选择综合地球物理探测(俗称物探)方法是地球物理方法在工程中成功应用的关键。每种地球物理方法都有各自的特点、一定的适用条件和应用范围。因此必须根据场地地质条件、岩土工程的技术要求和物探方法的特点与适用条件，选择相应的物探方法，以充分发挥综合物探技术的作用。物探方法的合理综合应用十分复杂，一般情况下，选择综合方法的严格解析解目前是不存在的。然而，可根据从事地球物理勘探的经验提出选择综合方法的一些原则，见表7-1。

三、工程地质与检测问题所适用的综合物探方法

在岩土工程勘察、设计、施工检测中，通常用综合物探技术查明的主要问题有以下几个方面(详见表7-2)：

(1)查明覆盖层厚度及其变化与基岩面的起伏，测定覆盖层的物性参数，进行覆盖层分层。

(2)查明风化层深度和划分风化带。

表 7-1 选择综合物探方法的基本原则

序号	基本原则	说明
1	选择适当种类信息的物探方法	一般情况下，综合方法应包括能给出相应种类信息的地球物理方法，即这些方法能测量不同物理场的要素或同一场的不同物理量
2	工作顺序的确定	严格遵循以提高研究精度为特征的工作顺序。尽可能地降低工程费用，增加信息密度
3	基本方法与详查方法的合理组合	利用一种(或数种)基本方法按均匀的测网调查全区，其余的方法作为辅助方法，以较高的详细程度在个别测线或范围有限，由基本方法的资料确定的地段上进行。基本方法尽可能简便、费用低、高效率
4	应用条件的考虑	选择综合方法时，除考虑地质-地球物理条件外，应考虑到地形、地貌、干扰及其他因素。如山区地形条件下，地震、电法可能受到限制
5	地质、物探、钻探进行配合	在进行物探调查之后，对查明的异常地段用工程地质方法做详细研究。在钻孔及坑道中，除测井外还进行地下物探方法的观测。在所取得的资料基础上，对现场物探结果重新解释，加密测网并利用早先未采用的方法完成补充物探工作，然后在有远景的地段布置新的钻孔和坑道进行更详细的研究
6	工程-经济效益原则	选择合理的综合物探方法，既要考虑工程效果，又要考虑经济效益，即以工程-经济效益为基础。这样可获得有关各个方法及各种不同方法相配合的效益资料，并且考虑到方法的信息度和成本

(据林宗元，1994)

(3)探测隐伏构造、破碎带，追索断层。

(4)查明水文地质条件，测定水文地质参数。

(5)测定岩土体的物理力学参数。

(6)岩溶、洞穴、废弃地下工程的探测。

(7)滑坡、软弱夹层的探测。

(8)岩土体地基及基础施工检测。

(9)地下硐室围岩质量检测。

(10)桩基检测、灌浆质量效果检测。

(11)天然建筑材料的勘察。

(12)地下埋设物(古墓、地下管线等)探测。

表 7-2 综合物探方法的选择

探测对象	探测内容	选用的物探方法
覆盖层 (覆盖层的电阻率往往随岩性和含水情况而变化。覆盖层的波速通常比基岩低。地下水面通常是一个良好的速度界面，基岩顶板一般为良好的折射界面或反射界面)	覆盖层厚度变化与基岩面的起伏； 覆盖层分层；覆盖层物性参数	主要有电法勘探、地震勘探、放射性测井； 当覆盖层中各层具有明显介电常数差异时，可采用探地雷达方法； 当覆盖层中各层具有明显的波阻抗差异时，可采用浅层反射波法； 在地面开阔，工作量较大的测区，地面物探可采用一种方法全面探测，在主要测线和地质条件较复杂的地段做辅助探测。通常以点距较大的电测深做全面探测，以点距较小的地震剖面或雷达剖面做重点配合，以便综合分析解释

续表 7-2

探测对象	探测内容	选用的物探方法
风化带 (各风化带间,下层的波速、电阻率和密度一般都大于上层,多数情况下基岩风化层存在着 2～3 个速度界面或电性界面,这些物性界面常与风化界面相一致或相接近。因此,具备进行地震波法或电阻率法的物性前提)	划分风化带 风化程度与风化厚度 风化层物性、力学参数	主要地面物探方法有浅层折射波法和电测深法。辅助方法有浅层反射波法和对称四极电剖面法 在钻孔中探测风化带的方法:无套管时,主要使用电阻率测井和声波波速测井;有套管时,主要使用地震波速测井(地面激发孔中接收)和放射性测井 平硐内探测风化带的主要方法有声波法和地震波法
构造破碎带 (在物性上常表现为低波速、低电阻率、低密度,并容易产生极化率、自然电位、甚低频电磁参数和放射性等物性异常)	断层破碎带位置、规模、分布和延伸情况 隐伏构造追索	有地震勘探、电法勘探中的探地雷达、电阻率法、激电法、充电法、自然电场法和甚低频法,放射性勘探中的 α 卡法和 ^{218}Po 法,微重力探测等 探地雷达适宜于探测具有垂直断距,上、下盘岩层有一定高差的(>2m)的断层 用电阻率法时,常采用联合剖面法,一般可根据测区大小采用电阻率法与激电法相结合的探测方法,或在电剖面法扫面的基础上,选择异常段(点)布置激电测深了解构造破碎带空间分布 当断层破碎带已被钻孔揭露且与围岩有显著电性差异时,可采用充电法测试断层走向 当构造破碎带的地下水活动,产生过滤电场而形成明显自电异常时,可采用自然电场法 浅层地震折射法探测构造破碎带的最小宽度(包括影响带)一般为 2～3m。当覆盖层厚度小于 20m 时,能探测的最小宽度为 3～5m,当覆盖层厚度大于 20m 时,能探测的宽度为覆盖层厚度的 1/4 浅层反射法较适宜于探测具有垂直断距,上、下盘岩面有一定高差的断层。在表层比较均匀,覆盖层厚度小于 20m 时,浅层反射法有可能探出上、下盘岩面高差大于 4m 的断层 放射性探测隐伏断层破碎带的方法(目前常用的有地面氡气法、γ 射线法、α 卡法和 ^{218}Po 法)装置轻便、生产效率高,适用于山区浮土厚度不大的断层破碎带调查 测网布置应在低阻、低速异常带和其他物性异常点附近,加密测区和补充必要的工作,测线一般要延长到断层带以外,以取得完整的异常曲线
岩溶、洞穴、地下废弃工程的探测	岩溶洞穴的空间分布;地下陵墓、废弃坑道、人防工程等埋深及空间分布	主要有电法(包括直流电法)、电磁法(甚低频法、频率测深、地质雷达、瞬变电磁法)及激发极化法、地震法(浅层折射波法和浅层反射波法)、地温法等。但是应用各种物探方法探测洞穴均具有一定的局限性,尤其是以应用地面物探方法时,受各种干扰因素较多,一般应以洞穴异常值大于正常场观测均方误差的三倍为下限值,为克服物探资料的多解性,工作中应选择相应的综合物探方法
	探测表层岩溶溶蚀带	地形平缓时,一般应用常规物探方法,如直流电法、探地雷达、地震法等综合物探方法 地形起伏大时,除应用常规物探方法外,还可采用受地形影响小的方法,如甚低频、频率测探、声频电场等 由于灰岩和溶蚀带顶面往往起伏较大,其埋深的解释结果,一般是基岩起伏的平均值
	探测孔间岩溶洞穴	探测孔间洞穴的井中物探方法有:钻孔电磁波透视法、声波透视法和地震波透视法;应用地质雷达探测洞壁洞穴
	探测岩溶洞穴的充填情况及地下暗河出露点	探测洞穴是充水还是填充疏松沉积物时,可采用激发极化法与其他物探方法相互配合;在地表或水下调查地下暗河的出露点,主要应用地温法

续表 7-2

探测对象	探测内容	选用的物探方法
水文地质条件 (第四纪含水层一般具有电阻率高、电化学活动性强、自然放射性强度小等物性特点。基岩含水层(带)通常具有电阻率低、电化学活动性强、弹性波速度低、自然放射性强度存在差异等特征)	测定水文地质参数	测定水文地质参数的物探方法有:充电法、自然电场法、井液电阻率测井、流量测井、同位素示踪法和同位素流速仪法
	含水层位置及地下水位测定	含水层和隔水层的深度、厚度和地下水位测定,通常采用电测深法、探地雷达和地震法。应根据水文地质条件综合分析,并找出该地区地层富水性和激发极化法测得的激发比 J、极化率 η 和衰减度 D 的数值之间的定性规律后才能进行
	测定地下水流速、流向及流量	采用自然电场法测量不同方位的过滤电场,则电位差最大的正电位方向为测点地下水的流向。井内可用同位素流速仪测定地下水流向。在钻孔和水井内,采用充电法测地下水流向流速 在钻孔中用井液电阻率法中的扩散法或用同位素流速仪测地下水渗透速度 利用井中流量计或井液电阻率法测量孔内不同深度点的轴向流量,从而计算出各含水层的涌水量和渗透系数
	探测地下水补给关系	根据自然电场法、充电法测定的地下水流向及电测深法、地震法测定的地下水位资料,结合地质资料综合分析地下水分水岭和调查补给关系
	含水层中淡水与咸水界线的划分	多层地下含水层中咸水、淡水界线的划分应依靠在钻孔内进行电阻率、自然电位和井液电阻率测井。第四纪地下水咸水、淡水在平面上界线依电阻率法来划分
岩土体物理力学参数 (岩土体都存在各种不同的物性差异,如电阻率差异、波速差异、密度和孔隙度差异等,因此,可应用电法、声波、地震、放射性等探测方法予以测定)	应用物探方法测定岩土体物理力学参数包括:电阻率、纵波速度、横波速度、密度、干密度和计算泊松比、动弹性模量、动剪切模量、动抗力系数、孔隙度和各向异性系数等	电阻率参数测定主要采用电测深法和电阻率测井,在有钻孔可利用情况下综合应用上述方法,采取点面结合方式求取岩层电阻率,提高探测效果 纵横波速参数测定主要方法有:地面地震勘探、地震跨孔、平硐声波法及地震法测试、声波测井和地震测井等,以上方法可以综合应用或根据地质物探条件分别采用 浅层折射法和浅层反射法测定覆盖层及基岩波速 地下硐室中测定岩体波速时,主要采用声波法及地震法,对于风化卸荷带及宽度不大的断层带、裂隙密集带、软弱夹层可采用声波内同步法测试 通过纵、横波速参数的测定,可进一步提供泊松比、动弹性模量、动剪切模量、岩体完整系数、各向异性系数及单位抗压系数等物理力学参数 孔隙度参数的测定以声波测井和密度测井为主,其次为电阻率测井 密度、干容重测定:主要在无套管的基岩钻孔或有套管的砂和砂砾石钻孔中采用密度测井方法
斜坡稳定性 (存在软弱结构面或滑面的不稳定斜坡通常为不均匀的地质体,一般上部裂隙发育、波速较低,下部裂隙较少,波速升高,滑坡体内常形成1～2个波速界面或电性界面。滑坡体的波速、电阻率在水平方向和垂直方向往往变化较大易造成电测探曲线畸变)	滑坡体的分布范围和厚度的探测	探测滑坡体的主要地面物探方法有:浅层折射法、浅层反射法、探地雷达和电测探法。辅助方法有对称四极电剖面法,^{218}Po 法,测井方法主要有地震测井、声速测井和电阻率测井,当滑坡体较厚时(大于 20m)可采用浅层反射波法
	软弱夹层、滑面的探测	探测滑面、软弱夹层的方法是综合测井,可根据地质-物性条件在视电阻率、微电极系、侧向、屏蔽刷子电极电流测井、自然 γ、密度、自然电位、声速、超声成像测井和钻孔电视、井径测量等方法中选择几种,不应使用单一方法探测 松散土层中探测,在使用泥浆的钻孔中,宜采用自然 γ 测井、侧向或视电阻率测井、自然电位测井三种作为基本方法,钻孔应尽量避免使用套管,当砂砾石层地下水渗透速度较大时,还应辅以井液电阻率测井中的扩散法。当夹层与砂砾石层在密度和声波速度上有明显差异时,还可辅以密度测井和超声成像测井 基岩钻孔中探测需探测孔段无套管且有清水,宜以视电阻率或侧向测井、自然 γ 测井和井径测量、钻孔电视作为基本方法。若软弱层很薄,还应采用微电极系或屏蔽刷子电极电流测井,其他方法如密度、声速、自然电位测井,应根据测区的自然地质条件和软弱层与围岩之间物性的差异,通过试验加以选用

续表 7-2

探测对象	探测内容	选用的物探方法
建筑地基、基础及地下建筑围岩质量检测 （主要是检测地基基础围岩岩体存在破碎、风化的低速岩体，爆破、开挖造成的低速岩体厚度以及风化卸荷带厚度。这些低速岩体与围岩均存在明显的波速差异。地下水位以下，断层破碎带或裂隙密集带的物性表现为低电阻率、低波速、低密度，容易产生自然电位、自然放射性等物性异常，基础工程中，桩体与桩周土一般存在明显的波速差别，将桩基视为一维介质时，完好的桩、桩底与持力层处具有波阻抗差异而产生桩底反射；当桩体具有破损界面时，由于波阻抗差异而在界面处产生波的反射）	建筑地基施工检测	地基检测，主要是测定原定建筑地基面设计高程以下一定空间范围内低速岩体的垂向分布和水平分布规律。通常在钻孔中进行，测试方法有垂向声波测井和地震检层测井，水平向地震跨孔测试和电火花声波的孔间穿透。在断层破碎带和裂隙密集带的地段可辅以自然电位测井、γ 测井和密度测井 边坡开挖范围的测定，主要是对边坡风化卸荷带及低速岩体厚度的确定，可采用地震纵测线（小排列）进行，并配合钻孔声波测定 爆破影响深度测定，是测定爆破后的松动岩体厚度，主要采用钻孔声波测试，确定爆破影响和原岩区的分界线，为撬挖提供资料
	地下建筑围岩质量检测	围岩松弛带测定，用声波法测定松弛带是依据围岩不同性质的各带具有不同的声波速度层，做出波速随孔深变化的 v_P-L 曲线，松弛圈断面波速曲线展示图及松弛厚度的分布图，应力下降带表现为相对的低速区（包括爆破和开挖引起的松弛），应力上升带为高速区。根据实测围岩不同的波速层，就可划定松弛带的范围和形状
	灌浆效果检测	灌浆效果检测，主要采用声波测井和自然电位测井。对帷幕灌浆效果的检查，还可辅以同位素示踪法测井。为了检查灌浆前后的波速变化，必须测定灌浆前后的波速对比曲线，并计算出提高率（%） 灌浆效果检测还可以应用瑞雷波法与探地雷达划分出加固质量不同的地段再配以少量钻孔取心做力学测试以评价灌浆效果

（据林宗元，1994，《岩土工程试验监测手册》改编。）

§7.2 常时微动与结构物振动特性测试

结构物的振动特性（自振频率、阻尼比和振型）与其结构、地基的构造有关。如果结构物自身的优势频率与该地区地震的主频接近或一致，则应采取措施改善其振动特性。否则当发生地震时结构物就会由于共振而产生大幅度的摇晃而被破坏。因此，预先掌握结构物的振动特性是很重要的。

调查结构物振动特性的方法有两种，一种是强迫振动法；一种是常时微动法。前者使用振动机，用不同频率加振来测定结构物的响应，强迫振动法接近地震时的实际振动情况，但由于施加作用力大，有可能使结构物遭到破坏。常时微动不需要激振设备，测量结构物在环境振动下的响应、自振频率、振型和阻尼比与加振方法所求取的参数非常一致，这种方法非常适合已建构筑物的振动测试。

一、利用常时微动测试结构物振动特性的原理和方法

（一）结构物振动特性三要素

结构物的振动特性包括自振频率、阻尼比和振型。由于结构物的复杂性，理论分析时常将其简化成由质点和弹性杆组成的多自由度体系来进行。

1. 单自由度体系

单自由度体系在无阻尼情况下的自由振动为一简谐振动，其角频率 $\omega = \sqrt{k/m}$，只与本身的质量（m）和刚度（k）有关，与起振条件无关。实际上，振动的物体是要受到阻力的，对于房屋

这一类结构物来说，其振动是一种欠阻尼的减幅振动，自振频率和振型只有一个。

2. 多自由度体系

研究证明，多自由度体系存在多个自振频率，且自振频率数目和自由度数目相等。如 n 个自由度就存在 n 个自振频率，依次排列为 $\omega_1 < \omega_2 < \cdots < \omega_i < \cdots < \omega_n$，其中 ω_1 为第一自振频率或基本频率，依次称为第二，第三，…，第 n 频率。

研究还证明，对于某一自振频率 ω，各质点振动位移间均存在一确定的比例关系，形成一个对应于频率 ω 不变的振动形式，称为振型。有 n 个自由度，就有 n 个自振频率，与其对应的就有 n 阶振型。实际上，振动是 n 个振型叠加的复合振动。图 7-1 是三个自由度体系振型示意图。

由于结构物存在着阻尼，而高频率的高阶振型衰减较快，且振幅较小，因此对结构物影响较大的是前 n 阶振型。

因此，一般工程结构只考虑第一振型，对于重要的高、柔结构物才考虑第二、第三振型。

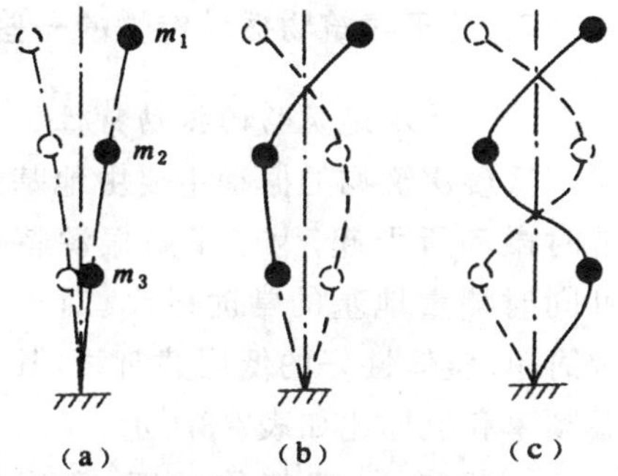

图 7-1 振动模型

(a)第一振型；(b)第二振型；(c)第三振型

(二)数据处理与特性参数的提取方法

结构物振动测试的分析处理方法主要有以下几种：

(1)主谐量法。选择一段光滑且干扰小的在测试过程中不断出现的波形来确定结构物振动特性。该方法经验性强，人为因素影响较大。

(2)高桥法。它是一种统计平均方法，选取一段波形，依次错开 Δt 时间，然后对整段波形取平均，若起始点为负，则整段波形反号后取平均。经 40～50 次平均后可得到一个稳定的波形，从而求出阻尼比和周期。

(3)半频谱法。这种方法相当于周期频度法，从波形上提取各种周期振动出现的次数，然后再确定出结构自振周期。

(4)频谱分析法。这是一种由功率谱来确定结构物振动参数的有效方法。

①固有频率的确定。无论是一个测点信号的自功率谱，或两个测点信号的互功率谱，结构物固有频率处都会出现陡峭的峰值，而其他干扰或结构物局部不均匀也会使曲线出现峰值。确定的方法是固有频率的峰点会出现在所有谱上或大多数的记录信号中，且在固有频率处两测点输出信号的相关函数接近 1，相位角不是 0°附近就是接近 180°。

②阻尼比的确定。假定激振信号比较平坦，且在半功率带宽内具有白谱，各模态间的耦合可忽略，各谐振峰处半功率带宽内的响应与纯模态响应相等。用振幅谱图上各峰值处的半功率带宽 Δf_i 可确定模态阻尼比 ξ_i，即

$$\xi_i = \frac{\Delta f_i}{2f_i} \tag{7-1}$$

③振型的确定。根据同一固有频率 f_i 处各测点振幅谱图中均方根振幅 $\sqrt{G_g(f_i)}$ 的大小，确定固有振型幅值的相对大小。振幅值的正负号需根据各测点之间互谱的相位关系来确定。

二、测试方法技术

结构物振动测试系统与一般振动测试一样，由传感器、放大器和记录分析仪组成。其中传感器除要求体积小、重量轻、量程大和灵敏度高之外，还要求频带宽、动态范围大和相频特性好。

建筑物的振动一般是由地基的常时微动和风造成的，测试时要注意风的影响，并避开因人走动所带来的干扰。

在建筑物振动测试中，拾震器应放在整体连接较好的部位，如楼梯的墙角和受力墙的墙角。不要放在楼板中央，因这样仅记录了楼板的局部振动。大部分拾震器是用来测量水平方向的振动信号，只有在估计基础的摆动和有没有在水平振动信号中增添附加成分时，才测量垂直振动信号。

当记录仪器道数有限时，对每幢建筑可分别进行测量，一次测长轴方向，一次测短轴方向。在测试扭转振动时，需在建筑物两端同时测量。

三、关于建筑物振动特性的一些规律

(一)低矮建筑物的振动特性

低矮建筑物的振动主要由地基的常时微动所引起，为了了解振源特性可同时测量地基的常时微动。对于结构简单，整体性好的低层建筑物，其自振频率和阻尼比如表7-3所示。

表7-3　低层建筑物振动特性

振动特性＼建筑物	木结构	预制件结构	砖混结构
自振频率 f_0(Hz)	2.5	6.8	3～4
阻尼比 h(%)	6.0	4.5	1～5

一般来说，建筑物越旧，高度越高，材料越柔，地基土越软，其自振频率越低。判定建筑物的新旧和质量好坏，可通过长期监测，并根据动态特性的变化来进行。另外，还可通过了解结构物的振型变化确定是否损坏及其大致部位。图7-2为一海洋平台模型，在南端有三根杆件与主腿脱开，事先并未察觉。从振型测量结果看，水平振型两端振动幅值不均匀，相差20%～30%，南端位移比北端大，而正常情况下，南北端应该均衡平移，说明南端刚度变低。经检查发现有一脱节点。从垂直振型看，在接近底部处

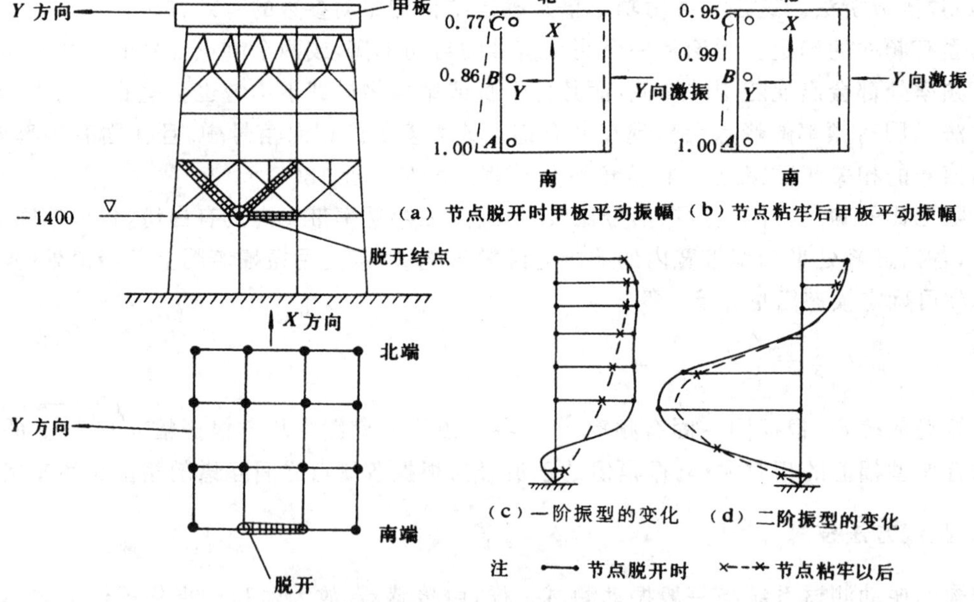

图7-2　模型及振型变化示意图

左图为开裂示意图；右图为水平及垂直振型变化

出现变号，不符合第一、二振型的规律。在固有频率方面，第一固有频率从6.044Hz降到5.932Hz，第二固有频率从23.85Hz降到23.35Hz，仅变化了2%。

（二）多层和高层建筑物的振动特性

由于多层和高层建筑物的振动为地基振动和风作用的结果，其自振周期较长，阻尼比较小，振型复杂。在抗震设计中，地基荷载与建筑物的自振周期关系最大，而确定自振周期主要有振型分解和实测两类方法。前者需求解高阶频率方程和多元振型方程的理论值。后者只需测量建筑物在环境激励下的响应情况，比较符合实际，且快速便捷。

表7-4至表7-7为某住宅(48层)的横向和扭转振动实测结果。

表7-4　塔式住宅建筑横向和扭转振动前三阶振型的固有频率和阻尼比

振型	平移振动						扭转振动		
	$X\sim X$ 方向			$Y\sim Y$ 方向					
	第一振型	第二振型	第三振型	第一振型	第二振型	第三振型	第一振型	第二振型	第三振型
频率(Hz)	0.818	3.30	6.83	0.922	3.69	7.22	1.28	3.98	7.69
阻尼比(%)	0.8	1.1	2.3	0.6	1.1	1.0	0.7	3.2	1.3

表7-5　塔式住宅建筑 $X\sim X$ 方向前三阶横向振动的振型

楼层	$X\sim X$ 方向的平移振动					
	第一振型 $f=0.818$Hz		第二振型 $f=3.30$Hz		第三振型 $f=6.83$Hz	
	幅值	振型	幅值	振型	幅值	振型
31层	1.00	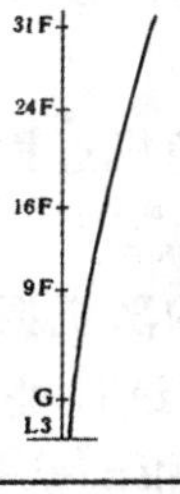	1.00	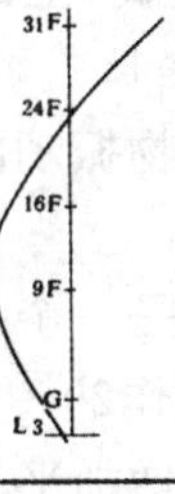	1.00	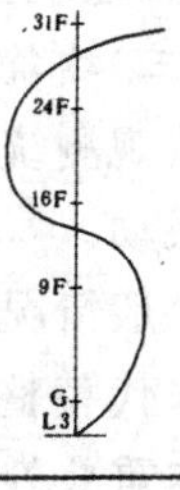
24层	0.84		0.10		−0.65	
16层	0.58		−0.72		−0.59	
9层	0.25		−0.80		0.75	
G层	很小		−0.24		0.47	
L3层	很小		−0.15		很小	

表7-6　塔式住宅建筑 $Y\sim Y$ 方向前三阶横向振动的振型

楼层	$Y\sim Y$ 方向的平移振动					
	第一振型 $f=0.92$Hz		第二振型 $f=3.69$Hz		第三振型 $f=7.22$Hz	
	幅值	振型	幅值	振型	幅值	振型
31层	1.00	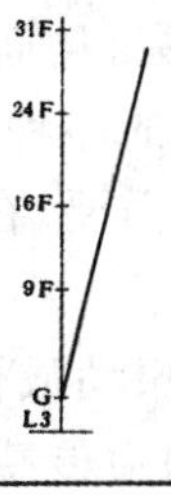	1.00	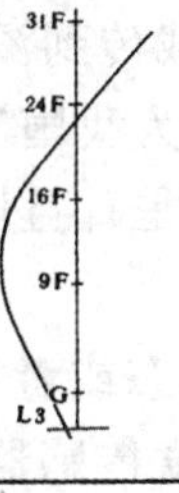	1.00	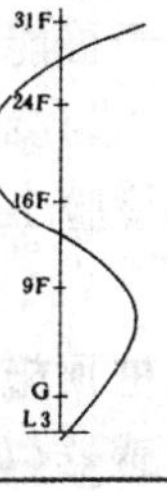
24层	0.80		0.16		−0.41	
16层	0.50		−0.682		−0.45	
9层	0.26		−0.75		0.60	
G层	0.10		−0.20		0.34	
L3层	很小		−0.13		0.07	

表7-7　塔式住宅建筑前三阶扭转振动的振型

第一振型f＝1.28Hz	第二振型f＝3.98Hz	第三振型f＝7.69Hz

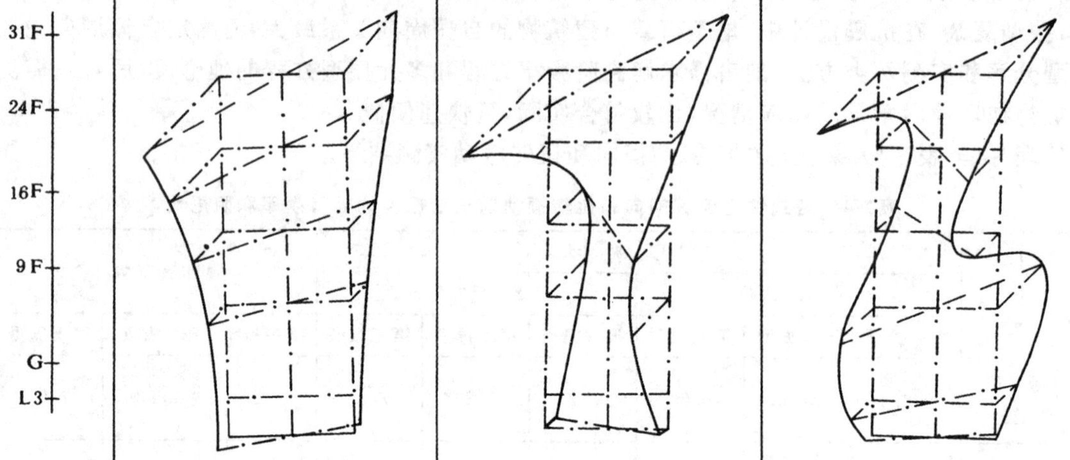

建筑物的优势周期沿其长边方向和短边方向是不同的，低层建筑(5层以下)长边方向的优势周期比短边方向短，而高层建筑(7层以上)长边方向的优势周期多数比短边方向长。

建筑物的高度越高，优势周期越长，但高度相同的建筑物，其优势周期不尽相同，有一个数值分布范围。不同建筑物的高度越高，这种优势周期的分布范围越宽。建筑物的常时微动主要是建筑物与地基相互作用的综合反映，高度相同的建筑物优势周期不同，可以用地基条件不同来解释。建筑在坚硬地基(S 波速高)上的构筑物其优势周期较短。

(三)建筑物振动特性的稳定性

从观测统计结果来看，建筑物振动的振源为平稳的随机过程，因此建筑物振动也是平稳的随机振动。

一般情况，建筑物振动并不是一个具有各态历经性的随机振动，即不能用某一样本函数的特性来代替整个随机过程，必须作20～30次统计平均。在统计处理时，可做样本的不重叠处理和样本重叠处理。后一种处理可增加平均次数，得到更稳定的结果。

§7.3　桩基动测

一、概　述

由于桩能将上部结构的荷载传到深层稳定的土层中去，从而大大减少基础的沉降和建筑物的不均匀沉降，所以桩基础成为我国工程建设中很重要的一种基础形式。因此确定桩的承载力以及检验工程桩的施工质量，是日益增长的桩基工程的需要。在本节我们主要介绍桩基动测技术。

在桩顶施加某种冲击力(瞬态或者稳态)使桩身产生振动或位移，同时通过设置在桩顶的各种传感器(如位移传感器、速度传感器、加速度传感器和力传感器等)，测得桩顶激振的响应值(时间域或频率域的响应函数，如$U(t)$，$V(t)$，$a(t)$，$F(t)$ 和贯入速度 e 等)。由此识别桩体振动或位移的系统参数，结合地质资料，综合评价桩体的质量，计算单桩承载力等有关桩基设计和施工参数的过程，称为桩基动测。

桩基动测是伴随桩基工程及电子技术的发展而产生的一项实用技术，早在20世纪初就有许多学者对打桩过程进行研究，利用能量守恒原理和牛顿撞击定理，根据打桩时测得的最后贯入度，先后提出了许多打桩公式。其中著名的有海利(Hiley)打桩公式、格尔谢凡诺夫(H. M. Герсевапов)动力打桩公式、工程新闻打桩公式和修正的工程新闻打桩公式等。它们在打桩技术的发展过程中起到过重要的作用，是现代桩基动测技术发展的基础。它的优点在于可方便迅速地确定单桩承载力，所以，上述打桩公式一直延续至今仍在工程中应用。但是，不同打桩公式都有一定的假定条件，与实际工程情况，尚有一定的出入。

1950年史密斯(E. A. Smith)对锤—桩—土体系提出了用一系列质块、弹簧和阻尼器组成的"离散化计算模型"。1960年他又发表了"打桩分析的波动方程法"的著名论文，对打桩中的贯入性状进行了分析，并讨论了桩锤、锤垫、桩帽及桩和土的模拟问题，奠定了用波动方程对桩进行动测的基础。美国凯斯技术学院的高勃尔(G. G. Goble)教授等人提出了以行波理论为依据的桩基动力量测和分析方法，称为"凯斯法"。依据现场实测的波形曲线输入到波动理论计算程序中，通过计算值和实测值的反复比较、迭代、不断修改原先假定的参数值，得到更精确的"CAPWAP 计算程序"。

1972年湖南大学周光龙教授提出了"动力参数法"；西安公路研究所等单位提出了"水电效应法"，东南大学唐念慈教授于1978年在渤海12号平台成功地进行了钢管桩的动测；1980年建筑工程部建筑科学研究所编制了"波动方程的计算程序"；冶金部建筑研究总院编制了"共振法试验操作规程"；四川省建筑科学研究所提出了"锤击贯入法"……世界上不少国家已将桩基动测法列入地基基础设计与施工规范。如澳大利亚桩基设计施工规范(AS2159-1978)规定，根据动力打桩公式或波动方程分析，预估砂性土中桩的极限承载力；国际土力学及基础工程学会在1983年将"凯斯法"和"CAPWAP 法"作为建议的方法列入学会现场及室内试验委员会编制的规范(ISSMFE 桩的轴向荷载试验——第一部分:动荷载)。总之，桩基动测技术正处于方兴未艾，蓬勃发展的时期。

桩基动测技术方法众多，根据激振的时间特性，可分为瞬态振动和稳态振动；根据激发能量所产生的桩土相对位移，可分为高(大)应变和低(小)应变法，详见表7-8常用桩基动测方法分类概况。

低应变法主要用于桩身的完整性检查，高应变法主要用于测量桩在贯入过程中的单桩承载力和桩身质量检查。桩基动测的效果，关键是试验人员对动测原理的理解程度和掌握不同方法的适用条件，滥用桩基动测的结果将严重影响桩基动测的效果，甚至造成工程事故。

伴随桩基动测技术的发展，低应变仪将日趋轻便、简单、快速，同时测定桩体系统的各种参数，数据处理系统将更加完善，能准确评价桩身完整性。高应变法仪器日趋小型化、智能化，理论上计算模型越来越接近实际的桩土情况，结果更接近于静荷载试验。

二、动力参数法

(一)测试原理

动力参数法(或称竖向敲击时域分析法)是通过对桩土系统的瞬时敲击，测定出桩土系统的自振频率，然后换算出各种参数，评价基桩桩身的完整性。在有经验的地区，通过桩的动、静对比试验及资料的统计分析，可预估单桩极限承载力。

表7-8　常用桩基动测方法分类概况

项目 方法	桩身应变		振源类型		实测参数	计算参数	适用范围							优　点	缺　点
	高	低	稳态	瞬态			摩擦桩	端承桩	桩身质量	桩身结构	沉桩能力	打桩效率	群桩普查		
动力参数法		√		√	频率，初速度	抗压刚度，临界荷载	√	×	√	×	×	×	√	仪器轻便，操作方便，理论完整	调整系数的影响因素多，参振的桩周土重难确定，串心锤的效率影响因素较多
共振法		√	√		幅频曲线，相频曲线	桩——土体系综合动刚度，垂直荷载，水平荷载	√	√	√	×	×	×	√	采用“质量—弹簧—阻尼器”理论模型，考虑了桩侧摩阻力对共振频率的影响	桩的动静刚度系数受土质和桩型的影响，试验成果受承台质量、动应变量和场地条件的影响
机械阻抗法		√	√	√	桩身波速，频率	导纳曲线，动刚度，临界荷载	√	√	√	×	×	×	√	将桩与地基土看作一个相互作用的机械系统，理论较完整，对桩身质量检查效果较好	动静刚度比影响因素较多
水电效应法		√		√	功率频谱曲线，振幅频谱曲线	桩身波速，动刚度，导纳值	√	√	√	×	×	×	√	分级加载，脉冲幅度大，作用时间短。滤去无用波，自功率谱清楚反映桩的主要频率	动静荷载试验的拟合系数与桩的类型及土层有关；未考虑桩周土抗剪刚度及阻尼的影响
桩身完整性测试仪PIT		√		√	频谱曲线	单桩动刚度，计算单桩承载力	√	√	√	√	×	×	√	轻便、模拟桩身外形尺寸，检查桩身质量，PIT CAP程序进行导纳分析或拟合分析	由于激振能量小，最佳的检查桩长为30倍桩径
锤击贯入法	√			√	桩顶锤击力，桩的贯入度	锤击力$F(t)_{max}$～贯入度Σe曲线，临界荷载	√	×	√	×	×	×	×	简单易行，快速，动荷载可以调整，资料整理方便	需重锤车，锤击贯入度要大于1.5～2mm，动静荷载比值随地区土层及桩的几何尺寸而变化
打桩分析仪	√			√	力波，加速度波曲线	单桩承载力，声阻抗比值β	√	×	√	√	√	√	√	理论体系完整，操作方便，使用功能多	要有大的锤击能量，锤重一般大于桩重的8%，凯斯阻尼系数J只考虑土层、未考虑桩型等

该方法假定桩土系统为单自由度体系。如果一个力在很短时间内作用在桩土系统（包含着很丰富的频谱），在瞬时力去掉以后，桩土系统由于本身的弹性收缩，便产生自由振动。由于系统存在阻尼，这种自由振动的振幅将逐渐衰减。根据桩土系统的自由振动图，计算出桩土系统的自振频率。

此外，桩土系统在水平力作用下，如果桩身无缺陷，类似于完全弹性体系，因而动力刚度大，桩土系统对水平作用力响应所表征出来的动力特征是：频率高、振幅小、波形规则且圆滑。如果桩身存在缺陷，类似于非线性体系，那么桩土系统对水平作用力响应所表征出来的动力特征是：频率低、振幅大、衰减慢、波形不规则、严重畸变等特征，为定性分析桩身质量好坏提供依据。

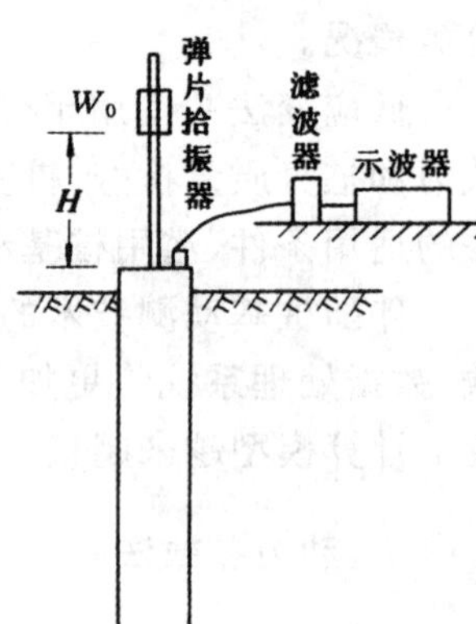

图7-3　动力参数法现场测试示意图

（二）测试步骤

动力参数法现场测试的总体布置如图7-3所示，具体过程如下：

(1)预先将桩头的超灌素混凝土敲掉整平，然后将拾振器固定在桩顶边缘处，并与放大器、滤波器和记录器连接好。

(2)用手锤垂直敲击或圆球提升一定高度，任其自由下落，对桩头中心施加瞬时竖直冲击。记录桩振动的时间历程曲线，如图7-4所示的原始波形曲线，在此波形曲线上确定出波长 λ 或周期时间 t，并计算出系统的自振频率。

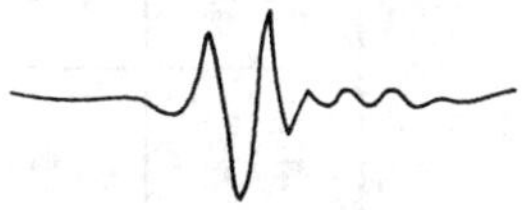

图7-4　实测原始波形图

此外，在现场激振时，有的还采用冲击桩周土的办法。根据振动理论和实践，若冲击桩周土，对桩中心的瞬时作用力，就不是纯粹的竖直分量而包含力的水平分量对桩的作用，故测定出来的桩土系统的自振频率偏低。

(三)资料分析

1. 桩身质量的判定

实测波形可分为三类：

(1)甲类——波形规则，表明桩身无断裂。

(2)乙类——波形特征，介于甲、丙类之间，表明桩身有轻微缺陷。

(3)丙类——波形不规则，表明桩身上部有断裂。

桩身质量检测实测波形见表7-9。

2. 桩的垂直动力抗压刚度计算

在实测波形上确定出周期 t 后，按下式计算自振频率和抗压刚度

$$f_z = \frac{1}{t} \tag{7-2}$$

$$K_z = \frac{1}{\eta_k}(2\pi f_z)^2(Q_1 + Q_2) \tag{7-3}$$

$$Q_1 = \frac{1}{3}AL_0\rho_1 \tag{7-4}$$

$$Q_2 = \frac{1}{3}\left[\frac{\pi}{9}r_z^2(L + 16r_z) - \frac{L}{3}A\right]\rho_2 \tag{7-5}$$

$$r_z = \frac{1}{2}\left(2 \times \frac{1}{3}\tan\frac{\varphi}{2} + d\right)$$

式中：A 为桩横截面积，m^2；f_z 为桩的垂直自振频率，Hz；K_z 为桩的垂直动力抗压刚度，kN/m；L 为桩的入土深度，m；L_0 为桩全长，m；Q_1 为折算后参振桩质量，t；Q_2 为折算后参振土质量，t，见图7-5；r_z 为参振土体扩散半径，m；t 为周期，s；ρ_1 为桩材质量密度，$10^3kg/m^3$；ρ_2、φ 分别为桩下段 $L/3$ 范围内土的密度($10^3kg/m^3$)和内摩擦角，°；π 为圆周率；d 为桩直径；η_k 为单桩抗压刚度修正系数，$\eta_k = 2.365$。

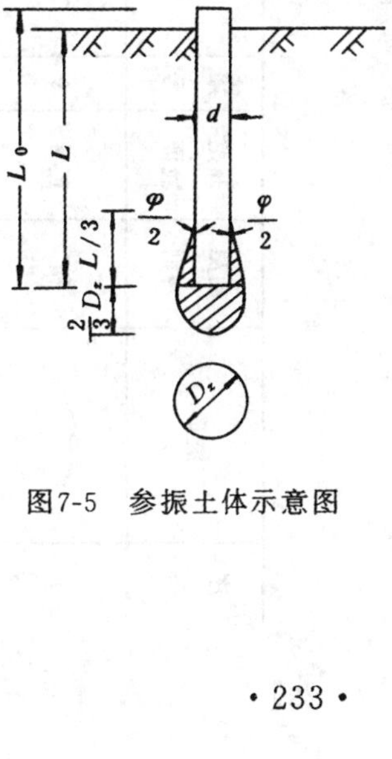

图7-5　参振土体示意图

然后根据下式计算单桩极限承载力

$$P_k = \eta K_z \tag{7-6}$$

式中：P_k 为单桩极限承载力，kN；η 为比例系数，一般可取 $\eta = 0.004$；K_z 为单桩动抗压刚度，kN/m。

表 7-9　动力参数法桩身质量检测波形实例

序号	波形	动测判别	开挖验证	序号	波形	动测判别	开挖验证	序号	波形	动测判别	开挖验证	序号	波形	动测判别	开挖验证
1		甲	正常	9		甲	正常	17		乙	正常	25	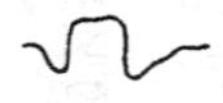	丙	断
2		甲	正常	10		甲	正常	18		丙	断	26	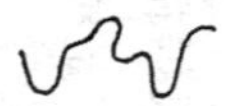	丙	断
3		甲	正常	11		甲	正常	19		丙	断	27		丙	断
4		甲	正常	12		甲	正常	20		丙	断	28		丙	断
5		甲	正常	13		乙	正常	21		丙	断	29		丙	断
6		甲	正常	14	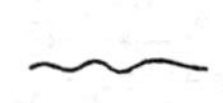	乙	正常	22	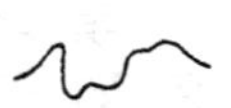	丙	断	30	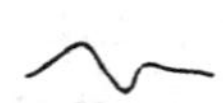	丙	断
7		甲	正常	15	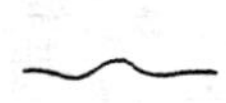	乙	正常	23		丙	断	31		丙	断
8		甲	正常	16		乙	正常	24	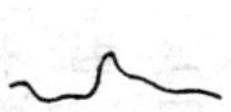	丙	断	32		丙	断

三、共振法

(一)测试原理

1. 桩基质量检测原理

共振法是采用稳态激振方式的动力试桩方法。其质量是桩土系统在谐振力作用下，作强迫有阻尼振动时，当谐振力的频率与桩土系统有阻尼时的自振频率一致时，就会产生共振。该方法就是根据桩顶响应幅频特性曲线上的共振特征，评价桩身质量，计算缺陷位置和预估单桩极限承载力。

共振法检验桩身质量的基本思路是：首先将打入桩或灌注桩看成是如图7-6所示的具有几个集中质量 $m_1, m_2, \cdots, m_n$ 的质弹阻体系，并作如下几点假定：

(1)将桩分为 n 单元，如果桩长为 L，桩的直径为 d，则 n 必须满足下式：

$$n \leqslant \frac{L}{2d}$$

(2)集中质量 m_i 为所分各桩单元的质量。

(3)作用于质量 m_i 上的桩身及土的弹簧刚度 k_i 及 k'_i 由下式计算：

$$k_i = \frac{EA}{L_i}$$

$$k'_i = C_i \cdot \pi d \cdot L_i$$

式中：k_i 为桩单元刚度；k'_i 为桩侧土单元的剪切刚度；E 为桩材料的弹性模量；A 为桩的截面积；L_i 为桩单元长度；C_i 为桩侧土的当量剪切刚度系数，该值根据《动力机器基础设计规范》GBJ 40-79选用，参见《岩土工程勘察设计手册》。

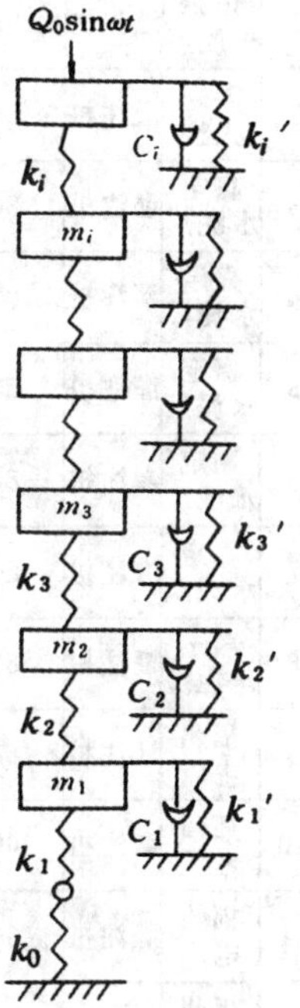

图7-6　桩-土体系多自由度振动模型

根据理论分析和实际测试，如图7-6所示桩土系统在稳态激振力作用下的反应曲线如图7-7所示。分析位移、速度幅频曲线的特征及各动态参数之间的关系，可作为评价桩身质量的依据。

根据图7-7所示幅频率曲线峰点所对应的频率值，按下式评价桩身质量，并确定桩身缺陷位置：

$$\Delta f_i = f_i - f_{i-1} = \frac{nV_c}{2\pi L}(\sqrt{\lambda_i} - \sqrt{\lambda_{i-1}}) \tag{7-7}$$

式中：Δf_i 为幅频曲线上两谐振峰之间的频率差；V_c 为桩身混凝土波速值；L 为桩长。

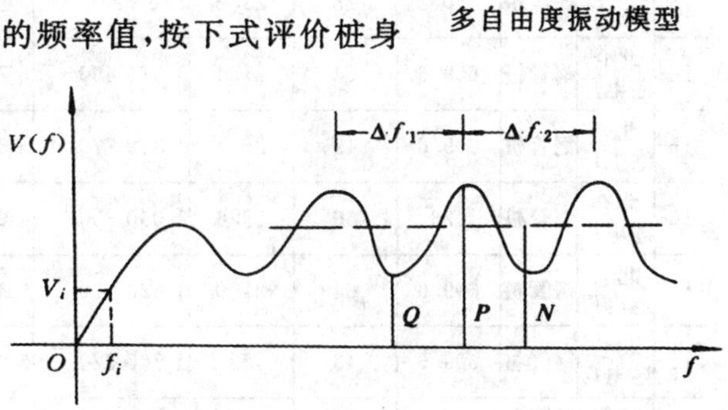

图7-7　稳态激振下桩的速度幅频曲线

当桩身质量及刚度分布较均匀时，$(\sqrt{\lambda_i} - \sqrt{\lambda_{i-1}})$ 为一常数，即 Δf_i 为常数；反之，如果桩身质量和刚度变化较大，$(\sqrt{\lambda_i} - \sqrt{\lambda_{i-1}})$ 及 Δf_i 不是常数。

在实测桩土系统的速度幅频率曲线中，若 Δf_i 相差较大，则可判断桩身中有夹泥断裂、扩颈、缩颈，或者局部混凝土离析。

由式(7-7)可变成如下形式：

$$L=\frac{nV_c}{2\pi\Delta f_i}(\sqrt{\lambda_i}-\sqrt{\lambda_{i-1}}) \tag{7-8}$$

如果根据上式计算出来的桩长 L 小于施工桩长，则说明该桩身在某处断裂或有严重缩颈、扩颈等现象。

表7-10为现场研究试验成果表。

表7-10　现场研究试验成果汇总表

编号	试桩工程	桩的类型	桩径(mm)	桩入土深度(m)	自振频率(Hz)	动测桩的垂直抗压刚度(kN/m)	动测桩的极限承载力(kN)	动测桩的容许承载力(kN)	静荷载试验桩的极限承载力(kN)	备注	
1	正泰橡胶厂	灌注桩	850	45	27～28.6	2 023 690～2 254 790	8 090～9 000		＞7 000		达到设计荷载未压下去
2	泰兴大楼	灌注桩	850	41.6	33～34	1 575 890～1 642 840	6 300～6 570		6 000	与规程计算相符	
3	嘉定水泥厂	灌注桩	800	13.5	43.8	224 690		890			桩尖在硬层上
4	嘉定水泥厂	灌注桩	800	13.5	36.4	172 660		690			桩尖在硬层上
5	嘉定水泥厂	灌注桩	800	13.5	41.6	202 650		810		与规程计算相符	桩尖在硬层上
6	嘉定水泥厂	灌注桩	800	25	37	507 990	2 030			与规程计算相符	
7	嘉定水泥厂	灌注桩	800	30	33.6～35	593 600～646 050	2 370～2 570			与规程计算相符	
8	嘉定水泥厂	灌注桩	800	30	33.3～34.3	563 050～620 650	2 330～2 480				
9	福州电厂	灌注桩	600	28	22.7	478 730		1 910	6 000		嵌岩桩
10	福州电厂	灌注桩	600	28	24.3	548 420		2 190			嵌岩桩
11	福州电厂	灌注桩	600	28	25.6	608 760		2 430			锚Ⅱ，嵌岩桩
12	福州电厂	灌注桩	600	28	23.2	499 890		2 000			锚Ⅳ，嵌岩桩
13	福州电厂	灌注桩	600	28	23.8	526 090		2 100			锚Ⅴ，嵌岩桩
14	北仑港电厂	钢管桩	609.6	64	21.4	1 576 460	6 300		6 130		T3a
15	北仑港电厂	钢管桩	609.6	49	22.7	1 332 770	5 330		5 510		T4a
16	北仑港电厂	钢管桩	426	66	19.6	1 000 800	4 000		4 000		T2
17	北仑港电厂	钢管桩	609.6	64	21.0	1 626 510	6 300		6 500		T2
18	北仑港电厂	钢管桩	609.6	49	23	1 260 220	5 040		5 400		T3b
19	北仑港电厂	混凝土方桩	600×500	49	26.6	1 380 350	5 520		5 430		T4b
20	北仑港电厂	混凝土方桩	500×500	49	27.7	1 423 140	5 690		5 600		T5b
21	北仑港电厂	混凝土方桩	450×450	38	24.7	687 450	2 750		2 550		T6a
22	北仑港电厂	混凝土方桩	450×450	28	29.4	386 630	1 550		2 480		T6b

表7-11中预先给出 λ_i 的计算结果，即桩的特征值。

表7-11　桩的特征值

桩截面尺寸 (m^2)	桩长 (m)	桩单元个数	桩侧及桩尖情况	λ_1	λ_2	λ_3	λ_4	λ_5
0.35×0.35	10.5	15	桩侧为软塑粘土 桩尖为砂卵石	0.006 3	0.059 4	0.184	0.392	0.672
0.35×0.35	10.5	15	桩侧为可塑粘土 桩尖为砂卵石	0.007 3	0.055 9	0.185	0.393	0.673
0.4×0.4	15	15	桩侧为软塑粘土 桩尖为砂卵石	0.009 2	0.059 9	0.189	0.398	0.677
0.4×0.4	15	15	桩侧为可塑粘土 桩尖为砂卵石	0.012 2	0.062 9	0.192	0.401	0.680

对于一个具体场地，当桩侧土及桩尖土已知时，λ_i 值取决于所分桩单元的长度和段数，λ_i 为刚度矩阵的特征值。

2. 单桩承载力评估原理

共振法评估单桩承载力的基本思路，仍然是通过现场测定桩土体系的综合刚度 K_d（或称动刚度），根据一定经验的单桩动刚度和静刚度之比值，将单桩的动刚度换算成单桩的静刚度，再根据经验的单桩容许沉降量(S)，求出单桩的承载力标准值 P_a。

根据徐攸在先生所述，一般桩的静荷载试验曲线在第一阶段接近于直线段，如图7-8所示。在此拟直线段内，桩顶沉降量 S 与桩顶所施加的静荷载 P 基本成正比。其比例系数为常数 K_s，即称桩土体系的静刚度。

显然，K_s 综合地反映了桩和土的条件。桩径愈大，桩愈长，桩底和桩侧土愈好，K_s 愈大。即在同样的荷载 P 的作用下，桩的沉降 S 愈小；反之亦然。故 K_s 实际上就表示桩的承载力大小。若桩的容许沉降量(S)能确定，即可求得桩的承载力标准值 P_a。

$$P_a = K_s(S) \tag{7-9}$$

式中：K_s 为桩的静刚度，kN/m；S 为桩的容许沉降量，m。

共振法试桩一般是在桩的承台上施加一个 $Q = Q_0\sin\omega t$ 的正弦激振的动荷载力（式中：Q_0 为激振力的幅值；ω 为激振力的圆频率；t 为时间）。若将桩土体系简化为图 7-9 所示的质一弹

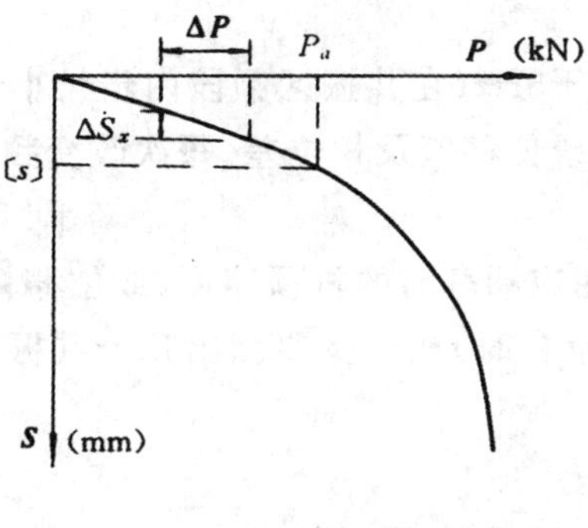

图 7-8　桩的静荷载试验曲线示意图

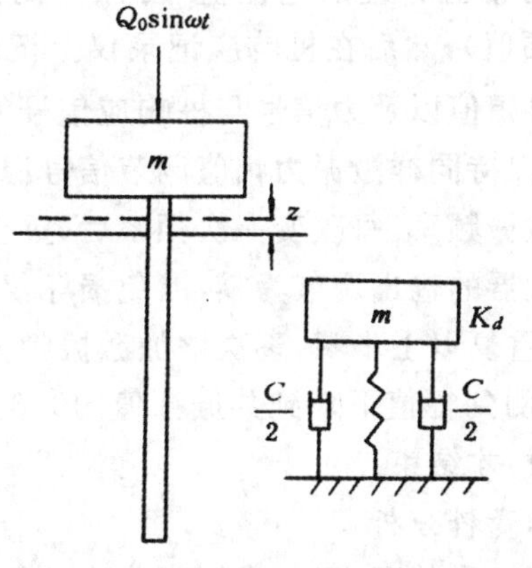

图 7-9　桩简化为单自由度体系模型

一阻单自由度体系，图中弹簧常数 K_d 为桩土体系的动刚度。其物理意义是指在一定桩土条件下，桩顶产生的单位弹性位移（幅值）所需作用的激振力（幅值）。图中 C 为土的阻尼系数。

在强迫振动过程中，承台质量的质心上作用着四种力，即激振力 Q_0，弹簧力 K_dA，阻尼力 $CA\omega$ 和惯性力 $mA\omega^2$。此四种力在任何时候均平衡，故得：

$$Q_0\cos\varphi + ma = K_dA \tag{7-10}$$

当激振频率与桩土体系自振频率一致时，即 $\omega = \omega_n$，体系产生共振，这时激振力与位移之间的相位差 $\varphi = \pi/2$，故得：

$$K_d = (2\pi f_n)^2 \cdot m \tag{7-11}$$

根据 $f_m = f_n\sqrt{1-2D^2}$，则式(7-11)可写为：

$$K_d = \frac{m(2\pi f_m)^2}{1-2D^2} \tag{7-12}$$

式中：D 为阻尼比。

根据国内外多年来的经验，桩的动静刚度比例系数一般在1～2范围内，对于一个具体场地的桩，应取得该场地桩的静压试验的 P-S 曲线，求出静刚度 K_s，然后根据在该场地所测桩的动刚度，计算出桩的动静刚度对比系数 η，故：

$$K_s = \frac{K_d}{\eta} \tag{7-13}$$

$$P_a = \frac{1}{\eta}K_d[S] \tag{7-14}$$

（二）测试方法

共振法试桩系统现场布置如图7-10所示。具体步骤如下：

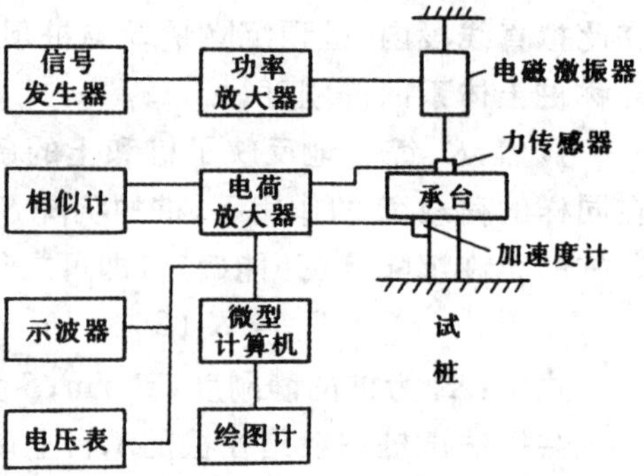

图7-10　共振法试桩测试系统布置

(1)试验前先将桩头素混凝土凿平整，然后在桩头中心安装激振器。激振器有两种安装方法：一是直接将激振器安放在桩头中心，二是将激振器倒挂在三脚架上，使传力杆与固定在桩顶中心的力传感器垂直连接，并将三脚架各支点固定平稳。

(2)各种仪器通电后，调节信号源，将激振频率起点定在5～10Hz，将功率放大器的电流调节到与所需激振力幅值相应的电流值（可用力测试系统监测激振力幅值），然后在桩响应记录仪上记录桩顶的速度或位移幅值以及力信号与桩响应信号的相位差。

(3)保持同样激振力幅值调节信号源，取步长小于5Hz（在共振区频段内步长小于3Hz），不断改变激振频率。每改变一次频率后，重新记录速度或位移值及相位差。每次改变频率前，应将功率放大器的输出调节为零，以免损坏仪器。

(4)重复以上步骤，逐次增加激振频率，并记录相应频率时的桩顶速度，或位移幅值及相位差，直至测到幅值下降到共振幅值的0.6倍（桩顶有承台时）或至少要测出几个共振峰后（桩顶无承台时）才结束。

（三）资料分析

根据记录整理，汇总成幅频曲线和相频曲线，然后根据情况计算出 K_d：

(1)有承台时，根据速度的幅频曲线和相频曲线，获得第一共振频率 f_n，按式(7-10) $K_d =$

$(2\pi f_n)^2 \cdot m$ 求得桩土系统的动刚度 K_d。

(2)有承台时，也可根据位移的幅频曲线及共振频率 f_m，按式(7-12) $K_d = (2\pi f_m)^2 \cdot m/(1-2D^2)$ 求得桩土体系的动刚度 K_d。

(3)无承台时，取速度幅频曲线的低频段上任一点相应的纵、横坐标值，按下式求得桩土体系的动刚度 K_d：

$$K_d = 2\pi f_i Q_0/V_i \tag{7-15}$$

$$f_i \leqslant 0.2 f_{ni}$$

式中：Q_0 为常扰力幅值；f_i 为速度频率曲线的低频段上任取一点的频率；V_i 为与 f_i 相对应的速度值；f_{ni} 为第 n 点的频率。

四、机械阻抗法

(一)测试原理

机械阻抗是从电学系统中导出来的概念，其基础是机电元件之间的类比。当对一机械系统(或结构系统)的动态特性进行研究时，常将这个系统的力学模型中的各个元件(质量块、弹簧、阻尼器)组成的机械网络比拟电器系统中由各种电器元件(电阻、电容、电感)组成的电路网络。即用分析电阻抗的原理来分析机械系统(或结构系统)受动力激励后，激励力与其所产生的振动响应之间的关系。

所谓机械阻抗，就是使系统或元件产生单位振动速度所需要的力，即 $z = F_0/V_0$，即激励力与响应之比；反之，则称谓导纳，即响应与激励力之比。

机械阻抗反应了一个系统(机械系统)在频率域上的动态特性，故目前在分析机器与结构的强度、刚度或抗震性能以及系统的振动响应等，都采用机械阻抗法。但采用稳态激励机械阻抗法对基桩进行非破损检验，在国内外是近几年来的事。

图7-11所示是一个稳定线性振动系统，当对系统施加一个简谐交变力 $f(t)$ 时，必产生一个稳态响应 $x(t)$，即位移、速度、加速度，并且是同频率的简谐振动。

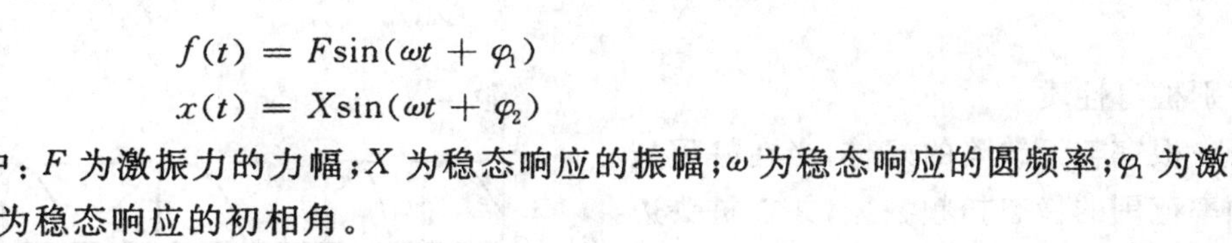

图7-11　线性系统的输入和输出

设
$$f(t) = F\sin(\omega t + \varphi_1) \tag{7-16}$$
则有
$$x(t) = X\sin(\omega t + \varphi_2) \tag{7-17}$$

式中：F 为激振力的力幅；X 为稳态响应的振幅；ω 为稳态响应的圆频率；φ_1 为激振力的初相角；φ_2 为稳态响应的初相角。

上述两式中只有两点不同：一是幅值不同 $(F/X \neq 1)$；二是相角不同，其相位差 $\varphi = \varphi_1 - \varphi_2$，滞后时间 $t = \varphi/\omega = (\varphi_1 - \varphi_2)/\omega$。

振动理论与实践都证明：激励与响应之间的幅值比：F/X(或 X/F)及相位差 $\varphi_1 - \varphi_2$(或 $\varphi_2 - \varphi_1$)，不仅与激振频率 ω 的大小有关，更主要是取决于系统本身的固有特性(不随时间变化)。系统的这种固有特性，一般是指惯性、弹性(复原性)以及阻尼特性。对于桩系统，主要是指桩身断裂、扩颈、缩颈、混凝土质量以及桩周土层特性等。所以在进行桩基质量检测时，采用这两个量作为判据，即激励与响应的幅值比和相位差，从整体上描述桩系统在 ω 频率条件下的频响特性或传递特性。

如果在足够宽(理论上从0→∞)的频率范围内，对桩土系统进行简谐振动，就能获得这两个相对量(幅值比和相位差)，可以在整个频率内完全确定桩系统的动态特性。故一般将机械阻抗数据称作频率响应数据(或称频响函数、传递函数)，这些数据反映与系统固有属性有关的许多信息，对于测试人员来讲，就是如何去认识和提取这些信息，用于对桩的评价，这就是用机械阻抗法检测桩质量的依据。

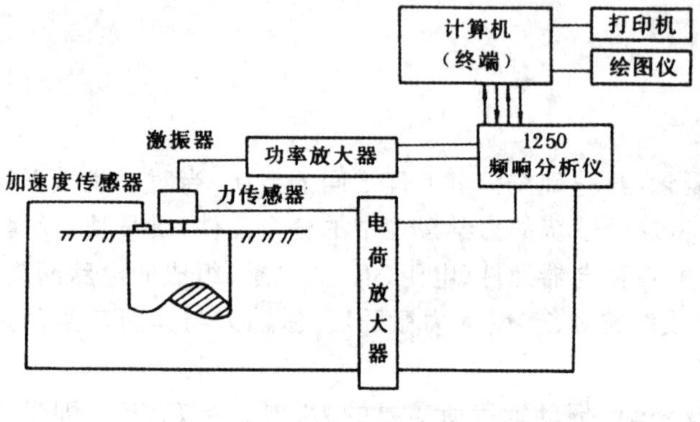

图7-12　现场基桩测试系统

在基桩检测中，主要采用速度导纳与频率的关系曲线，由于速度导纳的剩余弹性比位移导纳衰减得快，此外，由于频率为零时，导纳趋于零，阻抗却无限增加，再则导纳乘以激励，即可得响应，这样分析系统振动响应时比较方便。

(二)测试方法

机械阻抗法测试方法如图7-12所示，其步骤如下：

(1)将桩头素混凝土凿掉，并将桩头整平。然后在桩头中心和离中心约20cm处分别用环氧树脂固定一块直径为6cm、高为4cm的铁柱，激振器和加速度计(或速度计)分别被固定在桩中心和边缘的两块铁柱上。

(2)在现场采用线性步进频率扫描方式，而且在每个频率开始时，留出一定的测量延迟时间，待被测系统完全达到稳态振动后，再进行测量，这样能获得系统真实的频率响应，从而提高测试精度。

(3)对桩正式施加激振力之前，先在频响分析仪上将各种参数设置完毕，然后对桩进行激振。待对桩的全部扫描激振结束后，将数据输至微型计算机系统，迅速进行数据处理及打印并绘制各种图件。

(三)由导纳曲线判别桩身的性质及完整性

1. 判别桩身性质

对于一根完整无缺陷的好桩，当在桩顶施加一定频率范围的稳态扫频激振，并在桩头边缘处接收振动响应，就可获得如图7-13所示的典型速度导纳曲线。该速度导纳曲线表明，在较低频率时的振动以刚体运动为主，在较高频率段时，则相继出现各阶波动，以波动为主。从刚体运动到开始波动是一个连续的缓和过渡

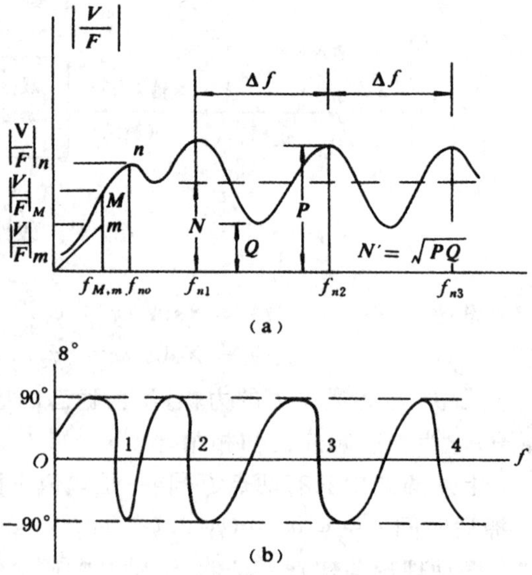

图7-13　正常桩的典型导纳曲线

(a)幅频曲线；(b)相频曲线

过程，不可能有明显的频率分界点。

通过对导纳曲线的分析，可提供下列信息：

(1)桩身混凝土波速值 V_c。由波动理论可得

$$\Delta f = V_c/(2L) \tag{7-18}$$

$$V_c = 2\Delta f L \tag{7-19}$$

式中：Δf 为导纳曲线上两谐振峰之间的频率差，Hz；V_c 为应力波在桩身混凝土中的传播速度，m/s；L 为已知桩长，m。

按式(7-19)计算，一般正常钻孔灌注桩的桩身混凝土波速 V_c＝3 500～3 900m/s，一般正常预制打入桩的桩身混凝土波速 V_c＝4 000～4 400m/s，若计算的 V_c 值小于此范围，说明桩身混凝土质量较差，混凝土强度不够，表7-12和表7-13所列是评价桩身混凝土强度值的指标。

表7-12　混凝土质量按波速分类表

混凝土波速值(m/s)	混凝土质量	混凝土参考强度等级
＞4 120	优良	＞C23
3 300～4 120	良好	C18～C23
2 750～3 300	可疑	C13～C18
1 920～2 750	较差	＞C8
＜1 920	差	＜C8

注：本表引自第二届“应力波在桩基的应用”国际会议资料。其中混凝土参考强度等级原为标号，如C18～C23原资料为200～250号。

表7-13　混凝土质量按波速分类表

混凝土波速值(m/s)	混凝土质量	混凝土参考强度等级
＞4 100	最优良	＞C38
3 500～4 100	优良	C23～C33
3 000～3 500	良好	C18～C23
2 700～3 000	较差	C13～C18
＜2 700	差	＜C13

(据林宗元，1994)

(2)检验桩身实际施工长度和判断桩身缺陷的位置。根据频率差 Δf 值和正常桩的桩身混凝土波速值 V_c，可反算出桩长 L'，对于一根完整无缺陷的好桩，计算出的桩长 L' 和实际施工的桩长 L 基本相等。若计算出的 L' 和已知的实际施工桩长 L 差异很大，可以认为在 L' 处桩身有缺陷存在。

(3)特征导纳 N 和 N'。从理论上讲，导纳曲线上的波幅平均值为：

$$N = 1/(\rho_c A_c V_c) \tag{7-20}$$

式中：N 为理论平均导纳；ρ_c 为混凝土质量密度，10^3kg/m^3；A_c 为桩身截面积，m^2；V_c 为桩身混凝土波速值，m/s。

此外，在测得的导纳曲线上，计算波幅的几何平均值为

$$N' = \sqrt{P \cdot Q} \tag{7-21}$$

式中：N' 为实测的平均导纳；P 为导纳曲线上的峰值；Q 为导纳曲线上的谷值。

对于完整无缺陷的好桩，一般 $N' \approx N$。若 $N' > N$，A_c 变小或 V_c，ρ_c 降低。说明桩身局部混凝土疏松，致使平均速度和密度降低，或者 A_c 变小，说明桩身局部有缩颈。若 N' 随频率增高而减小，表示桩径上大下小，反之亦然。

2.判别桩身完整性

表7-14、表7-15、表7-16是引自国内外对桩身完整性判别的方法，可供参考。

(四)桩身质量检测实例

为了研究完整桩以及桩身存在各种缺陷在导纳曲线上的反映，在上海市嘉定县南翔镇现场专门制作了大比例模拟钻孔灌注桩进行试验和研究，桩的直径为800mm，桩的长度分别为5.4m，10.4m，桩露出地面的自由端长度为0.3m，桩内人为设置成完整桩及具有各种类型的缺

表7-14　桩身完整性判别方法

检测所得参数	刚度 K	桩长 L	平均导纳 N'	结　论
各参数变化情况	与预期的基本相同	与建筑长度基本相同	与预期的基本相同	完整桩
	低	与建筑长度基本相同	高	桩截面减小或混凝土质量低
	很低	短	很高	在测定的深度处有损坏
	高	与建筑长度基本相同或接近	低	桩截面普遍增大
	很高	短	低	在测定的深度处有扩颈
	高	有多种桩长	是变化的或低	沿桩轴截面不规则(扩颈)
	低	有多种桩长	是变化的或低	沿桩轴截面不规则(缩颈)或混凝土质量不均匀
	高	与建筑长度基本相同	与预期的基本相同	强锚固的完整桩,沉降量低
	低	与建筑长度基本相同	与预期的基本相同	强锚固的完整桩,沉降量高

(据林宗元,1994)

表7-15　桩身完整性判别方法

<table>
<tr><th>导纳曲线形态</th><th colspan="2">实测导纳
N'</th><th colspan="2">实测刚度
K'</th><th>推算桩长
l</th><th>实测整桩平均
波速 V(m/s)</th><th>结　论</th></tr>
<tr><td rowspan="3">与典型导纳曲线接近</td><td colspan="2" rowspan="3">与理论值接近
$N'\approx N$</td><td>高于</td><td rowspan="3">工地平均值
K'_m</td><td rowspan="5">与施工长度接近</td><td rowspan="3">3 500～4 500</td><td>嵌固良好的完整桩</td></tr>
<tr><td>接近</td><td>表面规则的完整桩</td></tr>
<tr><td>低于</td><td>桩底可能有软层</td></tr>
<tr><td rowspan="2">呈调制状波形</td><td>高于</td><td rowspan="2">工地
平均
N'_m</td><td>低于</td><td rowspan="2">工地
平均值
K'_m</td><td><3 500</td><td>桩身局部离析,其位置可按主波的 Δf 估算</td></tr>
<tr><td>低于</td><td>高于</td><td>3 500～4 500</td><td>桩身断面局部扩大,其位置可按主波的 Δf 估计</td></tr>
<tr><td rowspan="2">与典型导纳曲线类似但共振峰频率差 Δf 较大</td><td colspan="2">高于理论值 N 很多</td><td>低于</td><td rowspan="2">工地平均值 K'_m 很多</td><td rowspan="2">小于施工桩长</td><td rowspan="2"></td><td>桩身断裂,有夹层</td></tr>
<tr><td colspan="2">低于工地平均值 N'_m 很多</td><td>高于</td><td>桩身有较大扩颈</td></tr>
<tr><td>不规则</td><td colspan="2">变化或较高</td><td colspan="2">低于工地平均值 K'_m</td><td>无法由计算确定桩长</td><td></td><td>桩身不规则,有局部断裂或贫混凝土</td></tr>
</table>

(据林宗元,1994)

陷,而对每根桩内缺陷的类型及位置是已知的,这样便于对导纳曲线的解释。

1. 完整桩

如图7-14所示,实线是幅频曲线,虚线是相频曲线。速度导纳曲线平滑,各谐振峰的峰值基本相等,而各谐振峰的峰值点正好是相频曲线上通过0°的相位点,说明各谐振峰是系统界面的响应点。经计算,$\Delta f_1=290\text{Hz}$,$\Delta f_2=300\text{Hz}$,$\Delta\overline{f}=295\text{Hz}$。根据已知桩长 $L=5.4\text{m}$,按式 $\Delta f=V_c/(2L)$,计算得桩身混凝土波速 $V_c=3\ 186\text{m/s}$,这个速度值与所设计的桩身混凝土强度等级是一致的。故判断速度导纳曲线上的有效谐振峰是桩底反射效应。经计算 $N=2.8\times10^{-7}$,$N'=2.9\times10^{-7}$,$N'\approx N$,动刚度 $K_d=28\ 500\text{kN/m}$,这些都是完整桩的反映,实际上这是一根已知桩长5.4m,直径为800mm 的好桩。

2. 桩身有一处夹泥断裂

如图7-15所示,$\Delta f_1=162\text{Hz}$,$\Delta f_2=341\text{Hz}$,根据已知桩长$L=10.4\text{m}$,取Δf_1值,得$V_c=$

表7-16 桩身质量判别方法

初步判别有异常	缺陷位置判断	缺陷性质判断	缺陷程度的判断	
$V'=2\Delta fL\approx$正常混凝土波速，只有桩底反射效应	—	$N'\approx N$ 优质桩	波峰间隔均匀、整齐	全桩完整、混凝土质量优而均匀
			波峰间隔均匀、不整齐	全桩基本完整，桩身表面不规则
		$N'>N$，$K'\approx K$ 混凝土质量稍有不均匀	波峰间隔均匀、整齐	全桩完整，混凝土质量基本良好
			波峰间隔不太均匀，欠整齐	全桩基本完整、局部混凝土质量欠均匀
$V'_1=2\Delta f_1L\approx$正常混凝土波速，只有桩底反射效应 $V'_2=2\Delta f_2L>$正常混凝土波速，有异常反射效应 $l=\frac{V_1}{2\Delta f_2}$	$l=\frac{V'_1}{2\Delta f_2}$	$N'<N$，$K'>K$ 有扩颈	波峰圆滑，ζ相对大	有中度扩颈
			波峰圆滑，ζ相对小	有轻度扩颈
		$N'>N$，$K'<K$ 有缩颈或局部混凝土质量不均匀或不连续	波峰尖峭，ζ相对大	有轻度裂缝或缩颈
			波峰尖峭，ζ相对小	有中度裂缝或缩颈
$V'=2\Delta fL>$正常混凝土波速没有桩底反射效应，只出现异常反射效应 $l=\frac{V}{2\Delta f}<L$	$l=\frac{V}{2\Delta f}$	$N'>N$，$K'<K$ 有缩颈或断裂	波峰尖峭，ζ相对大	有严重缩颈
			波峰间隔均匀、尖峭，ζ相对小	有较严重断裂或混凝土不连续
		$N'<N$，$K'>K$ 有扩颈	波峰圆滑，ζ相对大	有严重扩颈
			波峰间隔均匀、圆滑，ζ相对大	有严重扩颈

（据林宗元，1994）

注：V 为完整桩平均波速或取标准值；V'为检测的波速；K 为正常桩的平均刚度；K'为检测桩的刚度；N 为理论平均导纳；N'为检测的平均导纳；ζ 为检测的阻尼比。

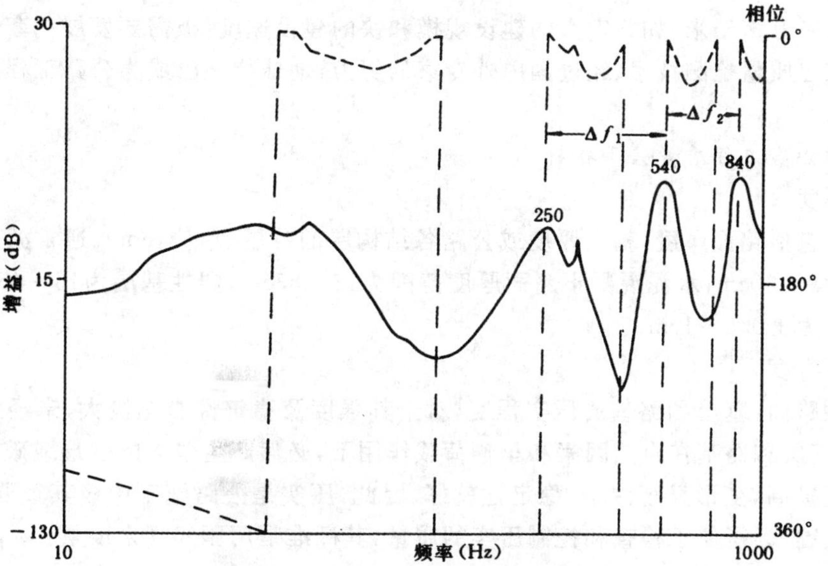

图7-14 1号试验桩的速度导纳曲线

3 370m/s，根据这个波速值，取 Δf_2得 $L_1=4.94$m，$N'=3.5\times10^{-7}$，$N=2.8\times10^{-7}$，$N'>N$，动刚度 $K_d=530\ 000$kN/m，实际上这根桩在桩头下5.2m 处人为设置一个夹泥断裂，故在速度导纳曲线上用②表示的谐振峰为桩底反射效应，用③表示的谐振峰为桩身夹泥断裂界面的反应。

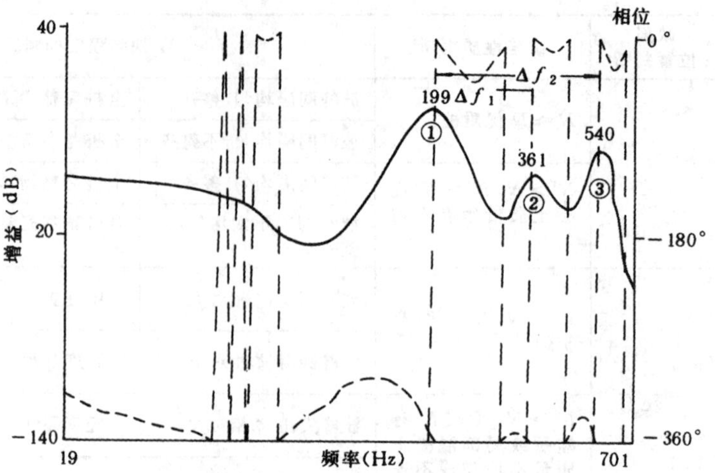

图7-15　5号试桩的速度导纳曲线

§7.4　其他工程探测与检测中的地球物理方法

一、公路工程质量检测的地球物理方法①

公路运输能实现从一个地点到另一个地点的直达运输，无须中转环节，能实现运输的高效率。因此高等级公路的通车里程已成为一个国家经济发达的标志之一。改革开放以来，我国公路建设规模宏大，全国除西藏外其他省份已有或正在建造高速公路，已建成使用的高速公路总里程已达一万多千米。如此宏大的建设规模和快的建设速度，极需要发展一套快速、简便、经济的公路工程质量检测技术。经过国内外专家的努力，地球物理已成为公路工程质量检测的重要技术。

(一)公路工程质量若干指标

1.厚度

其中包括路面厚度、基层厚度或公路各结构层的分层（单位：cm）。通常沥青路面典型的厚度范围为8～20cm，水泥混凝土路面厚度范围为15～33cm，塑性基层为15～45cm。路面厚度的检测精度为±0.5～1cm。

2.压实度

柔性路面、基层和路基的压实程度，对于其强度及稳定性影响极大，未经压实或压实不良的路面，基层和路基在自然因素和车辆荷载作用下，必然产生较大的变形或破坏。相反，压实紧密的强度提高，变形显著减小，稳定性就好。因此，压实是公路施工中极其重要的环节，是保证质量的关键。为了便于检查和控制压实的质量，其标准是用压实度来度量：

$$K = \frac{\rho}{\rho_0} \cdot 100\% \tag{7-22}$$

式中：ρ_0 为最大密度，由标准击实试验测得；ρ 为工地上实际压实所达到的密度。显然压实度 K 是一个以 ρ_0 为标准的相对值，故用百分率表示。其工程 — 物理意义是实际压实所达到最

① 摘自蔡柏林等．"公路工程质量无损检测的地球物理方法技术研究"科研报告，1996。

大密度的程度。对于公路路面、基层和路基的压实度，依据路基类型，公路等级等，一般要求达到 0.90 ～ 0.96 以上。

3. 抗压强度、抗折强度

刚性路面一般指水泥混凝土路面，其混凝土强度分为抗压强度和抗折强度。在混凝土路面设计中，通常把抗折强度作为主要指标。

抗压强度是混凝土重要的力学性能。其定义为单位面积上能承受的外力

$$R_{压} = \frac{P}{S} \quad (\mathrm{MPa}) \tag{7-23}$$

式中：P 为混凝土试件的破坏荷载，N；S 为混凝土试件的承压面积，mm^2。

抗折强度是混凝土梁承受外力的能力，其定义为梁单位长度的体积能承受的弯矩。

$$R_{折} = \frac{M}{W} \quad (\mathrm{MPa}) \tag{7-24}$$

式中：M 为弯矩，N·mm；W 为梁单位长度的体积，mm^3。

抗折强度与抗压强度间存在有相关关系，一般具有如下等式

$$R_{折} = \frac{R_{压}}{AR_{压} + B} \tag{7-25}$$

式中：A、B 为关系系数。

4. 弯沉值

反映柔性路面整体强度高低和公路使用状况好坏的最简捷、直观的指标是在一定荷载作用下路表面产生的垂直变形（弯沉）。路面强度高，使用情况良好时，路表面产生的垂直变形较小，反之则较大。由于路表面的垂直变形实际上是由各结构层（包括土基）变形的结果总和。因此，它也就综合反映了路面各结构层及土基的力学性质，真实地反映公路的整体强度，可作为柔性路面的强度标准。

路面弯沉的示意图如图7-16所示。

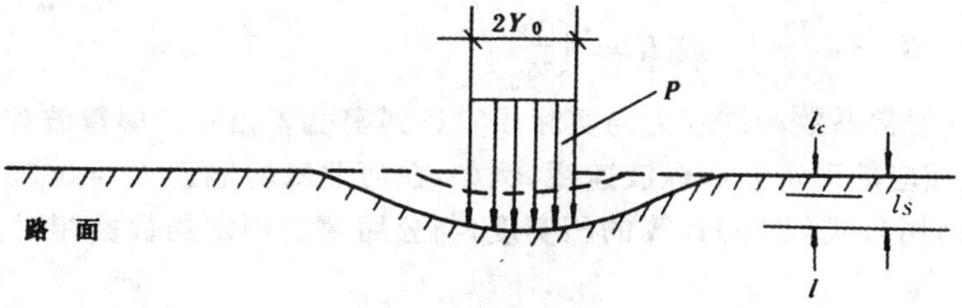

图7-16 路面弯沉示意图

在荷载 P 作用下路面将产生弯沉，卸除荷载后，有一部分弯沉是可以恢复的，另一部分则不会恢复，前者称弹性弯沉或回弹弯沉（图中 l），后者称为残余弯沉（图中 l_c），回弹弯沉和残余弯沉之和称为总弯沉（图中 l_S）。控制了弯沉值的大小，也就基本控制了公路的整体质量。据此，柔性路面在一定荷载作用下，不允许超过某一弯沉值，称谓允许弯沉值 l_R（单位：mm）。

$$l_R = \frac{11}{N_e^{0.2}} A_c \cdot A_s \tag{7-26}$$

式中：N_e 为设计年限内一个车道上累计轴次；A_c 为公路等级系数，高速公路、一、二级公路，分别为0.85，1.0，1.1；A_s 为面层类型系数，沥青混凝土面层为1.0，沥青贯入式面层为1.1。

如京津唐高速公路设计 N_e 小于15×10^6；则允许弯沉值为 $l_R = 11.0 \times 0.85 \times 1.0/(15 \times$

$10^6)^{0.2}=0.34$mm。

实际测定的弯沉值 l_S，应满足 $l_S \leqslant l_R$，公路整体质量才达标。

5. 含水量(水分或湿度)

重量含水量：岩土中所含水的重量与温度为105℃时烘干至恒重的岩土重量的百分比。

体积含水量：岩土所含水体积与岩土体积之百分比。

岩土含水量：通常是指重量含水量(重量湿度)。

6. 脱空和塌陷

脱空要区分是充水的还是充空气的脱空，并确定其深度、大小和分布范围。塌陷应查明其原因，圈定其分布范围。

(二)公路工程质量指标与地球物理方法观测参数的关系

1. 路面厚度

探地雷达方法

$$h = v \cdot \Delta t/2 \tag{7-27}$$

式中：h 为面层底界面深度，即厚度，m；v 为波速，m/ns；Δt 为雷达脉冲双程旅行时间，ns。

Δt 实测已知，关键是求波速，即可求出厚度。当工作频率使用等于900MHz或更大时，探地雷达测厚精度可达±0.5cm。

共振法

$$h = \frac{v_P}{2f_0} \tag{7-28}$$

式中：f_0 共振频率，Hz；v_P 纵波速度，m/s；由超声波法测定。

共振法测厚精度可达±0.5～0.8cm。

2. 压实度

瑞雷波法或超声波法

$$K = \left(\frac{v_R}{v_{R_0}}\right)^{B_2} \text{或} K = \left(\frac{v_P}{v_{P_0}}\right)^{B_1} \tag{7-29}$$

式中：B_1，B_2 为常系数；v_R，v_P 为与实际压实达到密度 ρ 相应的瑞雷波和纵波速度；v_{R_0}，v_{P_0} 为与最大密度 ρ_0 相应的瑞雷波和纵波速度。例如，在河北廊坊地区 $B_2=0.33$，$v_{R_0}=390$m/s，用瑞雷波法实测 v_R，用公式(7-29)计算的压实度，与公路部门测定的数据相对比，其相对误差小于2%。

3. 抗压强度和抗折强度

$$R_{压} = \frac{E}{A - BE} \tag{7-30}$$

式中：A，B 为相关系数；E 为压缩模量。

$$E = 2\rho v_S^2(1+\sigma) \times 10^{-3} \quad \text{(MPa)} \tag{7-31}$$

$$\sigma = (v_P^2 - 2v_S^2)/[2(v_P^2 - v_S^2)] \tag{7-32}$$

对水泥混凝土路面用瑞雷波和超声波法测定 v_S 和 v_P，计算出 σ 和 E，A 和 B 的系数由统计分析求得，密度 ρ 已知，即可求出 $R_{压}$。

再由下式求出 $R_{折}$

$$R_{折} = \frac{R_{压}}{A + BR_{压}} \tag{7-33}$$

式中：A，B 为该相关关系的相关系数，由统计求得，但这也只是对强度的评估。

4. 弯沉值

$$l_S = 2P\delta\left(\frac{A_F E_0^{0.38}\alpha_L}{E_1}\right)^{1.61} \tag{7-34}$$

式中：l_S 为路面弯沉值，cm；δ 为标准轴载单轴传压面当量半径，cm；α_L 为弯沉系数，$\alpha_L = f(\frac{h}{\delta},\frac{H}{\delta},\frac{E_2}{E_1},\frac{E_0}{E_2})$，$\alpha_L$ 值可通过“三层体系表面弯沉系数诺谟图”查得，路面角度 h 和路基系数 H 可通过测量求得；$A_F = 1.47 \sim 1.50$，其中 P，δ，A_F 为已知量，知道了公路各结构层厚度和回弹模量 E，即可求得路面弯沉值。

各层回弹模量计算式为

$$E = Av_{\mathrm{P}}^{B} \quad 或 \quad E = Cv_{\mathrm{R}}^{D} = C\left(\frac{v_{\mathrm{S}}}{0.92}\right)^{D} \tag{7-35}$$

式中：A，B，C，D 为相关系数。

求出的实际弯沉值 $l_S \leqslant l_R$（允许弯沉值）时，质量满足要求。

5. 含水量（水分或湿度）

目前只能用探地雷达方法检测。

（1）面层含水量。对颗粒性的面层，其导电性主要决定于面层所含水的导电性，面层水电导率 σ_w 与面层电导率之比 σ_w/σ 与面层中含水量 w 关系密切

$$\sigma_w/\sigma = 1 + \frac{3(1-w)}{2w} \tag{7-36}$$

用共中心点法求得面层吸收系数 $\beta_1 = 188\sigma_1/\sqrt{\varepsilon_1}$，若已知面层介电常数 ε_1，即可求取面层电导率，测定了测区路段地层水电导率 σ_w，就可用上式计算出面层含水量 w。

（2）基层含水量。基层含水量 w 是基层质量的一个重要指标

$$w = \frac{\rho_w}{\rho_s} \cdot 100\% \tag{7-37}$$

式中：ρ_w 为基层材料中水的重量；ρ_s 为固体重量。

设 G，V 分别为基层的容重和总体积，G_w，V_w 为其中水的容重和体积，G_s，V_s 为固体部分的容重和体积，考虑到基层材料中气体重量远小于固体颗粒和水的重量，故可以忽略。并取 $G_w = 1$ 有

$$G_v = G_s + V_w \tag{7-38}$$

或

$$G = G_s\frac{V_s}{V} + \frac{V_w}{V}$$

固体部分体积百分比 $\theta_s = V_s/V$，水的体积百分比 $\theta_w = V_w/V$，因为 $\rho_w = \theta_w G_w$，$\rho_s = \theta_s G_s$，若取基层为饱和含水，则(7-37)式可改写为

$$w = \frac{\theta_w}{G_s(1-\theta_w)-\theta_w} \cdot 100\% \tag{7-39}$$

由于施工时，固体颗粒干容重 G_s 已测定。于是基层含水量就取决于 θ_w。

Sen 等(1981)给出了饱和水砂(500MHz)，饱和水玻璃小球(1.1GHz)的介电常数与最小水分体积含量 $\theta_{w\min}$ 的关系为

$$\theta_{w\min} = \frac{\sqrt{\varepsilon} - \sqrt{\varepsilon_s}}{\sqrt{\varepsilon_w} - \sqrt{\varepsilon_s}} \tag{7-40}$$

式中：ε，ε_w，ε_s 分别为基层材料、水、固体部分的介电常数，若取 $\theta_w \approx \theta_{w\min}$，把其代入(7-39)式，求得基层含水量

$$w=\frac{\sqrt{\varepsilon}-\sqrt{\varepsilon_s}}{(\sqrt{\varepsilon_s}-\sqrt{\varepsilon})+G_s(\sqrt{\varepsilon_w}-\sqrt{\varepsilon})} \tag{7-41}$$

由于$\varepsilon_w=81$，当基层骨料选定后ε_s也已知。因此，只要测定基层的介电常数ε，就可求取其含水量。

6.脱空

用探地雷达方法能有效直观地查明脱空区段，并确定其深度、大小、范围。至于如何识别脱空中是充空气还是含水，则可作如下解释。

水泥混凝土路面下的基层与底基层，要求有一定的透水性。当其透水性不好时，面层与基层间会积水，逐渐形成充水脱空。有时基层透水性虽好，但粒级配比不合适，细颗粒会被下渗雨水带走。从而形成充空气脱空。

正常情况下，面层与基层直接相接，交界面处反射系数R_{12}为

$$R_{12}=\frac{\sqrt{\varepsilon_1}-\sqrt{\varepsilon_2}}{\sqrt{\varepsilon_1}+\sqrt{\varepsilon_2}} \tag{7-42}$$

式中：ε_1，ε_2分别是面层和基层的介电常数，一般水泥混凝土的$\varepsilon_1=6\sim9$，透水基层$\varepsilon_2=6\sim15$，则$R_{12}=-0.10\sim-0.23$。

当存在脱空时，面层与脱空层段相接，设脱空层介电常数为ε_P，这时的反射系数为

$$R_{1P}=\frac{\sqrt{\varepsilon_1}-\sqrt{\varepsilon_P}}{\sqrt{\varepsilon_1}+\sqrt{\varepsilon_P}} \tag{7-43}$$

脱空充水时，$\varepsilon_P=81$，$R_{1P}=-0.57\sim-0.5$。充空气时，$\varepsilon_P=1$，$R_{1P}=0.42\sim0.5$。由此可知，脱空层的存在使反射系数增大两倍以上，所以，使来自面层底界面的反射波强度大大增加。当充空气时，反射系数为正，反射波相位发生翻转。因此，可根据反射波的正负，判断脱空层的性质。

（三）应用实例

1.水泥路层厚度测试

廊坊市新开路和旧州路均为水泥混凝土路面，各有钻孔取心标定厚度三处。为此，在每一钻孔处分别做两次检测，每一测点上又做了不同激振力的重复观测，结果如表7-17所示。

表7-17　水泥路面厚度测试结果表

路别	地点	实际厚度(cm)	检测厚度(cm)	绝对误差(cm)	相对误差(%)
新开路	物资四处	18.10	18.10	0	0
	冷冻厂	18.50	18.80	+0.30	1.7
	冷冻厂南	18.50	19.30	+0.80	4.3
旧州路	2+300	19.00	18.20	−0.80	4.2
	2+140	18.00	18.50	+0.50	2.8
	1+940	20.00	20.20	+0.20	1.0
	1+941	20.00	20.60	+0.60	3.0

从表7-17可见，检测厚度与实际厚度最大绝对误差为±0.8cm，最大相对误差为4.3%。其检测精度能满足公路交通部门对高等级公路规定的要求。

2.沥青路面结构层厚度和弯沉值测定

廊坊市经济开发区经四路设计面层厚度11.00cm，灰土碎石基层15cm，灰土路基30cm。通过瑞雷波法实际检测，面层厚度变化范围在10.50～13.00cm，平均值为11.40cm，回弹模量为1 263MPa；基层厚度变化范围在14～17cm，平均值为14.7cm，回弹模量为428MPa；路基厚度变化范围在27～35cm，平均值为31cm，回弹模量为277MPa。

把各层厚度和回弹模量代入有关公式计算，该路段路表弯沉值为0.033 2cm，小于等于0.050cm，满足设计要求。

二、常时微动评价地基力学性质

(一)地基分类

常时微动与地基的固有振动特性密切相关，因此在土木工程建筑和地震小区划中，经常利用常时微动的观测结果进行地基分类。这种方法是由日本工程地震专家金井清教授提出的，后来又由田中爱一郎等人对该方法做了补充。他们根据在各种场地进行大量常时微动观测的结果，利用平均周期与最大周期、卓越周期与卓越振幅，提出了两种关于地基类别的判定方案，即甲、乙两种方案，如图7-17所示。

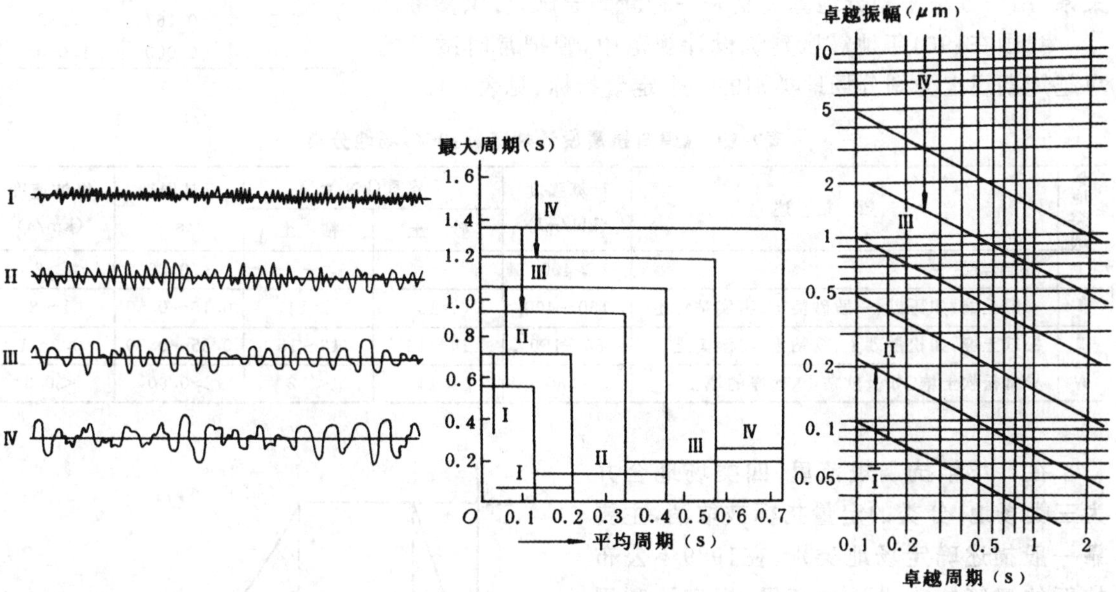

(a)各种地基类别的波形　　(b)甲方案　　(c)乙方案

图7-17　常时微动判定地基类别的方法

金井清等还针对四种地基类别，做了说明。即地基从Ⅰ类到Ⅳ类逐渐变软，常时微动周期变长。在日本判定的四种场地类别如下：

第Ⅰ类：基岩、硬砂砾层和第三纪前地层构成的地基。

第Ⅱ类：砂砾层、掺砂硬质粘土层和洪积层构成的地基。

第Ⅲ类：冲积层。

第Ⅳ类：腐植土，特别软弱的冲积层和填土层。

一般的方法是先用甲方案，使用微动的平均周期（用2min 记录内的波数计算 $T_m=\frac{t}{m}$）和最大周期（记录中最长波的周期 T_L），一般同一地点 $T_m=T_p$（卓越周期），且 T_m 容易得到。之所以用 T_m 和 T_L，是因为当微动中出现高频干扰时，T_m 比实际地基周期要短，而地基特性表现在最大周期中。一般情况下，平均周期完全可代表地基特性。如出现可疑时再用乙方案，使用卓越周期（T_p）和最大振幅（A_{MP}）做调整。当然最好用 A 和 B 对所有观测场地进行地基分类。然后用两者的平均，即可决定场地类别。如 $A=2,B=3$，地基类别取2.5较合适。当 $A=1,B=4$，或相反时取平均值2.5就不合适了。A,B 差别越大，地基类别的不确定性便越强。

1987年田中爱一郎对金井清方案做了改进，提出了一个将甲、乙两个方案综合起来并按下式判定场地类别的方法。

$$\text{场地类别}\quad (K)=\alpha\cdot A+\beta\cdot B \tag{7-44}$$

式中：A 为按金井清甲方案确定的场地类别；B 为按金井清乙方案确定的场地类别；α 为考虑场地周期影响的权系数；β 为考虑场地振幅影响的权系数。

其中，α,β 的取值取决于 $|A-B|$，其值由表7-18给出。

该方案克服了因 A,B 差别较大时所带来的不确定性，因该方案除考虑周期信息和振幅信息外，还考虑了 $(A-B)$ 的关系。用该方法来划分地基类别是一种新的尝试，可供参考。

我国在1964年地震区建筑设计规范中，曾把常时微动的卓越周期规定为划分场地类别的一个定量指标，见表7-19。

表7-18　α,β 数值表

$\|A-B\|$	α	β
0.0	1.00	0.00
0.5	0.833	0.167
1.0	0.666	0.334
1.5	0.500	0.500
2.0	0.334	0.666
2.5	0.167	0.833
3.0	0.000	1.000

表7-19　《建筑抗震设计规范》(1964)场地分类

场地类别	一般描述	计算强度 (kN/m²)	干容重(kN/m³)		卓越周期 (s)	纵波速度 (km/s)
			砂　土	粘　土		
Ⅰ	稳定岩层	>400	—	—	<0.20	>2
Ⅱ	一般土壤，如砾砂、一般砂类土、密实粘性土	150～400	>15	>14	0.15～0.50	1～2
Ⅲ	松软土壤，如松散砂土、软粘土、浸湿黄土	80～150	14～16	12～15	0.35～0.70	0.3～1
Ⅳ	异常松软土壤，如极软粘土、松厚的填土	<80	<14	<12	>0.60	<0.3

在1978年抗震规范里，四类场地合并为三类场地，分类的定量指标被取消，主要靠一般描述确定场地类别。在1989年公布的新的建筑抗震设计规范里，规定了利用覆盖土层的平均横波波速和覆盖土层厚度作为场地分类的指标，没有包含常时微动的内容。

(二)确定抗震设计反应谱

我国现行抗震设计规范的反应谱采用 α 谱或 β 谱曲线两种，两者形状相似仅差一个比例系数。不管采用哪一种反应谱，均需考虑场地土的类别和特征周期。图7-18是

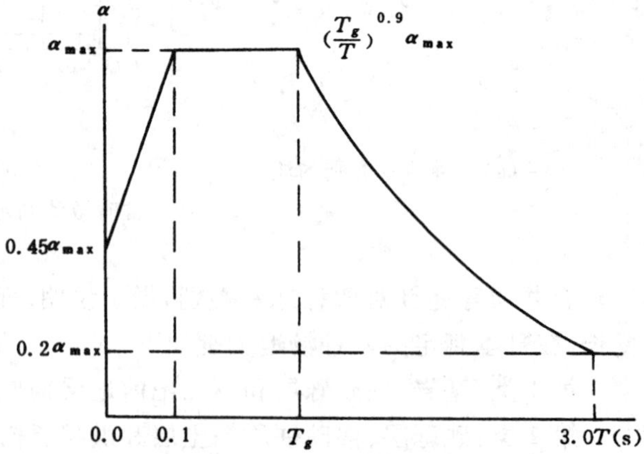

图7-18　地震影响系数 α

《建筑抗震设计规范》(GBJ 11-89)所给出的地震影响系数图，α 为地震影响系数，$\alpha=a/g$，式中 a 为地震加速度，g 为重力加速度。α_{max} 为地震影响系数的最大值。图7-19是《公路工程抗震设计规范》(JT 004-89)所给出的设计反应谱，该规范图示规定动力放大系数 β 可根据结构计算方向的自振周期或基本周期和场地土的类别确定。

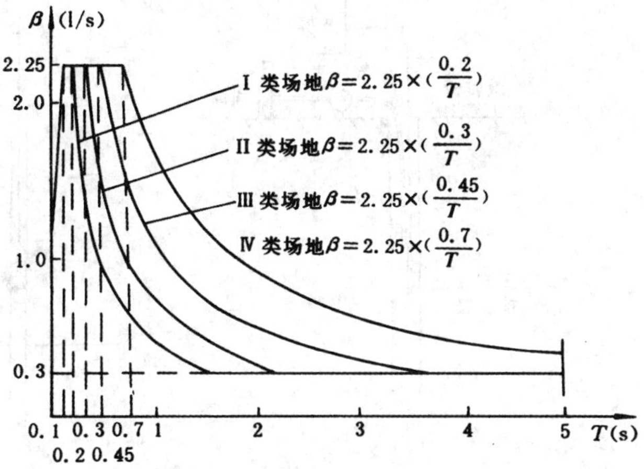

图7-19　动力放大系数 β

三、估算岩土力学参数的地球物理方法

(一)地震波速与岩石力学参数的关系

岩石及低饱和度的土体中，弹性波的速度受岩土介质骨架的控制，因而能够反映地层的工程性质。岩土力学参数可以表示成纵波速度 v_P、横波速度 v_S 和密度 ρ 的函数，如泊松比

$$\sigma_d=\frac{(v_P/v_S)^2-2}{2[(v_P/v_S)^2-1]} \tag{7-45}$$

动弹模量

$$E_d=v_P^2\rho\frac{(1+\sigma_d)(1-2\sigma_d)}{1-\sigma_d} \tag{7-46}$$

动切变模量

$$\mu_d=v_S^2\rho \tag{7-47}$$

岩土工程界对横波速度与原位测试的岩土工程性质之间进行相关研究，获得一些经验关系，如横波速度 v_S 与标贯值 $N_{63.5}$ 之间的关系

$$v_S=aN_{63.5}^b \tag{7-48}$$

式中：a,b 为地区性的统计常数。标准贯入的锤击数(简称标贯值)是判定土的力学性质及其确定地基允许承载力的参数。该参数是通过动力触探方法获得。其做法是先将标准贯入器打入土层15cm，此时不计锤击数；再将63.5kg 穿心锤提升高度76cm 自由下落，计算贯入器再入土30cm 深时所需的锤击次数，该锤击数即称标准贯入击数 $N_{63.5}$。又如表征地基振动特性的参数卓越周期 T_0 与覆盖层厚度和横波速度有关，其关系为

$$T_0=4\sum_{i=1}^{n}\frac{H_i}{v_{S_i}} \tag{7-49}$$

式中：n 为地层层数；H_i 与 v_{S_i} 分别为分层层厚及横波速度。

(二)地震测井获取地震速度

按测量方式可分为地面激发井中测量(PS 测井)与井中激发另井测量(跨孔地震)两种方式。

1. PS 测井

现场工作布置如图7-20(a)所示，测量时将震源置于地面离井口约1～2m 处，将三分量检波器置于井中并沿井壁逐点移动，测出各个深度点上纵波及横波的到达时间。三分量检波器中 x,y,z 三个分量按直角坐标系三个轴向分布，它们分别接收来自不同方向的地震波。由于震源

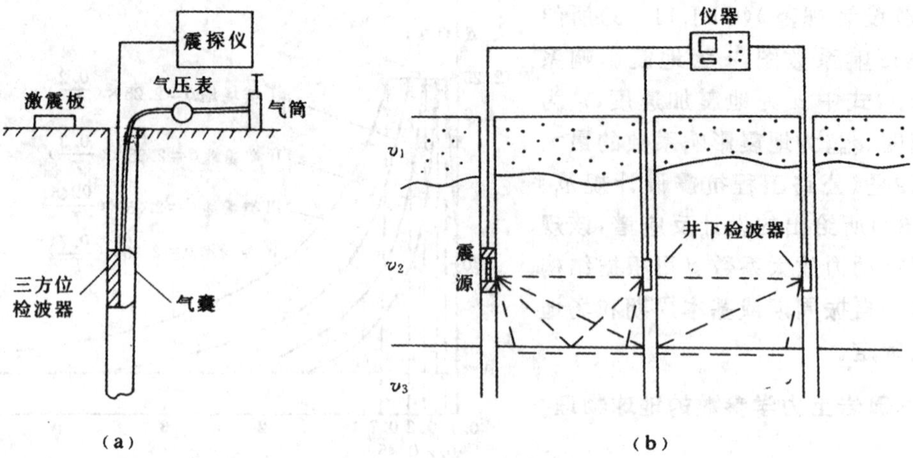

图7-20　地震测井现场工作示意图

(a)PS 测井;(b)跨孔测量

离井口较近,故当地面激震点激发纵波时垂直检波器(z)能有效接收到纵波信号,而当激震点激发横波时,两个水平检波器(x,y)能有效接收到横波信号。利用地震仪可将所接收到的各种波形有效地记录下来,通过计算和解释就可求得各个岩土层的波速。

一般 PS 测井记录的是井内测点 R_i 处 P 波或 S 波初至到达时间 t_i。下面讨论如何由 R_i 与 t_i 估算地层地震速度。

假设地下介质水平成层,地震波由激震点 O 发出到达井下两个相邻测点 R_i、R_{i+1} 的时差为

$$\Delta t_i = t_{i+1} - t_i$$

R_i、R_{i+1} 与震源 O 之间的斜距差为 Δl_i[见图 7-21(a)],为了计算地层地震波速度,须计算震源 O' 点(井 12 处)到 R_i 与 R_{i+1} 的时间差 $\Delta t'_i$ 以及 R_i 与 R_{i+1} 沿井轴距离 Δh_i

$$\Delta t'_i = \frac{\Delta t_i}{\cos\alpha} \tag{7-50}$$

$$\Delta h_i = \frac{\Delta L_i}{\cos\alpha'} \tag{7-51}$$

当两个测点 R_i 与 R_{i+1} 相距很近,测点又较深时,

$$\cos\alpha' \approx \cos\alpha = \frac{h_i}{\sqrt{s^2 + h_i^2}} \tag{7-52}$$

上述换算后,可根据每个测点时间 $\Delta t'$ 值计算由井 12(O')到任意点 R_i 的累计时差 $\Sigma\Delta t'_i$,然后以 $\Sigma\Delta t'_i$ 为横坐标,以测点深度 h_i 为纵坐标可构筑时距曲线[见图7-21(b)]。由时距曲线的转折点划分层速度界面,每段折线的斜率便是各层速度的倒数。

2. 跨孔地震测井

跨孔测试的现场工作如图7-20(b)所示,在其中一个钻孔中设置震源,另孔接收,由于发射与接收均在井中且距离靠近,因此可记录到明显的直达波信号。测试时通常激震器 S 与接收检波器 R 水平同步移动。当进行横波测试时用一个冲击源在井下激发横波,用 Z 分量检波器记录。当钻孔之间的距离为已知时,根据直达波的走时就可直接算出地层的波速。若采用两个接收孔则可由两接收孔的间距除以两个接收孔的时差计算波速。

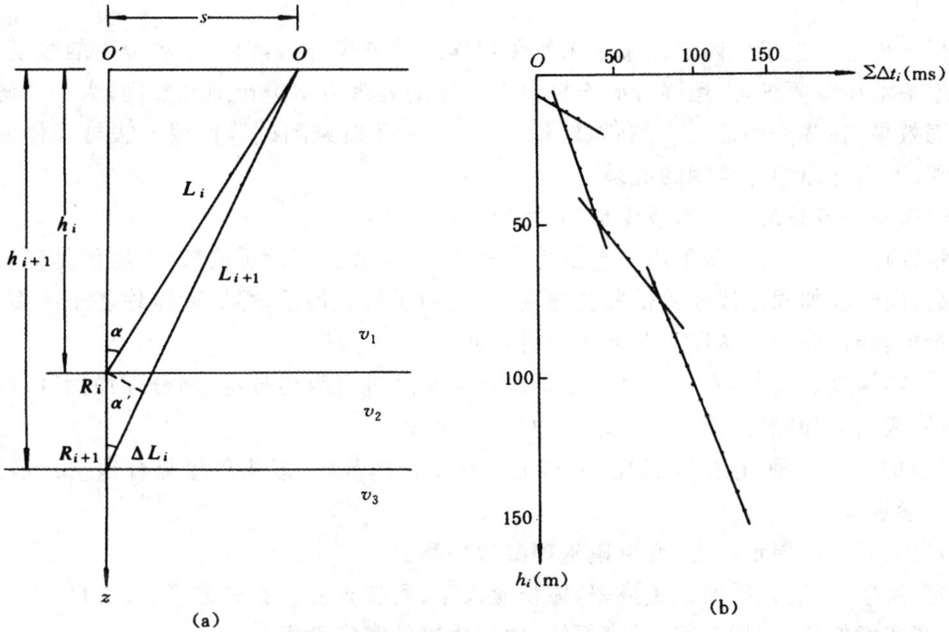

图7-21　PS 测井计算地层速度示意图

(a)地震波走时模型;(b)时距曲线

跨孔地震测井主要用于检测地层横波速度,因此井下横波激发装置是其关键设备,可用井内爆炸方法或剪切锤两种激发方式,较为理想且目前常用的是后者。剪切锤的一般结构如图7-22所示,它是由上、下滑块,井下锤扩张板、滑杆以及液压系统组成。工作时借助地面液压泵通过液管打入液体,从而使扩张板滑出并压向井壁,当上滑块拉高再自由落下时,通过扩张板与井壁的摩擦在土层中激发沿水平方向传播的横波,而当下部滑块向上提拉时则在同一位置产生一个相位相反的剪切横波,我们可以利用这一特征有效地识别横波。

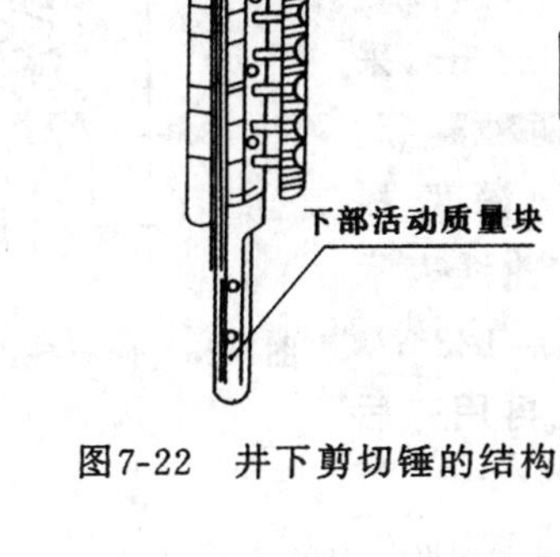

图7-22　井下剪切锤的结构及二次反向拉动形成的横波记录

四、强夯复合地基加固质量检测实例①

广州石化总厂拟于厂内原油罐区东侧鱼塘洼地建航煤油罐，但由于场地土的强度低，不能满足油罐基础荷载要求，采用强夯碎石柱复合地基的处理方案进行地基加固，为了了解强夯后地基加固效果，在强夯前后应用瑞雷波、地质雷达、钻孔波速测试等物探方法与其他方法进行质量检测。下面介绍物探检测的成果。

（一）强夯碎石柱复合地基质量检测的特殊性

从强夯碎石柱复合地基形成工艺及特点分析，其承载力一般提高较大，特别是碎石柱的承载力更高，同时其加固区段较其他复合地基复杂。为了检验加固效果，确定地基土的多项参数，进行质量检验时，应主要从以下几方面进行检测：

(1)影响深度。检测碎石柱长度及柱下压缩范围并进行纵向分层，划分强加固区、次加固区（柱下压缩区）、未加固区，确定它们之间的界面、厚度。

(2)强加固区检测。包括碎石柱、桩间土以及复合地基（一般指单桩复合地基）、承载力、变形模量等参数。

(3)次加固区土层承载力、变形模量等参数检测。

(4)置换率检验。包括面积置换率、体积置换率、需要查明碎石柱的形状、长度。

(5)密实度检测。包括柱间土、碎石柱、次加固层的密实度等。

(6)均匀程度检测。即整个复合地基的加固均匀程度。

常规的原位检测方法，如平板荷载试验只能测求强加固区的地基承载力、变形模量值。由于强夯碎石柱复合地基的承载力大，单柱承载力高，采用多桩复合地基荷载试验时需要大面积压板试验，一般可达6～9m²的压板，这在许多工程中都难以做到；动探、静探、标贯试验多因碎石柱的密实度大而无法穿透，只能测求柱间土的承载力、变形模量等参数。原位测试对碎石柱的形状、长度、密实度、复合地基加固的均匀程度不能评价，特别是特殊工程所需的动参数（如动弹模量、动剪切模量），S 剪切波速等物理力学参数无法求得，或反映不全面，且费用高，工期长，导致影响到工程项目的投资和进度。

在强夯碎石柱复合地基质量检测中，采用工程物探与原位测试相结合的方法，则可克服上述不足之处，达到节省时间，节约开支的目的，同时对其质量可进行全面、可靠的综合评价，提高检测质量。

（二）地球物理检测结果

1. 瞬态瑞雷波检测

本次测量按测线布置，检波距为1.0m，测线长25m，采用18磅（1磅＝0.453 592kg）小锤和400kg 落锤两种震源，以保证高低频率瑞雷波能量均衡以及有足够探测深度。根据实测波列提取不同深度瑞雷波速度，以 v_R-H 曲线表示（见图7-23）。从图中可以看出瑞雷波速由夯前 $v_R=123$m/s 增加到夯后 $v_R=230$m/s，清楚显示了强夯效果。再用夯后

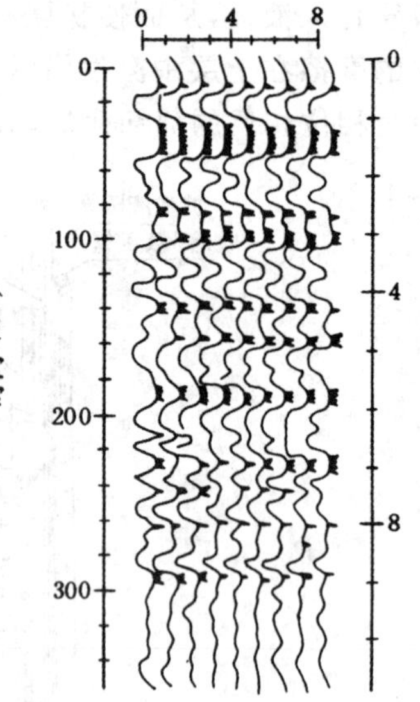

图7-23　碎石柱上的地质雷达图像

① 摘自马维国等.广州石化总厂航煤油罐区试夯工程的物探检测报告.1999。

的 v_R-H 曲线的拐点深度可求出碎石柱底面的大体位置。

求取地基土的承载力 R_S 是本次瑞雷波解释的重要内容。其做法是由瑞雷波速 v_R 与横波波速 v_S 关系 $v_R = 0.95v_S$，把 v_R 转化为 v_S；再由统计的标贯值 $N_{63.5}$ 与 v_S 的关系式 $N_{63.5} = Av_S^B$（A，B 为相关系数，通过实测统计而得）求得 $N_{63.5}$ 值；然后根据《工程与民用建筑地质勘察规范》中有关 $N_{63.5}$ 与 R_S 的关系表，查出各测试层的承载力值 R_S。另外还可以用变形模量 E_0 与 $N_{63.5}$ 的经验公式 $E_0 = 2.95N_{63.5}^{0.754}$ 求得场地土的变形模量 E_0。

根据 v_R-H 曲线及上述经验公式，可求得强夯碎前、后地基土波速（v_S）、承载力（R_S）、变形模量（E_0）等参数以及碎石柱的长度（H），结果列于表7-20。

表7-20　瑞雷波检测结果

项目	A区				B区			
	v_S(m/s)	R_S(kPa)	E_0(MPa)	H(m)	v_S(m/s)	R_S(kPa)	E_0(MPa)	H(m)
夯前	$\frac{110\sim139}{125}$	$\frac{60\sim120}{91}$	$\frac{5.2\sim8.7}{6.9}$		$\frac{135\sim165}{146}$	$\frac{120\sim140}{125}$	$\frac{8.1\sim12.6}{9.7}$	
夯后	$\frac{220\sim258}{239}$	$\frac{300\sim480}{378}$	$\frac{14.1\sim20.0}{17.0}$	$\frac{5.0\sim7.9}{6.2}$	$\frac{219\sim243}{234}$	$\frac{300\sim400}{329}$	$\frac{14.0\sim19.7}{16.5}$	$\frac{5.3\sim7.5}{6.4}$

注：表格中横线下的数字为平均值。

从表7-20中数据可以看出，A、B 两区经强夯碎石柱后形成了平均超过6m 的碎石柱层，并在碎石柱层形成的同时，其下土层的强度相应得到增强；由强夯前后 v_R-H 曲线对比可得出加固深度在12m 以上。可见，经强夯碎石柱处理后场区的工程地质性质得到了明显的改善，以 A 区为例，平均波速 v_S 由夯前的125m/s 增加到239m/s，几乎增加了一倍；承载力 R_S 由91kPa 增加到378kPa，增加3倍多；变形模量由6.9MPa 增加到17.0MPa，提高了1.5倍。

2. 地质雷达检测

地质雷达检测目的是确定碎石柱长度和密实度。本次测量采用剖面测量，测线长25m，测点距0.25m，采用加拿大 EKKO Ⅳ 型仪器。测量结果以雷达反射波时间剖面表示。图7-23为典型碎石柱的地质雷达图像。由图可见碎石柱内反射同相轴连续性好，波形均匀。由图可得出碎石柱长度约7.0m，柱体密实度好。

3. 跨孔横波测井

主要用于检测地层横波速度。测试时将剪切锤激震器置于其中一孔，另孔放置检波器以接收激震源传来的横波。激震器和检波器水平同步移动。

其测试结果示于图7-24。强夯碎石柱前后 v_S 的变化，A 区：6m 以上土层，夯前为123～159m/s，夯后为239～262m/s；深度7～21m，夯前为198～208m/s，夯后为206～227m/s。B 区：6m 以上土层，夯前为154～175m/s，夯后 7m 以上土层为241～

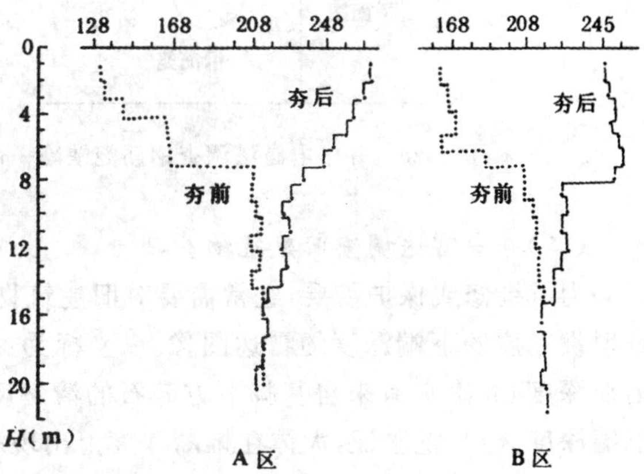

图7-24　跨孔横波测井速度剖面图

249m/s；深度7～22m，夯前为197～209m/s，夯后深度8～14m 为214～219m/s，15～21m 为205～209m/s。

因此，总体上，在 A 区深度0～6m 为碎石柱区，即强夯形成的碎石柱长约6m，深度7～13m 的范围为强夯压缩区；在 B 区深度7m 以上为碎石柱区，即碎石柱长约7m，而深度8～14m 的区域为强夯压缩区。

五、其他实例

(一)井中电磁法调查混凝土内部钢筋缺陷

图7-25为韩国沿海地区应用井中瞬变电磁仪检查混凝土内部钢筋缺陷实例。图中纵轴为深度，横轴为不同通道的磁场变化量。在深度575cm 及1 925cm 附近出锐利波峰(箭头)，推断钢筋笼在该深度发生了变形。

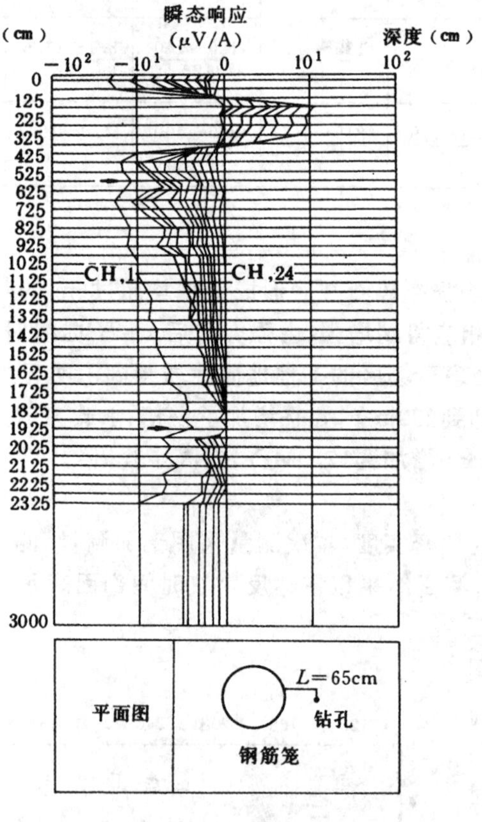

图7-25　井中电磁法调查钢筋笼缺陷一例

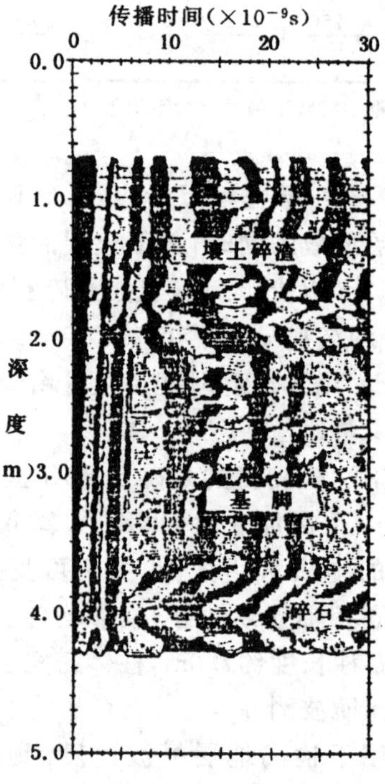

图7-26　井中雷达探测基脚

(二)井中雷达调查旧建筑物基础

为了维修或保护需要，经常需要对旧建筑物基础进行调查。图7-26为日本应用井中雷达调查埋设基质的下端深度的雷达图像。纵坐标为深度，横坐标为雷达反射波走时。从图中可以看出在深度4m 附近有来自基脚下方碎石的清楚反射波。结果推断碎石正上方3.7m 深度为基质下端深度。经开挖验证，大体在推断深度上出现基质下端。

(三)地震 CT 调查江中隧道沉降与位移

上海合流污水工程9.1标江底隧道位于上海外高桥附近的长江上，距江岸800m，江水流速

5m/s，水深约12m。隧道为钢筋混凝土结构，外径4.9m，管片厚35cm，波速范围为3 000～5 000m/s。

1992年12月施工时，流沙通过管片接缝涌进隧道，施工被迫停止；之后向隧道内充水，以保护隧道的安全。为此探测该段隧道（810～826环）的现状，以便制定方案，进行修复。

江底的地层从上往下依次为淤泥质粘土、粘土、粘质粉土及粉砂土。该地层介质对波的能量吸收率比较高，波速约在1 000m/s。

本次工作采用跨孔层析成像技术，孔间距15m，炮间距500cm，接收器间距25cm，震源为电火花震源，数据采集系统是ES2401数字式地震仪，仪器参数的选择以突出有效异常，压制干扰为原则，现场试验选择。本次工作共对11对孔进行了跨孔测试，其中3对对穿孔，8对斜穿孔。

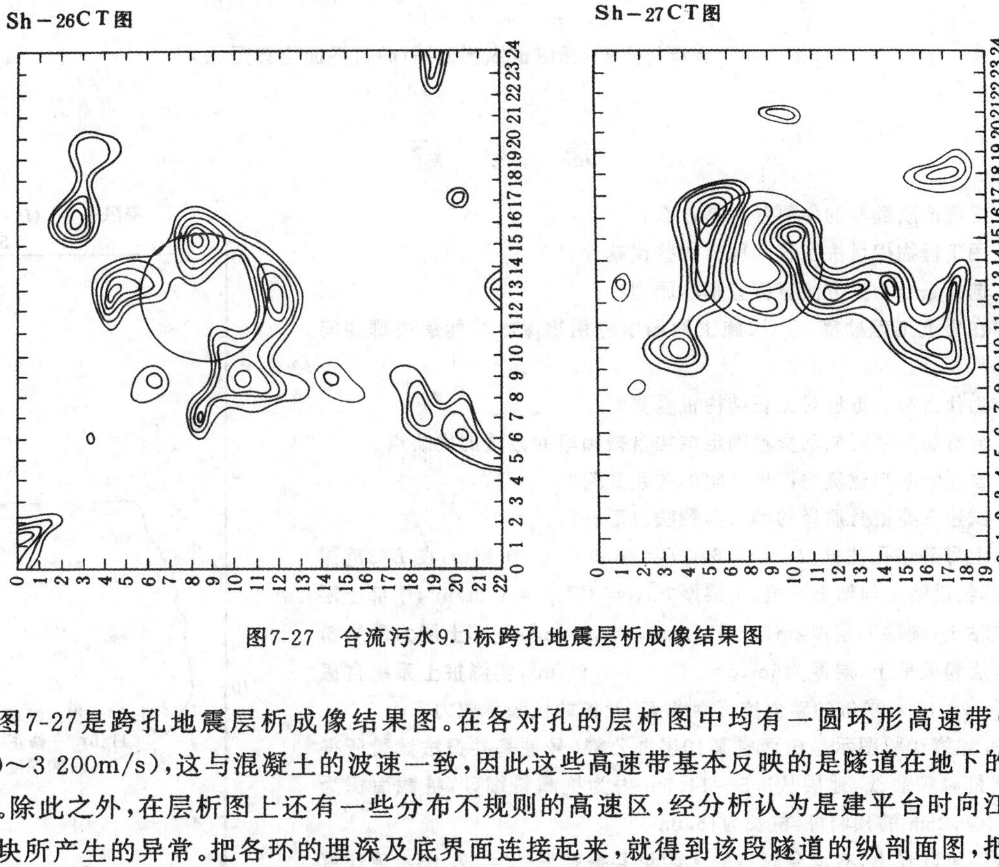

图7-27　合流污水9.1标跨孔地震层析成像结果图

图7-27是跨孔地震层析成像结果图。在各对孔的层析图中均有一圆环形高速带（波速2 400～3 200m/s），这与混凝土的波速一致，因此这些高速带基本反映的是隧道在地下的分布情况。除此之外，在层析图上还有一些分布不规则的高速区，经分析认为是建平台时向江中抛的石块所产生的异常。把各环的埋深及底界面连接起来，就得到该段隧道的纵剖面图，把其平面坐标投影到平面上，即可得到隧道的平面位置图（见图7-28）。显然在818环附近沉降最严重，相对于810环沉降量有1.2m，相对位移达80cm。

（四）电阻率测井调查钢板桩入土深度

钻孔电阻率测井可用于探测地下建筑物中的金属。日本曾用该方法调查钢板桩入土深度。钢板桩因为电阻率小，在入土深度以浅显示低电阻率；在入土深度附近出现极小值；而在入土深度以下则显示地基的电阻率。因此，如果标出对应深度的电阻率测量值，电阻率最小值即为钢板桩的入土深度（图7-29）。应用电测井时应注意以下几点：①用电测井推断入土深度时，为了将建筑物作为供电电极，建筑物的上端必须要露出地表；②地下水位低的地方不能测量（孔内需有水）；③为保护孔壁需要使用氯乙烯多孔滤水管（孔隙率5%以上）。

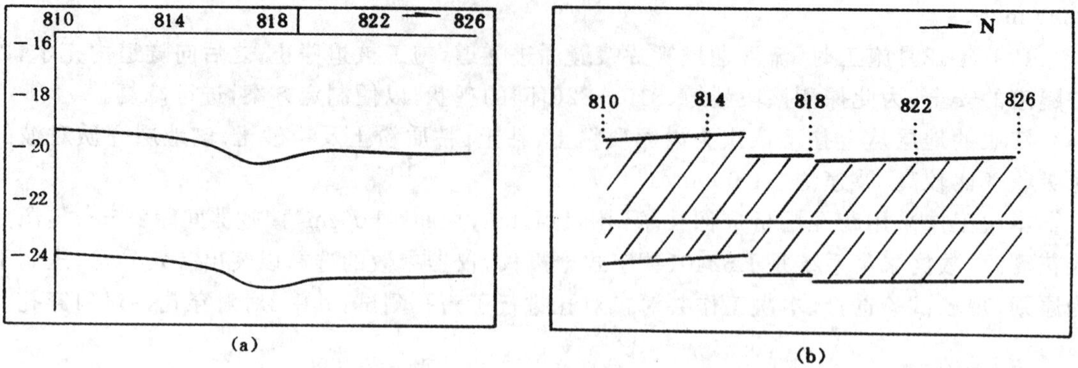

图7-28　合流污水9.1标隧道纵剖面图(a)与平面位置图(b)

思　考　题

1. 工程地质勘察的主要任务是什么？

2. 用工程物探解决工程问题有哪些优越性？

3. 选择综合物探方法有哪些基本原则？

4. 在岩土工程勘察、设计、施工检测中应用物探方法能解决哪些问题？

5. 为什么第一振型对工程结构很重要？

6. 分析利用常时微动资料确定结构自振频率的方法的优缺点。

7. 自振频率与建筑物性质之间的关系如何？

8. 试述三类桩身质量的动力参数法波形特征。

9. 上海某钻孔注桩，$L_0=45.6$m，$L=45.0$m，$d=0.85$m，在$L/3$范围内，上部粉质粘土与粘土互层，土层厚7m，$\varphi=15°$，$\rho_2=1.8\text{t/m}^3$，中部土层为粉质粘土（硬层），层厚2m，$\varphi=17.2°$，$\rho_2=2.0\text{t/m}^3$；下部土层为砂质粉土夹薄层粉质粘土，层厚为6m，$\varphi=21°$，$\rho_2=1.9\text{t/m}^3$，实测桩土系统自振频率$f=28.5$Hz，求桩的动力抗压刚度K_z及桩的极限承载力P_k。

10. 如第10题图示是山西省某10层办公楼6号桩基共振法试验所得实际试桩幅频曲线，地层从3.5～14.0m 内为饱和粉细砂，桩截面积为0.35m×0.35m 的预制桩，桩长为16.0m。

从图可以看出，有承台时桩的无阻尼共振频率$f_n=57.4$Hz，请计算桩的承载力。

11. 第11题图示是北京某办公楼完整的共振法试验所得速度幅频曲线。该桩的直径为600mm，长度为8m，系挖孔灌注桩，桩侧土为砂粘土，桩底土为细砂。判断桩身质量。

12. 第12题图示为南京某宿舍楼工程试桩幅频曲线，桩径为300mm，桩长为5m 的沉管灌注桩，请分析桩的质量。

13. 简述机械阻抗法判别桩身性质原理。

14. 特征导纳N与N'的含义是什么，如何应用于N与N'判别桩身质量。

15. 列举能用地球物理方法解决的公路工程质量指标？

16. 评价地基承载特性地球物理方法及其原理？

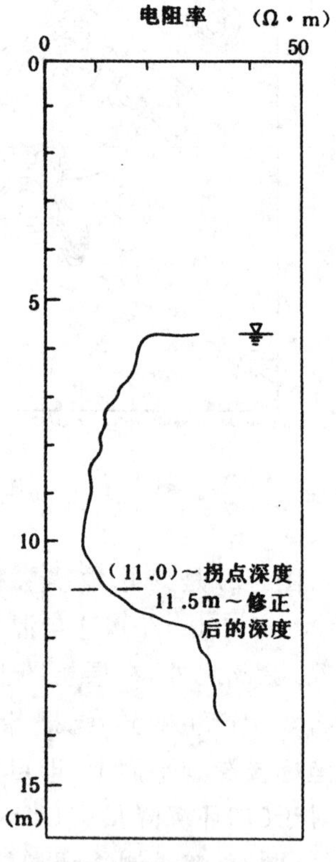

图7-29　电阻率测井确定钢板桩入土深度

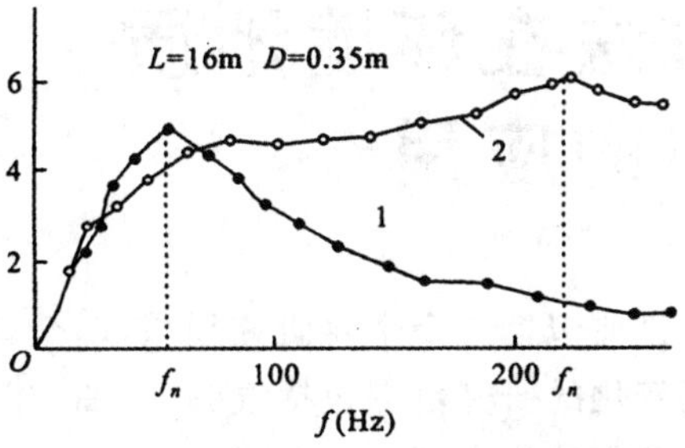

第10题图　6[#]试桩幅频曲线

1—有承台；2—无承台

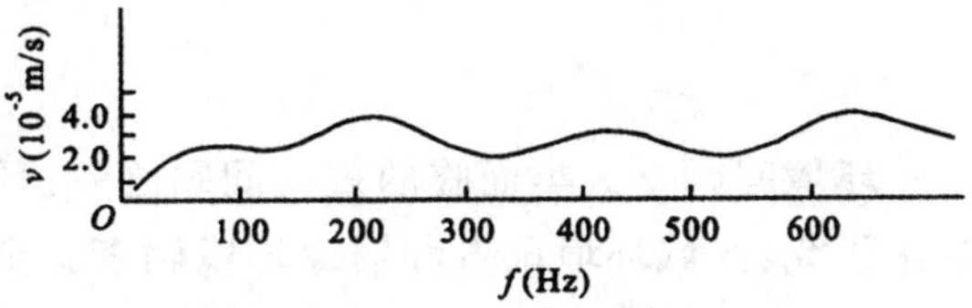

第11题图　完整桩速度幅频曲线

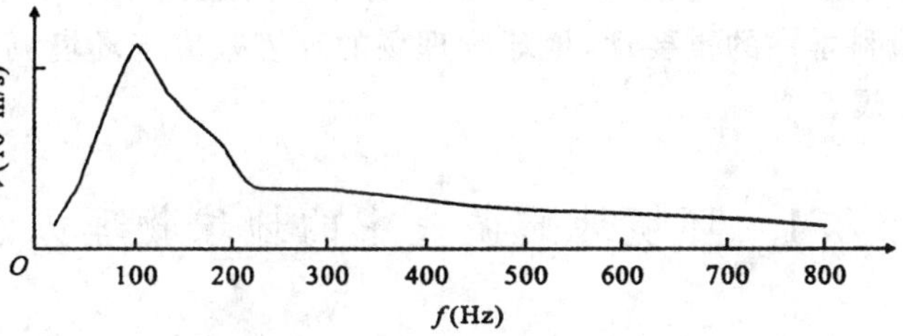

第12题图　上部断裂桩的速度幅频曲线

参 考 文 献

陈仲候，王兴泰，杜世权．工程与环境物探教程．北京：地质出版社，1996

交通部标准．公路工程质量检验评定标准(JTJ071-87)．北京：人民交通出版社，1993

刘建军．工程物探在城市工程建设中的应用．物探化探译丛，1998，No.3：43～51

林宗元主编．岩土工程试验监测手册．沈阳：辽宁科学技术出版社，1994

铃木敬一著，田志坤摘译．地下建筑物勘探方法现状．物探化探译丛，1998，No.3：38～43

王兴泰主编．工程与环境物探新方法新技术．北京：地质出版社，1996

杨成林等．瑞雷波等方法在公路质量检测中的应用．物探与化探，1995，Vol.20，No.2

祝龙根等．地基基础测试新技术．北京：机械工业出版社，1999

第八章　地球物理方法在环境地质调查中的应用

环境问题是人类面临的重大问题之一。环境问题目前包括三个主要研究领域，即全球环境变化研究、区域环境调查和场地环境调查。全球环境变化的研究范围包括气圈、水圈、冰雪圈、岩石圈及地球内部结构和生物圈组成的地球系统，以及影响生态环境的全球尺度变化(时间尺度长达数百万年)；而区域环境调查的范围、时间尺度均有限，主要是进行全国性或大区性的环境评价，为国民经济的总体布局及生态环境恶化和环境污染的总体治理方案提供依据；场地环境调查则为解决具体地区、厂矿企业、工程项目等的环境问题服务。人们在实践中已日益认识到地球物理学在环境科学中的重要性，地球物理场的环境效应与环境调查中地球物理方法的应用研究正在深入发展。

§8.1　环境地质调查中的地球物理方法

一、环境地质调查的主要内容

《中国大百科全书》中定义的环境地质学研究范围，包括环境地质调查、有关的微量测试技术和环境保护的地质措施。也就是说，它的研究内容包括两方面，其一是地质环境的质量调查；其二是人类活动对地质环境变化的影响。而后者，随着人类社会的发展、科学技术现代化程度的加快，人类活动与地质环境之间的关系越密切，环境灾变对人类的危害、造成的损失就越重，人类的生活、生产活动对地质环境污染与破坏更加剧烈。当然，与此同时，人类对环境保护的意识与控制的能力也在加强。考虑到我国所处地理位置、地质构造环境及科学的发展特点，当前环境地质调查的主要内容有以下三个方面。

(一)全球地质环境变迁的调查

这种调查的对象包括已经发生并尚未进行的环境地质变迁，以及这种变迁与全球气候、水文、生物环境的关系。人类要掌握自己的命运，预测地球未来的环境，就必须了解地球的过去和现在，未来是过去到现在的延伸。

调查研究结果表明，地质记录——构造、岩石、矿物等记忆了过去几十、几百、几千甚至几百万年以来全球环境变化的痕迹，生态平衡的破坏在地球物质的记录上保存了记录，通过地质、地球物理和地球化学手段寻找、调查环境地质变化的各种记录和痕迹，发现环境地质的变迁将有助于全球变化研究的深入开展。特别是我国青藏高原、西北黄土高原、西南岩溶地区的环境地质调查具有重要意义，这些地区的岩石、构造中保存了近期几百万年以来环境系统的详细地质记录。因此，我国环境地质调查的主要内容应包括如下一些内容。

1. 大型地区灾害关系调查

青藏高原隆升和变形与环境变化的关系，大型地区灾害如山崩、滑坡、泥石流等与高原隆升的关系调查。

青藏高原在新生代以来发生强烈变形和急剧隆升，根据叶叔华院士在《现代地壳运动和地球动力等研究》一文中介绍的我国综合利用GPS、水准、重力、天文测量等的结果，珠穆朗玛峰的水平位移速度为19cm/a，高程升高37mm/a。

2．黄土高原的形成、环境变迁与全球变化

我国黄土高原的堆积比深海岩心更完整地记录了240万年以来全球气候变化的历史，通过研究黄土的地质记录，探索其形成环境的变迁及演化，重建环境变化史。

3．岩溶环境系统

钟乳石在形成的过程中记录了过去千万年全球环境的变化，提供了一份完整的地质记录。通过岩溶地质、古地磁等研究，将能详细了解近期几百万年环境系统的变化。

（二）现代环境地质变迁的调查与研究

1．现代地球构造活动

采用第四纪地质、构造地质、地貌、古地震、大地测量及地球物理方法，对大环境构造活动、活动构造带进行调查，研究不同类型的活动断层、地震断层和地裂缝以及现代地壳运动。

2．现代构造活动环境效应的调查与灾害预防研究

包括天然地震、山崩、滑坡、泥石流等的成因调查、预测与防治研究。

（三）人类活动的环境地质效应调查

《地质科学发展战略》中指出，人类活动每年搬运的地球物质达104 km^3，超过水流的作用，人类活动造成滑坡、水土流失、泥石流、水库地震，以及地下水过量开采引起的地面沉降、大型建筑引起的重力地质作用、岩石动力地质作用，城市热力场变化引起的地热地质作用等也相当可观。人类活动引起的地质作用过程，在局部环境效应方面已经接近甚至超过自然界的作用。因而，除了调查人类活动的环境地质效应之外，研究提高预测和评价人类活动诱发灾害的能力和水平，提出合理的防治和减轻灾害的措施将是十分重要的。

1．工程环境地质的调查与研究

包括大型工程选址的基础环境地质调查、地质填图及其对环境影响的预测研究。

2．能源、资源的开发与环境地质变迁的调查

如金属矿开采的尾矿处理、煤田开发中遇到的陷落柱、采空区以及地下水开采引起的地面沉降等。

3．人类活动造成的环境污染

人类的生产活动造成气态、液态、固态物质的重新搬运与堆积。在重新沉积的地质环境中，有害物质、有毒的金属污染物与核辐射物质相对富集，进入新的地球循环系统从而危及生态环境。

（1）水资源污染的监测与调查。硫化矿床的开采往往造成地下水硫酸盐浓度上升，工厂废液的排放造成地面、水源有机与无机污染。

（2）固体废弃物与环境地质变迁。粉尘、煤灰、固体垃圾、尾矿、废矿渣中重金属与有害的重新沉积与堆积，造成环境地质的变迁，形成新的污染源。

（3）核辐射物质新循环环境效应的调查。

（4）重、磁、电、震等物理场环境效应的调查。人类在地球上建立了数量可观、强度较大的物理场源，它们产生的环境负效应不容忽视。

二、环境地质调查的特点

第一，跨度大。调查的时间尺度从几百万年的环境地质变迁到当前尚在进行的环境变化；

调查的空间尺度从全球构造变动细至具体工程地基的裂缝探测；从深达百千米的地下构造变迁到地球表面每年数毫米的位移。

第二，范围宽。研究的对象包括地层、构造、水文、工程和采矿，涉及天文学、地学与生命科学。

第三，动态监测。环境地质的变迁往往是由缓慢的变化，经过长时间地质作用后积累、发展成为灾变。因而环境地质变迁的调查与监测离不开地球物理方法与手段。

第四，直接关系到人类的生存与活动。

三、环境地质调查中地球物理方法的特点

近20年来，经济建设的迅猛发展，极大地促进了地球物理方法在水文地质、工程地质和环境地质等方面的应用，并且发挥着越来越重要的作用。在水文、工程和环境调查中应用的地球物理方法统称为水工环物探方法；而用于解决各类环境调查与监测问题的地球物理方法叫做环境物探方法。就方法本身而言，环境物探与水工环物探之间无明显区别，而且很多方法都是通用的，它们既可以用于环境调查，又可以解决水文和工程地质问题。所以，一般情况下，国内外研究人员把两种物探方法列入同一范畴。

以往用于能源和矿产调查的绝大多数物探方法，如电阻率法、激发极化法、电磁法、自然电场法、地震方法、放射性方法、磁法、重力、测井和井中物探等在不同程度上均可用于环境勘察工作。然而，鉴于勘察对象与应用环境的明显变化，环境物探与金属物探、石油物探相比，具有其自身的特点如下：

(1)由于矿产勘察与环境调查的驱动力不同，前者是获得经济效益，而后者是保障人身安全和健康，故对它们的要求是不尽相同的，实际上对环境物探的要求要高得多。例如，在一个地区进行矿产勘察时，即使不能找到全部矿藏，只发现了其中的一部分，其成绩也是很可观的；而在寻找埋藏的有毒废料容器时，如果只发现了其中的一半，而另一半被漏掉，那么后果会是很严重的，此项调查只能认为是失败的。

(2)环境物探所涉及的方法技术问题以解决地表下浅层问题居多，它所要求的探测深度一般为几米至几十米，而要求达到的垂向和横向分辨率却相当高，有时要求达到厘米级。例如，探测地下埋藏的有毒废料容器和未爆炸的炸弹等。

(3)因为要解决的环境问题较多地集中在工业中心和大城市，所以作业时往往受到人为噪音的干扰，如地下管道(线)、电缆线、高压线、铁路等引起的磁干扰、电磁干扰、工业交通振动的干扰，因此需要采取相应的有效措施压制各种干扰。另外，环境调查中野外作业空间(范围)通常较小，这就要求物探方法具有抗干扰性和灵活性。

(4)环境调查的任务往往要求开展不同时间的动态地球物理测量，例如监测污染流随时间的扩展，了解治理过程中的进展及其效果，监测灾害的发展以及预测其发生的时间等，有时甚至要求建立长期的监测站网。

(5)环境调查所涉及的问题各式各样，要求所获得的信息不仅包括地下探测目标的形态特征，而且还要求了解其力学和结构性质。例如，进行地下水污染调查时需要了解岩石(土)的孔隙度，灾害调查时需要查明岩体的稳定性等等。

以上情况表明，尽管环境调查中采用的物探方法大多数仍然是在矿产勘察中采用的传统方法，但在具体的工作方法和技术上还是有很大差别，尤其是有些任务是传统物探方法无力完成的。近十年来发展起来的一些独具特色的、专用于环境和工程勘察的新方法，如地震面波法、

高密度电阻率法、地质雷达、天然声辐射测量和天然电磁辐射测量等等。

与金属物探、石油物探一样，环境物探方法的使用也必须具备一定的地球物理前提，也同样存在着多解性的问题。因此，在方法的选择上，应根据任务和条件的不同，选用不同的方法和方法组合，强调综合原则，通过各种物探方法与地质、化探等的有机结合，使地质解释更符合实际，从而提高物探方法的应用效果。同时，还必须考虑方法的有效性、使用的简便性和成本的高低。有些传统的方法，如直流电阻率法、电磁法、自电法、放射性方法，由于使用简单、成本低且具有一定的效果，因此往往得到较多的应用。

四、环境地质调查的地球物理基础

现有的地球物理方法理论基础同样适用于环境地质调查，而在复杂条件下地球物理方法的应用在正、反演与方法技术方面不断有新的发展。

环境地质调查中的物性基础与矿产、能源勘探相比，它利用了具有“记忆功能”的岩石磁性，并更多地考虑了岩石孔隙度等结构及充填物成分变化对物理性质的影响，以及探测目标不同物理性质的综合利用。本节仅对上述特定物理性质做进一步讨论。

（一）*岩石物理性质的“记忆功能”*

目前，人类揭示的磁性材料记忆功能已广泛应用于现代科技领域，如计算机中磁泡存储器、磁光存储器。通过变换磁场等条件，可以写入信号、保存信号、读出信号。而在地球大环境变化的调查研究中，人类通过观测与研究得知，岩石、矿石的磁性具有记忆功能，因为岩石、矿石受现代地磁场的磁化而产生感应磁化强度，而岩石、矿石在形成过程中还受到当时地磁场的磁化，这种磁化性质经漫长地质年代保留至今，被记忆下来的这种岩石磁性称为剩余磁化强度。因而岩石、矿物的磁性是由感应磁化强度和剩余磁化强度两部分组成。通过采集样品的交变退磁与热退磁处理，可以恢复岩、矿石原生的磁性，包括剩余磁性的强度与方向。而根据测得的剩余磁性，就可以得到岩、矿石形成时期的环境地质信息。

例如，岩、矿石的剩余磁化方向代表其形成地质时期的地磁场方向，全球测量结果表明地质史上出现过多次地磁场的极性倒转。因此，根据地层中岩石剩余磁性的极性变化，可以对地层进行划分与对比，并可编制地磁极性年代表（图 8-1）。

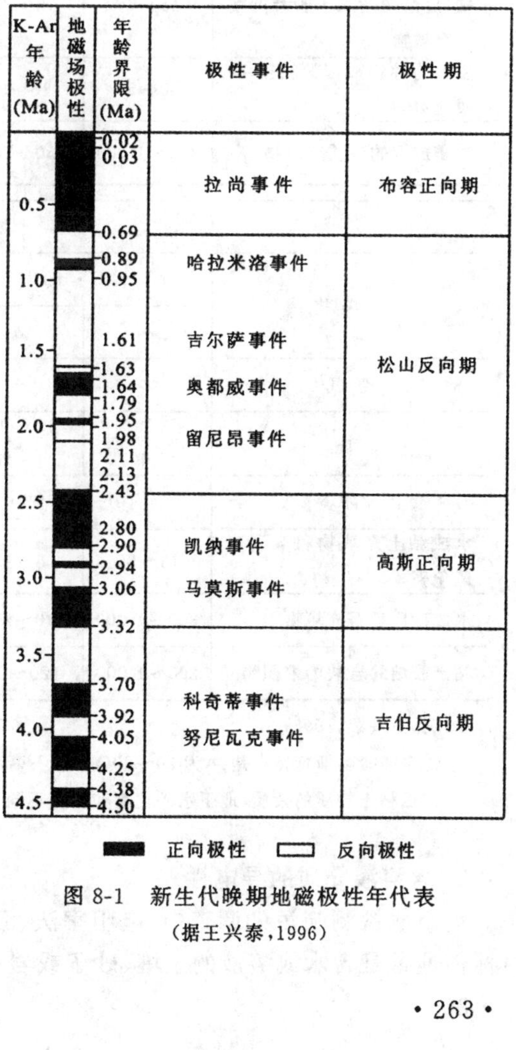

图 8-1 新生代晚期地磁极性年代表

（据王兴泰，1996）

根据全球古地磁岩性的测量结果，可以恢复形成时期古地磁极的位置、古纬度，并判断岩石、矿物所在地层形成的地理位置及环境地质条件。此外，通过不同构造板块古地磁磁极随地质年代变化的极移曲线研究，可为板块移动提供有力证据。

（二）常见环境地质目标体的物理性质

环境目标体的物理性质内容很广，本章重点介绍浅层沉积物常见的结构与电阻率、速度、密度、核辐射的相关性，作为现代环境地质调查的基础。

1. 喀斯特溶洞充填物的物理性质

表 8-1 给出常见浅层喀斯特，包括地下暗河、溶蚀盆地及较深地下溶洞中，充填物在不含水(a)和含水(b)两种情况下，电阻率(ρ)、纵波速度(v_P)及密度(σ)的变化范围。一般情况下充填物与围岩之间物性有明显差异，电阻率变化范围最大，当洞穴充填空气、冰或干燥碎屑物质时，电阻率高于围岩，而含水之后电阻率明显降低；纵波速度除冰之外均低于围岩；充填物的密度则往往低于围岩。

表 8-1　喀斯特溶洞充填物的岩石物理特征

浅表层溶洞

充填物	$\rho(\Omega\cdot m)$		$v_P(m/s)$		$\sigma(g/cm^3)$	
	a	b	a	b	a	b
主要是冲积成因，含碎屑物，逐渐变为粘土胶结的粘土充填物	15～60	5～20	600～1 500	1 000～2 000	1.6～2.2	1.6～2.2
主要为冲积成因的粘土-砂质充填物	30～50	15～30	300～600	1 000～2 000	1.6～2.0	1.7～2.1
冲积成因的砂质充填物	300～1 000	50～200	200～500	1 500～2 000	1.5～1.7	1.6～1.9

地下溶洞

充填物	$\rho(\Omega\cdot m)$		$v_P(m/s)$		$\sigma(g/cm^3)$	
	a	b	a	b	a	b
空气	∞	—	330	—	0	—
水		20～60① 1～20	～	1 500	—	1
冰	10^3～10^6 ②		—	—	1.6～2.2	—
水成粘土充填物和溶洞壁风化壳	15～50	5～15	100～1 600	1 200～2 000	1.6～2.2	1.6～2.2
水成砂质砾石充填物	300～1 000	40～250	250～600	1 600～2 000	1.6～1.7	1.7～1.9
粘土胶结的岩块的堆积物	200～1 000	120～500	1 600—2 700	1 800～2 700	2.0～2.5	2.0～2.5

（据王兴泰，1996）

①碳酸盐喀斯特特点是：ρ 为 20～60Ω·m；石膏和盐类喀斯特特点是：ρ 为 1～20Ω·m。

②因粘土物质的杂质、地下水矿化度和温度不同而异。

2. 含溶液介质的导电性

地下水探测与污染调查中，电阻率法、激发极化法与电磁法是常用的地球物理方法，调查目标体通常是含水或溶液的土壤、砂子或岩石。这种情况下要建立含孔隙土壤、岩石的导电模

型。影响土壤、岩石介质导电性的主要因素是:

①孔隙度;②溶液或水的电导率;③土壤、岩石中孔隙的形状;④饱和度(孔隙空间中含水的比例);⑤温度;⑥存在具有中等含量到高等含量阳离子交换能力的粘土。

表 8-2 列出常见沉积物质典型孔隙度的范围。可以看出,典型未固结沉积物的孔隙度平均在 40%左右,在这种情况下,根据 J. D. Mcneill 给出的近似计算公式,土壤、岩石的整体电导率可近似表示成

$$\sigma_a \approx 0.04W \times 10^{-6}$$

式中:σ_a 表示介质的整体电导率,ms/m;W 表示孔隙水所溶解固体的质量分数。

可见,溶液的浓度决定了含溶液介质的电导率。

表 8-2 典型沉积物的孔隙度范围

名 称	孔隙度(%)	名 称	孔隙度(%)
土 壤	50～60	砾 石	30～40
粘 土	45～55	砂 砾	20～35
砂 泥	40～50	砂 石	10～20
中粗粒混合砂	35～45	页 岩	1～10
均匀砂	30～40	灰 岩	1～10
细中粒混合砂	30～35		

(据 D. Mcneull,1992)

3. 常见调查物质的辐射特性

环境地质调查中常见的氡气测量,利用的基础物性之一,是常见物质中氡的扩散系数,其数据见表 8-3。

表 8-3 氡的扩散性系数

名 称	孔隙度(%)	扩散系数(m^2/s)	数据来源
非固结冰川碎屑	40	2×10^{-2}	1
固结砂岩	25	3×10^{-2}	1
冲积物		3.6×10^{-2}	1
土壤平均值		4×10^{-2}	2
空气		1×10^{-1}	3
18℃的水		1.13×10^{-5}	3
无可见裂隙的泥质板岩		8×10^{-5}	4
有微裂隙的泥质板岩		9.5×10^{-4}	4

(据 M. H. Mulder,1994.)

数据来源栏:1. Schrocder 等,1965; 2. Soonawala 和 Telford,1975; 3. Tanner,1964; 4. Schery 等,1982。

五、地球物理方法在环境地质调查中应用的有效性

(一)常用地球物理方法的适用范围

1. 适用范围与分辨率(见表 8-4)。

表 8-4　常用方法的适用范围与分辨率

项　目	方　法	适用范围	分 辨 率
地面	重力 常规地震 地电 电磁法 浅层地震 地质雷达	大型构造 ↓ 小构造	非常粗 ↓ 很详细
井中	跨孔 VSP 成像 跨孔地震 测井	大型构造 ↓ 小构造	粗 ↓ 特别精细

（据 L. Dennis，1992）

2. 方法的有效深度

图 8-2 示出几种常用地面地球物理方法探测深度范围与不同深度地段地质任务的对比，此外，钻井地球物理方法包括测井、岩心采样、试井、VSP 层析成像、跨孔地震等方法的组合，可覆盖地下不同深度范围。

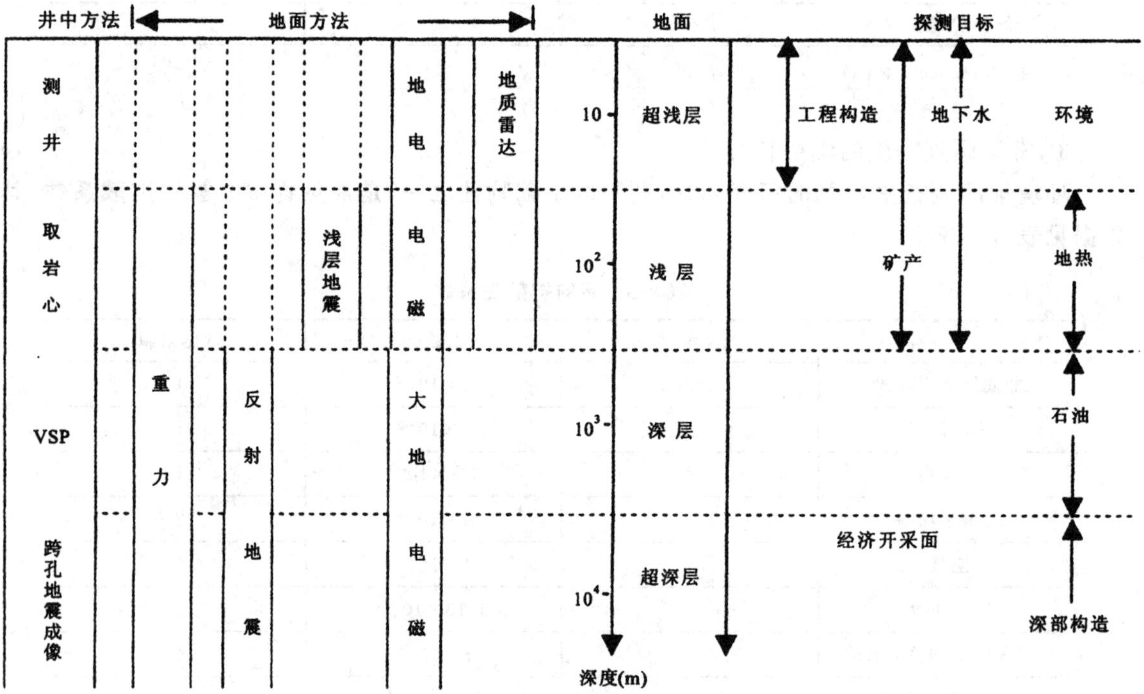

图 8-2　地球物理方法的探测深度与目标

（据王兴泰，1996）

（二）工程环境地质调查中的地震方法

地震方法在工程环境地质调查中常用的方法有折射波法（以初至波测量为主）、瑞雷波法（面波测量）以及反射波法（横波测量为主），上述浅层地震方法应用的范围如表 8-5 所示。

表 8-5　地震方法在环境与工程方面的应用

应用领域	初至波(折射波法)	面波(瑞雷波法)	横波(反射波法)
基岩岩性、埋深调查	○		○
断层、裂隙、破碎带位置	○		○
古河床、含水层	○		
风化层厚度调查	○		○
浅层地质填图	○		
滑坡调查	○	○	○
地层划分		○	○
岩土力学性质调查		○	
地基荷载力		○	○
地下空洞、掩埋物探测		○	
地震区划		○	

(据王兴泰,1996)

(三)城市地质调查常用地球物理方法的特点

表 8-6 给出城市地质调查常用地球物理方法的特点。

表 8-6　城市地质调查常用地球物理方法的一般特点

方法	方法基础	应用难度	数据操作量	特 色	问 题
磁法	物体的磁化率	很容易	小	很容易取得资料 主要用于金属探测 勘测深度大	非均匀情况下的解释(要求辅助其他方法)
地质雷达	介电特性变化	不易	少量	分辨率高	穿透深度在粘土和混凝土情况下减少 可以综合解释
电磁法 频域	电导率的变化	很容易	无	简易快速 主要用于定性解释	深部的显示较弱
电磁法 时域	电导率的变化	容易	很少	探测深度相对较大	与频率相比,对周围噪声较敏感
电阻率	电导率的变化	容易	很少	高低电阻率的反映	要求电接触 探测深度不大,要求相应的排列间距
自然电位	氧化还原电位	很容易	无	简易	应用受到限制 定量解释难
地震法	振动传播速度的变化	不易	少量	不同深度的分辨均较好	周围震动的干扰效果常受到影响
核辐射	放射性	很容易	无	极快速 专用于放射性	
微重力	密度的变化	容易	少量		不均匀体的解释(要求辅助其他方法) 要求精确定位

(据 R. J. Henderson,1992)

§8.2 地球物理方法在地下水调查中的应用

水是人类赖以生存的最重要的物质基础之一。随着国民经济的发展,工、农业用水和城市供水的需求不断增加,特别干旱、沙漠和地表水缺乏地区,地下水资源的勘察则显得越来越重要。经过几十年的发展,地球物理方法已成为地下水调查中的一个重要勘察方法。

一、地下水的物理性质

地下水一般是无色的,如果它有颜色时是由于溶解了其他物质所造成的。地下水一般是没有气味的,有气味的地下水是由于其中含有挥发性成分所造成的。地下水的透明度一般较好,都是透明的。含有悬浮体和胶结体物质时,可降低水的透明度,即出现浑浊现象。

地下水温度主要受地热条件控制。由于地下各处地温不同,地下水温度变化差异较大。在现代火山活动地区,地下水温度很高,往往在100℃以上。例如我国云南西部的腾冲,青藏高原、台湾东部山区等地都有高温喷泉,水温可达100℃左右。在常年冻结的高寒地区的地下高矿化水,其温度可在0℃以下,依据地壳热的分布状况,将其分为三个带,即变温带、恒温带和增温带。地壳表面20～30m的地方,主要受太阳辐射能影响,地温与当地气温相适应,具有季节和昼夜变化相似的特征,其越往下延伸,变化幅度越小,这个带被称之为变温带,其带内的地下水温与带内岩石或沉积物相同。在变温带以下,地球内热上升与上部变温带的影响达到平衡,使地温处于相对平衡状态,被称作恒温带。据钻孔资料,恒温带以下地温随深度而增加,但近年来发现,以前预计的每向下延伸30m左右,地温增加一度的设想并不符合实际,而是每一局部地区都有其自身的延伸升温线,例如北京房山县的钻孔资料表明,每向下延伸50m左右,地温上升一度;而黑龙江大庆地区每向下延伸20m,地温升高一度。最值得惊奇的是原苏联科拉半岛的深孔钻探资料表明,原先的地下增温梯度设想是不对的,地下温度并不是越往下延伸,地温越升高,而出现许多相反现象,但对于我们现今只利用1 000m以内的地下水来说,基本上还是可以认为在地下1 000m以内,地温是随温度增加而增加的。

地下水的比重取决水所溶解盐分的含量。地下淡水与地表水比重大致相同。地下水中溶解盐分越多,其比重越大,有时可达1.2～1.3左右。

地下水具有导电性。导电性通常以电导率或电阻率来表示。一般地下水的电阻率小于100Ω·m,矿井水的电阻率为1～10Ω·m,深成盐渍水电阻率为0.1～1Ω·m。地下水的导电性是由其中所含电介质的数量与性质(离子含量与离子价)所决定的。一般是离子含量越多,离子价越高,地下水的导电性越强。

地下水一般具有极弱的放射性。但是当地下水流经放射性矿床或酸性火山岩分布地区时,其放射性含量显著增强。地下水的放射性大小,主要依赖于地下水中所含放射性元素的数量。一般说来,松散沉积物中的地下水放射性极弱;沉积岩中的地下水放射性很弱;岩浆中的地下水的放射性最强;变质岩中的地下水放射性较弱。

二、地下水的主要类型及特点

含水层的空隙空间是地下水赋存的场所,流动的通道。介质的空隙性质决定了空隙空间的形状、规模和连通情况,控制和影响着地下水的赋存、流动和富集的特点。任天培等(1986)根据地下水所在介质的主要空隙的性质分成孔隙水、裂隙水和岩溶水三种主要类型。上述诸类型的地下水在不同埋藏条件下既可以是承压水，也可以是潜水或上层滞水。

(一)孔隙水

孔隙水广泛分布在第四系各种不同成因类型的松散沉积物中。孔隙水最主要的特征在于其水量在空间分布上相对均匀，连续性好。在孔隙含水层中打井，均能获得地下水。

孔隙水一般呈层状分布(与岩层分布相一致)。同一含水层中的孔隙水具有密切的水力联系，并具有统一的地下水面。孔隙水的流动通常呈层流流态。但也有例外，在一些砾石及卵石层等大孔隙含水层中，水力坡度大，水流速度快，地下水可能呈紊流流态。

孔隙水的分布和循环交替情况随沉积物的成因类型及所处地形地貌部位等不同而具有明显的差异性。下面讨论几种常见的沉积物中的地下水。

1. 洪积物中的地下水

洪积物是暂时性水流在山前地带形成的一种堆积物。它广泛分布在山间盆地和山前平原地带，尤以干旱、半干旱的地区最为发育。一些大型的洪积扇、冲积扇中的地下水，往往构成一些大中城市、工矿企业和农田灌溉的重要供水源。

洪积扇具有特殊的地形和岩性特征，地形上由山麓向平原呈扇状展开，地面坡度也向平原逐渐变缓。岩性大体上由山麓向平原沉积物颗粒由粗变细：顶部为卵石粗粒相带、中部为砂、亚砂土、亚砂土犬牙交错的过渡相带，至前缘变为亚粘土、粘土细粒相带。

2. 冲积物中的地下水

冲积物是河流堆积作用形成的沉积物，主要组成物质有砂砾、砂、亚砂土、粘土等。

冲积物的分选性和磨圆度较洪积物好，河流在不同时间、不同部位的托运能力不同，冲积物的岩性和结构无论在平面或剖面上变化都很大。河流不同部位冲积物的水文地质条件也不尽相同。

河流上游，河床纵向坡度大，水流急，冲积物不发育，仅枯水期河湾的凸岸沉积一些厚度不大的卵砾石层，其中赋存潜水。这种潜水含水层的透水性极好，地下水与河水有密切的水力联系，地下水的化学成分一般与河水相近，为低矿化的淡水，但其厚度小，分布狭窄。

3. 黄土中的地下水

我国黄土分布广泛，以陕西、宁夏和甘肃交界处为中心，西北及华北均有分布。我国黄土包括早更新世(Q_1)武城黄土、中更新世(Q_2)离石黄土及晚更新世(Q_3)马兰黄土，以后者为主。

由于黄土在堆积过程中多次间断和相应的成壤作用，以及它富含盐类等特点，经长期的地质作用而在其中发育孔洞和裂隙，因此，黄土中赋存有孔隙裂隙水。黄土中的裂隙以垂直裂隙最为发育。因此，黄土的透水性能呈明显的各向异性，垂向的渗透系数往往比水平方向的渗透系数大十几倍。渗透系数值各地差异较大，并随埋深加大、裂隙及孔隙减弱而变小。

由于黄土分布区特定的地质和自然条件(新构造运动上升区，气候上的干旱半干旱区)，沟谷纵横，干旱少雨，加之黄土结构疏松无连续隔水层，地下水埋深较大，往往达几十米甚至一二百米。因此黄土地区总的来说比较缺水，供水比较困难。

(二)裂隙水

赋存于坚硬岩石裂隙中的地下水便是裂隙水。基岩的裂隙空间是裂隙水储存和运动的场所。裂隙的密集程度、开启程度、连通情况等直接影响裂隙水的分布、运动和富集。因此，要了解和掌握裂隙水的特征必须首先详细研究岩石中裂隙的发育和分布规律。

1. 裂隙水的一般特征

岩石裂隙发育和分布错综复杂，裂隙空间分布不均匀且具方向性，故裂隙水的分布和运动较之孔隙水有很大差别。裂隙水分布不均匀及其水力联系的各向异性是它不同于孔隙水的突出的特点。其主要特点如下：

(1)裂隙水的分布特征。裂隙水在空间分布的不均匀性是它区别于孔隙水的主要特点之一。同一岩层由于裂隙发育差异，不同地点的导水储水能力可能相差很大。甚至同一地段同一层位钻井，钻遇主要含水裂隙的井可获得丰富的地下水，而未钻遇含水裂隙的井，虽近在咫尺，却可能是干井或出水量很少。

裂隙水的分布形式或呈层状分布或呈脉状分布。在裂隙发育均匀且开启性和连通性好、充填物少的岩层中，裂隙水呈层状分布，具有良好水力联系和统一的地下水面。在裂隙发育不均匀，连通条件差，尤其是局部构造裂隙分布的地段，裂隙水呈脉状分布，形成含水裂隙体系。同一岩层中的各含水裂隙体系之间水力联系较差，往往无统一的地下水面。

(2)裂隙水的运动特征。裂隙水流动过程水力联系呈明显的各向异性，是裂隙水不同于孔隙水的又一个重要特点。岩层中往往顺某个方向的裂隙发育程度好，开启性好，导水性强，而沿另一方向则裂隙基本不发育，这就导致裂隙水的水力联系沿不同方向强弱不一。导水性强的裂隙往往成为地下水集中流动的通道。

裂隙的产状对裂隙水的局部流动方向具明显的控制作用。受裂隙产状控制，局部地段裂隙水流向并不总是和水流的总体方向一致，甚至有时会出现方向相逆的情况。

2. 不同类型裂隙中的地下水

裂隙水的形成和分布主要受岩层所发育的裂隙成因类型所控制。按赋存地下水的裂隙类型，裂隙水可分为风化裂隙水、成岩裂隙水和构造裂隙水三种类型。

(1)风化裂隙水。风化裂隙水赋存于基岩的风化裂隙中。弱风化带和新鲜母岩透水性差构成隔水底板，故风化裂隙水大多为潜水。风化裂隙水多呈层状分布，水力联系较好，一般具有统一的地下水面。风化裂隙水分布广泛，埋藏浅，易于开采。但风化壳厚度有限，分布不连续，因此，风化裂隙水的水量往往有限，有一些可作小型分散的供水水源。

基岩性质对风化裂隙水分布有很大的影响。结构致密、成分均匀且以稳定矿物为主的坚硬岩石中风化裂隙水往往很少。易风化的粒状或结晶岩石如花岗岩等，风化裂隙发育且开启性好，有利于风化裂隙水的赋存，泥质岩石虽易风化，但裂隙开启差且有泥质充填，风化裂隙水往往很少，或起隔水作用。

(2)成岩裂隙水。各类岩石中，以喷出岩和侵入岩的成岩裂隙最具有水文地质意义。

喷出岩通常呈层状分布，其中成岩裂隙发育均匀，开启性好，赋存其中的成岩裂隙水呈层状分布，具有良好的水力联系和统一的地下水面，往往形成水量丰富的含水层。具有成岩裂隙的岩层出露地表时，其中赋存裂隙潜水。这类潜水一般分布范围广，条件好，水量丰富。例如，内蒙古一带大面积分布的第三系玄武岩，厚度数十米至数百米，柱状节理发育，下伏上新统红色泥质岩构成隔水底板而形成潜水含水层，是该区主要的供水之一。

(3)构造裂隙水。构造裂隙水在各类裂隙水中具有特殊重要的意义。这不仅因为它分布广泛，还在于它在一定条件下能大量富集。断层裂隙，尤其是导水性好、规模大的断层，还能起通道作用，沟通不同含水层中的地下水，甚至与地表水相通，为供水工程提供丰富的水源。但对开挖工程构成严重的威胁和施工困难。

构造裂隙水的发育和分布十分复杂，故构造裂隙水的空间分布亦相当复杂。裂隙水的种种特点——分布不均匀，水力联系各向异性等，在构造裂隙水中体现得最充分。按分布情况，构造裂隙水可分成层状水和脉状水二种类型。

层状构造裂隙水多分布于区域构造裂隙发育的岩层中。由于裂隙分布相对均匀，各组裂隙互相切割交叉，裂隙间连通性好，故往往构成统一的含水层。

层状构造裂隙水的富集条件还受岩性影响。相同的构造应力场中，岩性不同的岩层，构造裂隙水的富水程度亦不相同。一些成岩较晚的砂、砾岩，通常结构疏松，岩石中除裂隙外还存在大量孔隙空间，在适宜的地质和地形条件下，常可赋存丰富的地下水。

脉状裂隙水一般分布在断层等局部构造裂隙中。一些厚层脆性的岩层，如厚层灰岩，受力后往往上部裂隙发育，密度大，可赋存层状水，而深部裂隙分布稀疏，裂隙间连通性差，赋存其中的地下水呈脉状分布。

(三)岩溶水

岩溶又称喀斯特。它是以碳酸盐岩为主的可溶性岩石分布区，由于水，主要是地下水对岩石进行以溶蚀为主的作用的诸种现象的综合，典型的岩溶形态在地表有溶沟、溶槽、落水洞、漏斗、洼地和坡立谷等，在地下有溶孔、溶洞、管道等。地表河流进入岩溶发育地区往往通过落水洞等垂直的吸水通道，潜入地下形成水流。因此，在岩溶发育地区，地表往往缺乏完整的地表水系。

赋存于岩溶空隙中的地下水便是岩溶水。它也是一种活跃的地质营力，在其流动过程中不断地与岩石作用，改变自身的赋存和流动的环境，从而形成其独特的分布和运动特点。地下发育溶洞、暗河，地下水面不断降低，降水量很大的地区地表严重缺水，巨大流量的涌泉，地表河流的消失和再现，以及地下空隙系统的管道化和地下水分布的水系化等，是岩溶发育地区所特有的水文地质现象。

岩溶含水层的水量往往比较丰富。在其集中排泄地段，常常出露流量很大的泉。国内外不少大、中城市是以岩溶泉为主要供水源。岩溶暗河往往蕴藏着丰富的地下水和水能能源，在条件适宜时可用来发电或修建地下水库，既节省工程量又不占耕地面积。但是，岩溶山区常常因地下水埋藏很深而地表严重缺水，丰富而又集中的岩溶水给采矿、隧道等开挖工程带来巨大威胁和困难，甚至造成严重的灾害。

1. 岩溶水的分布特征

可溶岩的原生孔隙一般很小，地下水主要在其裂隙系统中流动。由于裂隙发育不均匀，裂隙宽度大小不一，连通程度亦各不相同。在一些细小裂隙中，水流因阻力大而流动变缓。在一些连通性好和开启性好的裂隙中，水流因阻力小而水量相对集中，因此，后者的溶蚀速度远大于前者。岩体中差异溶蚀的结果导致一些开启性好的裂隙岩溶化作用超前，裂隙空间不断加大，水量更加集中而形成规模较大的汇水通道，在一些有利地段形成巨大洞穴。与此同时，其他裂隙也程度不同地有所加宽，颗粒间的孔隙则因溶蚀扩大而形成溶孔。因此岩溶介质的空隙空间是由规模较大的溶洞、管道，各种不同宽度的溶隙网以及细小的溶孔共同构成的层次重叠和形态复杂的空间结构。无论是空隙的大小及其透水性能都是多层的，极不均匀的。不同空隙空间的大小和透水性甚至可以相差几个数量级。同时岩溶空间主要是在裂隙空间的基础上发展形成的，裂隙空间的方向性和其透水性能各向异性的特点在岩溶介质中得到继承和加剧。因此透水性能各向异性是岩溶介质的另一个明显的特点。

2. 岩溶水的富水特征

从总的情况看，岩溶含水层的富水性是很强的。岩溶水的富集程度与岩溶发育程度密切相关。岩石的可溶性和地下水的循环交替条件是决定岩溶发育的基本因素。在岩石可溶性好、地下水径流通畅交替强烈的地段，是岩溶发育强烈也是岩溶水富集的地段。厚层、质纯灰岩、特别是结构较疏松的鲕状灰岩和生物碎屑灰岩，不仅溶解速度高，而且由于其性脆，受力后形成的裂隙开启性好，有利于地下水的汇集和流动。因此，在多种碳酸盐岩分布区中。厚层灰岩分布地段，尤其是裸露的地段，往往岩溶最为发育，也最富水，且常常是发育规模较大的地下水系。

在构造破碎部位，可溶岩的透水性能增强，因此往往岩溶发育程度较其他部位强烈。一些大的岩溶通道和暗河往往沿着褶皱轴部和翼部的强烈隙、断层破碎带或其影响带发育。

三、地球物理方法在孔隙水勘察中的应用

由于孔隙水广泛分布在第四系松散沉积物中，其水量在空间分布上相对均匀，连续性好，一般呈层状分布（与岩层分布相一致），并具有统一的地下水面，所以，用于勘察孔隙水的地球物理方法主要是电法（电阻率法、激电法、电磁法和核磁共振等）。

1. 用电阻率法寻找第四系含水层

某地区表层为含水不多的泥沙层，厚约 6～7m，电阻率为 150～180Ω·m。其下为富含地下水的砂层，电阻率约为 50Ω·m，厚约 5～25m 或更大些。含水层下部为石灰岩，电阻率高达数千欧姆·米，可视为高阻标志层。实测曲线为 H 型，第一层反映表层，第二层为低阻含水层，尾部呈 45°上升段是高阻基岩的反映。定量解释结果与钻探资料基本上吻合。根据解释结果绘出了地电断面图，其与视电阻率等值断面的对应关系较好，如图 8-3 所示。

电阻率测深法主要用来寻找孔隙含水层，划分咸、淡水等。

2. 激发极化法在平原地区找水实例

当工作目的是寻找孔隙含水层时，通常是同时进行电阻率测深和激电测深，并将两种测深资料合并解释。

图 8-4 是河南省修武县在电法找水工作中的一条剖面的成果图。该区处于太行山南麓山

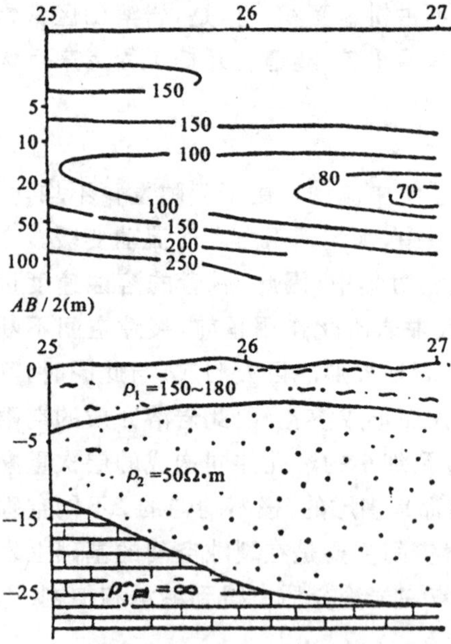

图 8-3 某区寻找地下水的电测深的综合成果图

（据傅良魁，1991）

1—砂泥层；2—含水砂层；3—石灰岩

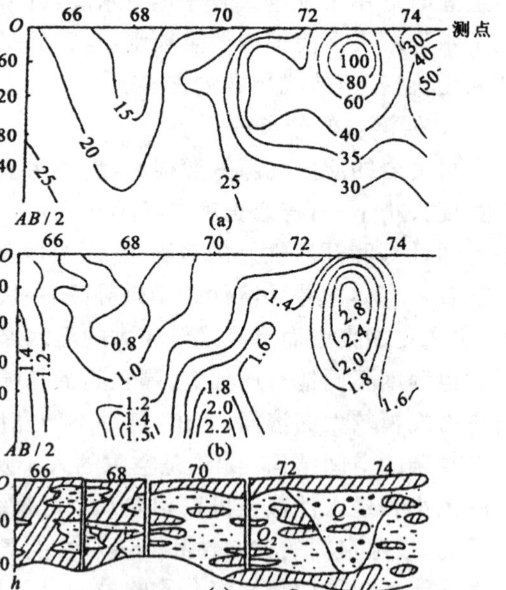

图 8-4 河南修武Ⅳ～Ⅳ′剖面测深成果图

（据钟新淮，1987）

(a)ρ_s 等值线断面图；(b)η_s 等值线断面图；(c)地质推断

1—砂卵石；2—亚砂土；3—粘土

前倾斜平原，黄(河)沁河冲积平原及两平原交接洼地中。由于浅层地下水水位日渐下降和矿化度高迫切，需要找深层地下水。

从图中可以看出，在72号点至74号点之间，ρ_s 和 η_s 均有明显的高值闭合圈，此种情况表明，此处为高阻高极化地带，推断为沁河古河道，并为一富水区。在70号点至68号点之间，深部有 η_s 的高值半封闭圈，但对应该处的 ρ_s 值较低，推断为中等富水性的亚砂土。在68～66号点为低阻低极化地段，是含水性差的粘土厚层。上述推断已为后来打井所证实。

3. 衰减时法找水实例

由于二次场衰减速度和岩石孔隙度及含水性有关，因此衰减时法可作为一种"直接"找地下水的方法，对寻找第四系含水层和基岩裂隙水都有较好的结果，并可划分出富水段与贫水段计算涌水量。

衰减时法可以做剖面测量，也可以进行测深。图8-5是某地衰减时测深曲线与钻孔柱状图的对比。由图可见，对于每个含水层位，衰减时都有不同程度的反映。

对 S_t 曲线所作的积分，亦即 S_t 曲线与坐标横轴所围的面积，称为含水因素 M_s，单位为秒·米(s·m)。将实测的 M_s 值减去背景值 M_{s0}，便得到纯含水因素 ΔM_s，即

$$\Delta M_s = M_s - M_{s0} \tag{8-1}$$

大量实测资料表明，ΔM_s 与涌水量 Q 呈线性关系，即

$$Q = b\Delta M_s \tag{8-2}$$

式中：b 称为回归系数，其大小等于回归线的斜率(见图8-6)，即 $b=\tan\alpha$。[1]

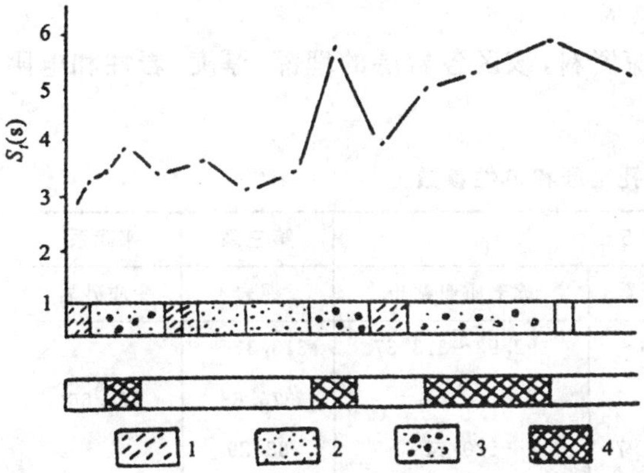

图8-5 某地 S_t 测深曲线与钻孔中含水层的对比

($AB/2$ 已换算成 h)

(据广东省地科所，1990[1])

1—粘土；2—砂土；3—砂砾土；4—含水层位

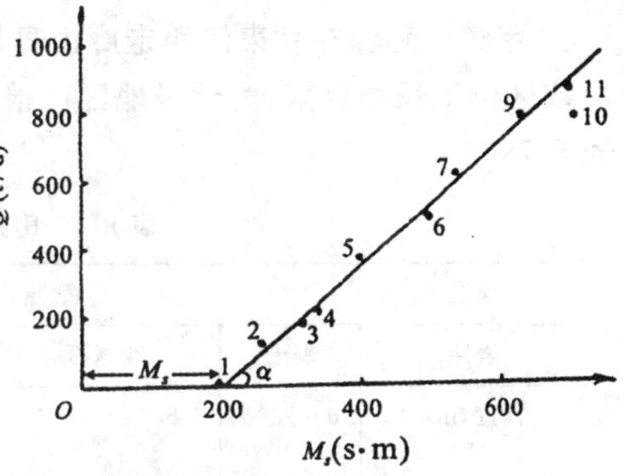

图8-6 Q 与 M_s 的相关分析回归曲线示意图

图8-7是利用含水因素计算涌水量的一个例子。该区位于涓河北岸的二级阶地上，区内曾打了一眼130m的深井，但水量很小。该区南部为一级阶地，其上为砂砾卵石层，地下水位0.5～6m，下部为新第三纪砂砾层，水量较为充沛，且水质好。为了确定含水层位并求出其涌水量，在一级阶地上进行了衰减时测深，根据测深结果布置了两个钻孔(1号孔和2号孔)。图8-7(b)是该两孔处含水因素图。为了利用式(8-2)求出其成井后的涌水量，必须利用已知井计算回归系数 b，这个已知井必

① 广东省地质科学研究所编，1990，物化探技术在城市建设中的应用，广东省地矿局。下同。

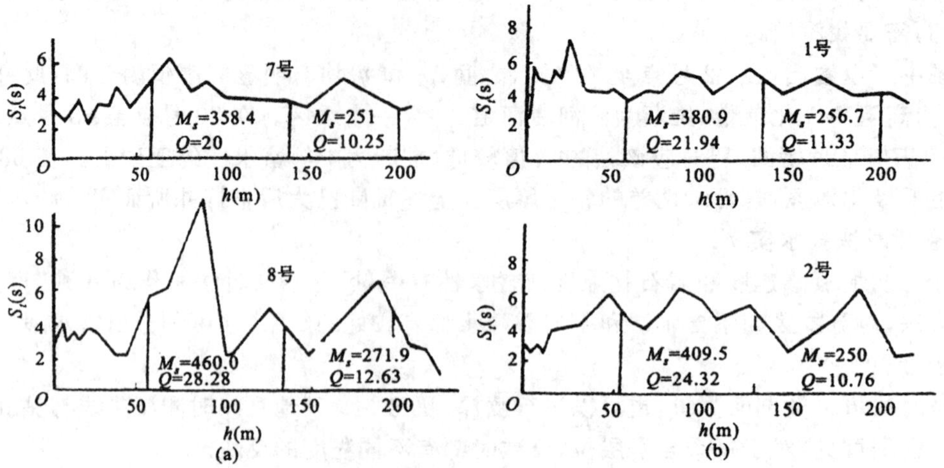

图 8-7 某地用激电测深计算涌水量的对比图

（据广东省地科所，1990）

须与待测井在同一水文孔单元中。该区利用同处一级阶地上的已知井孔（7 号孔和 8 号孔）上的含水因素曲线和涌水量的关系，求得回归系数为 b=0.085 4。将此系数应用于 1 号孔，确定 1 号孔 60～200m 处的涌水量为 33.27 L/s，经抽水试验，水位落程 19.47m 时，涌水量为 33.61 L/s，与计算结果相当吻合。

4. 用频率测深在甘肃河西走廊山丹地区找水

该区位于长城以南，为干旱地区。根据钻探资料，该区各岩层的埋深、厚度、岩性和电阻率见表 8-7。

表 8-7 山丹水 5 孔地层和电性参数

地层	第四系（水位 75m）				第三系	寒武系
岩性	表土	砂砾石	卵砾石	黄土质亚粘土	泥岩	变质砂岩
深度（m）	0～5.96	5.96～6.96	6.96～192.93	192.93～313.37	313.37～376.66	376.66
厚度（m）	5.96	1.00	185.97	120.44	63.29	
电阻率（Ω·m）	10～20	30～100	300	20	＞500	

（据莫撼，1997）

由表可见，该区地电模型为 KH 型，其中厚约达 186m 的卵砾石层以及其下伏粘土隔水层为地下水的储存提供了良好的客观环境。

用 ZP-5 型浅层频率测深仪进行了测量。采用的收—发距为 500m，工作频率从 174.5Hz 至 500kHz 共 24 个频点。图 8-8 是其中一张成果图。

从图中可以看到，在 33 号点附近，ρ_ω 等值线呈急剧拐折，显示出 33 号点右侧与左侧具有不同的地电结构，推断为断层引起。其上盘是隔水性好的第三系泥岩以及寒武系变质砂岩，于是在 33 点以南形成了一个汇水地带。图 8-9 是上述剖面 28 号点附近的丰 6 孔孔旁测深曲线。采用收—发距为 1 500m，实测曲线与理论曲线重合得很好。

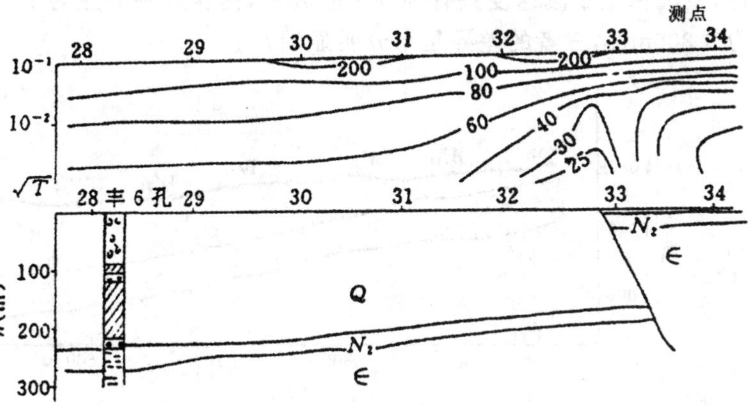

图 8-8 丰城堡剖面视电阻率等值断面图

（据朴化荣，1990）

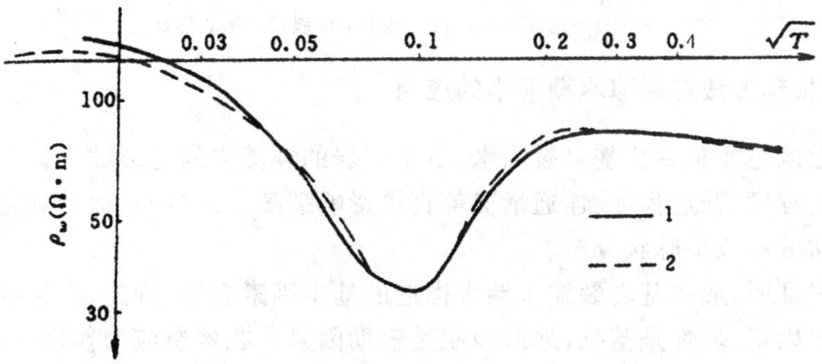

图 8-9 丰 6 孔孔旁测深曲线

（据朴化荣，1990）

1—实测曲线；2—理论曲线

由左支渐近值可以确定 $\rho_1=130\Omega\cdot m$。由于曲线呈 H 型，而且 $\rho_2\ll\rho_1$，因此可利用下式计算 h_1。计算时取 $\sqrt{T_0}=0.02\cdot(S^{1/2})$，于是

$$h_1=0.02\ \sqrt{10^7\times130}/8=90(\text{m})$$

由理论曲线参数 $\mu_2=1/8$；$\mu_3=8$ 和 $\upsilon_2=2$；可以得到：$\rho_2=\mu_2\rho_1=16.25\Omega\cdot m$；$\rho_3=\mu_3\rho_1=1\ 040\ \Omega\cdot m$；$h_2=\upsilon_2 h_1=180\Omega\cdot m$。

基底埋深为 $H=h_1+h_2=270$m。实际钻探结果是寒武系变质砂岩顶板埋深为 284.6m，与计算结果大体相符。本区经钻探后，地下水以喷水形式溢出，水量十分丰富。

5. 用地震方法探测地下水位和确定含水层

在第四系松散层中，孔隙的含水性是影响松散层波速的主要因素。潜水面以下的含水层波速常大于上部介质的波速而小于下伏岩层的波速。因此含水层的顶、底板是两个良好的反射和折射界面。当含水层厚度足够大时，用折射波法进行勘测，可取得好的效果。

在图 8-10 中，用初至折射波探测某水库的基岩埋深和地下水位界面。通过资料处理，做出了基岩面和地下水位面的剖面图。从图中可看出，地下水位往小点号方向逐渐变深，在剖面范围内由 9.6m 变至 54.6m，但含水层厚度变化相对较小，为 18.3～27.0m 之间。在地下水位以

上，疏松的第四系沉积层纵波速度只有400～600m/s，而含水层波速为1 700～2 500m/s，砂岩基底的波速为3 800m/s，三者的差异是十分明显的。

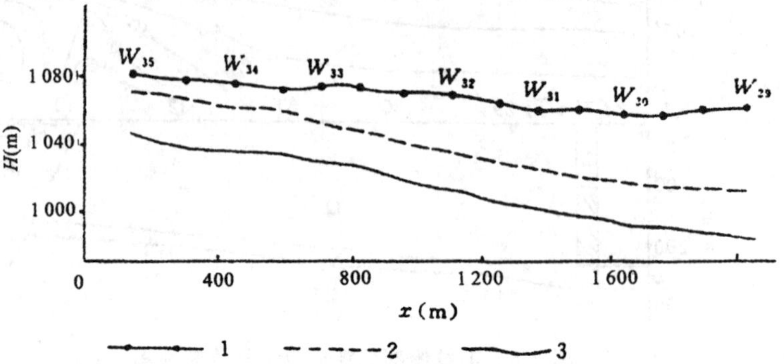

图 8-10 用折射波法探查地下水位的变化

（据长春地质学院，1980）

1—地面及测点；2—地下水位线；3—基岩界面

四、地球物理方法在裂隙水勘察中的应用

在基岩地区主要是寻找基岩裂隙水。由于基岩的裂隙空间是裂隙水储存和运动的场所，所以裂隙的密集程度、开启程度、连通情况等直接影响裂隙水的分布、运动和富集。裂隙水的分布形式或呈层状分布或呈脉状分布。

大量实践证明，形成基岩裂隙水储水构造的基本因素有三：构造、岩性及地形地貌因素，其中构造是主导因素，岩性是基础，地形地貌是辅助因素。在构造应力作用下，岩石发生褶皱、断裂，形成导水裂隙，当地形地貌条件有利时，常赋存丰富的地下水。由于含水裂隙电阻率低，而基岩电阻率高，形成了明显的导电性差异。故在基岩地区寻找基岩裂隙水的主要手段是电法（电磁法）和放射性方法。

1. 用电阻率法寻找基岩裂隙水

基岩裂隙水是分布在基岩的构造裂隙或破碎带中的地下水。含水部位电阻率明显低于周围岩石的电阻率。例如花岗岩电阻率通常为几百至几千欧姆·米，而含水花岗岩裂隙带的电阻率仅是它的50%～10%；红层电阻率约为一百至几百欧姆·米，而含水裂隙带的电阻率通常只有几十欧姆·米。

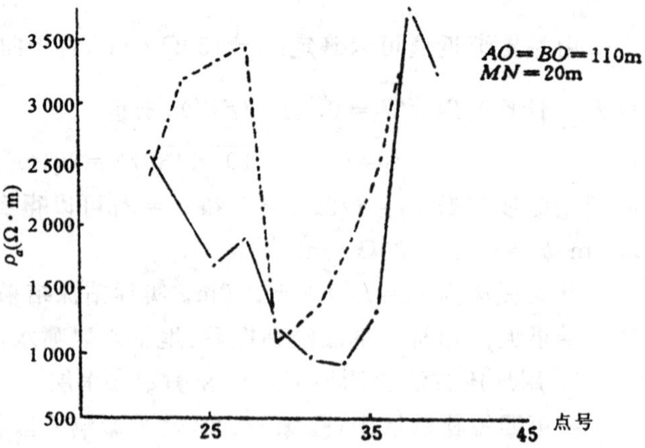

图 8-11 海南琼中大丰农场联剖 ρ_a 曲线

（据广东省地科所，1990）

图8-11是海南岛某地的实测曲线。在花岗岩地区出现了联剖 ρ_a^A 与 ρ_a^B 曲线同步下降的U字型异常。在低阻异常位置上经钻探验证，找到了裂隙水，单孔涌水量达15t/h以上。

2. 用电阻率和激电测深法寻找裂隙水

图 8-12 是广东肇庆市某单位用电阻率和激电测深寻找裂隙水的实例。这是其中一个测深点的测深曲线，其中 ρ_a 曲线呈 G 型，虽已探测到了基底，但无明显的含水指示。激电 η_a 及 J_a 曲线在极距 $AB/2=12\sim36$m 处有一明显高值异常，推断为破碎溶蚀发育的含水段之反映。钻探结果，在 12.49～31.34m 处见有地下水，赋存于石英砂岩破碎带中，日出水量大于 500t。

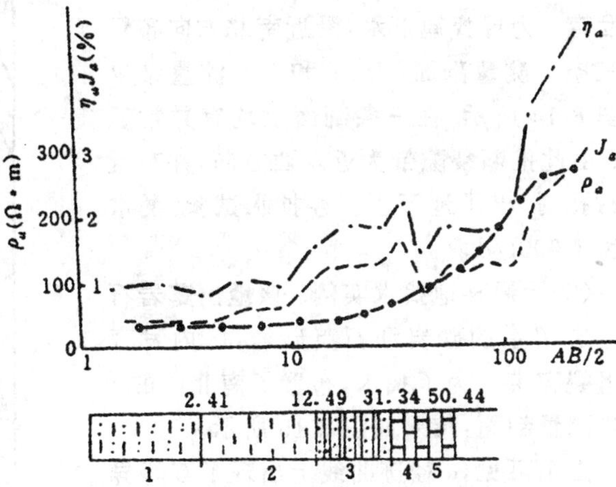

图 8-12　52 号点测深曲线及钻孔柱状图

（据广东省地科所，1990）

1—含粉砂粘土；2—粘土；3—石英砂岩（破碎带）；4—灰岩；5—灰岩（破碎充泥）

3. 频率域激电找水实例

在湖北宜城新街乡的找水工作中，曾用频率域激电进行了面积剖面测量，并从中圈定了低阻高极化异常带[图 8-13(a)]，在其中一条剖面的 57 号点处布置了电阻率测深和双频激电测深。

测深资料显示有两个低阻带[图 8-13(c)]。与其对应的激电曲线显示频散率升高，判断为含水的构造裂隙带，经钻探验证，在 25～35m 处见到一个含水丰富的裂隙带，在 50～65m 处又见到一个较大的含水裂隙带，钻探结果与推断相符。该孔在 100m 处终孔，经抽水试验，每天涌水量达 1 000t 以上，水位稳定。

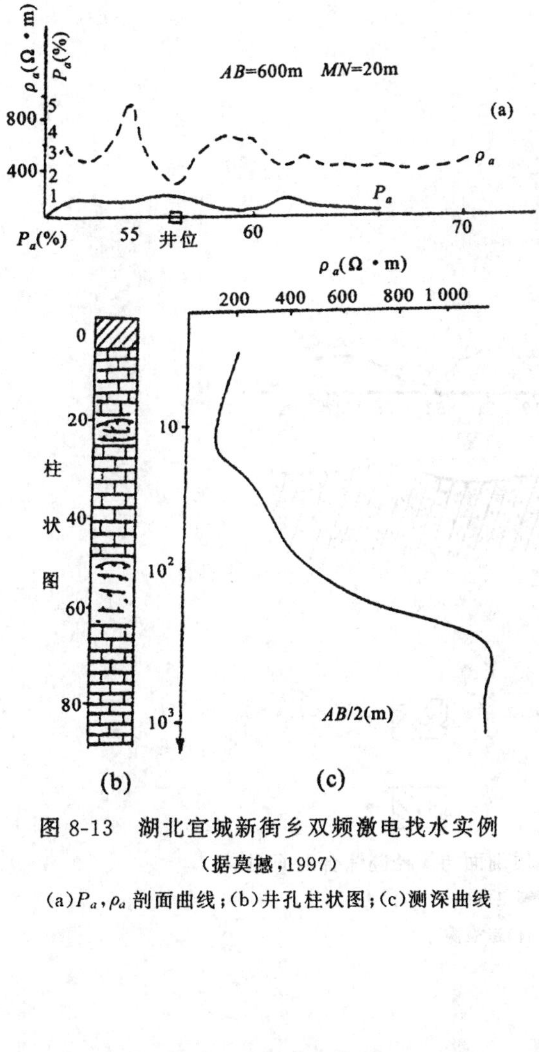

图 8-13　湖北宜城新街乡双频激电找水实例

（据莫撼，1997）

(a)P_a，ρ_a 剖面曲线；(b)井孔柱状图；(c)测深曲线

在本例中，由于工作目的是寻找灰岩中的岩溶裂隙水，因此含水指示为低阻高极化，与有的例子中的高阻高极化不同。含水指示应根据实际的地质、水文及物性资料来确定。

4. 用放射性方法寻找地下水

由于含有放射性元素的地下水从深部以地质构造为通道向地表运动，或者放射性气体沿断裂和裂隙向地表扩散迁移，因此在一些地质构造及不同岩层的接触带上会观测到放射性元素含量偏高的现象。但如果上述部位受地表水的冲刷、淋滤作用强烈，则不会形成放射性元素的局部富集，反而会使放射性元素含量较围岩低。因此，在对放射性异常做出地质解释时，一定要考虑当地的水文地质环境。

(1)四川某地找水实例。该区位于背斜构造北端的山前盆地中，区内分布着白垩系砂岩和页岩，并有北东向和北西向两组交叉裂隙发育。为寻找地下水，沿近南北方向布置了三条 γ 测量剖面（Ⅰ、Ⅱ和Ⅲ），测量结果如图 8-14 所示，在三条剖面上均有异常显示。由此推断裂隙带为近东西方向，并布置了钻孔，打出了地下水。经抽水试验，涌水量达 1 000t/d。

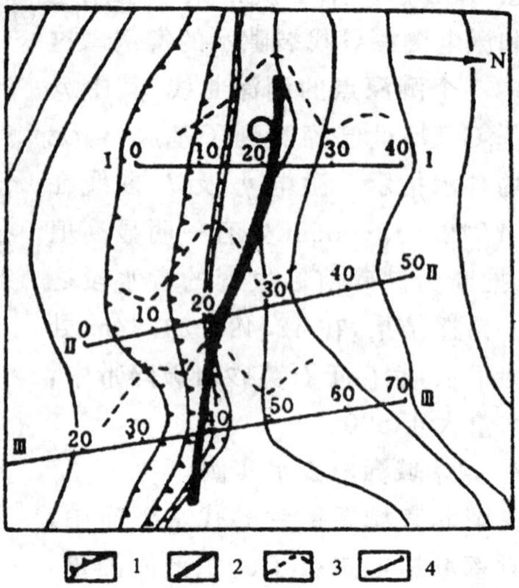

图 8-14　四川某地 γ 照射量率剖面平面图

（据长春地质学院，1980）

1—陡坎；2—推断裂隙；3—γ 照射量率曲线；4—剖面线

（2）无锡某地找水实例。该地出露岩石为上志留系的砂岩和石英砂岩，区内发育两组裂隙带。为了找水，布置了南北向的 α 径迹测量剖面，结果如图 8-15 所示。

由图可见，α 径迹曲线上出现了双峰异常，推断位于构造上盘的主峰是含水裂隙带的反映，并据此确定了井位。经钻探验证，在井深 130.13m 处涌水量为 30.71t/h，抽水降深 50.8m，静水位 4.8m。

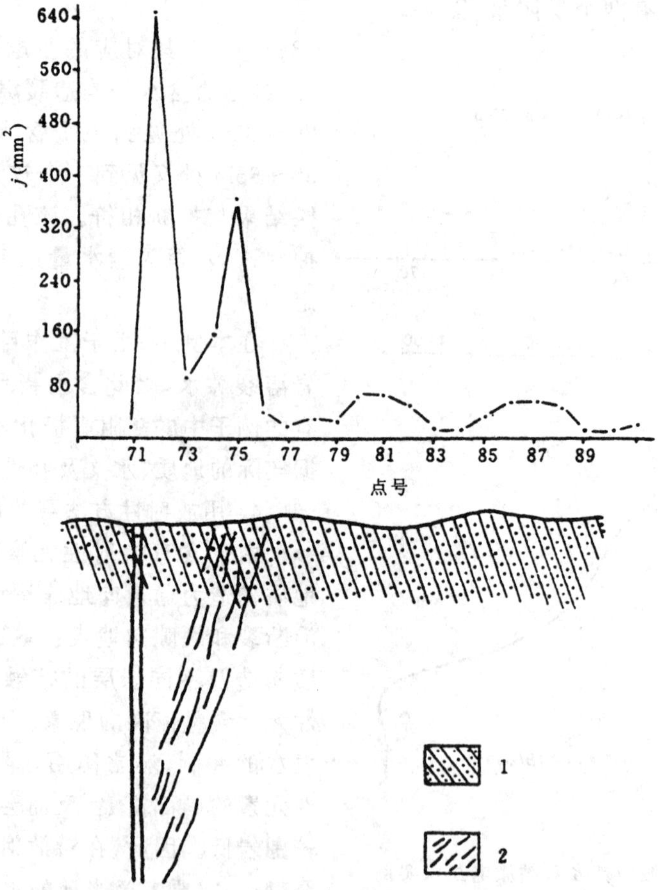

图 8-15　无锡 58 所 2 号井地质剖面与 α 径迹综合剖面图

（据石玉香等，1986）

1—砂岩；2—构造裂隙

5. 用磁法圈定局部地下水异常区

在局部地区，特别是在山区，水源奇缺，有水源的地方亦多为河水条件较好的小区域盆地和平坦地带，而且水源多与断裂和构造相关。为此，磁法勘探作为一种辅助手段在寻找地下水的过程中主要应用于下列几方面：

(1)局部含水层与周围岩石磁性差异的区域圈定，因局部含水层为弱磁或无磁性物质，而其周围介质往往具有一定的磁性或弱磁性。

(2)确定含水区断裂构造，石灰岩地区大型含水溶洞。例如在沉积岩发育地区利用高精度磁测资料对区内断裂分布进行填图。

(3)为地下水综合物探解释提供辅助资料。

总之，磁法勘探在地下水资源的勘探中的作用，主要是在普查中确定断裂带和破碎带是一种辅助方法。

五、地球物理方法在岩溶水勘察中的应用

石灰岩、白云岩、大理岩、泥灰岩等属可溶性岩石，在地下水或地表水对它的溶蚀作用下，常形成裂隙与空洞，并有地下暗河分布。岩溶发育地区，地表缺水，地下则往往蕴藏有丰富的水源。因此查明岩溶裂隙水的分布规律，对解决农业、工业及民用供水问题，有着重要意义。

岩溶地区的赋水部位和前面介绍过的基岩裂隙水的赋水部位所反映的地电特征没有大的差别，但有时也有某些特殊的形态，在工作时可以归入不同形状的(局部不均匀体)地电体来处理。如充水溶洞要相当于一个良导球体，地下暗河则相当于一个低阻水平圆柱体。

岩溶地区完整的石灰岩电阻率相当高，可达数千欧姆·米，而岩溶发育部位被不同程度粘土物质充填后，其电阻率明显下降。但是，由于岩溶部位充填物不同，其电阻率也有很大差别，充填砂卵石相对较高，约为 200～600Ω·m；溶洞中有少量泥土充填，其电阻率约为 150～300Ω·m；黄土或亚粘土充填的溶洞，其电阻率约为 50～150Ω·m；溶洞被粘土所充填，其电阻率相对最低，一般小于 50Ω·m。

根据以上地电特征，岩溶地区寻找地下水，常以联合剖面法和电测深法为主。联合剖面曲线有如下特征：

(1)当岩溶主要在顶部发育或埋深不大时，联合剖面曲线出现一个或几个电阻率值同步下降(空洞时则为同步上升)的尖底状或平底状异常。应当注意，当地表存在局部电性不均匀体时，也会出现同样的异常，应结合当地具体条件慎重分析，以区分真伪做出恰当的地质推断。

(2)当岩溶发育带较宽，岩溶发育强烈，并向下延伸很大时，这时岩溶发育带相当于陡立的低阻薄脉或厚脉，联合剖面曲线出现低阻正交点。

(3)当岩溶发育带很宽时，联合剖面曲线出现宽阔的正、反交替的低阻异常带，其两侧高阻地段 ρ_s^A 与 ρ_s^B 分离也较为明显。

当采用电测深法时，其曲线特征如下：

当基岩岩性比较单一，外界影响和旁侧影响大体一致时，电测深曲线一般呈 G 型反映，其中曲线低阻部分反映近地表的浮土或基岩风化壳，而高阻部分则是完整基岩的反映。

当基岩中岩溶发育时，由于岩溶发育的不均匀性和复杂性，使得电测深曲线产生强烈的畸变。如出现锯齿状、台阶状和各种拐折。以上畸变可大致归纳为两种曲线类型：

A 型：其首支反映覆盖层，曲线中部为岩溶裂隙的反映，尾支呈 45°上升的部分为完整基岩的反映。

H 型:曲线的首支为干燥亚粘土覆盖层的反映,曲线中部的极小值部位是粘土和岩溶裂隙的综合反映。

由于岩溶地区地电条件十分复杂,因而电测深曲线的类型亦较多,常出现的曲线类型还有KH 型、QH 型、HA 型等,应结合测区实际,慎重判断岩溶裂隙在电测深曲线上的反映部位及特点。

表 8-8 列出了各种岩溶地质现象上电阻率法曲线反映的一般特征,可供定性解释电阻率法资料时参考。

表 8-8　电阻率法曲线特征与地质岩溶现象关系

ρ_s曲线特点 图件名称 / 岩溶形态	ρ_s剖面图		等ρ_s平面图	电测深曲线		电测深法等ρ_s断面图	备注
	联合剖面法	对称四极		布极方向平行地质体走向	布极方向垂直地质体走向		
充水泥溶洞(巢囊穴状)	有低阻正交点或ρ_s^A与ρ_s^B同步下降异常	ρ_s曲线呈相对低阻反映	ρ_s等值线有面积较小的低阻封闭区	曲线畸变或出现不正常脱节。溶洞大者,曲线尾支呈小于45°上升		在相应深度上等值线有低阻区	
不同电性岩层接触带	ρ_s^A和ρ_s^B同步起伏或呈阶梯状,可有正交点(接触而易于风化破碎)	ρ_s曲线呈阶梯状	接触带附近等值线密集、梯度大	ρ_s曲线受界面影响升高,或尾支呈大于45°上升	ρ_s曲线有拐曲,脱节点张口大	接触带处等值线密集,呈阶梯状	测深曲线畸变的先后、大小与测点相对接触带的距离有关
充水、泥的断裂溶蚀带	有正交点或ρ_s^A和ρ_s^B同步降低	ρ_s曲线呈低阻反映	ρ_s等值线呈低阻条带状分布	ρ_s曲线受界面影响升高,或尾支呈大于45°上升	ρ_s曲线有拐曲,脱节点张口大	断裂带处等值线密集,且呈阶梯状或漏斗状	测深曲线畸变的先后、大小与测点相对断裂带的距离有关
溶沟与溶槽	有正点或ρ_s^A和ρ_s^B同步降低	ρ_s曲线呈狭窄低阻反映	ρ_s等值线有窄条状低阻带	ρ_s曲线出现不正常脱节,曲线类型不一		浅部有同上特点或有小的低值封闭区	溶沟、溶槽一般发育于基岩表面,埋深浅
基岩凹陷	有低阻正交点,在其附近ρ_s曲线呈凹槽	ρ_s曲线有较宽的低阻段	ρ_s曲线有较广的低阻区,其边缘梯度大	平行凹陷移动时,极小点横坐标($AB/2$)值变化不大	垂直凹陷移动时,极小点横坐标由小至大再至小的变化	相应深度上凹陷边缘等ρ_s线呈阶梯状,其间平缓呈低阻反映	基岩凹陷一般规模大,对测深布极方向影响不大

(据霍明远,1993)

在岩溶地区一般先以电剖面法工作,大致指出岩溶分布的水平延伸范围,而后用电测深法结合地质资料进行综合解释,来确定引起异常的地质原因,确定异常体的埋深及厚度等。下面列举一些电法(电磁法)找水实例。

1. 用电阻率法寻找岩溶裂隙水

由于致密灰岩的电阻率很高,而充水的裂隙带的电阻率则较低,因此用电阻率剖面法有可能寻找这类岩溶裂隙水。但由于裂隙的产状、埋深、发育程度以及裂隙水的矿化度各异,探查效果及异常形态也各不相同。这里仅介绍用联剖装置寻找岩溶裂隙水的几个例子。

当岩溶十分发育,而且为粘土或地下水充填时,低阻异常将十分明显。这时若用联合剖面法,可在充水溶洞或裂隙上方出现正交点,在图 8-16 中,石炭系壶天群灰岩岩溶非常发育,联剖 ρ_a 曲线的正交点指示了溶洞的位置,并为 ZK99 孔所证实。

当岩溶规模较小时,由于屏蔽条件较差,ρ_a^A 与 ρ_a^B 曲线往往不能形成正交点,而是呈同步下降现象,从而形成 U 字形或 V 字形异常,其具体状况如图 8-17 和图 8-18 所示。

地下水量的大小,取决于地下岩溶的发育程度和地下水的补给条件。有些岩溶强烈发育的地区,由于岩溶为第四系物质所充填,地下水补给条件差,因而水量并不丰富,因此,交点型异常并不一定是最好的含水显示。U 字形或 V 字形异常地段岩溶发育虽然较差,但只要地下水补给条件好,常可找到较丰富的地下水。因此对物探异常进行

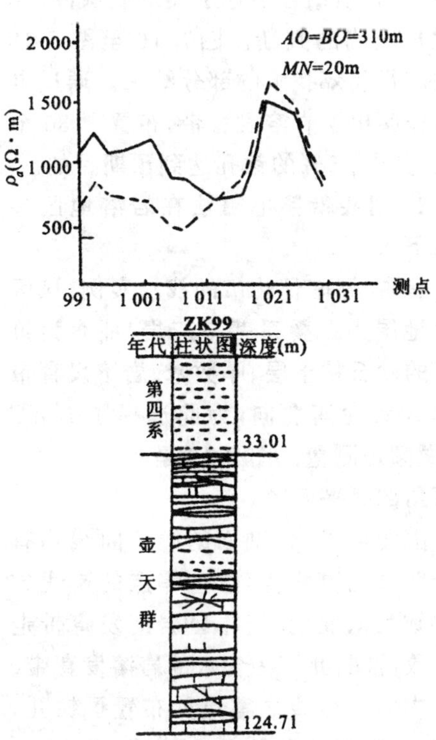

图 8-16　岩溶裂隙带上的交点形异常
(据广东省地科所,1990)

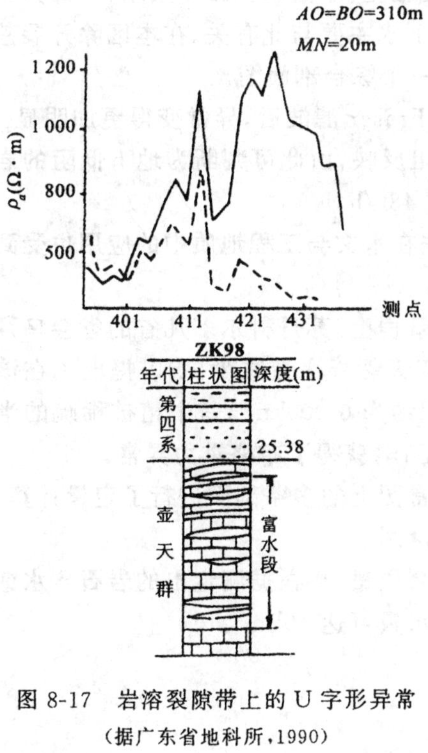

图 8-17　岩溶裂隙带上的 U 字形异常
(据广东省地科所,1990)

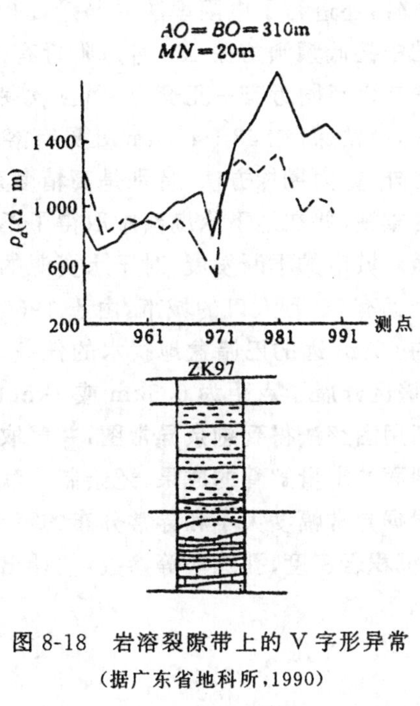

图 8-18　岩溶裂隙带上的 V 字形异常
(据广东省地科所,1990)

解释时，必须结合当地水文地质条件，才能做出正确的判断。图 8-16 至图 8-18 是在广州北郊找水的部分结果。通过电法工作圈出了岩溶发育带，布置了 36 个钻孔，其中 75%的钻孔达到预期目的。

2. 用甚低频电磁法在岩溶地区寻找地下水

(1)在湖南怀化市的找水实例。该区主要地层为二叠系茅口灰岩，地表为第四系的砂石粘土层，厚数米。岩溶发育带走向大致为南北向，为此选择了 NWC 台，做倾角测量。图 8-19 是其中 Ⅰ ～ Ⅵ 线倾角剖面平面图。

由图可见，各剖面的倾角曲线均有一个明显的真零点，这些零点的连线方向大致为南北向，与本区岩溶发育带走向一致，推断此即为含水的岩溶发育带。在其中的 Ⅱ 号线之零点处布置了钻孔，在 15m 和 45m 处均见有溶洞，在 130m 以下，岩溶发育，经抽水试验，涌水量为 48.3t/h。

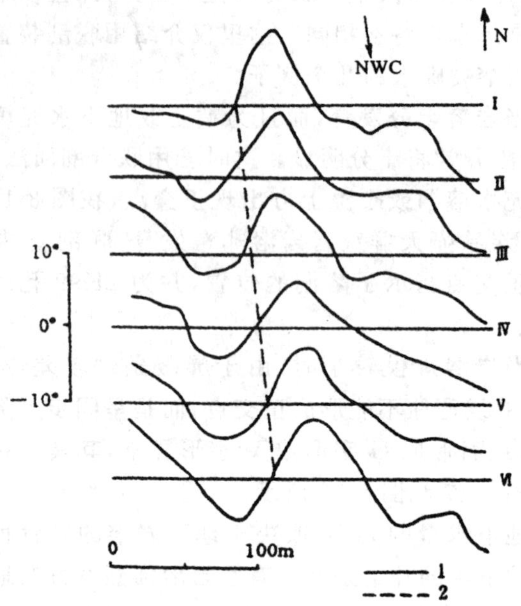

图 8-19　怀化市 Ⅰ ～ Ⅵ 线甚低频倾角剖面平面图

(据史保连，1986)

1—甚低频倾角曲线；2—推断的岩溶发育带

(2)在湖南郴州的找水实例。该区地表为粘土的亚粘土，厚数米至二十余米，下部为石炭系壶天群灰岩，岩溶发育，并受北东向断裂构造控制，地下水主要与此有关。在本区除开展甚低频电磁法外，还进行了电阻率法的测量，图 8-20 是其中一个综合剖面图。

图中甚低频倾角在 458 号点附近有一真零点，经 Fraser 滤波后，异常变得更加明显。联合剖面法在该点附近有一正交点，而且 ρ_a^A 和 ρ_a^B 均呈低阻反映，由此可判断为地下低阻的岩溶水所引起，经钻探，在 43～46.4m 处见有溶洞，涌水量为 48t/h。

另外，重力勘探方法，特别是高精度重力测量方法在水文与工程地质中的应用也受到一定程度的重视，并在地下水勘察中取得了不少成绩。

随着城市的不断发展，对于水资源的寻找已提到日程上。苏丹科尔多凡省的省会乌拜伊德是一个拥有 50 万人口的城市，由于 1966 年到 1973 年天然降水量减少，所以提出了在该城北面大约 60km 远的巴腊盆地找水的任务。该盆地面积约为 6 000km^2，是个植被稀疏的半沙漠区，在该区开展了点距为 0.5km 或 1km 的重力测量工作，获得了布格重力异常。

利用图解法得到剩余异常图，并截取剩余重力异常图上的多条剖面进行了定量计算。利用多条剖面的定量解释的成果，还绘制了盆地沉积总厚度图。

根据异常幅度大小和异常分布的范围，确定出剩余质量，再根据测定出的岩石含水饱和密度、干沉积岩密度、孔隙率等参数，估计出该盆地的蓄水量可达 $10^{12}m^3$。

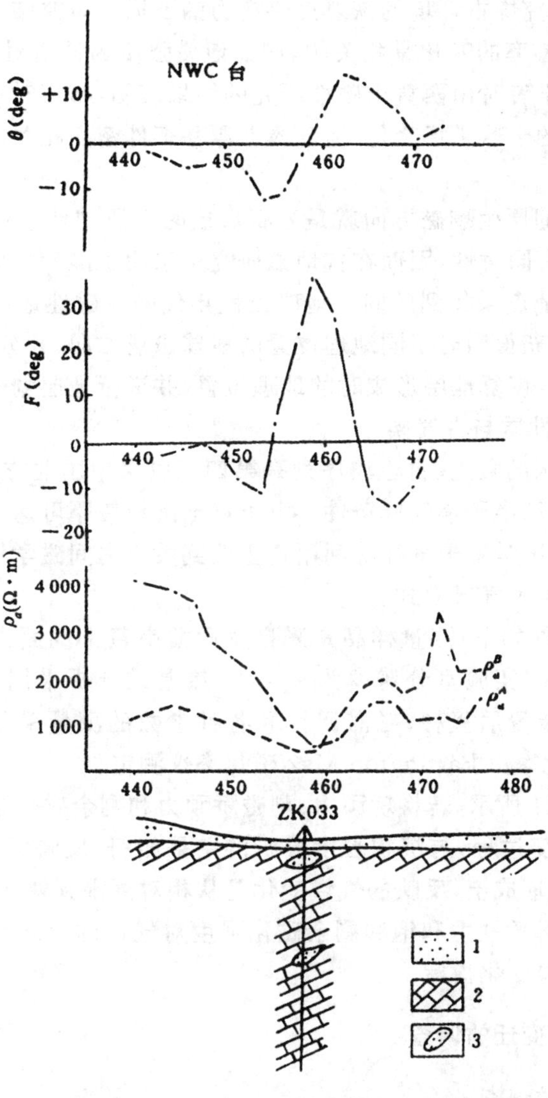

图 8-20 湖南郴州三元冲甚低频、电剖面、地质综合剖面图

(据史保连,1986)

1—亚粘土;2—石英岩;3—岩溶

§8.3 地球物理方法在环境地质调查中的应用

一、全球环境变化研究

这里主要介绍全球变化研究中的古地磁方法。

地磁场的观测结果表明,人类生存空间的地球磁场不仅与地理位置有关,而且随时间作缓慢变化。如果把地球磁场视为地心磁偶极源形成的磁场,中国学者指出50年来地球中心磁偶极距的衰减率为−16.5nT/a,依次类推则经过一定时间之后,磁偶极距将减到零而后倒向,形成地球磁极倒转。古地磁研究中根据岩石磁性记忆功能,通过不同年代、地层岩石标本古地磁的测定,证明在地球形成过程中地磁场极性有过多次倒转。而且,岩石标本古地磁参数的测定还可为地质、古地理研究中古环境的恢复提供有力的证据。研究结果表明，古地磁的变化与古气候以及地球轨道偏心率的变化是相关的，例如地磁强度的低值对应地球轨道偏心率的高值和温暖的气候。我国学者对山西黄土磁性研究的结果表明，布容时期以来70万年期间气候变化的7个旋回与相应的全球磁场变化、地磁极性漂移事件密切相关。

1. 古环境的复原

由于岩石中保留的原生剩磁方向就是岩石形成时期所在地理位置的地球磁场方向，而全球地磁极性的倒转具有同时性，因而在古地磁研究中采用了准确的同位素测年技术之后，就有可能根据地球上不同地点采集到的同一地磁极性年代同一磁性地层的标本、古地磁测量的结果，由标本剩磁的方向获得当时不同地理位置的地球磁场方向，并分析出所处极性年代古磁极的位置、古纬度等信息，恢复地层形成时的地理位置，并进行地层划分与对比恢复古环境。

2. 中国黄土磁学性质与古气候

地质学家认为中国的黄土、古土壤序列是第四纪以来中国北方环境和气候变化最详细的记录之一，它对应干旱和半干旱气候条件。由于黄土沉积最厚可达500m，沉积连续性好，对古地磁研究十分有利，我国学者朱日祥等利用古土壤到黄土之间磁学性质的详细变化特征，研究该沉积序列的连续性与古气候模式。

古地磁测量的条件如下：测量样品是采自陕西渭南黄土剖面古土壤层位 S_8 和黄土层位 L_8，用高密度连续采样（实验室分辨率为2cm）。热退磁分析采用 Macintosh 微机控制并带 HPIII 打印机的水平装置居里秤，磁滞回线和各种参数的测量采用 IBM 控制的 Micro Mag 2900 磁力仪，低场磁化率由 Bartington Ms2 磁化率仪测定。

测量结果如图8-21所示，若将矫顽力、剩磁矫顽力和剩余磁化强度作为气候变化指标，则从古土壤到黄土是渐变过程，与沉积粒度分析的结果相符，反映了古土壤不是由黄土发育而来，而是外来物沉积就地成土，反映的气候变化是从相对潮湿到寒冷干燥的变化过程。

可见，矫顽力、剩磁矫顽力和饱和剩余磁化强度对气候的反映灵敏，是比低场磁化率和频率磁化率更理想的气候变化指标。

二、现代环境地质变迁的调查

（一）活动构造地质调查

1. 活动断层探测中新地球物理方法的应用——方位地动力构造填图法

近年来，原苏联 Б. С. ПАНОВ 提出一种探测隐伏活动断层的新方法，根据地面盖层的电各向异性研究反映深部基岩的现代构造活动，它的理论根据在于：盖层具有一定的流变性可以成为某种共振体，当深部基岩发生弹性形变时会产生明显的应力场，这种应力场在地球动力带中将得到加强并导致表层产生微变形，微变形又引起表层物理性质（包括电各向异性）发生变化，这种变化是基岩地动力作用的函数。

方位地动力构造填图法（СТД К-А）的测量参数是二次磁场，即测量表层不同方位电导率的空间分布及随时间变化，探测隐伏活动断层，属电磁感应方位。据报道它可探测100 m厚盖层下的活动断层走向，精度为±15°。

仪器工作频率为2MHz，发射接收距1m，每个测点观测不同方位的磁场振幅值，测量结果以玫瑰图形式表示。

该方法已成功用于伏尔加格勒与白俄罗斯核电站选址的环境地质调查，在伏尔加格勒区进行剖面测量后，发现了贯穿工区南北的隐伏活动断层及一系列基岩裂隙，并得到地质、其他

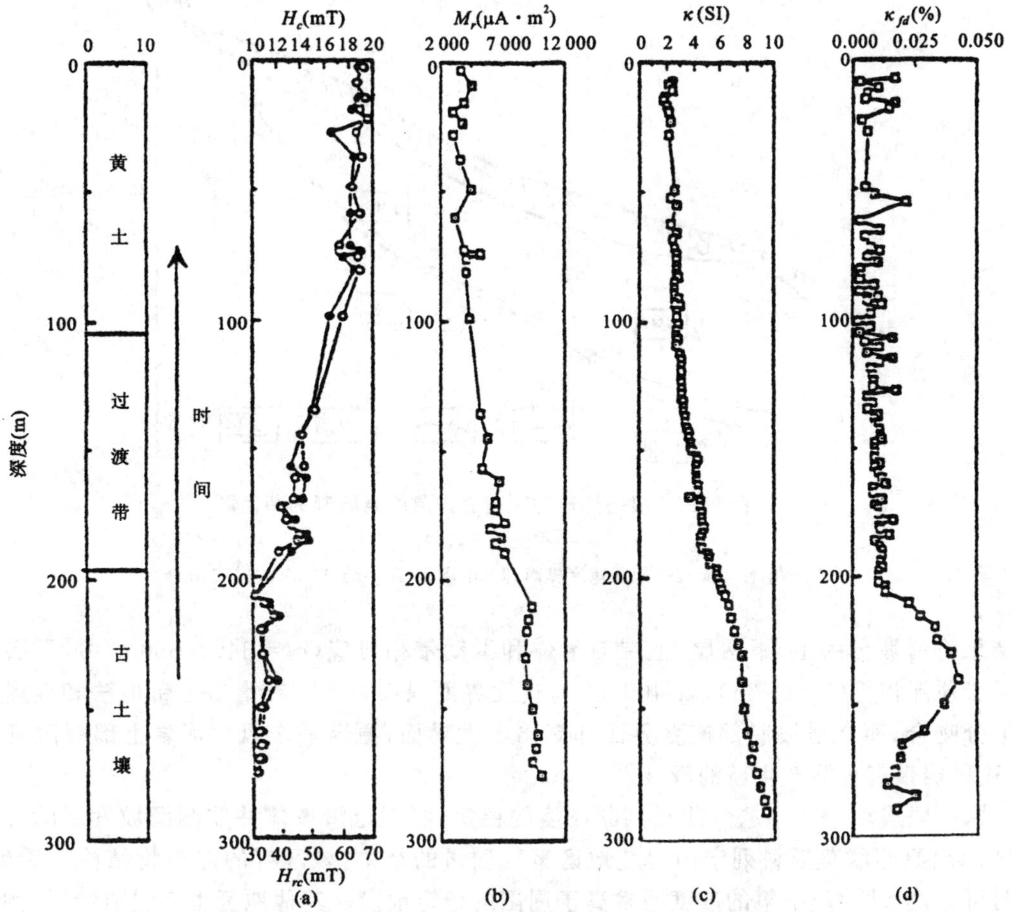

图 8-21　黄土、古地磁学性质随深度的变化(任意坐标)

(据朱日祥等,1994)

(a)矫顽力(实心点)和剩磁矫顽力(空心圆);(b)测量饱和剩余磁化强度中间量,测量单位用 μA·m² 表示;(c)低场磁化率;(d)频率磁化率

地球物理工作的证实,从而否定了该选址。

2. 滑坡的监测与调查

在滑坡动态观测中,地球物理方法根据动力学特征动态变化与地球物理变化的相关性研究,监测滑坡的形成与发展的动态过程,为灾害的预测与防治提供参考资料。

滑坡是由于岩石的突然崩塌或岩(土)体滑动造成,地质环境各异因而成因各不相同,形成过程中的地质、地球物理变化也十分复杂。目前用于调查滑坡范围及其随时间变化过程研究的地球物理方法较多,如用重力测量圈定滑坡范围,自然电位监测滑坡动态,地温测量监测滑坡有关地下水流动态,放射性、电法、地震、地质雷达测量是滑坡调查常用的方法。此外,目前正在进行研究的有:利用岩石破裂时的声发射与电磁脉冲辐射,采用声波测量与电磁波测量监测滑坡动态;利用微动观测监测滑坡体震动频谱,确定滑坡滑动方向与滑动面蠕变等方法。

图 8-22 是用电法和地震研究滑坡的实例,滑坡体靠近高加索,由砂质粘土组成,下部为泥岩风化壳。电测深测量的结果将斜坡断面分为三层,上层为滑体($\rho_1=13\sim29\Omega\cdot m$),中层为风化泥岩属滑动面($\rho_2=2\sim4\Omega\cdot m$),下层是未风化泥岩组成的滑床($\rho_3=8\sim12\Omega\cdot m$)。地震测

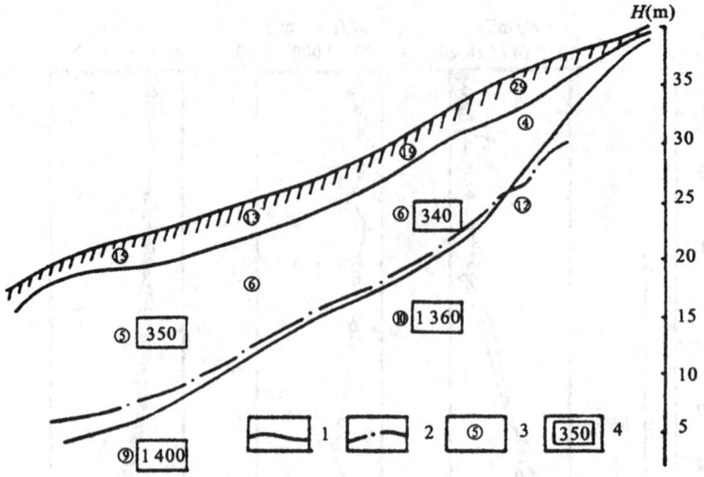

图 8-22　根据地球物理研究结果综合绘制的断面图

（据王兴泰，1996）

1—电性界面；2—地震速度界面；3—电阻率（Ω·m）；4—纵波速度（m/s）

量结果将滑坡分为上、下两层，上层与滑体和滑动带相对应（v_P＝340～360m/s），下层与未风化泥岩顶部相符（v_P＝1 360～1 400m/s），速度界面只有一个。在滑坡上部电法和地震的下界面十分吻合，而在滑坡底部速度界面却高出电性界面，原因是未风化泥岩上部裂隙度增大造成，这种弱带有可能产生新的滑坡。

原苏联成功地采用氡气测量判断坡度的稳定性，圈定滑坡体并监测滑坡发展的过程。图8-23示出原苏联莫斯科列宁山滑坡地区氡气测量的结果，该区有的建筑物结构已受到破坏。由图可见，滑动地块中氡的浓度通常高于周围的稳定地段。其他地区也有类似情况，例如阿塞

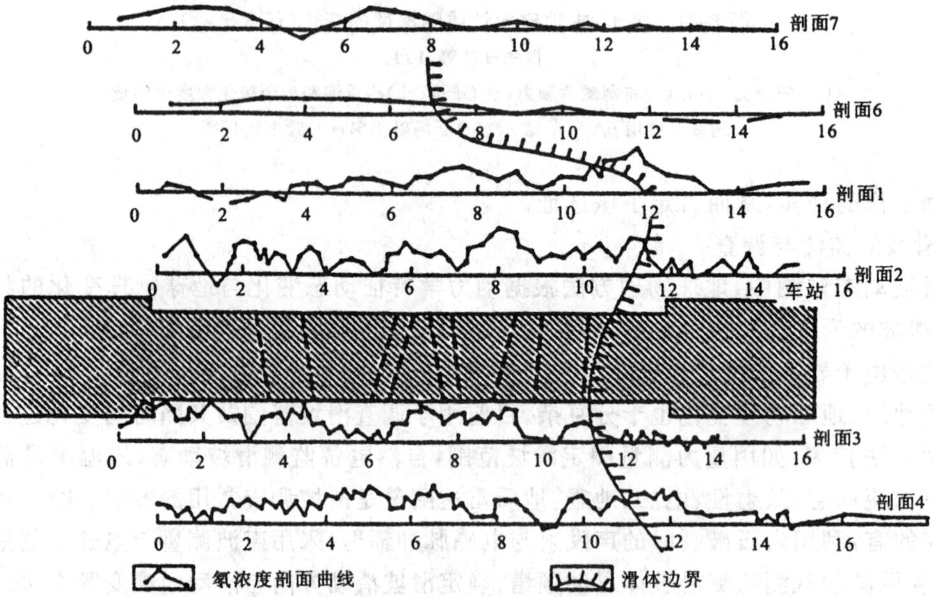

图 8-23　俄罗斯莫斯科列宁山一个滑坡上氡气测量的结果

（据 Dennis L. Nielson，1992）

拜疆共和国的 Dilidgana 活动滑坡上氡气的浓度是周围稳定区的两倍。因此，在不同时间系统进行氡气测量将可监测滑坡从稳定地块向活动地块发展的过程，以及趋向稳定的转变。

3. 喀斯特地质调查

在可溶性岩石中，喀斯特溶洞的发育不仅在地表形成喀斯特地貌，更主要的是地下岩体内喀斯特的发育造成的结构、构造变化，它既可以为人类所用，又在更多的场合，如工程建设、采矿等施工中成为事故甚至是灾害的根源。在喀斯特地质调查中，主要的任务在于：调查发育环境，即可溶性岩石发育的有利地质环境与水文条件；调查喀斯特溶洞和岩溶发育区的分布与变迁。

喀斯特地质调查中广泛使用地球物理方法，电法勘探包括电剖面、电测深、自然电位及地质雷达探测方法，在地质填图、岩溶调查方面取得很好的效果；浅层地震方法在层面和喀斯特断裂调查中也常采用。

例如，俄罗斯巴什基里亚地区喀斯特调查中地球物理方法的应用，该区的可溶性岩石（石膏和硬石膏）埋深平均 60～80m。喀斯特塌陷常引起盖层碳酸盐类岩石的断裂，导致地面变形、建筑设施受到破坏。

勘察时分两个阶段，先以 1：5 000 比例尺进行喀斯特发育情况基本条件的地质调查，再进入比例尺 1：1 000 的详查阶段，确定喀斯特断裂与溶洞的参数。

喀斯特岩体中，裂隙发育的喀斯特化地区电阻率为 10～100Ω・m，而周围的均质岩石电阻率为 400～4 000Ω・m，相差 4～10 倍，因而采用方法以电测深为主要方法，辅以偶极剖面和浅层地震观测。

详查阶段除了加密测网之外还采用环形测深，以确定裂隙喀斯特带的走向，并对不同深度上的溶洞率做出评价。复杂情况下还辅以地震观测以及钻孔地球物理测量。

多年工作的成果表明，该区在喀斯特调查中适时使用地球物理方法，可使勘察工作的耗费减少一半。

（二）人类活动引起的环境地质效应调查

1. 矿产、资源开采中的环境效应

（1）地下水污染的调查。由于地下水被污染通常导致导电性、电化学活动性发生变化，因此，在地下水调查中电法是常用的方法，包括电阻率法、电磁法、激发极化法等。以下介绍采用电磁法进行地面电阻率填图、圈定由于煤矿开采造成地下水污染范围的例子。

实验结果表明，地下水的离子含量若增加 25×10^{12}，水的导电率将上升 1ms/m，因此，从理论上讲，当背景均匀或污染严重的情况下，通过电导率测量方法是可以圈定地下水污染的分布及污染的变化。

电磁法的最大优点是可以在大面积内快速、经济地进行测量，这对于污染地下水的监测十分有利，因而在区域水文地质学方面的应用很成功。但也注意到其他地质因素的影响可能引起电导率的变化。电磁法的应用也有其局限性，它可以用来圈定污染地下水的范围，判别污染的程度，而准确的定量研究还需直接采样进行分析。

美国阿尔巴拉契煤矿区，地下水的导电率非常高，从 1 000μs/cm～10 000μs/cm，原因在于煤系地层硫化物氧化物在地下水中形成硫酸，酸性矿物造成的排水使水的导电率从 100ms/m 升高至 1 000ms/m，而矿区含水岩石的整体导电率也从 25ms/m 升高至 250ms/m。不含粘土的岩石导电率是低的。干燥废矿的导电率也比较低。

该区污染与废矿的堆积与排水有关，排水系统如图 8-24 所示，地面有一条流向西南的小

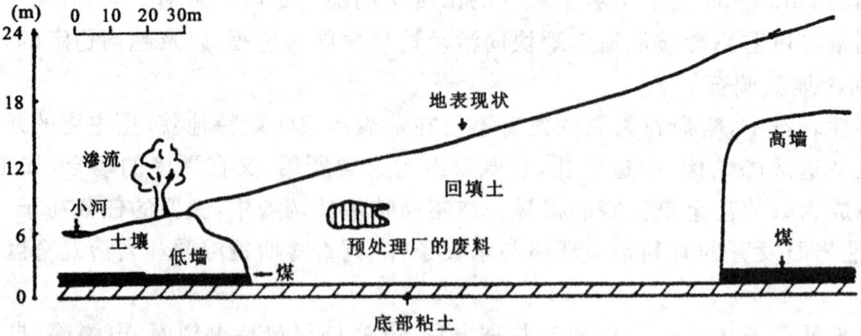

图 8-24　穿过煤矿的断面(A～A′)

(据王兴泰,1996)

图上标明回填土和预处理工厂的废弃物

河,附近废矿堆中四季不停渗出的污染渗流改变了河水的成分,使周围地区受到严重污染。

采用地面电导率仪进行面积测量,选择垂直偶极测量装置,偶极距 10～20m,共 10 条测线,线距25m,每线200个测点,两天时间完成野外观测。10偶极距的测量结果如图8-25所

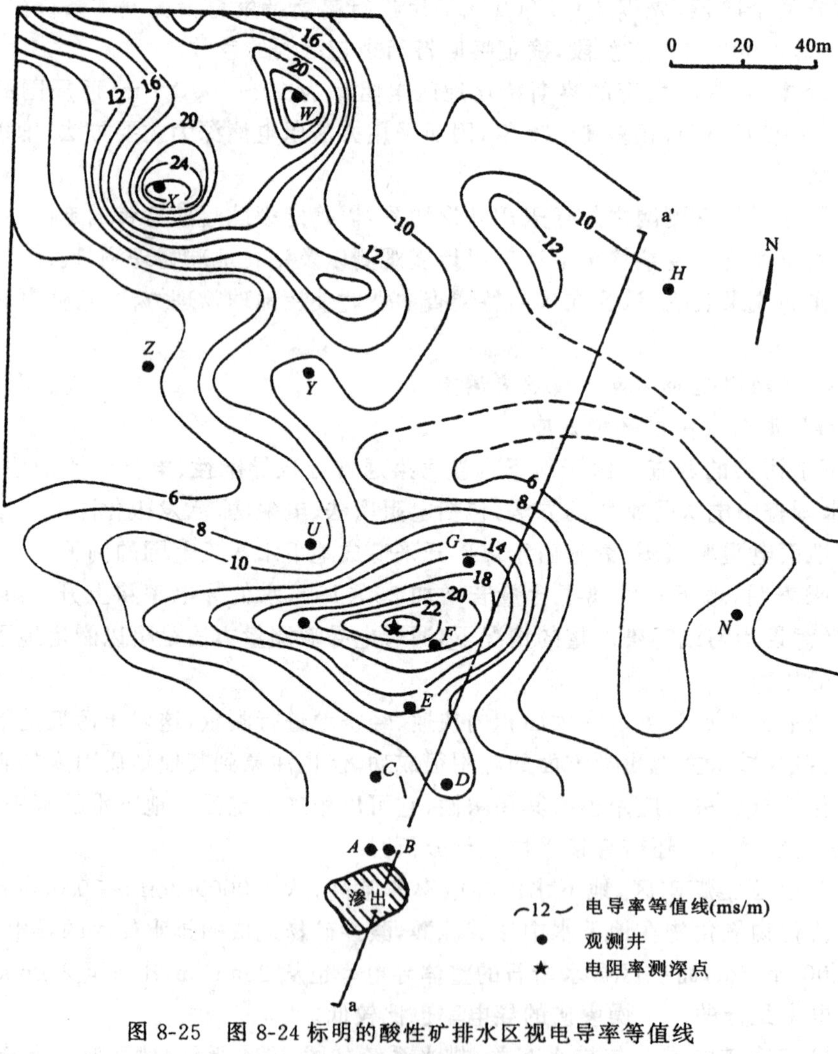

图 8-25　图 8-24 标明的酸性矿排水区视电导率等值线

(据王兴泰,1996)

示，背景电导率为 0～10ms/m，对应非矿化水地区的有孔粗粒岩石，监测井打到的是非矿化水，而两处异常区导电率超过20ms/m处，附近的井孔F、G、X均打到废矿堆，F和X井下的废矿石距风化面 3m 深，该区的地下水面标高在 10m 左右。F 井水面距地表仅 3m，由于煤矿底部为不透水层，上部含水层流下的地下水与风化硫化物的接触形成酸性渗流，南部异常反映的是酸度增高和水体靠近地表，而X和W井处水体较深，异常是由酸性垂直渗流地带造成的。D井附近等值线的凸出显示了渗流的方向。结果与该区8个监测井与验证井的实测资料相符。结合地面水文地质资料，所提供的导电率等值线图较好地显示了该区构造、地下水污染范围与流向。

(2)煤田陷落柱的调查。陷落柱是煤田开采中危害极大的地质灾害之一，它通常是由于基底厚层灰岩中古溶洞的塌陷加上煤层盖层塌落形成的。目前对陷落柱分布的调查及陷落柱范围的圈定，通常采用的地球物理方法有放射性、电法及地震测量等。

放射性方法调查陷落柱的根据在于：地下水在循环过程中由浅部氧化带溶解的微量铀；到达深部还原带中由于陷落柱的空隙较多，铀的长期沉淀将使含量高于周围的岩石，同时铀衰变为镭之后在还原条件下易溶于水，含镭的地下水沿孔隙向上运移到达氧化带又沉淀在土壤表面形成镭晕，同时铀、镭衰变之后又形成氡气异常，氡气又可衰变为^{210}Po 核素，因此，通过氡气测量或^{210}Po 测量为主，有可能间接调查陷落柱。

河北大油村煤矿以^{210}Po 测量为主，配合电测深、甚低频电磁法、伽马测量等地球物理方法对陷落柱进行调查，取得较好的结果。

矿区第四纪地层厚 80～120m，其中河卵石厚 30～50m，下部为二叠纪砂岩、粉砂岩、泥岩互层及煤层，矿区构造复杂已发现两个陷落柱，其中 DX-1 已由巷道控制，DX-2 刚开始揭露。^{210}Po 测量结果如图 8-26 所示，^{210}Po 脉冲数为 60 的异常值圈定的结果与已知陷落柱的范围相符，并圈出新的异常区 DX-2 的范围。

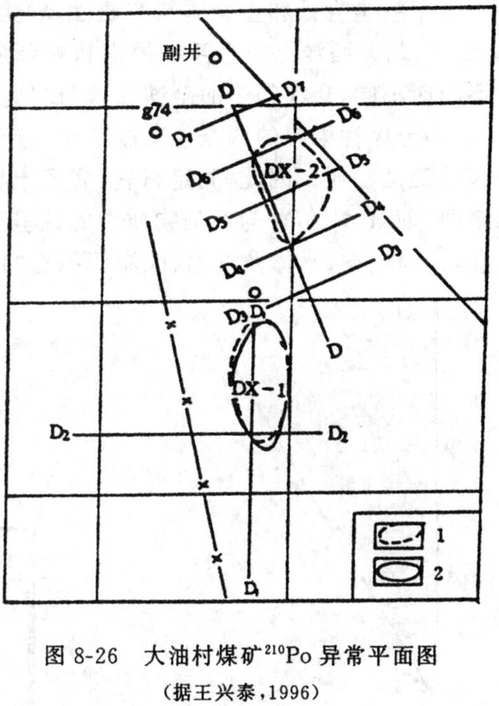

图 8-26　大油村煤矿^{210}Po 异常平面图

（据王兴泰，1996）

1—^{210}Po 异常；2—陷落柱

2. 工程建筑的环境效应

大型水库的建设会大大改变附近的水文地质条件，比如出现浸水和沉陷。为了采取保护措施，首先要了解地下水面和渗流情况，由于监测井数量不足，通常采用物理方法监测，比如用电法或地震观测，此外，水库附近水饱和度的变化也会导致重力场的变化。

例如高加索的一个大水库，曾在岸边每隔 1～2 个月做电测深监测，根据各监测点电测深 ρ_s 曲线极值的位移与幅度的变化了解地下水面的升降与充水程度的变化。此外，还可用自然电位测量（过滤电位）圈定水库的漏水位置。

3. 人类生态环境地质效应的调查

(1)工业废弃物造成的水源污染。图 8-27 是采用复电阻率法找咸水水体探测和圈定的结果，试验是在美国内华达州某地水源进行的，该区污染水源的氯化物浓度高达 2 000mg/L，它来源于大工业区，污染溶入住宅区地下并进入洼地，然后流入重要的饮用水源——蜜蜂湖。污

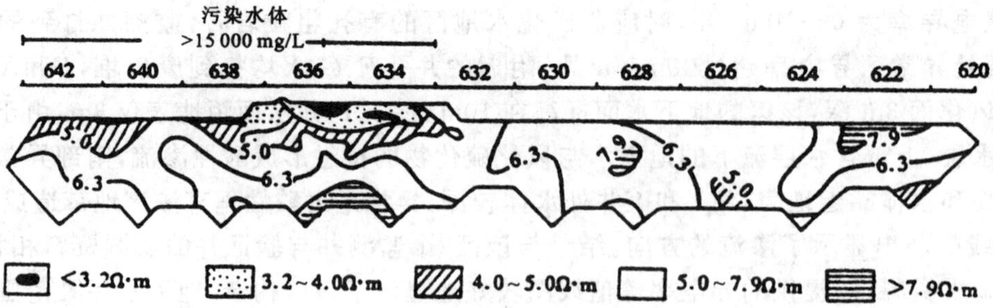

图 8-27　内华达州某地 ρ_s 拟断面图

（据王兴泰，1996）

染水含有浓度可观的金属盐和有机盐，大部分水系存在砂砾石层，这种层厚度 7～25m，并覆盖在含粘土的泥质河滨建造上。

采用偶极距为 30m 的装置调查污染水，ρ_s 拟断面图，其低值部分对应污染程度高的水体。

(2)重金属粉尘的大气污染。伦敦烟雾事件是国际上著名的公害之一，于 1952 年冬天发生，5 天内 4 000 多人死亡；历年来共发生 12 起，死亡近万人，其原因就是粉尘中的 Fe_2O_3 使 SO_2 氧化形成硫酸，附着在烟尘上被吸入肺部导致疾病，致害的直接来源，是民用含硫量高的烟煤排出大量的粉尘。1930 年发生的比利时马斯河谷烟雾事件以及 1948 年发生的美国多诺拉烟雾事件等，均与工厂排放的含 SO_2 和重金属粉尘有关。

由于粉尘含铁和重金属具有磁性，粉尘的组分及浓度不同导致磁性的差异。例如日本内海、北海、北大西洋上空悬浮物的饱和剩余强度(M)，巴巴多斯岛大气悬浮物的M，由于污染程度不同而不同，悬浮物中的全铁含量与M呈正相关关系(图8-28)，因而可以从M监测污染程度。

(3)土壤污染源的调查与监测工业生产中排放的废渣、废水以及矿石燃料燃烧排放的废气中含铁磁性物质。因此，测定材料、底泥土壤的磁化率与剩磁 M，可追踪湖泊、海洋、土壤污染的来源。而土壤的 M 与污染物质中的铁呈正相关关系，可从 M 值估测湖泊、海洋、土壤中的铁含量，判断土壤、水体及湖泊、浅海沉积物的污染程度。图 8-29 是希腊雅典钢铁厂对浅海淤泥

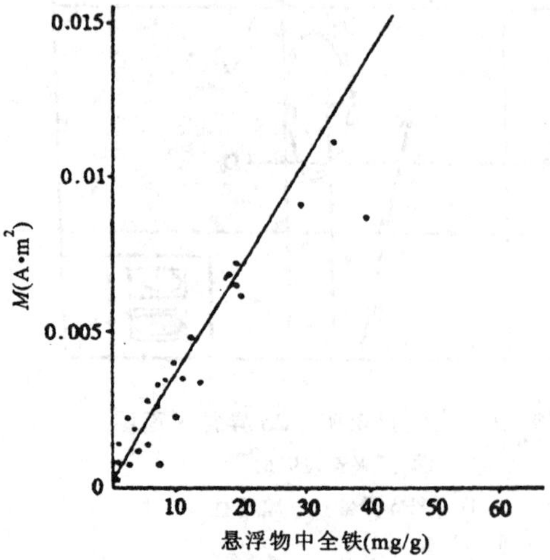

图 8-28　希腊 Elefsis 海湾海洋悬浮物中全铁与剩磁 M 的关系

（据俞劲炎，1991）

注：纵坐标为 1kg 悬浮物的剩磁 M 值

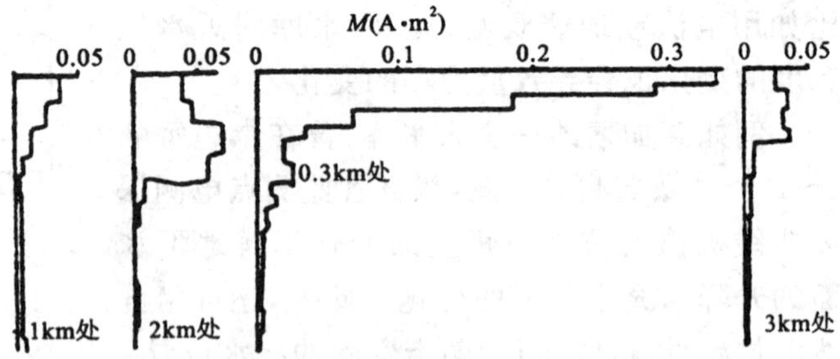

图 8-29　希腊雅典钢铁厂周围海洋沉积物剩磁测量结果

（据俞劲炎，1991）

注：横坐标为 1kg 沉积物的 M

污染的磁测结果，离钢铁厂0.3km处，表层的磁化率数值是1～3km处的10倍。郭友钊在河北廊坊某工厂附近的表土磁性测定，得到类似的结果。在京津铁路两侧，也监测到由生活垃圾污染，引起的土壤磁性的升高。

(4)固体废弃物的处理调查。用物探方法探测地下固体废弃物包括废矿、固体垃圾等的分布及环境的变化，各国都做了大量研究。

例如法国萨克森地区茨维考城的垃圾场，1990年前该城开始在一个天然低地内充填洗煤后的废渣(泥煤)，随后又堆积生活垃圾和工业废料。

在按照环境法要求对垃圾场的调查中，物探方法开始是采用电剖面和甚低频(VLF)法探测该区的断层构造，之后用电测深法配合，在场地范围内查明煤泥的垃圾的范围、埋深和厚度，并通过地温测量了垃圾场中的热效应。

(5)核辐射物二度富集的调查。核废料的处理及核辐射物质重新富集的调查，涉及人类活动对地质环境的影响及地质环境保护，物探方法在该领域研究与应用中取得很好的效果。

印度 Aligarh Muslum 大学利用裂变径迹法对印度两家热电场的煤、炉渣和飞灰中铀含量测定的结果：煤中铀的质量分数为17.1×10^{-6}，煤渣为25.7×10^{-6}，而飞灰为29.1×10^{-6}，说明煤经燃烧后铀进一步富集，因而粉煤灰也成为新的放射性污染源，据联合国原子辐射效应科学委员会(VNSCEAR)统计，一个每天燃煤10t的热电厂，向大气释放的^{238}U放射性达1 850kBq，一个100MW的热电厂每年排放煤灰5×10^5t，其中1.4×10^5t排人大气。

核废料的储存场地选择及存放后环境地质条件变化的监测，离不开地球物理方法。通常地下的盐丘是最理想的储存场所，也可储存在火成岩体中。

探测盐丘时，首先在地面上用地震法圈出盐丘的平面位置，确定其埋深及是否受过破坏；其次可用井中物探方法了解盐丘的详细构造，例如无线电波透视、单井反射、井间吸收等测量或井中声波探测。当利用岩盐中的天然洞穴时，事先要用淋滤方法加工，使洞穴具有一定形状以保证其稳固，此时可通过钻孔将声波探测仪放入洞穴，根据声波反射，监测洞穴在加工过程中，形状及大小的变化。

利用火成岩储存核废料时，常用航空与地面磁测、航空电法、地面甚低频、大地电磁、磁电阻率、重力、地震和测井方法配合，重磁方法主要用于圈定岩体，电法主要用于探测岩体的完整性、调查裂隙和破碎带发育。

有的国家还利用结晶基底来储存核废料，此时常用电阻率法、激发激化法和地震测量圈出盖层下含水裂隙带，以便避开这些不利地段。

核废料储存之后，岩体的物理性质(如力学性质)会发生变化，美国曾利用井间声波测量进行监测，发现纵波和横波速度降低，表明岩体力学性质发生变化，并发现新的裂隙。

思考题

1. 简述环境地质调查的主要内容和特点。
2. 地球物理方法在环境地质调查中的主要特点是什么？
3. 地球物理方法在环境地质调查中的物性基础是什么？它有什么特点？
4. 在地下水调查中地球物理方法的物性基础是什么？
5. 孔隙水具有什么特点？在孔隙水勘察中可用哪些地球物理方法？
6. 裂隙水具有什么特点？在裂隙水勘察中可用哪些地球物理方法？

7. 岩溶水具有什么特点？在岩溶水勘察中可用哪些地球物理方法？

8. 利用折射法探测基岩面埋深、含水层厚度以及断层破碎带位置的物理基础是什么？

9. 古地磁方法在全球环境变化调查中的作用是什么？

10. 在滑坡的监测和调查中可使用哪些地球物理方法？它们各有什么作用？

11. 在地下水污染的调查中可使用哪些地球物理方法？它们的物性基础是什么？

12. 人类造成的生态环境污染有哪些？这些污染可使用哪些地球物理方法来调查？

参 考 文 献

长春地质学院水文物探组编．水文地质工程地质物探教程．北京：地质出版社，1980

崔霖沛等．环境地球物理方法及其应用．北京：地质出版社，1997

傅良魁主编．应用地球物理教程——电法、放射性、地热．北京：地质出版社，1991

何继善等．双频激电法研究．长沙：湖南科学技术出版社，1989

霍明远主编．地下水资源系统勘察技术与综合评价方法．北京：科学出版社，1993

莫撼主编．水文地质与工程地质地球物理勘察．北京：原子能出版社，1997

朴化荣．电磁测深法原理．北京：地质出版社，1990

任天培．水文地质学．北京：地质出版社，1986

史保连．甚低频电磁法．北京：地质出版社，1986

石玉香等．放射性物探．北京：原子能出版社，1986

王兴泰主编．工程与环境物探新方法新技术．北京：地质出版社，1996

俞劲炎．土壤磁学．南昌：江西科学技术出版社，1991

朱日祥等．中国黄土磁学性质与古气候意义．中国科学(B辑)，1994，24(9)：992～996.

钟新淮等．找水新法——激发极化法．北京：水力电力出版社，1987

《中国大百科全书》编委会．中国大百科全书·地质学．北京：中国大百科全书出版社，1993

Dennis L. Nielson Gamma－Ray Spectrometry and Radon Emanometry in Environmental Geophysics, Geotechnical and Environmental Geophysicists. Society of Exploration Geophysicists, USA, 1992, 1

Henderson R J. Urban Geophysics－A Review. Exploration Geophysics, 1992, 23

Mcneull D. Use of Electromagnetic Methods for Groundwater studies, Geotechnical and Environmental Geophysics. Society of Exploration Geophysicists, USA 1992, 1

Mulder M H. Geophysical cross－section of subsurface. TNO Institute of Applied Geoscience, Delft, 1994

William J Hinje. The Role of Gravity and Magnetic Method in Engineering and Environmental Studies, Geotechnical and Environmental Geophysics. Society of Exploration Geophysicists, 1992